BÜCHEREI
DER HOCHFREQUENZTECHNIK

HERAUSGEGEBEN VON

H. FRÜHAUF DRESDEN

BAND 19 GRUNDLAGEN DER DATENÜBERTRAGUNG

VON

W. S. GUROW, G. A. JEMELJANOW, N. N. JETRUCHIN,
J. W. BASILEWITSCH

LEIPZIG 1969
AKADEMISCHE VERLAGSGESELLSCHAFT
GEEST & PORTIG K.-G.

GRUNDLAGEN
DER DATENÜBERTRAGUNG

VON

W. S. GUROW, G. A. JEMELJANOW, N. N. JETRUCHIN,
J. W. BASILEWITSCH

MIT 169 ABBILDUNGEN UND 24 TABELLEN

LEIPZIG 1969
AKADEMISCHE VERLAGSGESELLSCHAFT
GEEST & PORTIG K.-G.

Übersetzung aus dem Russischen
und Redaktion der deutschen Übersetzung:
Dipl.-Ing. Rolf Giesecke, Dresden
Dipl.-Ing. Christa Kubas, Dresden
Dipl.-Ing. Jochen Lippmann, Dresden
Dr.-Ing. Christian Wobus, Dresden

Titel der Originalausgabe
Основы передачи данных по проводным каналам связи
Erschienen in Moskau 1964 bei
Издательство „Связь"

Printed in the German Democratic Republic
VLN 276 - 105/16/68 · ES 20 K 5
Gesamtherstellung: C. G. Röder, Leipzig III/18/2

Vorwort zur deutschen Ausgabe

Vor unseren Augen wurde eine neue Form der elektrischen Nachrichtentechnik geboren, die eine große Zukunft hat und schon jetzt eine bedeutende Rolle in der Volkswirtschaft, bei der Verteidigung und bei wissenschaftlichen Forschungen vieler Länder spielt.

Es handelt sich um die „Datenübertragung".

Dieses Gebiet der Nachrichtentechnik dient dem Ziel einer hochwertigen und schnellen Übertragung von großen Mengen digitaler Informationen zwischen elektronischen Rechenmaschinen über große Entfernungen.

Eine umfassende Nutzung der modernen elektronischen Rechenmaschinen und der Datenübertragungstechnik gestattet es, prinzipiell neue Systeme zu schaffen – schnelle automatisierte Steuerungssysteme, die aus weit voneinander entfernten Objekten bestehen.

Die Datenübertragung weist eine Reihe wesentlicher Unterschiede im Vergleich mit den klassischen Arten der Nachrichtentechnik, wie der Telefonie, der Telegrafie u. a. auf. Sie stellt die Nachrichtentechniker vor eine Reihe interessanter Probleme, zum Beispiel das der Erhöhung der Übertragungsgeschwindigkeit von Impulsen über bandbegrenzte Kanäle, der Erhöhung der Sicherheit der Informationsübertragung und der Zuverlässigkeit der Nachrichtenkanäle.

Die schnelle Entwicklung der Datenübertragungstechnik erfordert die Ausbildung hochqualifizierter Spezialisten auf den Gebieten der Entwicklung und des Einsatzes von Datenübertragungseinrichtungen und Datenübertragungskanälen.

Die Autoren hoffen, daß die Übersetzung des vorliegenden Buches ins Deutsche den auf dem Gebiet der Datenübertragung tätigen deutschen Ingenieuren sowie den Studierenden der entsprechenden Fachrichtungen eine wertvolle Unterstützung sein wird.

In dem Buch werden die Grundlagen der Übertragungstheorie impulsförmiger Signale über Nachrichtenkanäle, die Grundlagen der störsicheren Kodierung der zu übertragenden Informationen sowie die Prinzipien für den Aufbau von Kanälen und Netzen der Datenübertragungstechnik dargelegt. Zur anschaulichen Demonstrierung wird eine kurze Beschreibung einer Reihe von ausländischen Datenübertragungsanlagen gebracht. In der deutschen Ausgabe wurden festgestellte Druckfehler und andere Fehler beseitigt. Jedoch kann das erste Buch auf einem solchen neuen Gebiet, wie es die Datenübertragung ist, nicht frei von Mängeln und Ungenauigkeiten sein. Die Autoren nehmen deshalb mit Dankbarkeit alle diesbezüglichen Hinweise ihrer deutschen Leser entgegen.

Moskau, Herbst 1967 DIE AUTOREN

Aus dem Vorwort zur russischen Ausgabe

Das vorliegende Lehrbuch ist für Studenten von nachrichtentechnischen Hochschulen bestimmt. Es kann aber auch für ingenieurtechnisches Personal, das sich auf dem Gebiet der Datenfernübertragungstechnik qualifiziert, nützlich sein.

In dem Lehrbuch werden die theoretischen Grundlagen der Übertragung impulsförmiger Signale über Nachrichtenkanäle und der Fehlersicherung der zu übertragenden Information durch Kodierung dargelegt und Betrachtungen über den Aufbau von Nachrichtenkanälen und Datenübertragungsnetzen angestellt. Es wird eine kurze Beschreibung einiger ausländischer Datenfernübertragungsanlagen gegeben.

Der Inhalt des Lehrbuches ist im wesentlichen der Stoff der fakultativen Vorlesung „Grundlagen der Datenübertragung", die im Lehrjahr 1963/64 an der Fakultät für Fernmeldetechnik des Moskauer Energetischen Instituts gehalten wurde.

Die Einleitung, Kap. 7., 8. (außer Abschn. 8.4.), 9. (außer Abschn. 9.2. und 9.4.) und Abschn. 1.9., 1.10. und 1.11. wurden von W. S. Gurow, Kap. 5 und 6 von J. W. Basilewitsch, Abschn. 1.3., 1.4., 1.5., 3.1., 3.10. und 3.11. von G. A. Jemeljanow und Kap. 2., 4. und Abschn. 1.6., 3.2.–3.9., 9.2. und 9.4. von N. N. Jetruchin geschrieben. Abschn. 1.1., 1.2. und 1.8. wurden gemeinsam von W. S. Gurow und G. A. Jemeljanow, Abschn. 8.4. von W. S. Gurow und N. N. Jetruchin und Abschn. 1.7. von W. S. Gurow, G. A. Jemeljanow und N. N. Jetruchin verfaßt.

Die Autoren danken dem Rezensenten B. W. Sinilstschikow und dem verantwortlichen Redakteur B. N. Petrowski für wertvolle Hinweise, die es gestatteten, den Inhalt des Lehrbuches wesentlich zu verbessern.

„Grundlagen der Datenübertragung" ist der erste Versuch, ein Lehrbuch für dieses neue Gebiet der Nachrichtentechnik zu schaffen. Deshalb ist das Buch natürlich nicht frei von Fehlern. Die Autoren nehmen mit Dankbarkeit alle diesbezüglichen Hinweise der Leser entgegen.

DIE AUTOREN

Inhalt

Einführung

Das letzte Jahrzehnt ist durch die schnelle Entwicklung der Automatisierung und Mechanisierung der Volkswirtschaft gekennzeichnet. Das ist auf die Anwendung von elektronischen Datenverarbeitungsanlagen (EDVA) zurückzuführen, deren Bedeutung nicht hoch genug eingeschätzt werden kann.

Schon jetzt werden elektronische Rechenanlagen (ERA) in großem Umfang zur Lösung schwieriger wissenschaftlicher und technischer Aufgaben, für die automatische Steuerung von gesundheitsschädigenden Produktionsprozessen (z. B. in der chemischen Industrie), für die Verarbeitung großer Mengen statistischer Informationen und für Wetterprognosen verwendet. Weitgehende Anwendung werden in nächster Zeit sogenannte Informationsmaschinen finden, z. B. für bibliografische Auskünfte. Elektronische Rechenanlagen gestatten es, die Anwendung mathematischer Methoden in Theorie und Praxis der Lenkung und Leitung der Volkswirtschaft zu erweitern, besonders bei der Produktionsplanung und bei der Berechnung der verschiedenen Aufgaben im Bauwesen, in der Industrie, im Transportwesen, in der Landwirtschaft usw.

Bei der Benutzung von EDVA in automatisierten Systemen ergab sich die Notwendigkeit, eine Verbindung der EDVA mit geographisch weit entfernten Nutzern zu schaffen. Diese Entfernungen können Tausende von Kilometern betragen. Viele Prozesse, die mit Hilfe von EDVA automatisiert werden, können nicht immer alle gleichzeitig an einem Ort durchgeführt werden, sondern vollziehen sich in dezentralisierten Objekten, zwischen denen erhebliche Entfernungen bestehen können. Das ist z. B. bei der Transportlenkung und bei der operativen Zusammenfassung von statistischen Daten innerhalb eines Landes der Fall.

Auf diese Weise entsteht die Vorstellung über ein Netz von Nachrichtenkanälen, das eine Reihe entfernter Teilnehmer mit einem Zentrum verbindet, in dem sich eine elektronische Datenverarbeitungsanlage befindet. In diesem Netz von Nachrichtenkanälen werden z. B. von den Teilnehmern an die Datenverarbeitungsanlage Ausgangsdaten für Berechnungen oder irgendwelche Informationen übermittelt. Von der Datenverarbeitungsanlage werden die Resultate der Berechnungen oder benötigte Informationen zu den Teilnehmern übertragen. In anderen Fällen können zwischen mehreren

ERA, die zu einem Rechnersystem vereinigt sind, Informationen ausgetauscht werden.

Die Informationen, die von den verschiedenen automatischen Einrichtungen erzeugt oder empfangen werden, nennt man Daten. Das neue Gebiet der elektrischen Nachrichtentechnik, das zur Übertragung dieser Informationen dient, erhielt die Bezeichnung Datenübertragung.

Bekanntlich gibt es zwei Arten von elektronischen Rechenanlagen, nämlich Analogrechner und Digitalrechner. In den erstgenannten werden die mathematischen Größen durch die analogen Werte irgendwelcher physikalischer Größen (gewöhnlich Spannungen oder Ströme) ausgedrückt und in letzteren durch eine Ziffernfolge dargestellt. Deshalb nennt man Rechenanlagen dieses Typs auch elektronische Ziffernrechenanlagen.

Die Datenübertragung ist allgemein an digitale Rechenanlagen gebunden. Deshalb stellen die übertragenen Signale Zahlen dar, die gewöhnlich binär kodiert werden.

Das Comité Consultatif International Télégrafique et Téléfonique (CCITT) definierte den Begriff Datenübertragung wie folgt: „Datenübertragung ist das Gebiet der elektrischen Nachrichtentechnik, dessen Ziel die Übertragung von Informationen zum Zweck ihrer Verarbeitung durch elektronische Rechenanlagen oder die Übertragung von bereits durch Rechenanlagen verarbeiteten Informationen ist." Diese Definition spiegelt die wesentlichste Seite der Datenübertragung wider, nämlich das Zusammenwirken der übertragenen Informationen mit elektronischen Rechenanlagen.

In der gegebenen Definition wird jedoch nicht auf den Unterschied zwischen der Datenübertragung und den anderen Arten der elektrischen Nachrichtentechnik eingegangen. Die Information wird bei der Datenübertragung durch Binärsignale dargestellt, die einen bestimmten Kode bilden und verschiedene Zeichen ausdrücken. Diese Binärsignale werden entweder direkt oder über irgendeinen Zwischenträger (Lochband, Lochkarte, Magnetband) vom Nachrichtenkanal in die elektronische Rechenanlage eingegeben. Ihrer Form nach ist die Information, die über den Nachrichtenkanal übertragen wird, nicht für eine unmittelbare Wahrnehmung durch den Menschen geeignet. Sehr oft kann der Mensch die Information deshalb nicht wahrnehmen, weil der Informationsaustausch mit einer sehr hohen Geschwindigkeit vor sich geht. Deshalb erfolgen die Informationsabgabe und der Informationsempfang bei der Datenübertragung in der Regel automatisch.

Wenn schließlich ein Teilnehmer mit einer Informationsmaschine verbunden ist, so werden die Anfrage des Teilnehmers und die Antwort der Maschine in Klartext ausgedruckt. Die Informationen werden jedoch auch dabei in Form von Binärzeichen über den Nachrichtenkanal übertragen, aber die Informationseingabe und -ausgabe der Informationsmaschine erfolgen ohne Umwandlung in Klartext, ohne Teilnahme des Menschen.

Das Anwendungsgebiet von Datenübertragungssystemen ist sehr weit. Es reicht von der Erforschung des kosmischen Raumes bis zur Regulierung der Warenstreuung von Massenbedarfsgütern im Handel. Große Bedeutung haben Datenübertragungssysteme für militärische Zwecke, z. B. bei der Luftabwehr oder bei der Heeresleitung.

Auf wirtschaftlichem Gebiet können Datenübertragungssysteme angewendet werden

für die Transportoptimierung im Eisenbahnwesen;
für die Transportoptimierung im Luftfahrtwesen;
für die zentralisierte Lohnabrechnung, für zentralisierte Bankabrechnungen und für den Postverkehr;
für die Steuerung der Materialversorgung der Produktion;
für die Regulierung der Warenstreuung im Handel;
für die operative zentrale Leitung von Industriebetrieben, für die Statistik und für die Planung;
für den Informationsdienst;
für die Organisation von Rechenzentren für wissenschaftlich-technische Berechnungen usw.

Schon diese kurze Aufzählung der möglichen Anwendungsgebiete weist auf die Bedeutung der Schaffung eines Datenübertragungsnetzes und die große Zukunft dieses Zweiges der elektrischen Nachrichtentechnik hin. In den sozialistischen Ländern hat die Datenübertragung besondere Bedeutung, da die sozialistische Planwirtschaft ohne wissenschaftliche Planung und operative Abrechnung nicht möglich ist. Gleichzeitig erfordern die operative Abrechnung und Planung ein weitverzweigtes Netz von Datenübertragungskanälen, die die zentralen Planungs- und Leitungsorgane untereinander und mit den untergeordneten Organisationen, die Werke und Fabriken mit den Ministerien, die landwirtschaftlichen Produktionsgenossenschaften und volkseigenen Güter mit den örtlichen Landwirtschaftsleitungen verbinden.

Die Datenübertragungstechnik bringt genau wie andere Automatisierungsmittel einen klar ausdrückbaren ökonomischen Nutzen, der es gestattet, den Leitungsapparat zu verkleinern, Produktionsprozesse zu beschleunigen, den Menschen von ermüdenden manuellen Arbeiten niedriger Qualifikation zu befreien. Deshalb kann die Datenübertragung als eines der wichtigsten Automatisierungsmittel der Produktionsprozesse betrachtet werden.

Ihrem technischen Charakter nach ist die Datenübertragung der Telegrafie nahe verwandt, da sie binäre Signale und ein impulsförmiges Übertragungsverfahren benutzt. Telegrafiekanäle können jedoch nur dann für die Datenübertragung verwendet werden, wenn die benötigte Übertragungsgeschwindigkeit klein ist. Gewöhnlich findet die Datenübertragung aber mit großen Geschwindigkeiten statt. Darin besteht eine ihrer Besonderheiten. Große moderne elektronische Rechenanlagen können 100000 bis 200000 Operationen pro Sekunde durchführen. In nächster Zeit wird sich die Arbeitsgeschwindigkeit bis zu einer Million Operationen pro Sekunde vergrößern. Kleine elektronische Rechenanlagen arbeiten mit Geschwindigkeiten von einigen hundert oder tausend Operationen pro Sekunde. Die Eingabe und Ausgabe der Daten erfolgt zwar bedeutend langsamer, jedoch sind auch diese Geschwindigkeiten ziemlich hoch. Deshalb sind Telegrafiekanäle mit einer Übertragungsgeschwindigkeit von 50 bis 75 Baud häufig nicht für die Informationsübertragung zwischen EDVA geeignet.

Datenübertragungssysteme müssen die Übertragung einer gegebenen Informationsmenge in einer bestimmten Zeit gewährleisten. Deshalb kann ihr Leistungsvermögen zehn, Hunderte oder Tausende von Binärimpulsen an Nutzinformation in der Sekunde betragen. Es besteht die Forderung nach noch höheren Übertragungsgeschwindigkeiten.

Außerdem müssen Datenübertragungssysteme eine hohe Zuverlässigkeit der empfangenen Information gewährleisten. Das ist auch verständlich, wird doch bei der Datenübertragung die Information unmittelbar in eine elektronische Rechenanlage (oder eine andere informationsverarbeitende Einrichtung) eingegeben, d. h., der Informationsempfang wird nicht durch den Menschen kontrolliert. Deshalb gelangen durch Störungen hervorgerufene Fehler in der Information in die elektronische Rechenanlage und machen die gesamte weitere Verarbeitung der Daten wertlos. Außerdem können Fehler sehr unangenehme Folgen haben, da sie komplizierte und kostspielige Produktionsprozesse stören können.

Die Anforderungen an die Zuverlässigkeit der Datenübertragung hängen davon ab, welche Funktionen das gegebene Datenübertragungssystem zu erfüllen hat. Manchmal ist eine Fehlerwahrscheinlichkeit (Verfälschung von Binärimpulsen) in der Größenordnung von 10^{-4} ausreichend, d. h., es wird im Mittel beim Empfang von 10000 Impulsen ein Fehler zugelassen. Eine derartige Fehlerwahrscheinlichkeit wird etwa von der modernen Telegrafie erreicht. Bei der Datenübertragung wird jedoch gewöhnlich eine bedeutend geringere Fehlerwahrscheinlichkeit in der Größenordnung von 10^{-5}, 10^{-6} und in speziellen Fällen 10^{-8} oder 10^{-9} zugelassen. Zur Erhöhung der Zuverlässigkeit werden in der Datenübertragungstechnik spezielle, oft komplizierte Kodiereinrichtungen vorgesehen.

An Datenübertragungssysteme und -einrichtungen werden häufig auch erhöhte Forderungen bezüglich der Störsicherheit gestellt, d. h., sie müssen eine lange Zeit ohne Ausfall arbeiten und im Falle eines Ausfalls schnell wieder in die normale Betriebsweise zurückkehren. Diese Forderungen werden gewöhnlich durch die Bedeutung und den Wert jener Objekte bestimmt, die über das Datenübertragungssystem gesteuert bzw. mit Daten versorgt werden und die folglich bei Ausfall des Systems gestört werden.

Die Datenübertragung ist noch ein ganz junges, aber sich sehr rasch entwickelndes Gebiet der Nachrichtentechnik. Seine Geschichte zählt erst ein Jahrzehnt.

Die Datenübertragungstechnik entwickelt sich sehr schnell. Ein markantes Anwendungsbeispiel für die Datenübertragung ist die automatische Beobachtungs- und Kommandostation für die Flüge der sowjetischen Kosmonauten. Während der Flüge der Kosmonauten gehören zu diesem Komplex Radarstationen, die radiotechnische Beobachtungen der Raumschiffe durchführen. Die erhaltenen Daten werden an Ort und Stelle durch automatische Rechenanlagen in einen Binärkode umgeformt, gemittelt, in die astronomische Zeit umgerechnet und automatisch an den Datenübertragungskanal übergeben. Über diese Übertragungskanäle gelangen die Daten in ein Rechenzentrum. Dort werden sie mit Hilfe von Eingabegeräten auf Lochkarten übertragen und dann in eine elektronische Rechenanlage eingegeben. Die Verarbeitung der Daten führt man auf mehreren ERA parallel durch, um die Zuverlässigkeit der Resultate zu erhöhen. Auf diese Weise werden die Berechnung der tatsächlichen Bahnparameter, ihre Prognose und die Ausgabe der Kommandos für andere Einrichtungen des Komplexes gewährleistet.

Außerhalb der Sowjetunion haben die USA den höchsten Entwicklungsstand auf dem Gebiet der Datenübertragung erreicht. An der Produktion von Datenübertragungseinrichtungen nehmen über 20 große Firmen teil. Eine von ihnen, die Western Union Telegraph, baute über 2000 geschlossene Datenübertragungsnetze unter Ausnutzung von Telegrafiekanälen auf.

Die Corporation Bell Telephone System entwickelte eine Datenübertragungeseinrichtung für das nationale öffentliche Telefonnetz. Dieses System erhielt die Bezeichnung „Dataphon“. Jeder beliebige Teilnehmer des Telefonnetzes, bei dem eine Endeinrichtung „Dataphon“ installiert ist, kann über die gewöhnliche Nummernwählscheibe mit einem Rechenzentrum oder einem beliebigen anderen Teilnehmer Verbindung aufnehmen und eine entsprechende Information übertragen.

In den USA sind noch eine Reihe von Datenübertragungsnetzen für militärische Zwecke geschaffen worden.

Die Datenübertragung entwickelt sich auch in anderen Ländern schnell, z. B. in Großbritannien, Westdeutschland, Frankreich, Schweden, Holland und Japan.

KAPITEL 1

Grundbegriffe

1.1. Datenübertragungssysteme als Nachrichtensysteme

Jedes Nachrichtensystem kann durch ein in Abb. 1.1 gezeigtes Blockschaltbild dargestellt werden. Die Nachrichtenquelle erzeugt die *Nachrichten* (Schallschwingungen, Text u. ä.). Im Sender werden diese Nachrichten in elektrische Signale umgewandelt, die eine für die Übertragung

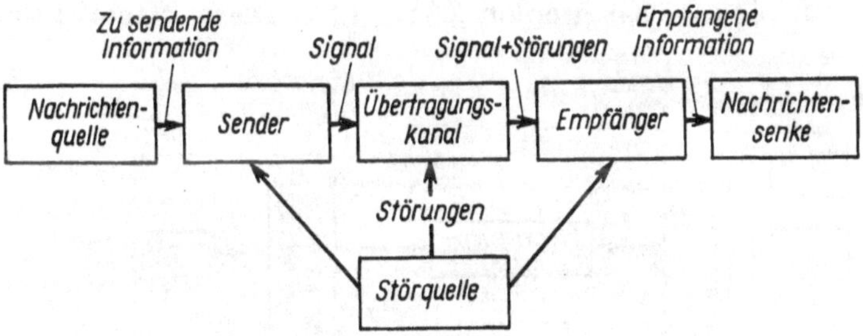

Abb. 1.1. Blockschaltbild eines Nachrichtensystems

geeignete Form haben. Zwischen den Nachrichten und den Signalen muß natürlich eine eindeutige Zuordnung vorhanden sein, damit bei der Rückverwandlung der Signale wieder die richtigen Nachrichten erhalten werden.

Die Aufgabe des Übertragungskanals besteht in der Übertragung von Signalen über eine bestimmte Entfernung mit minimalen Verzerrungen. In der Praxis werden die Signale durch Einwirkung verschiedener Arten von Störungen im Übertragungskanal und auch durch die Störanfälligkeit des Senders und des Empfängers verzerrt.

Im Empfänger erfolgt eine Signalumwandlung, die umgekehrt zu der im Sender durchgeführten ist. Außerdem ist eine Korrektur der durch die Verzerrungen aufgetretenen Fehler notwendig. Eine vollständige Beseitigung der Fehler ist jedoch nicht möglich. Die empfangene Nachricht ist gegenüber der gesendeten infolge der Kanallaufzeit sowie der Verzögerungszeiten von Sender und Empfänger zeitlich verschoben.

Bei der Datenübertragung dienen als Nachrichtenquellen und -senken elektronische Datenverarbeitungsanlagen und andere automatische Einrichtungen (z. B. Lochstreifengeräte). Hierbei werden die Nachrichten in Form von elektrischen Impulsen übertragen, d. h. in Form von Signalen. Die Aufgabe des Senders besteht deshalb nur in der Umformung der Signale in eine für die Übertragung günstige Form.

Die Gesamtheit von Sender, Übertragungskanal, Empfänger und Umwandlungseinrichtungen, d. h. von allen technischen Mitteln, mit deren Hilfe die Datenübertragung realisiert wird, nennt man *Datenübertragungssystem.*

Das in Abb. 1.1 dargestellte Nachrichtensystem ist für die Nachrichtenübertragung von *einer* Nachrichtenquelle zu *einer* Nachrichtensenke bestimmt. Deshalb bezeichnet man es als *Einkanal-Nachrichtensystem.* Häufig werden Nachrichtensysteme verwendet, bei denen unabhängige Nachrichten gleichzeitig von mehreren Nachrichtenquellen zu mehreren Nachrichtensenken übertragen werden (Abb. 1.2). Diese Nachrichtensysteme

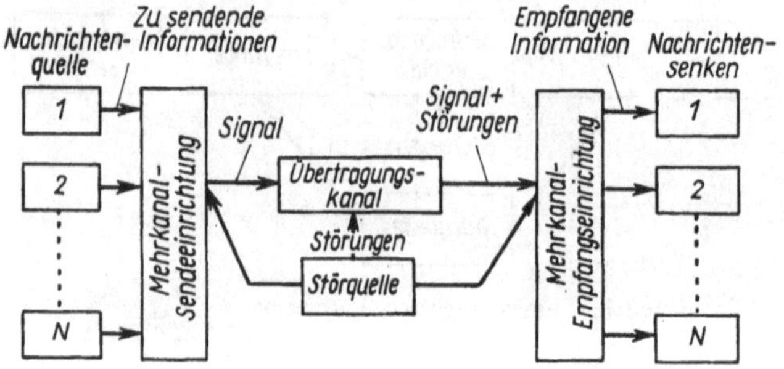

Abb. 1.2. Blockschaltbild eines Mehrkanal-Nachrichtensystems

werden als Mehrkanalsysteme (Multiplexsysteme) bezeichnet. Die Gesamtheit der technischen Einrichtungen für die Nachrichtenübertragung nennt man *Nachrichtenkanal.*

Eines der wichtigsten Kennzeichen eines Nachrichtensystems ist seine *Durchlaßfähigkeit,* die durch die pro Zeiteinheit übertragene Nachrichtenmenge charakterisiert wird. Ein anderes wichtiges Kennzeichen ist die *Übertragungssicherheit.* Die Verfälschung eines Nachrichtenelementes bezeichnet man als Fehler. Eine Senkung der Übertragungssicherheit wird gewöhnlich durch Störungen und kurzzeitige Kanalunterbrechungen hervorgerufen. Die Fähigkeit eines Nachrichtensystems, eine vorgegebene Übertragungssicherheit bei Einwirkung von Störungen im Übertragungskanal zu gewährleisten, nennt man *Fehlersicherheit.*

Zu den Hauptproblemen der Datenübertragungstechnik sowie der Nachrichtentechnik überhaupt gehören:

die Erhöhung der Durchlaßfähigkeit des Nachrichtenkanals, d. h. das Auffinden von Methoden, die es gestatten, eine maximale Nachrichtenmenge nach den ökonomischsten Verfahren zu übertragen;

die Erhöhung der Übertragungssicherheit, d. h. das Auffinden von Methoden, die es gestatten, die Fehlersicherheit des Datenübertragungssystems zu erhöhen.

Diese beiden Forderungen stehen jedoch in Widerspruch zueinander, da eine Erhöhung der Zuverlässigkeit gewöhnlich zu einer Senkung der Durchlaßfähigkeit führt und umgekehrt.

Ein wichtiges Charakteristikum von Datenübertragungssystemen sowie von anderen Nachrichtensystemen ist ihr *Aufwand* (Menge der verschiedenen Bauelemente, Abmessungen, Gewicht, Energieverbrauch). Eine Vergrößerung des Aufwandes führt zur Vergrößerung der *Kosten* der Übertragungseinrichtungen (Materialaufwand und Betriebskosten), wodurch sich der ökonomische Nutzen bei der Anwendung von Datenübertragungssystemen verringert. Wenn jedoch ein erhöhter Aufwand für die Übertragungseinrichtungen zu einer Verbesserung der Qualitätsmerkmale des Datenübertragungssystems führt (Durchlaßfähigkeit und Zuverlässigkeit), so ist er gerechtfertigt.

1.2. Nachrichten und Signale

Ihrer Struktur nach können Nachrichten und Signale analog und diskret sein. Als *analog* bezeichnet man solche Nachrichten und Signale, die in einem endlichen Amplitudenintervall jeden beliebigen Wert annehmen können. Als Beispiel möge die Stromänderung in einem Mikrofon bei Sprachübertragung oder die Helligkeitsänderung des Elektronenstrahls einer Bildröhre bei einer Fernsehübertragung dienen.

Als *diskret* werden solche Nachrichten und Signale bezeichnet, die nur eine endliche Zahl von Werten annehmen können. Als Beispiel kann man das Alphabet anführen, das in der russischen Sprache 33 Buchstaben hat, oder ein Telegrafiesignal, das nur zwei Werte annehmen kann („Stromschritt“ oder „Pause“, „plus“ oder „minus“). Bei der Datenübertragung sind Nachrichten und Signale immer diskret.

Sofern ein analoges Signal mit Hilfe eines Analog-Digital-Umwandlers in eine diskrete Signalfolge verwandelt werden kann, sind Datenübertragungssysteme auch für die Übertragung analoger Signale geeignet (Telefonie, Bildtelegrafie u. a.).

Hat ein diskretes Signal n Werte, so kann man es durch die Folge u_1, u_2, $u_3 \cdots u_n$ darstellen. Numeriert man diese Werte, so kann man die entstehende Zahlenfolge 1, 2, $3 \cdots n$ benutzen, d. h., an Stelle der Signalwerte u_1, $u_2 \cdots u_n$ können die Zahlen 1, $2 \cdots n$ übertragen werden.

Wir sind gewohnt, zur Darstellung von Zahlen das *Dezimalsystem* zu benutzen, d. h. die zehn Ziffern von 0 bis 9. Man kann aber auch Zahlen durch ein anderes Zahlensystem darstellen. Jede Zahl N läßt sich in der folgenden Form schreiben:

$$N = \cdots a_2 R^2 + a_1 R^1 + a_0 R^0 . \tag{1.1}$$

Hierbei ist R die *Basis* des Zahlensystems, a_0, a_1, a_2 sind die Koeffizienten der einzelnen Stellen, die Werte von 0 bis $R - 1$ annehmen können.

In Datenübertragungssystemen benutzt man gewöhnlich das *binäre Zahlensystem*. Die Zahlen werden in diesem System durch die beiden Ziffern 0 und 1 dargestellt.

Beispiele für Dezimalzahlen und die ihnen entsprechenden Binärzahlen sind in Tab. 1.1 angeführt.

Tabelle 1.1

Dezimalzahlen	Binäre Zahlen	Dezimalzahlen	Binäre Zahlen
0	0	15	1111
1	1	16	10000
2	10	17	10001
3	11	18	10010
4	100	19	10011
5	101	20	10100
6	110	30	11110
7	111	40	101000
8	1000	50	110010
9	1001	60	111100
10	1010	70	1000110
11	1011	80	1010000
12	1100	90	1011010
13	1101	100	1100100
14	1110		

Die binären Signale in Datenübertragungseinrichtungen können die verschiedensten Formen annehmen. In Gleichstromkreisen haben sie gewöhnlich die in Abb. 1.3 gezeigte Form. Signale, die während der gesamten Signalperiode wirksam sind, nennt man *Telegrafie-Impulse* oder statische Signale. Signale, die nur während eines Teiles der Signalperiode wirksam sind, bezeichnet man als *dynamische Signale.* Die Impulse, die in Abb. 1.3a dargestellt sind, bezeichnet man als *unipolare* Impulse, da sie durch Strom einer Polarität (und Pausen) erzeugt werden. Impulse, wie sie in Abb. 1.3b gezeigt sind, tragen die Bezeichnung *bipolare* Impulse.

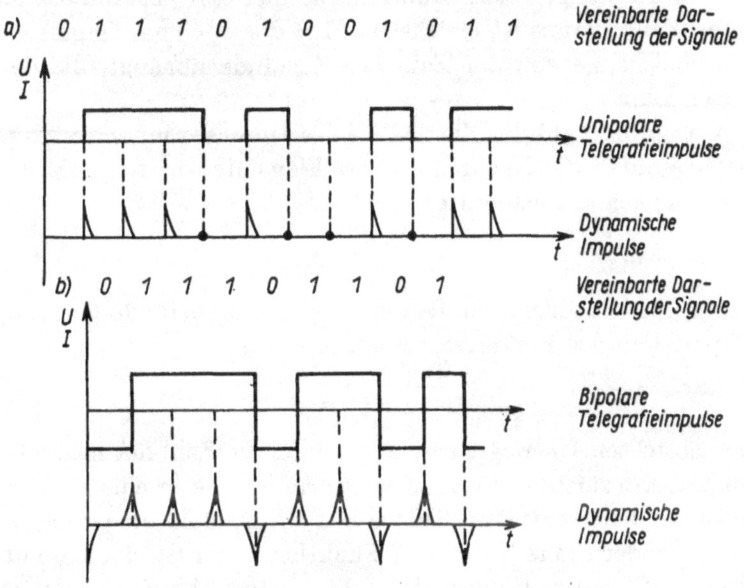

Abb. 1.3. Formen der binären Signale

Die Form der binären modulierten Impulse, wie sie zur Übertragung über Nachrichtenkanäle benutzt werden, wird später bei der Behandlung der Modulationsmethoden beschrieben.

1.3. Informationsmenge

Jede Nachricht enthält bestimmte Angaben oder, anders ausgedrückt, *Information.* Für die Nachrichtentechnik ist es sehr wichtig, ein Maß für die Informationsmenge zu besitzen. Kennt man die Informationsmenge, so kann man leicht so wichtige Parameter von Datenübertragungssystemen bestimmen wie die Durchlaßfähigkeit und die Übertragungsgeschwindigkeit.

Die Nachricht möge aus einem Element bestehen, d. h. aus einem Impuls. Wir wollen annehmen, daß ganz einfache Nachrichten übertragen werden, z. B. „Motor eingeschaltet" und „Motor ausgeschaltet". Folglich muß der Impuls zwei verschiedene Zustände annehmen, die den beiden möglichen Nachrichten entsprechen. Offensichtlich geben die übertragenen Nachrichten eine ziemlich grobe Bewertung des Motorzustandes. Entschließen wir uns jetzt, zehn verschiedene Nachrichten zu übertragen, die den verschiedenen Betriebsarten des Motors zugeordnet sind, so muß der Impuls zehn verschiedene Zustände annehmen. In diesem Fall gibt der Empfang eines Impulses dem Empfänger mehr Information über den Zustand des Motors als im ersten Fall. Daraus ist ersichtlich, daß die in einem Impuls enthaltene Informationsmenge von der Zahl der Zustände abhängt, die der Impuls annehmen kann.

Wir wollen die Zahl der Zustände eines Impulses mit m bezeichnen und voraussetzen, daß die Nachricht aus n Elementen besteht. Dann wird die Zahl der möglichen Nachrichten

$$N = m^n, \tag{1.2}$$

d. h., man kann Information über $N = m^n$ Motorzustände übertragen.

Im Spezialfall des Binärsystems mit $m = 2$ gilt

$$N = 2^n. \tag{1.3}$$

Die angestellten Überlegungen zeigen, daß die Zahl der möglichen Nachrichten ein Maß für die Informationsmenge ist, die in einer Nachricht enthalten ist. In der Praxis ist es jedoch bequemer, nicht die Größe $N = m^n$ zu benutzen, sondern eine bestimmte Funktion dieser Größe. Die Form dieser Funktion muß man so wählen, daß folgende logische Forderung erfüllt ist: Bei einer Vergrößerung der Elementezahl beispielsweise um das Zweifache muß die Informationsmenge ebenfalls um das Zweifache anwachsen. Da die Zahl der Elemente n in der Gleichung (1.2) im Exponenten auftritt, ist es besser, folgende logarithmische Funktion zu verwenden:

$$I = a \cdot \log_b N \tag{1.4}$$

oder

$$I = a \cdot \log_b m^n = a\, n \cdot \log_b m. \tag{1.5}$$

Hierin ist I die Informationsmenge, a eine Konstante, b die Basis des Logarithmus.

Es wurde vereinbart, $a = 1$ zu setzen und den Logarithmus mit der Basis $b = 2$ zu verwenden:

$$I = \mathrm{lb}\, N \tag{1.6}$$

oder

$$I = n \cdot \mathrm{lb}\, m. \tag{1.7}$$

In diesem Fall wird die Informationsmenge in Bit (man sagt auch in „binären Einheiten“) ausgedrückt.

Ein Binärimpuls enthält ein Bit Information, d. h., wenn $m = 2$ und $n = 1$ ist, wird $I = 1$. Im Binärsystem ist die Informationsmenge gleich der Anzahl der Impulse

$$I = n. \tag{1.8}$$

Wenn der Impuls 16 verschiedene Zustände annehmen kann ($n = 1$, $m = 16$), dann ist die Informationsmenge $I = 4$ bit. Bei der *Vergrößerung der Zahl der Zustände*, die der Impuls annehmen kann, *wächst die Informationsmenge logarithmisch*. Wie oben gesagt wurde, *wächst bei Vergrößerung der Zahl der Impulse die Informationsmenge um das gleiche Vielfache an.* Daraus geht hervor, daß es ungünstig ist, die Zahl der Impulszustände zu erhöhen, da die Informationsmenge dabei nur langsam, der Aufwand der Apparatur aber ungefähr proportional zur Zahl der Zustände anwächst. Von diesem Standpunkt aus erweist sich das Binärsystem als äußerst günstig. Ein anderer wichtiger Vorzug des Binärsystems ist die einfache Realisierung der Schaltungen für die Speicherung, Kommutation, Kodierung usw. Dafür genügen logische Bauelemente, die zwei stabile Zustände haben (Trigger, Tasten u. ä.). Derartige Elemente sind einfach und stabil in ihrer Arbeitsweise. Binärsysteme zeichnen sich durch eine geringe Störanfälligkeit aus.

Die Formel, die zur Bestimmung der Informationsmenge abgeleitet wurde, gilt nur für den Fall, daß alle möglichen Nachrichten gleichwahrscheinlich auftreten.

Im allgemeinen Fall können die verschiedenen Zeichen mit unterschiedlichen Wahrscheinlichkeiten auftreten. So treten bekanntlich bei der Übertragung eines Telegramms in russischer Sprache am häufigsten die Buchstaben O, A, E und H und am seltensten die Buchstaben X, Ф und Щ auf. Wir wollen eine Formel zur Bestimmung der Informationsmenge ableiten, wenn die möglichen Zeichen nicht gleichwahrscheinlich auftreten.

Mögen die Nachrichtenzeichen (in unserem Fall die Buchstaben eines Telegramms) m Werte annehmen. Die entsprechenden Wahrscheinlichkeiten für das Auftreten der verschiedenen Buchstaben sind gleich $p_1, p_2, \ldots, p_i, \ldots, p_m$. Wir wollen ein Telegramm betrachten, das n Buchstaben enthält, und voraussetzen, daß die Häufigkeit der einzelnen Buchstaben im Telegramm durch die Zahlen

$$a_1, a_2, \ldots, a_i, \ldots, a_m$$

ausgedrückt wird.

Die Wahrscheinlichkeit für das Auftreten einer bestimmten Buchstabenfolge wird dann

$$p = p_1^{a_1} p_2^{a_2} \ldots p_m^{a_m} \ldots p_m^{a_m} = \prod_{i=1}^{m} p_i^{a_i}. \tag{1.9}$$

Dabei wird vorausgesetzt, daß das Auftreten eines einzelnen Buchstabens ein unabhängiges Ereignis ist.

Wenn das Telegramm hinreichend lang ist, kann man schreiben

$$a_i = n\,p_i\,. \tag{1.10}$$

Daraus folgt

$$p = \prod_{i=1}^{m} p_i^{n p_i}\,. \tag{1.11}$$

Man kann alle möglichen Zeichenkombinationen als gleichwahrscheinlich annehmen, wenn die Nachricht genügend lang ist. Folglich tritt jede Zeichenkombination mit der Wahrscheinlichkeit p auf. Die Gesamtzahl der möglichen Nachrichten wird daher

$$N = \frac{1}{p} = \frac{1}{\prod_{i=1}^{m} p_i^{n p_i}}\,. \tag{1.12}$$

Die Informationsmenge ist gleich dem Logarithmus zur Basis $b = 2$ aller möglichen Nachrichten:

$$I = \mathrm{lb}\,N = n \sum_{i=1}^{m} p_i\,\mathrm{lb}\,\frac{1}{p_i}\ \mathrm{bit}\,. \tag{1.13}$$

Hierin ist n die Anzahl der Zeichen in einer Nachricht, p_i die Wahrscheinlichkeit für das Auftreten des i-ten Zeichens, m die Gesamtzahl aller möglichen Zeichen.

Durch diese Gleichung wird die Informationsmenge genauer bestimmt als durch Gl. (1.7). Bei der Ableitung dieser Gleichung wurde vorausgesetzt, daß das Telegramm genügend lang ist (strenggenommen unendlich lang). Deshalb gilt Gl. (1.13) für kurze Nachrichten nur im Mittel.

Wenn die Wahrscheinlichkeit für das Auftreten eines Zeichens gleich eins ist ($p_i = 1$), so ist die Informationsmenge gleich Null, d. h. $I = 0$. Das ist ganz natürlich, denn in diesem Fall ist das erwartete Zeichen schon vorher bekannt und bringt keine neue Aussage. Im umgekehrten Fall, wenn alle Zeichen gleichwahrscheinlich auftreten, herrscht vorher die größte Unbestimmtheit über das nächste auftretende Zeichen, und die Informationsmenge wird maximal. Der Ausdruck (1.13) geht über in Gl. (1.7):

$$p_i = \frac{1}{m}\,,$$

$$I = n \cdot \mathrm{lb}\,m\,.$$

In der Theorie wird manchmal auch die auf ein Zeichen bezogene Information verwendet:

$$I' = \frac{I}{n} = \sum_{i=1}^{m} p_i \cdot \mathrm{lb} \frac{1}{p_i} \frac{\text{bit}}{\text{Zeichen}}. \qquad (1.14)$$

Im Fall gleichwahrscheinlicher Zeichen wird

$$I' = \frac{I}{n} = \mathrm{lb}\, m \frac{\text{bit}}{\text{Zeichen}}. \qquad (1.15)$$

Diese Größe hängt nur von den Eigenschaften der Nachrichtenquelle ab. Man nennt sie auch *Entropie* der Nachrichtenquelle.

Die oben angestellten Überlegungen werden durch die in Abb. 1.4 dargestellte Abhängigkeit der bezogenen Information I' von der Wahrscheinlichkeit p_1, mit der eines von zwei Binärelementen auftritt ($m = 2$), bestätigt.

Deshalb wird bei ungleicher Wahrscheinlichkeitsverteilung der Zeichen einer Nachricht die Informationsmenge, die in dieser Nachricht enthalten ist, verkleinert. Prinzipiell besteht in diesem Fall die Möglichkeit, die Übertragungsgeschwindigkeit zu erhöhen.

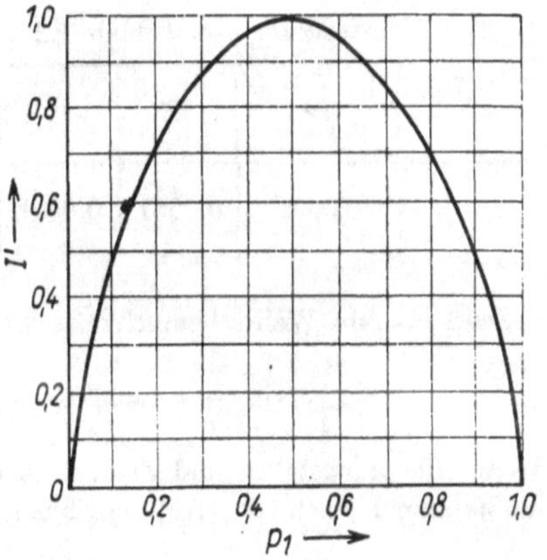

Abb. 1.4. Informationsmenge, bezogen auf ein Informationselement in Abhängigkeit von der Wahrscheinlichkeit für das Auftreten eines Binärelementes

Beispiel: Es ist die bezogene Information zu berechnen, die im Mittel bei der Übertragung von Telegrammen in russischer Sprache auf einen Buchstaben entfällt. Die Wahrscheinlichkeit für das Auftreten der einzelnen Buchstaben und Steuerzeichen eines Fernschreibers mit russischem Register sind entsprechend Tab. 1.2 verteilt[1]).

Tabelle 1.2

Zeichen	Leertaste	O	A	E	H	P	И	Russisches Register
p_i	0,17	0,078	0,0713	0,0626	0,0476	0,0465	0,0460	0,0438

[1]) Die Wahrscheinlichkeit für das Auftreten der Buchstaben Ш, Ю, Э, Ц und Ъ, die auf dem Ziffernregister angeordnet sind, ist klein und wird bei der Berechnung von I' nicht berücksichtigt.

Fortsetzung von Tabelle 1.2

Zeichen	Ziffern-register	В	С	Т	Л	К	М	Д
p_i	0,0438	0,0418	0,0398	0,0387	0,0361	0,0349	0,0240	0,0238

Fortsetzung von Tabelle 1.2

Zeichen	У	П	Г	Я	Б	Ь	Й	З
p_i	0,0226	0,0210	0,0168	0,0152	0,0120	0,0119	0,0111	0,0104

Fortsetzung von Tabelle 1.2

Zeichen	Ы	Ж	Ц	Х	Ф	Щ	Läut-signal	Lateinisches Register
p_i	0,0091	0,0061	0,0051	0,0049	0,0035	0,0012	0,0004	0

Setzt man die Wahrscheinlichkeitswerte in Gl. (1.14) ein, so erhält man

$$I' = \sum_{i=1}^{32} p_i \cdot \text{lb} \frac{1}{p_i} = 4{,}363 \frac{\text{bit}}{\text{Zeichen}} .$$

Wenn alle Buchstaben und Zeichen (des russischen Registers) gleichwahrscheinlich wären, müßte man I' nach Gl. (1.15) berechnen:

$$I' = \text{lb}\, m = \text{lb}\, 32 = 5 \frac{\text{bit}}{\text{Zeichen}} .$$

Aus dem angeführten Beispiel ist ersichtlich, daß sich durch Berücksichtigung der statistischen Verteilung für das Auftreten der einzelnen Buchstaben die auf einen Buchstaben bezogene Informationsmenge verkleinert. Das erklärt sich aus der Verringerung der Unbestimmtheit, da bestimmte Buchstaben häufiger und andere seltener erwartet werden.

1.4. Signalvolumen und Kanalkapazität

Um Beziehungen zwischen den charakteristischen Kennzeichen der Signale und den Eigenschaften des Übertragungskanals zu erhalten, führt man einige Größen ein, die die Signale und die physikalischen Eigenschaften des Übertragungskanals charakterisieren.

Die erste Größe, die ein Signal charakterisiert, ist die *Signaldauer* ΔT_S. Sie gibt das Zeitintervall an, in dem das Signal wirkt.

Als Charakteristikum eines Signals während seiner Wirkungsdauer kann die mittlere Signalleistung oder das Verhältnis der mittleren Leistung zu einer bestimmten Bezugsleistung dienen. Als Bezugsleistung ist es zweckmäßig, die mittlere Störleistung zu wählen, die für den entsprechenden Kanaltyp angegeben wird.

In der Praxis ist es bequemer, nicht das Verhältnis der Leistungen, sondern den Logarithmus des Leistungsverhältnisses zu benutzen. Deshalb ist eine zweite charakteristische Größe, die die Eigenschaften eines Signals charakterisiert, das Signal-Stör-Verhältnis, d. h. der *Pegelunterschied zwischen Signal und Störungen:*

$$\Delta D_S = \mathrm{lb}\,\frac{P_S}{P_{St}}. \tag{1.16}$$

Hierin ist P_S die mittlere Signalleistung, P_{St} die mittlere Störleistung.

Die dritte charakteristische Größe eines Signals ist die *Breite seines Spektrums* ΔF_S.

Für die Beschreibung der allgemeinen Eigenschaften eines Signals ist es bequem, das Produkt aus den drei genannten Größen zu benutzen:

$$V_S = \Delta T_S \Delta F_S \Delta D_S. \tag{1.17}$$

Geometrisch stellt das Produkt dieser drei Größen im kartesischen Koordinatensystem ein Parallelepiped mit den Seiten ΔT_S, ΔF_S und ΔD_S dar. Deshalb nennt man V_S das *Signalvolumen.*

Den Nachrichtenkanal kann man ebenfalls durch drei Parameter charakterisieren:

die Zeit ΔT_K, in der der Kanal für die Übertragung benutzt wird;
das Frequenzband ΔF_K, für das der Kanal durchlässig ist;
den Dynamikbereich ΔD_K, der bestimmt wird durch die maximale Differenz zwischen der Größe des zulässigen Signalpegels und dem für einen bestimmten Kanaltyp angegebenen Störpegel.

Die Größe

$$\frac{V_K}{\Delta T_K} = \Delta F_K \cdot \Delta D_K \tag{1.18}$$

bezeichnet man als *Kanalkapazität.*

Offensichtlich kann ein Signal den Kanal nur dann ohne Verzerrungen passieren, wenn es folgende Bedingungen erfüllt:

$$\left.\begin{array}{l}\Delta T_S \leqq \Delta T_K \\ \Delta F_S \leqq \Delta F_K \\ \Delta D_S \leqq \Delta D_K\end{array}\right\}. \tag{1.19}$$

Daraus ergibt sich die allgemeine Forderung

$$V_S \leqq V_K. \tag{1.20}$$

Die Praxis zeigt, daß die physikalischen Parameter eines Signals verändert werden können. Die Verringerung eines Parameters ist jedoch gewöhnlich mit der Vergrößerung eines anderen verbunden. Wird zum Beispiel ein Signal, das langsam auf ein Magnetband gespeichert wurde, mit erhöhter Geschwindigkeit wieder gelesen, so verkleinert sich zwar die Dauer des Signals, aber um das gleiche Vielfache vergrößert sich die Breite seines Spektrums.

1.5. Kodierung

Nach der Betrachtung der Eigenschaften von Nachrichten und der ihnen entsprechenden elektrischen Signale kann der Begriff der Kodierung genauer bestimmt werden. Das Signal, das man am Eingang des Senders erhält, nachdem die Nachricht in eine elektrische Form umgewandelt worden ist, heißt *Primärsignal.* Wie bereits früher gesagt wurde, liegen bei der Datenübertragung die Nachrichten schon in elektrischer Form, d. h. in Form von Primärsignalen vor. Weiterhin wurde festgestellt, daß die Übertragung diskreter Signale durch die Übertragung von Zahlen ersetzt werden kann. Die Umwandlung eines Primärsignales in ein oder mehrere Binärzeichen heißt *Kodierung.*

Die als Ergebnis der Kodierung erhaltenen Zahlen werden als *Kodekombinationen* bezeichnet. Die einzelnen Binärziffern heißen auch *Elemente der Kombination* und die ihnen entsprechenden elektrischen Signale *Elementarimpulse.*

Die Gesamtheit aller Kodekombinationen heißt *Kode.* Außer den binären (bivalenten) Kodes sind auch *mehrvalente Kodes* möglich; diese werden in Zahlensystemen mit einer Basis größer als 2 verwendet.

Mit bivalenten Kodes ist der Leser in den Vorlesungen über Telegrafie genügend gut bekannt gemacht worden.

Die Kodes kann man in zwei Gruppen einteilen: *gewöhnliche* Kodes (ohne Redundanz) und *fehlererkennende* (korrigierende) Kodes.

Bei nichtredundanten Kodes werden alle möglichen Kodekombinationen für die Nachrichtenübertragung benutzt. Diese Kodes können gleichmäßig oder ungleichmäßig sein. Bei *gleichmäßigen* Kodes bestehen alle Kodekombinationen aus der gleichen Anzahl von Elementen. Als Beispiel kann der fünfstellige Fernschreibkode dienen. Die Gleichmäßigkeit der Kodes erleichtert die Konstruktion der Kodierungs- und Dekodierungseinrichtungen. Bei *ungleichmäßigen* Kodes ist die Länge der Kombinationen unterschiedlich. Als Beispiel möge das Morsealphabet dienen.

Bei fehlererkennenden Kodes wird von der Gesamtzahl der Kodekombinationen, die aus n Elementen gebildet werden können, nur ein Teil dieser Kombinationen für die Informationsübertragung benutzt.

So wird im einfachsten Fall der fünfstellige Fernschreibkode in einen fehlererkennenden Kode umgewandelt, wenn zu der Primärkombination eine Prüfstelle derart hinzugefügt wird, daß die Anzahl der „1" in der Kodekombination geradzahlig wird. Zum Beispiel entsprechen den Buchstaben А, Б und В des Fernschreibalphabets die Kodekombinationen

А 100001
Б 001100
В 011011 ,

bei denen die sechste Stelle eine Prüfstelle ist.

So wird in Kodekombinationen ein Teil der Stellen als Informationsstellen und ein Teil der Stellen (in dem angegebenen Beispiel die sechste) als Prüfstellen benutzt.

Wenn in der Leitung ein einfacher Fehler auftritt, beispielsweise im Buchstaben Б in der zweiten Stelle (011100), dann erkennt eine Spezialeinrichtung im Empfänger diesen Fehler, weil die Anzahl der „1" ungeradzahlig ist.

Hieraus folgt, daß fehlererkennende Kodes immer eine zusätzliche Information (Stelle) enthalten, die es gestattet, Fehler zu erkennen. In diesen Fällen sagt man, daß in den Kodekombinationen eine *redundante Information* auftritt. Die Menge der redundanten Informationen, die nach Gl. (1.8) bestimmt werden kann, ist gleich der Zahl der zusätzlichen Stellen. Die übrige Information wird im Gegensatz zur Zusatzinformation als *Nutzinformation* bezeichnet.

1.6. Modulation

Nach der Kodierung hat das Signal die Form von Kodekombinationen, von denen jede eine bestimmte Menge Gleichstromimpulse enthält. Das Spektrum dieser Impulse liegt im Gebiet niedriger Frequenzen. So hat ein Rechteckimpuls mit der Länge τ_0 und der Amplitude U_0 das kontinuierliche Spektrum

$$S(f) = U_0 \tau_0 \frac{\sin \pi \tau_0 f}{\pi \tau_0 f}, \qquad (1.21)$$

das in Abb. 1.5 dargestellt ist. Bei der Übertragung von periodischen Impulsfolgen erhält man ein diskretes Spektrum, das annähernd die gleiche Energieverteilung in Abhängigkeit von der Frequenz hat wie das in Abb. 1.5 dargestellte Spektrum.

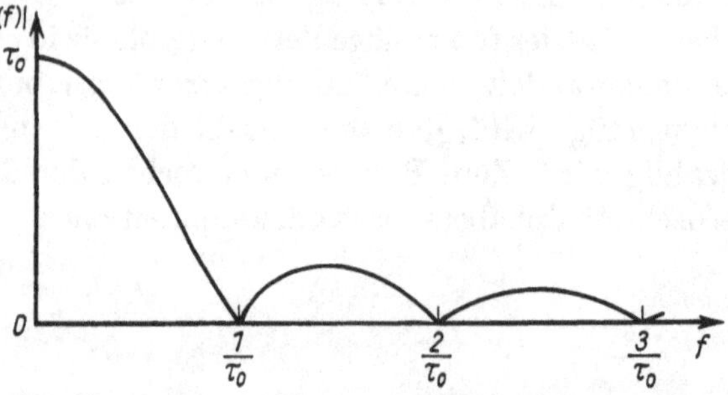

Abb. 1.5. Spektrum eines Rechteckimpulses

Leitungen, die für die Datenübertragung benutzt werden, kann man in zwei Gruppen einteilen:

in Leitungen, über die Gleichstromsignale übertragen werden können, z. B. Kabel;

in Leitungen, über die sehr niedrige Frequenzen nicht übertragen werden können, z. B. Telefoniekanäle.

Im ersten Fall können die Impulse der Kodekombinationen unmittelbar übertragen werden. Im zweiten Fall muß das Impulsspektrum der Kodekombinationen in einen höheren Frequenzbereich transformiert werden. Dazu wird einer der Parameter einer harmonischen Schwingung (des sog. „Trägers") moduliert:

$$u(t) = U_0 \cdot \sin(\omega_0 t + \varphi_0) . \tag{1.22}$$

Hierin ist U_0 die Amplitude, ω_0 die Kreisfrequenz, φ_0 die Anfangsphase.

Je nach dem modulierten Parameter unterscheidet man *Amplituden-(AM), Frequenz-(FM) und Phasenmodulation (PM)*.

Wir bezeichnen das modulierende Signal mit $x(t)$. Es sei veränderlich von $+1$ bis -1. Im Spezialfall der Übertragung von binären Impulsen kann es nur zwei Zustände annehmen: $x_1(t) = 1$ und $x_2(t) = -1$, wobei der Übergang von einem Zustand in den anderen sprunghaft erfolgt („Tastung").

Allgemein kann ein AM-Signal beschrieben werden durch

$$u(t) = U_0[1 + m \cdot x(t)] \sin(\omega_0 t + \varphi_0) , \tag{1.23}$$

wobei m der Modulationsgrad ist. Zur Vermeidung von Verzerrungen (Übermodulation) muß

$$m \leqq 1 \tag{1.24}$$

sein.

In Binärkanälen arbeitet man oft mit $m = 1$; dann ist

$$u(t) = U_0[1 + x(t)] \sin(\omega_0 t + \varphi_0), \tag{1.25}$$

und die Amplitude der modulierten Schwingung ändert sich in dem Bereich von $2U_0$ und Null.

Bei PM wird das Signal beschrieben durch

$$u(t) = U_0 \sin[\omega_0 t + \Delta\varphi\, x(t)], \tag{1.26}$$

wobei $\Delta\varphi$ der Phasenhub ist. Zur Vermeidung von Übermodulation muß gelten

$$\Delta\varphi \leqq 90°. \tag{1.27}$$

Wir wollen darauf hinweisen, daß die Phasenmodulation eine Frequenzänderung des Signals mit sich bringt, da definitionsgemäß die Frequenz die Änderungsgeschwindigkeit der Phase pro Zeiteinheit ist:

$$\omega(t) = \frac{d\varphi(t)}{dt}. \tag{1.28}$$

Bei PM ändert sich die Frequenz folgendermaßen:

$$\omega(t) = \frac{d}{dt}[\omega_0 t + \Delta\varphi\, x(t)] = \omega_0 + \Delta\varphi \frac{dx(t)}{dt}. \tag{1.29}$$

Eine zeitabhängige Frequenz nennt man im Gegensatz zu einer konstanten Frequenz Augenblicksfrequenz, und eine zeitabhängige Phase nennt man im Unterschied zur konstanten Anfangsphase Augenblicksphase:

$$\varphi(t) = \int \omega(t)\, dt. \tag{1.30}$$

Bei FM muß sich die Frequenz entsprechend dem modulierenden Signal ändern, d. h.

$$\omega(t) = \omega_0 + \Delta\omega\, x(t), \tag{1.31}$$

wobei $\Delta\omega$ der Frequenzhub ist. Zur Vermeidung von Übermodulation muß die Bedingung

$$\Delta\omega \leqq \omega_0 \tag{1.32}$$

erfüllt sein.

Die Augenblicksphase wird gleich

$$\varphi(t) = \int[\omega_0 + \Delta\omega\, x(t)]\, dt = \omega_0 t + \Delta\omega \int x(t)\, dt + \varphi_0. \tag{1.33}$$

Deshalb wird der Ausdruck für ein Signal mit FM

$$u(t) = U_0 \sin\left[\omega_0 t + \Delta\omega \int x(t)\, dt + \varphi_0\right]. \tag{1.34}$$

Ein Signal, das durch die betrachteten Modulationsarten entsteht, hat bekanntlich zwei Seitenbänder, die in der Regel symmetrisch zum Träger angeordnet sind (Abb. 1.6a). Deshalb ist für die Übertragung dieser modulierten Signale ein doppelt so großes Frequenzband erforderlich wie für das Spektrum eines Impulses.

Um das benötigte Frequenzband zu verkleinern, kann man die Einseitenbandübertragung anwenden. Da das Signal bei der Datenübertragung aber in den meisten Fällen sehr niedrige Frequenzen im Impulsspektrum enthält, liegen die beiden Seitenbänder dicht beieinander und lassen sich nur

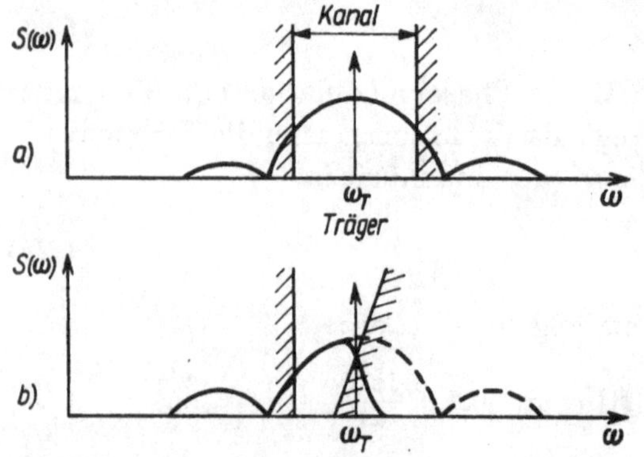

Abb. 1.6. Übertragungsspektren. a) mit zwei Seitenbändern; b) mit teilweiser Unterdrückung eines Seitenbandes

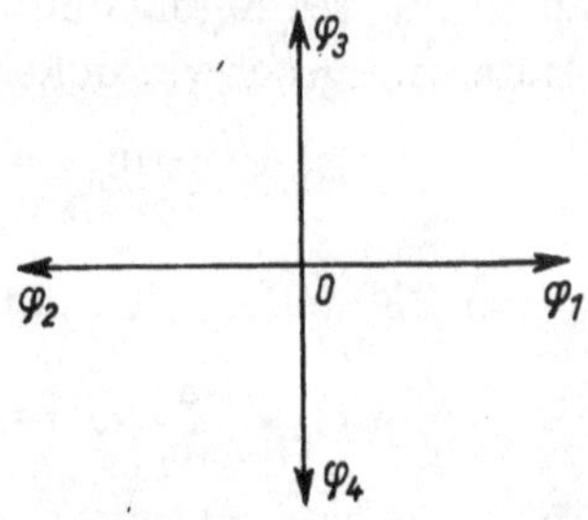

Abb. 1.7. Mögliche Lagen der Signalspektren bei Vierphasenmodulation

schwer durch Filter voneinander trennen. Deshalb wird gewöhnlich die *Übertragung mit teilweiser Unterdrückung eines Seitenbandes* (*Restseitenbandmodulation*) angewendet (Abb. 1.6b). Dabei erhält man eine Verkleinerung der benötigten Bandbreite, die zwar nicht das Zweifache, aber doch das 1,8- bis 1,5fache beträgt.

Die oben aufgezählten Modulationsmethoden, bei denen sich nur ein Parameter ändert, können als „klassische" oder „reine" Modulationsmethoden bezeichnet werden. Außerdem sind *kombinierte* Modulationsmethoden möglich, bei denen gleichzeitig zwei Parameter moduliert werden. So ist z. B. eine Amplituden-Phasen-Modulation (APM) oder eine Amplituden-Frequenz-Modulation (AFM) möglich. Dabei kann die Veränderung zweier Parameter für die Übertragung einer Nachricht oder für die gleichzeitige Übertragung zweier unabhängiger Nachrichten benutzt werden.

So sind gegenwärtig viele verschiedene Arten von Modulationsverfahren bekannt und werden angewendet. Sie weisen verschiedene Besonderheiten auf, die es gestatten, mit unterschiedlichen Übertragungsgeschwindigkeiten und Fehlersicherheiten zu arbeiten. Besonders weite Anwendung findet das PM-System mit vier Phasenlagen (Abb. 1.7), das auch als *Vierphasenmodulation* bezeichnet wird. Die Wahl der Modulationsmethode beeinflußt stark die qualitativen Eigenschaften von Datenübertragungsgeräten.

1.7. Durchlaßfähigkeit

Die Durchlaßfähigkeit oder die Übertragungsgeschwindigkeit der Nutzinformation eines Datenübertragungssystems hängt hauptsächlich von der Breite des zur Verfügung stehenden Frequenzbandes, aber auch von der Modulationsart und der Intensität der Störungen ab.

Die Bandbreite des Kanals bestimmt die Dauer des Einschwingvorganges bei der Modulation eines Parameters der Trägerfrequenz. Wie in Kap. 2 gezeigt wird, ist die Dauer des Einschwingvorganges bei Zweiseitenbandübertragung

$$t_E \approx \frac{1}{\Delta F} \tag{1.35}$$

und bei Einseitenbandübertragung oder bei Übertragung in einem Niederfrequenzkanal (ohne Modulation)

$$t_E \approx \frac{1}{2\Delta F}. \tag{1.36}$$

ΔF ist die Bandbreite des Übertragungskanals.

Bei der höchsten Modulationsgeschwindigkeit kann die Dauer eines Elementarimpulses τ_0 gleich seiner Einschwingzeit sein, d. h.

$$\tau_0 = t_E. \tag{1.37}$$

Die *Übertragungsgeschwindigkeit* (oder Tastgeschwindigkeit) ergibt sich zu

$$B = \frac{1}{\tau_0}. \tag{1.38}$$

Sie wird in *Baud* (das ist die Anzahl der Elementarimpulse pro Zeiteinheit) gemessen.

Die höchste Übertragungsgeschwindigkeit ist

$$B_{\max} = 2\Delta F. \tag{1.39}$$

Diese Gleichung, die man als *Nyquist-Kriterium* bezeichnet, hat große Bedeutung für die Nachrichtentechnik.

Wie in Kap. 1.3 erläutert wurde, hat bei der Übertragung von Binärimpulsen jeder Elementarimpuls die Information von einem Bit. Deshalb ergibt sich die *Kanalkapazität* des Binärkanals (d. h. die Zahl der Bit pro

Sekunde) zu

$$C_{max} = B_{max} = 2\Delta F \text{ in } \frac{\text{bit}}{\text{s}}. \tag{1.40}$$

In Kap. 1.3 wurde auch gesagt, daß sich bei einer Vergrößerung der Anzahl der Zustände, die ein Impuls annehmen kann, die in dem Impuls enthaltene Information vergrößert. Es gilt deshalb für mehrvalente Systeme

$$C_{max} \text{ in } \frac{\text{bit}}{\text{s}} > B \text{ in Baud}. \tag{1.41}$$

Es soll erwähnt werden, daß in Binärsystemen die Übertragungsgeschwindigkeit in Baud und die effektive Übertragungsgeschwindigkeit in $\frac{\text{bit}}{\text{s}}$ nicht zusammenzufallen brauchen. Wie schon gesagt wurde, wird bei der Kodierung der Nutzinformation eine sogenannte redundante Information hinzugefügt. Später wird gezeigt, daß für die Synchronisation der Übertragungseinrichtungen und für andere Zwecke auch noch Hilfsinformationen übertragen werden. Deshalb wird die effektive Übertragungsgeschwindigkeit gewöhnlich kleiner als die tatsächliche Übertragungsgeschwindigkeit in Baud:

$$B_{eff} < B. \tag{1.42}$$

In binären Systemen kann die effektive Übertragungsgeschwindigkeit durch folgende Gleichung bestimmt werden:

$$B_{eff} = \frac{n_{nutz}}{T_{ü}}. \tag{1.43}$$

Hierin ist n_{nutz} die Anzahl der übertragenen Impulse an Nutzinformation, $T_{ü}$ die Übertragungsdauer.

Beispiel: Ein gewöhnlicher Start-Stop-Telegrafenapparat überträgt einen Buchstaben mit Hilfe von sieben Impulsen: einem Startimpuls = 20 ms, fünf Informationsimpulsen zu je 20 ms und einem Stopimpuls = 30 ms. Die Gesamtübertragungszeit für einen Buchstaben beträgt 150 ms. Bei automatischem Betrieb werden die Buchstaben fortlaufend übertragen. Die Übertragungsgeschwindigkeit erhalten wir aus Gl. (1.38): $B = 1 : 0{,}02 = 50$ Baud. Die effektive Übertragungsgeschwindigkeit wird auf folgende Weise bestimmt: Die Zahl der übertragenen Buchstaben pro Sekunde ist gleich 1 : 0,15; jeder Buchstabe enthält fünf Informationsimpulse. Daraus folgt:

$$B_{eff} = \frac{5}{0{,}15} = 33{,}3\ \frac{\text{bit}}{\text{s}}.$$

Wir betrachten jetzt die Abhängigkeit der Kanalkapazität von dem im Übertragungskanal herrschenden Störpegel. Wir nehmen an, daß ein Signal an Stelle des Wertes 1 fälschlich den Wert 0 annimmt. Das empfangene Signal wird im allgemeinen nicht unmittelbar an die Nachrichtensenke abgegeben. Man führt gewöhnlich im Empfänger (und vorher im Sender) noch Signalumwandlungen durch, die es gestatten, die aufgetretenen Fehler zu beseitigen und die Information richtig an die Datensenke abzugeben.

Theorie und Praxis zeigen, daß eine Beseitigung der Übertragungsfehler zu einer Erniedrigung der Kanalkapazität des Nachrichtensystems führt (im Vergleich zur ungestörten Übertragung). Wir wollen eine Formel für die Kanalkapazität ableiten, die die Wirkung der Kanalstörungen berücksichtigt.

Wir betrachten die Aufgabe zunächst vom wahrscheinlichkeitstheoretischen Standpunkt. Treten keine Kanalstörungen auf, so gilt zwischen der Entropie der Nachrichtenquelle $I'(x)$, der in der Zeiteinheit übertragenen Elementezahl ν und der Kanalkapazität C des Nachrichtenkanals folgende Beziehung:

$$C = \nu I'(x) \text{ in } \frac{\text{bit}}{\text{s}}. \tag{1.44}$$

Treten keine Störungen auf, entspricht jedem Zustand der gesendeten Zeichen $x_1, x_2, \ldots, x_i, x_j, \ldots, x_m$ eindeutig der Zustand der empfangenen Zeichen $y_1, y_2, \ldots, y_i, y_j, \ldots, y_m$.

Bei Vorhandensein von Störungen im Kanal geht diese eindeutige Zuordnung verloren. Das bedeutet, daß zum Beispiel bei der Sendung des Zeichens x_1 auf der Empfangsseite an Stelle des Zeichens y_1 die Zeichen y_2, y_3 usw. empfangen werden können. Allgemein kann an Stelle des Symbols x_i das Symbol y_j empfangen werden. Wir bezeichnen die Wahrscheinlichkeit dafür, daß an Stelle des Symbols x_i das Symbol y_j empfangen wird, mit $p_i(j)$. Damit jedoch diese Wahrscheinlichkeit existiert, muß von der Sendeseite her das Zeichen x_i gesendet werden. Aus der Gesamtheit aller möglichen Symbole wird das Symbol x_i mit einer gewissen Wahrscheinlichkeit p_i gesendet. Offensichtlich ist die Wahrscheinlichkeit für die beiden Ereignisse – die Übertragung des Symbols x_i und der Empfang des Symbols y_j an Stelle von y_i – gleich $p_i \cdot p_i(j)$. Wir bezeichnen diese Wahrscheinlichkeit mit

$$p(i,j) = p_i \cdot p_i(j). \tag{1.45}$$

Die Tatsache, daß bei Vorhandensein von Kanalstörungen die empfangene Gesamtheit der Zeichen nicht eindeutig der gesendeten Gesamtheit der Zeichen entspricht, führt zu einer Verkleinerung der Kanalkapazität des Nachrichtenkanals. Deshalb ist die Kanalkapazität bei Vorhandensein von Störungen

$$C_n = \nu [I'(x) - I'_y(x)]. \tag{1.46}$$

Die Größe $I'_y(x)$ charakterisiert quantitativ die Verringerung der maximal möglichen Kanalkapazität C durch den Einfluß von Störungen. Man kann zeigen, daß gilt

$$I'_y(x) = \sum_{i,j} p(i,j) \operatorname{lb} \frac{1}{p_i(j)}. \tag{1.47}$$

Die Bedeutung der erhaltenen Beziehungen wollen wir an einem Beispiel betrachten. In einem einfachen Steuersystem möge es die beiden Nachrichten „Objekt eingeschaltet" und „Objekt ausgeschaltet" geben. Der erste Befehl soll durch das Symbol 0, der zweite durch das Symbol 1 übertragen werden. Die Wahrscheinlichkeit der Übertragung möge für beide Befehle gleich sein, d. h. $p_0 = p_1 = 0{,}5$. Die Kanalkapazität des störungsfreien Nachrichtenkanals sei $C = 100\ \frac{\text{bit}}{\text{s}}$. Die vorhandenen Störungen wirken sich so aus, daß von zehn gesendeten Befehlen einer falsch empfangen wird. Das bedeutet, daß auf der Empfangsseite an Stelle des Symbols 1 das Symbol 0 empfangen wird und umgekehrt. Hierbei ist $p_0(0) = 0{,}9$, $p_0(1) = 0{,}1$, $p_1(1) = 0{,}9$ und $p_1(0) = 0{,}1$.

Wir wollen alle Parameter berechnen, die für die Bestimmung der Kanalkapazität bei Einwirkung von Störungen notwendig sind. Gemäß Gl. (1.7) ist die Informationsmenge $I(x)$

$$I(x) = n \cdot \text{lb}\, m\,.$$

In dem betrachteten Beispiel ist $n = 1$ und $m = 2$. Deshalb wird $I(x) = 1\ \frac{\text{bit}}{\text{Nachricht}}$. Bei störungsfreier Übertragung ist die Übertragungsgeschwindigkeit

$$= \frac{C}{I(x)} = \frac{100}{1} = 100\ \frac{\text{Nachrichten}}{\text{s}}\,.$$

Die Größe $I'_y(x)$, die die Verringerung der Kanalkapazität durch Einwirkung von Störungen charakterisiert, finden wir nach Gl. (1.47) zu

$$I'_y(x) = p_0\left[p_0(0)\,\text{lb}\frac{1}{p_0(0)} + p_0(1)\,\text{lb}\frac{1}{p_0(1)}\right] +$$
$$+ p_1\left[p_1(1)\,\text{lb}\frac{1}{p_1(1)} + p_1(0)\,\text{lb}\frac{1}{p_1(0)}\right] = 0{,}469\,.$$

Die Kanalkapazität des gestörten Nachrichtenkanals wird

$$C_n = [I'(x) - I'_y(x)] = 100\,(1 - 0{,}469) = 53{,}1\ \frac{\text{bit}}{\text{s}}\,.$$

Betrachten wir einen speziellen Fall, und zwar ebenfalls ein Binärsystem mit gleichwahrscheinlichen Elementen ($p_0 = p_1 = 0{,}5$). Die Intensität der Störungen wollen wir durch die Fehlerwahrscheinlichkeit, d. h. durch den falschen Empfang der Symbole 0 und 1, charakterisieren. Bezeichnen wir diese Wahrscheinlichkeit mit p_E, so wird

$$p_0(0) = 1 - p_E\,, \quad p_1(1) = 1 - p_E\,,$$
$$p_0(1) = p_E\,, \quad p_1(0) = p_E\,.$$

Entsprechend Gl. (1.47) erhalten wir

$$I'_y(x) = p_E\,\text{lb}\,\frac{1}{p_E} + (1 - p_E)\,\text{lb}\,\frac{1}{1 - p_E}\,.$$

Die Kanalkapazität (dabei ist $v = C_0$ gesetzt) ergibt sich zu

$$C_n = C_0\left[\left(1 - p_E \cdot \text{lb}\,\frac{1}{p_E} - (1 - p_E) \cdot \text{lb}\,\frac{1}{1 - p_E}\right)\right]. \tag{1.48}$$

Diese Gleichung zeigt, daß sich bei einer Verringerung der Störungen ($p_E \to 0$) die Kanalkapazität C_n dem Wert C_0 nähert ($C_n \to C_0$), d. h. der Kanalkapazität im störungsfreien Fall.

In Abb. 1.8 ist die Abhängigkeit der Kanalkapazität eines Binärsystems von der Fehlerwahrscheinlichkeit dargestellt, wie sie durch Gl. (1.48) beschrieben wird. So kann man z. B. ablesen, daß die Kanalkapazität bei einer Fehlerwahrscheinlichkeit von 10^{-3} um 1%, bei einer Fehlerwahrscheinlichkeit von 10^{-2} um 8% und bei einer Fehlerwahrscheinlichkeit von 10^{-1} um 47% sinkt.

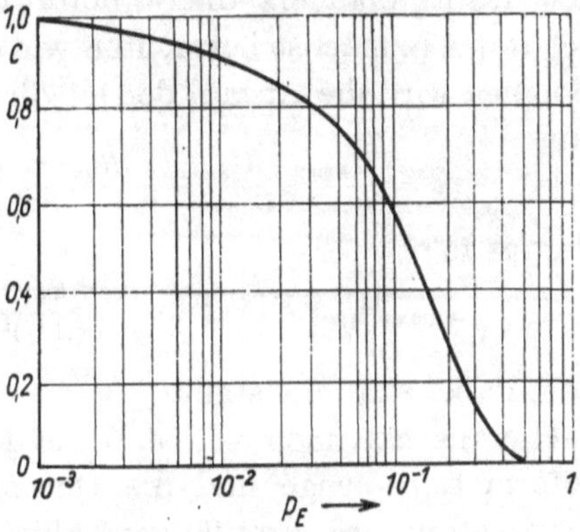

Abb. 1.8. Abhängigkeit der Kanalkapazität eines Binärsystems mit gleichwahrscheinlichen Signalen von der Fehlerwahrscheinlichkeit

Die Aufgabe, den Einfluß von Störungen auf die Kanalkapazität zu bestimmen, kann auch auf eine andere Weise gelöst werden. Man kann nämlich einen Zusammenhang zwischen der Kanalkapazität und den physikalischen Eigenschaften von Signal und Störung finden. Bekanntlich ist [vgl. Gl. (1.39)]

$$B_{\max} = 2\,\Delta F .$$

Es ist weiterhin bekannt, daß sich bei einer Vergrößerung der Anzahl der möglichen Zustände eines Impulses die in diesem Impuls enthaltene Information vergrößert. Nach Gl. (1.7) ist die Informationsmenge

$$I = n \operatorname{lb} m .$$

Hierin ist n die Anzahl der Impulse, m die Anzahl der Zustände eines Impulses.

Setzt man hier die Zahl der Impulse während einer bestimmten Zeit ΔT ein, so erhält man für ein mehrvalentes System

$$I_{\max} = 2\,\Delta F\,\Delta T \operatorname{lb} m . \tag{1.49}$$

Wir wollen zeigen, von welchen Größen die Anzahl der Zustände m abhängt. Dazu betrachten wir beispielsweise ein amplitudengetastetes Signal mit einer bestimmten Leistung P_S. Seine Effektivspannung ist

$$U_{S\,\mathrm{eff}} = \sqrt{P_S \cdot R} , \tag{1.50}$$

wobei R den Lastwiderstand bedeutet. Für die maximal mögliche Signalspannung während der Tastzeit schreiben wir

$$U_{S\max} = k_1 \sqrt{P_S \cdot R} ,$$

worin k_1 ein bestimmter konstanter Koeffizient ($k_1 > 1$) ist. Für die minimale Spannung schreiben wir

$$U_{S\min} = k_2 \sqrt{P_S \cdot R} .$$

k_2 ist ebenfalls ein konstanter Koeffizient ($k_2 < 1$).

Der gesamte Spannungsbereich ($U_{S\,\max} - U_{S\,\min}$) kann in Unterbereiche ΔU eingeteilt werden. Die Größe ΔU wird durch die Unterscheidungsfähigkeit des Empfängers, die Stabilität der Spannungen und ähnliche Ursachen bestimmt (zunächst betrachten wir noch nicht den Einfluß von Störungen). Folglich wird die Anzahl der möglichen Signalzustände gleich

$$m = \frac{U_{S\max} - U_{S\min}}{\Delta U} = \frac{(k_1 - k_2)\sqrt{P_S \cdot R}}{\Delta U}; \tag{1.51}$$

daraus folgt

$$I_{\max} = \Delta F \, \Delta T \operatorname{lb} \frac{(k_1 - k_2)^2 P_S R}{(\Delta U)^2} = \Delta F \, \Delta T \operatorname{lb} a P_S. \tag{1.52}$$

a ist dabei eine Konstante.

Hieraus erkennen wir, daß bei Nichtvorhandensein von Störungen die Informationsmenge und die Durchlaßfähigkeit nur von den technischen Parametern des Empfängers abhängen und theoretisch unendlich groß werden können (bei $\Delta U \to 0$).

Eine im Nachrichtenkanal vorhandene Störung kann man als Störinformation entsprechend Gl. (1.52) darstellen:

$$I_{\mathrm{St}} = \Delta F \, \Delta T \operatorname{lb} a P_{St}. \tag{1.53}$$

Die am Kanalausgang erhaltene Summe aus Signal und Störung kann man ebenfalls in Form einer Information darstellen:

$$I_{\mathrm{ges}} = \Delta F \, \Delta T \operatorname{lb} a (P_S + P_{St}). \tag{1.54}$$

Man kann sich ein Nachrichtensystem vorstellen, in dem die Signale so gut kodiert sind und dessen Störeigenschaften so weit bekannt sind, daß der Empfänger imstande ist, die Nutzinformation von der Störinformation zu trennen. In diesem Fall wird die Menge der empfangenen (und zwar völlig fehlerfrei empfangenen) Nutzinformation gleich

$$I_{\max} = I_{\mathrm{ges}} - I_{\mathrm{St}} = \Delta F \, \Delta T \operatorname{lb} \left(1 + \frac{P_S}{P_{St}}\right). \tag{1.55}$$

Daraus ergibt sich die maximal mögliche Kanalkapazität zu

$$C_{\max} = \Delta F \operatorname{lb} \left(1 + \frac{P_S}{P_{St}}\right) \left[\frac{\mathrm{bit}}{\mathrm{s}}\right]. \tag{1.56}$$

Diese Gleichung, die als *Shannonsche Gleichung* bezeichnet wird, zeigt, daß die Kanalkapazität bei Vorhandensein von Störungen stark vom Signal-Stör-Verhältnis abhängt.

Die Ableitung dieser Gleichung wurde für den Fall der Amplitudenmodulation durchgeführt. In der allgemeinen Nachrichtentheorie wird bewiesen, daß diese Formel von SHANNON für jedes beliebige Nachrichtensystem bei Einwirkung von Störungen gilt.

Für praktische Berechnungen ist es bequem, Gl. (1.56) in der Form

$$C_{\max} = 1{,}44\,\Delta F \ln(1 + e^{2\Delta p}) \tag{1.57}$$

zu schreiben, wobei Δp das Signal-Stör-Verhältnis in Neper ist.

Die Abhängigkeit der Kanalkapazität eines Nachrichtenkanals mit der Bandbreite F = 3000 Hz vom Signal-Stör-Verhältnis zeigt Abb. 1.9.

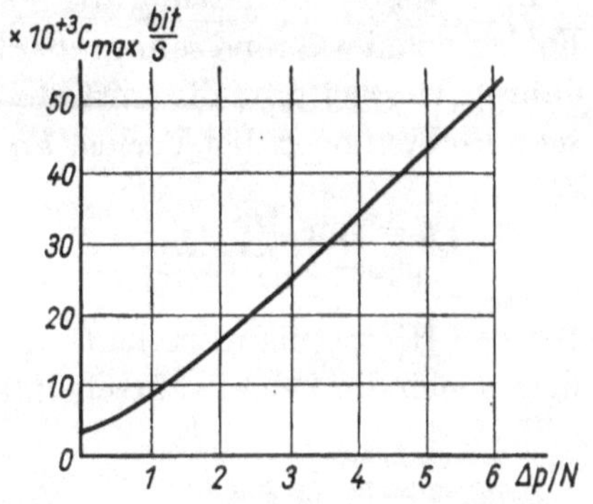

Abb. 1.9. Abhängigkeit der maximalen Kanalkapazität eines Nachrichtenkanals mit einer Bandbreite von 3000 Hz in Abhängigkeit von der Differenz zwischen Signal- und Störpegel

Bei modernen Telefoniekanälen, bei denen $\Delta p \approx 4{,}5 \cdots 5{,}5$ Np ist, kann man theoretisch eine Kanalkapazität von $40000 \cdots 50000\ \frac{\text{bit}}{\text{s}}$ erreichen. Die zur Zeit vorhandenen Datenübertragungssysteme für Telefonleitungen haben jedoch nur eine Kapazität von maximal $5400\ \frac{\text{bit}}{\text{s}}$. Damit deutet die Shannonsche Gleichung die großen Perspektiven für die Vergrößerung der Durchlaßfähigkeit der Datenübertragungssysteme an.

1.8. Übertragungssicherheit

Unter den realen Bedingungen der Informationsübertragung über Nachrichtenkanäle sind infolge von Störeinwirkungen stets *Fehler* in der empfangenen Nachricht enthalten. Gewöhnlich spricht man von Elementefehlern (Verfälschung von „1" in „0" und von „0" in „1"). Manchmal bezieht man sich auch auf die Fehlerrate der Zeichen, Kodekombinationen usw.

Als Bewertung für die Fehlersicherheit möge das Verhältnis der Anzahl n_E der fehlerhaft empfangenen Elementarimpulse zur Gesamtzahl n_{ges} der empfangenen Impulse dienen, das man als *Fehlerhäufigkeit* bezeichnet:

$$h_E = \frac{n_E}{n_{\text{ges}}}. \tag{1.58}$$

Die Fehlerhäufigkeit, die bei realen Nachrichtenverbindungen innerhalb kurzer Zeitintervalle gemessen wird (z. B. 10 Minuten, 1 Stunde), ist nicht zu allen Zeiten gleich. Nachts ist zum Beispiel die Fehlerhäufigkeit stets geringer als am Tage. Das erklärt sich aus der nachts eintretenden Entlastung des Nachrichtensystems und der Verringerung der Störeinflüsse. Deshalb kann man von einer maximalen, minimalen und mittleren Fehlerhäufigkeit sprechen, muß aber dabei unbedingt die Dauer der Messung angeben.

Eine bessere Bewertung der Fehlersicherheit erhält man, wenn man die Fehleranzahl während sehr großer Zeitintervalle bestimmt (Wochen, Monate, Jahre). Hierbei gibt die mittlere relative Fehlerhäufigkeit die *Fehlerwahrscheinlichkeit* oder den Verlust an Übertragungssicherheit an:

$$p = \lim_{n_{\text{ges}} \to \infty} \frac{n_{\text{ges}}}{n_E}. \tag{1.59}$$

Bei der Hintereinanderschaltung mehrerer Datenübertragungssysteme addieren sich die Fehlerwahrscheinlichkeiten p_i der einzelnen Systeme:

$$p_{\text{ges}} = \sum_{i=1}^{N} p_i, \tag{1.60}$$

wobei N die Anzahl der in Reihe geschalteten Übertragungssysteme ist.

Es soll noch darauf hingewiesen werden, daß zur Verringerung der Fehlerzahl, d. h. zur Erhöhung der Fehlersicherheit der empfangenen Information, in modernen Datenübertragungssystemen besondere Maßnahmen angewendet werden.

1.9. Synchronisierung und Regenerierung

Bei der Übertragung von diskreten Informationen sind drei Verfahren der zeitlichen Zuordnung von Sende- und Empfangszyklus möglich: das Asynchron-, das Start-Stop- und das Synchronverfahren.

Dem Leser sind diese drei Verfahren zur Erzeugung der Zeitbezugsinformation aus der Vorlesung über Telegrafie bekannt. So erfordert zum Beispiel der Informationsempfang mit Hilfe des Morseapparates keine Synchronisation zwischen Sender und Empfänger. Hier wird das asynchrone Verfahren benutzt. In Start-Stop-Apparaten wird die Synchronisation zwischen Sender und Empfänger nur während des Zeitabschnittes aufrechterhalten, der für die Übertragung eines Zeichens notwendig ist. Der Empfangszyklus wird durch einen Startschritt eingeleitet und durch einen Stopschritt beendet. Während der Zeit, in der sich der Empfänger im Zustand „Stop“ befindet, werden bestehende Abweichungen von Geschwindigkeit und Phase beseitigt.

Dabei wird das Start-Stop-Prinzip für die Synchronisation benutzt. Bei synchronen Telegrafieeinrichtungen muß die Geschwindigkeit des Ablaufs von Sende- und Empfangszyklus dauernd konstantgehalten werden. Mit anderen Worten, es ist notwendig, daß bei der Übertragung des n-ten Informationselementes im Empfangszyklus der entsprechende Schritt durchlaufen wird (bei mechanischen Apparaten der jeweilige Kontakt). Zur Gewährleistung einer richtigen Arbeitsweise bei synchronen Einrichtungen müssen also die Geschwindigkeit und die Phase von Sende- und Empfangszyklus während der gesamten Betriebsdauer der Übertragungseinrichtung übereinstimmen.

Es ist offensichtlich, daß die Zeitbezugsinformation vom Sender zum Empfänger übertragen werden muß. Je größer die Genauigkeit ist, mit der Geschwindigkeit und Phase des Empfangszyklus aufrechterhalten werden müssen, desto komplizierter sind die Synchronisationseinrichtungen und um so mehr Zeitbezugsinformation muß in der übertragenen Information enthalten sein. Andererseits erfolgt der Empfang der gesendeten Nachricht um so sicherer, je mehr Zeitbezugsinformation in der empfangenen Nachricht enthalten ist. Es ist allgemein bekannt, daß synchron arbeitende Telegrafenapparate viel sicherer als Start-Stop-Apparate arbeiten.

Betrachten wir jetzt die Synchronisationsverfahren genauer.

Beim *Asynchronverfahren* wird eines der übertragenen Signale dazu benutzt, im Empfänger den Beginn des Eintreffens von Informationselementen zu kennzeichnen. Zu diesem Zweck wird kein besonderes Signal übertragen. Als Synchronisiersignal wird z. B. das erste der die Information bildenden Signale benutzt.

Beim Asynchronverfahren kann offensichtlich sowohl mit konstanter als auch mit veränderlicher Geschwindigkeit gearbeitet werden; darin besteht gerade sein Vorteil. Mit diesem Verfahren ist es jedoch nicht möglich, eine hohe Störsicherheit zu gewährleisten, da der Empfänger nur minimale Angaben über die Geschwindigkeit und über die Zeitpunkte des Eintreffens der Signale erhält. Für Datenübertragungseinrichtungen werden asynchrone Systeme nicht verwendet.

Das *Synchronverfahren* besitzt für die Übertragung eine spezielle Synchronisationseinrichtung, die Folgen von Steuerimpulsen (Taktimpulse) erzeugt, deren Zeitintervalle streng fixiert sind und die die Zeitpunkte für die Übertragung eines Binärelementes, eines Kodezeichens oder einer Nachricht festlegen. Alle Angaben über die Geschwindigkeit der Signalübertragung werden in der einen oder anderen Form in den Übertragungskanal gesendet. Im Empfänger sind Synchronisationseinrichtungen vorgesehen, die der Sendeseite analoge Folgen von Steuerimpulsen bzw. Taktimpulsen erzeugen.

Durch sie werden die Zeitpunkte für den Empfang eines Binärelementes, eines Kodezeichens oder einer Nachricht festgelegt.

Offensichtlich müssen bei normaler Arbeitsweise die sende- und empfangsseitigen Taktimpulsfolgen synchron und phasengleich sein. Zur Gewährleistung dieser Bedingungen benutzt man sogenannte *Impulssynchronisiereinrichtungen bzw. Einrichtungen zur Phasennachregelung.*

Für einen richtigen Signalempfang ist jedoch der Impulssynchronismus nicht hinreichend. Werden die diskreten Signale in Form einzelner Kodekombinationen übertragen, so muß man auch den Anfang einer Kodekombination und den der gesamten Nachricht kennen. Zu diesem Zeitpunkt muß zum Beispiel die Dekodiereinrichtung im Empfänger mit ihrer Arbeit beginnen.

Die Bestimmung des Anfangszeitpunktes einer Kodekombination nennt man *Zyklussynchronisation.*

Das *Start-Stop-Verfahren* nimmt eine Mittelstellung zwischen dem Synchron- und dem Asynchronverfahren ein. Bei Anwendung des Start-Stop-Prinzips wird vor Beginn der Informationsübertragung das Signal „*Start*“ (Impuls oder Kodekombination) übertragen. Nach Beendigung der Informationsübertragung wird das Signal „*Stop*“ übertragen. Zwischen diesen Signalen sind die informationstragenden Binärelemente angeordnet, die in bestimmten Zeitintervallen aufeinander folgen.

Die Synchronisationsprinzipien können in den verschiedenen Teilen eines Informationsübertragungssystems unterschiedlich sein. Betrachten wir als Beispiel den schon aus der Vorlesung über Telegrafie bekannten synchronen Start-Stop-Telegrafenapparat. Vom Sende- zum Empfangsverteiler (Übertragungskanal) werden die Stromschritte nach dem Synchronverfahren übertragen, in den Endgeräten dagegen nach dem Start-Stop-Verfahren.

Bei der Einordnung der Datenübertragungskanäle für binäre Informationen in einen allgemeinen Nachrichtenkanal kann man analog von einem *synchronen und einen asynchronen Binärkanal* sprechen.

Betrachten wir als Beispiel die Arbeitsweise eines synchronen Zweikanal-Telegrafenapparates über einen Kanal für Tonfrequenztelegrafie (WT). Der WT-Kanal selbst ist mit dem Sender und dem Empfänger durch keinerlei zeitliche Beziehungen verknüpft. Man kann den Kanal durch einen anderen ersetzen, er ist zu jedem beliebigen Zeitpunkt zur Übertragung bereit. Über den Kanal lassen sich Stromschritte beliebiger Länge übertragen, solange seine Kanalkapazität nicht überschritten wird. Deshalb kann man einen WT-Kanal in diesem Sinne als *asynchron* bezeichnen.

Jeder der beiden Telegrafiekanäle (Binärkanäle) ist mit dem anderen zeitlich starr verbunden. Information kann über sie nur mit einer bestimmten

Geschwindigkeit übertragen werden. Jedes Informationselement (Stromschritt) muß eine bestimmte Dauer haben und zu einem bestimmten Zeitpunkt in den Kanal eintreten. Keiner der Binärkanäle kann einzeln umgeschaltet werden. Infolgedessen kann man den betrachteten Binärkanal als *synchron* bezeichnen.

Eines der schwierigsten Probleme der Synchronisation entsteht bei der Anpassung einer Datenübertragungsanlage an eine EDVA. Gewöhnlich strebt man eine maximale Ausnutzung der Nachrichtenkanäle an; deshalb wird die Information möglichst stetig und gleichmäßig übertragen. Eine EDVA kann prinzipiell den Informationsaustausch mit der Datenübertragungsanlage nicht stetig und gleichmäßig durchführen, da sie nur die Ausgangsdaten der zu lösenden Aufgaben erhält und danach die Endresultate ausgibt. Während der Ausführung der Rechenoperationen wird die EDVA von der Datenübertragungsanlage abgeschaltet. Die Eingabe der Primärdaten in die EDVA und die Ausgabe der Endresultate wird in der minimal möglichen Zeit durchgeführt. Die Ein- und Ausgabe erfolgt also diskontinuierlich, ungleichmäßig, gewöhnlich in Form großer Informationsblöcke und mit hoher Geschwindigkeit. Deshalb müssen zwischen EDVA und Datenübertragungsanlage Einrichtungen vorgesehen werden, die die verschiedenen Arbeitsrhythmen aneinander angleichen (Geschwindigkeitsumsetzer).

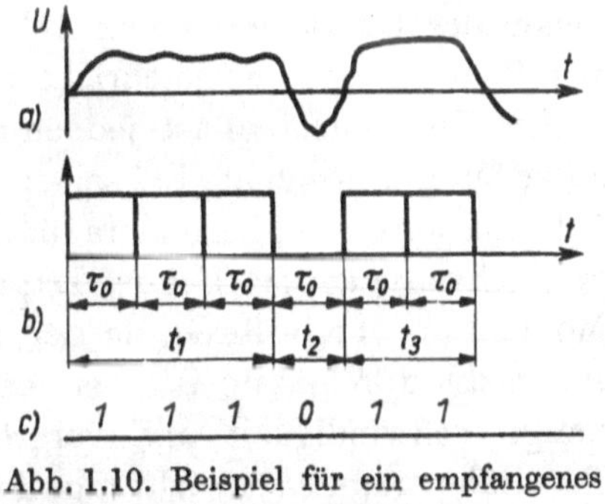

Abb. 1.10. Beispiel für ein empfangenes Signal

Bei der Übertragung von binären Signalen über Nachrichtenkanäle ändert sich die Länge der Signale durch die Einwirkung verschiedener Arten von Störungen. Deshalb wird beim Empfang oder bei einer Zwischenverstärkung eine Impulsformung durchgeführt, die man als *Regenerierung* der Binärsignale bezeichnet. Das Wesen dieses Vorgangs besteht darin, daß mit Hilfe einer Spezialeinrichtung (Regenerator) die ursprüngliche Länge, Form und Amplitude des Signals wiederhergestellt wird. In Abb. 1.10a ist ein durch Störungen verzerrtes Signal gezeigt, in Abb. 1.10b ist das Signal nach der Regeneration dargestellt.

Nimmt man an, daß das Signal „Strom" einer 1 entspricht und das Signal „kein Strom" einer 0, so entspricht die dargestellte Kombination im Binärsystem der Folge 111011 (Abb. 1.10c).

1.10. Leitungen, Nachrichtenkanäle und Nachrichtennetze für die Datenübertragung

Für die Datenübertragung können die verschiedensten Leitungen und Kanäle benutzt werden:

— spezielle physikalische Leitungen (z. B. Kabel). Dabei ist es notwendig, in den Zwischenstationen der Datenübertragung, in denen eine Verstärkung der Impulse erfolgen soll, eine Korrektur der Frequenzverzerrungen des Kabels und bei der Übertragung über große Entfernungen eine Regeneration der Impulse durchzuführen.

— vorhandene Telegrafie- und Telefoniekanäle, Trägerfrequenzsysteme und Fernsehkanäle. Dabei ist es nicht notwendig, zusätzliche Zwischenverstärker zu installieren. Nur bei sehr langen Nachrichtenverbindungen muß eine Impulsregeneration in den Zwischenstationen erfolgen.

Gegenwärtig werden in der Regel für die Datenübertragung die bestehenden Telegrafie- und Telefoniekanäle benutzt. Dadurch ist es möglich, verhältnismäßig schnell weit verzweigte Datenübertragungsnetze zu errichten. Dazu sind nur die entsprechenden Endgeräte zu installieren.

Überhaupt wird das Telefonnetz als universelles Netz betrachtet, das neben der Übertragung von Telefongesprächen auch für die Übertragung von Signalen anderer Nachrichtenarten geeignet ist.

Ein Telefoniekanal ist jedoch nur für die Übertragung von Telefongesprächen gut geeignet. Bei seiner Verwendung für die Übertragung anderer Informationsarten, besonders für die Datenübertragung, entsteht eine Reihe von Schwierigkeiten. Bei der Datenübertragung muß man z. B. erstens eine Modulation durchführen, da der Telefoniekanal für sehr niedrige Frequenzen nicht durchlässig ist. Das erniedrigt die maximal mögliche Übertragungsgeschwindigkeit und vergrößert den technischen Aufwand für die Datenübertragungseinrichtung. Zweitens ist es notwendig, die im Telefoniekanal vorhandenen großen Phasen-Frequenz-Verzerrungen zu korrigieren oder sich mit einer Erniedrigung der Übertragungsgeschwindigkeit abzufinden. Drittens sind in Telefoniekanälen viele kurzzeitige Unterbrechungen und Impulsstörungen vorhanden, wodurch die Übertragungssicherheit sinkt und die Übertragungsanlagen komplizierter werden. Bei Telefoniebetrieb haben diese Störungen keinen Einfluß, da sie infolge ihrer kurzen Dauer die Telefongespräche nicht beeinflussen.

Bei kleinen Übertragungsgeschwindigkeiten benutzt man Telegrafiekanäle, gewöhnlich die Kanäle der *Tonfrequenztelegrafie*. Für Informationsübertragung mit sehr hohen Geschwindigkeiten werden die Frequenzbänder der Gruppen von Trägerfrequenzsystemen verwendet.

1.11. Blockschaltbild eines Datenübertragungssystems

Das typische Blockschaltbild eines Datenübertragungssystems ist in Abb. 1.11 gezeigt. Unter realen Bedingungen können im Blockschaltbild einzelne Funktionseinheiten fehlen.

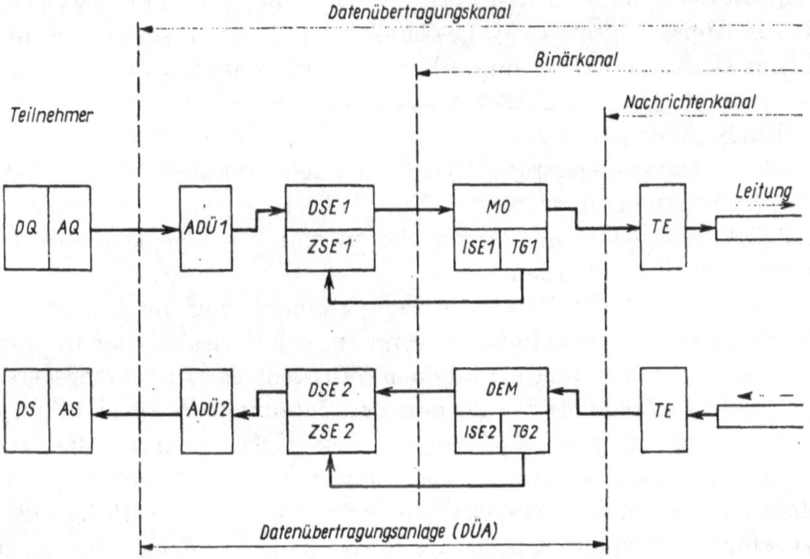

Abb. 1.11. Blockschaltbild eines Datenübertragungssystems

Die Information wird von der Datenquelle (DQ), d. h. beim Teilnehmer erzeugt. Die Datenquelle kann eine elektronische Rechenmaschine, ein Lochband- oder Lochkartengerät, ein automatischer Datengeber, eine Tastatur usw. sein.

Die *Nachricht* besteht gewöhnlich aus einer Reihe von *Binärzeichen*, von denen jedes eine bestimmte Anzahl von *Binärelementen* enthält. Die Nachrichten werden von der Datenquelle auf verschiedene Weise als Binärimpulse ausgegeben.

Beim *Parallelverfahren* werden alle Elemente einer Nachricht gleichzeitig über getrennte Leitungen übertragen.

Beim *Serienverfahren* werden alle Elemente einer Nachricht nacheinander über eine Leitung übertragen.

Beim *Parallel-Serien-Verfahren* werden schließlich die Elemente eines Zeichens parallel und die Zeichen selbst in Serie übertragen.

Von der Datenquelle gelangt die Information über die *Anpassungseinrichtung der Datenquelle* (*AQ*) in die *Anpassungseinrichtung der Datenüber-*

tragungsanlage (*ADÜ1*). Diese Einrichtungen dienen zur gegenseitigen Anpassung von Datenquelle und Datenübertragungsanlage, die nach verschiedenen Betriebsweisen arbeiten, und zur Umsetzung der Information in eine für die Übertragung über Nachrichtenkanäle günstige Form. Gewöhnlich nimmt die Datenübertragungseinrichtung die Information in der Serien- oder in der Parallel-Serien-Form auf. Für die Geschwindigkeitsumsetzung ist im Anpassungsgerät AQ gewöhnlich ein Register vorhanden, in das mit einer Geschwindigkeit eingeschrieben wird, während das Lesen mit einer anderen Geschwindigkeit vor sich geht.

Ein Register mit einer kleineren Anzahl von Speicherstellen ist gewöhnlich auch im Anpassungsgerät ADÜ1 vorhanden. Zwischen AQ und ADÜ1 muß die Information in genormter Form übertragen werden. Dadurch ist es möglich, eine beliebige Datenquelle an eine beliebige Datenübertragungseinrichtung anzuschließen.

Häufig erhält die Datenübertragungseinrichtung die Information nicht in Form elektrischer Impulse, sondern von Zwischenträgern (Lochband, Lochkarte, Magnetband). In diesem Fall stellt das Anpassungsgerät ADÜ1 die *Endeinrichtung* für die Eingabe der Daten vom Zwischenträger dar.

Vom Ausgang des Anpassungsgerätes ADÜ1 gelangen die Impulse in Form von Datenzeichen an den Eingang der *Datensicherungseinrichtung DSE1*, in der zu den Datenzeichen zusätzliche Impulse (Prüfelemente) hinzugefügt werden, durch die es möglich ist, beim Empfang Fehler zu erkennen bzw. zu korrigieren. Die richtige Übertragung der Kodekombinationen wird durch die *Zyklussynchronisiereinrichtung ZSE1* gewährleistet. Zum Zweck der empfangsseitigen Zyklussynchronisation wird der Nachricht häufig ein Synchronisierzeichen hinzugefügt.

Als *Übertragungskanäle* werden für die Datenübertragung gewöhnlich Telefoniekanäle benutzt, die nicht für Gleichstromsignale durchlässig sind. Deshalb gelangen die Kodezeichen vom Ausgang des Datensicherungsgerätes DSE1 auf eine *Modulationseinrichtung* (*MO*), durch die das Spektrum der Gleichstromimpulse mit Hilfe der Modulation in den Frequenzbereich des Telefoniekanals transformiert wird. Die richtige Wahl der Modulationsart, der Lage der Trägerfrequenz, der Filterkennlinien und der Korrekturglieder gewährleistet eine Übertragung der Tonfrequenzimpulse über den Telefoniekanal mit der notwendigen Geschwindigkeit. Vom Ausgang der Modulationseinrichtung gelangt das Signal in den Telefoniekanal.

Bei der Übertragung von Daten über Telegrafiekanäle wird keine besondere *Modulations- und Demodulationseinrichtung* (*MODEM*) verwendet.

Die Aufgabe der *sendeseitigen Impulssynchronisiereinrichtung ISE1* ist die Gewährleistung einer konstanten Übertragungsgeschwindigkeit der Impulse über den Nachrichtenkanal. Alle Taktimpulsfolgen für den Betrieb der Impulssynchronisiereinrichtung, der Zyklussynchronisiereinrichtung und der Datensicherungseinrichtung sowie die Trägerfrequenz werden durch den *Trägergenerator TG1* gewonnen.

Nach der Modulationseinrichtung MO gelangt das Signal in die Telefonieeinrichtung und wird über einen drahtgebundenen Kanal oder über eine Funkverbindung zur Gegenstelle übertragen.

Die im Empfänger befindlichen Einrichtungen übernehmen die entgegengesetzten Signalumwandlungen. So wird in der *empfangsseitigen Demodulationseinrichtung DEM* das tonfrequente Signal nach Möglichkeit von den Störungen getrennt, demoduliert und regeneriert. Die Frequenzverzerrungen des Telefoniekanals werden durch Korrekturglieder kompensiert.

Eine richtige Regeneration wird durch die *empfangsseitige Impulssynchronisiereinrichtung ISE2* gewährleistet, die mit Hilfe einer Korrekturschaltung eine Taktimpulsfolge erzeugt, die synchron und phasengleich mit den empfangenen Signalen ist. Der *empfangsseitige Taktgenerator TG2* versorgt die Impuls- und Zyklussynchronisiereinrichtungen sowie die anderen Funktionseinheiten mit den nötigen Taktimpulsfolgen.

Die empfangenen Binärimpulse gelangen in die *empfangsseitige Datensicherungseinrichtung DSE2*, die es gestattet, Fehler zu erkennen und gegebenenfalls zu korrigieren. Die redundante Information sowie die Steuerzeichen werden von der Nutzinformation getrennt.

Die richtige Arbeitsweise der Datensicherungseinrichtung wird durch die *empfangsseitige Zyklussynchronisiereinrichtung ZSE2* gewährleistet, die Anfang und Ende einer Kodekombination erkennt.

Die *empfangsseitige Anpassungseinrichtung ADÜ2* formt die Datenzeichen so um, daß sie eine geeignete Form für die Ausgabe der Information an die Datensenke DS haben.

Die oben aufgezählten Funktionseinheiten (von den Anpassungseinrichtungen ADÜ bis zu den Modulations- und Demodulationseinrichtungen) bilden die *Datenübertragungsanlage DÜA*. Die Gesamtheit der Einrichtungen, die die Übertragung der Daten von der Datenquelle bis zur Datensenke gewährleisten, nennen wir *Datenübertragungskanal*. Der Nachrichtenkanal und die Modulations-Demodulations-Einrichtungen bilden den *Binärkanal*, der die Übertragung der binären Gleichstromimpulse verwirklicht.

Manchmal werden zur Erhöhung der Übertragungssicherheit mehrere örtlich getrennt verlaufende Nachrichtenkanäle für die Übertragung ein und derselben Information benutzt. In diesem Fall wird ein Datenübertragungstrakt gebildet, der aus mehreren Datenübertragungskanälen besteht, die zu einem Gruppensystem vereinigt sind.

Außer den in Abb. 1.11 dargestellten Funktionseinheiten gehört zu einem Datenübertragungssystem gewöhnlich eine *Kontroll- und Dokumentiereinrichtung*, die für die normale Betriebsweise des Systems erforderlich ist. Zum Aufbau von Datenübertragungsnetzen mit Nachrichtenkanälen, die nicht der Wählvermittlung angeschlossen sind, kann auch eine besondere *Datenvermittlungseinrichtung* (*DVE*) benutzt werden, die die Verteilung der Information von den Netzknotenpunkten aus in die verschiedenen Richtungen des Nachrichtennetzes entsprechend den Adressenzeichen übernimmt.

Bei sehr großen Leitungslängen sind Zwischeneinrichtungen für die Datenfernübertragung erforderlich. *Zwischenregeneratoren* (Abb. 1.12) ge-

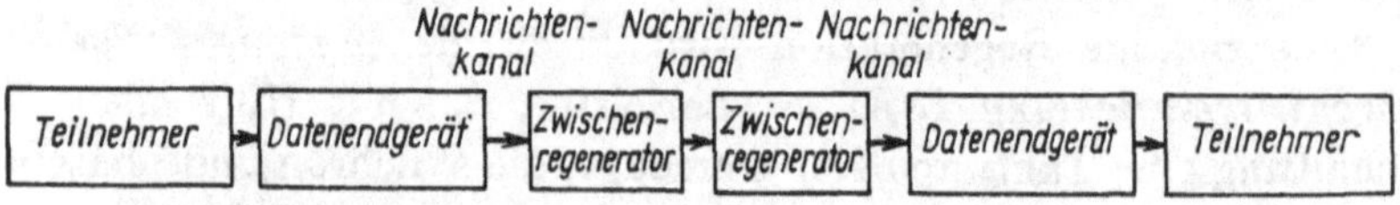

Abb. 1.12. Datenübertragungssystem mit Zwischenregenerierung

statten es, die normale Impulslänge wiederherzustellen. Dadurch wird eine Summierung der Verzerrungen längs des Übertragungskanales vermieden. Manchmal werden auch Zwischenkontrolleinrichtungen verwendet.

Das betrachtete Datenübertragungssystem ist ein Einkanalsystem. Zur besseren Ausnutzung der teuren Leitungen und der Endeinrichtungen werden Mehrkanal-Datenübertragungssysteme benutzt.

Es sind zwei Verfahren zum Aufbau eines Mehrkanalsystems möglich: das *Verfahren mit Frequenzaufteilung* und das *Zeitstaffelungsverfahren*. Bei der Frequenzaufteilung der Kanäle wird das benutzte Frequenzband durch Filter in eine entsprechende Anzahl enger Frequenzbereiche geteilt. Beim Zeitstaffelungsverfahren wird im benutzten Frequenzband ein Binärkanal mit hoher Geschwindigkeit betrieben. Dieser Kanal wird mit Hilfe spezieller Kommunikationssysteme, die auf der Sende- und Empfangsseite synchron arbeiten, nacheinander an die jeweiligen Datenempfänger geschaltet.

Die Qualität eines Datenübertragungssystems wird gewöhnlich nach zwei Hauptmerkmalen beurteilt: nach der effektiven Übertragungsgeschwindigkeit und nach der Übertragungssicherheit. Diese Merkmale wurden bereits oben betrachtet. Außerdem wird, wie bereits bemerkt, von einem Datenübertragungssystem eine bestimmte *Zuverlässigkeit* gefordert. Die Zuverlässigkeit eines Datenübertragungssystems kann man durch *die mittlere störungsfreie Betriebszeit* T_{Betr} *zwischen zwei Ausfällen und die mittlere Ausfallzeit* T_{Ausf} *nach einer Betriebsstörung* (notwendig zur Beseitigung der Störung) charakterisieren.

Häufig benutzt man auch Größen, die von diesen beiden Parametern abgeleitet sind. So wird der *Koeffizient für die Betriebsbereitschaft*

$$K_{\text{bereit}} = \frac{T_{\text{Betr}}}{T_{\text{Betr}} + T_{\text{Ausf}}}. \qquad (1.61)$$

Manchmal wird die *Wahrscheinlichkeit für einen ausfallfreien Betrieb* im Verlauf eines vorgegebenen Zeitintervalls t_0 angegeben:

$$P_{\text{ausfallfrei}} = e^{-\frac{t_0}{T_{\text{Betr}}}}. \qquad (1.62)$$

Bei $t_0/T_{\text{Betr}} \ll 1$ kann man diese Formel vereinfachen zu

$$P_{\text{ausfallfrei}} \approx 1 - \frac{t_0}{T_{\text{Betr}}}. \qquad (1.63)$$

Außer den betrachteten Größen ist es zweckmäßig, auch die Größen zu kennen, die mit der Zeit zusammenhängen, welche für die Lieferung der Information von einem Teilnehmer zum anderen benötigt wird. Die vom Sender abgegebenen Informationen treffen mit einer gewissen Zeitverzögerung beim Empfänger ein. In einigen Datenübertragungssystemen spielt die für die Übertragung benötigte Zeit eine sehr wichtige Rolle. So muß z. B. bei der Übertragung der Information über den Aufenthaltsort eines Zuges oder eines Flugzeuges die Information früher zum Empfänger gelangen, als der Zug oder das Flugzeug am jeweiligen Ort eintrifft. Anderenfalls wird die Information wertlos.

Die zulässige Verzögerungszeit der Information ist durch die Art der Empfänger bestimmt, die durch das Datenübertragungssystem Informationen erhalten. Im angeführten Beispiel kann diese Verzögerungszeit einige Minuten betragen. Bei der Steuerung von Prozessen kann die Verzögerungszeit einige Sekunden ausmachen. In einzelnen Fällen (Steuerung schnell verlaufender chemischer Reaktionen, Fernsteuerung von Raketen usw.) darf die Verzögerungszeit Bruchteile von Sekunden nicht überschreiten. Ausgehend von der zulässigen Verzögerungszeit der Information wählt man die Übertragungsgeschwindigkeit des Datenübertragungssystems, das Verfahren zur Erhöhung der Störsicherheit der empfangenen Informationen usw.

KAPITEL 2

Besonderheiten der Spektren und Einschwingvorgänge bei der Übertragung von binären Signalen

2.1. Signalverlauf im Binärkanal

Alle Grundeigenschaften des Binärkanales (Kanalkapazität, Fehlersicherheit und Sicherheit gegen andere Störeinflüsse) werden in der Hauptsache durch die Art der benutzten elektrischen Signale bestimmt. Die Form der Signale kann an den einzelnen Stellen des Übertragungskanales verschieden sein, wenn das Signal beim Passieren des Kanales verzerrt wird.

Für den Entwurf einer Datenübertragungseinrichtung ist es notwendig, die Eigenschaften des Signals zu kennen.

Man unterscheidet eine Frequenzanalyse des Signales (*Spektrum*) und eine Analyse im Zeitbereich, die den *Einschwingvorgang* oder die Signalform betrachtet. Besonders wichtig ist es, den Einfluß der verschiedenen Bestandteile des Nachrichtenkanales auf das Spektrum und den Einschwingvorgang zu kennen. Die Kenntnis des Spektrums und des Einschwingvorganges gestattet es, die Breite des erforderlichen Frequenzbandes sowie die Impulsverzerrungen durch den Einfluß der verschiedenen Störfaktoren zu berechnen, die Größe der Trägerfrequenz richtig zu bestimmen usw.

Um die Bestandteile des Nachrichtenkanales zu ermitteln, die einen wesentlichen Einfluß auf das Spektrum und die Einschwingvorgänge ausüben, betrachten wir zunächst das Blockschaltbild eines Binärkanales näher. Anschließend werden wir die Besonderheiten der Spektren und Einschwingvorgänge, die für die Datenübertragungstechnik wichtig sind, untersuchen.

Das typische Blockschaltbild eines *Binärkanales mit AM* ist in Abb. 2.1 gezeigt. Die Eingangsimpulse gelangen gewöhnlich auf einen Trigger oder eine andere Einrichtung, in der sie in Impulse mit genau rechteckiger Form und konstanter Impulsamplitude umgeformt werden. Danach gelangen die Impulse entweder sofort zum Modulator, oder sie durchlaufen zunächst einen *Tiefpaß TP*, damit die Impulsform abgerundet wird. Letzeres ist notwendig, um die Breite des Spektrums der modulierenden Schwingung zu verringern und einen möglichen Einfluß auf benachbarte Frequenzkanäle zu beseitigen. Dieses Filter kann auch zur Beseitigung von bestimmten Verzerrungen dienen, die bei niedrigen Trägerfrequenzen entstehen.

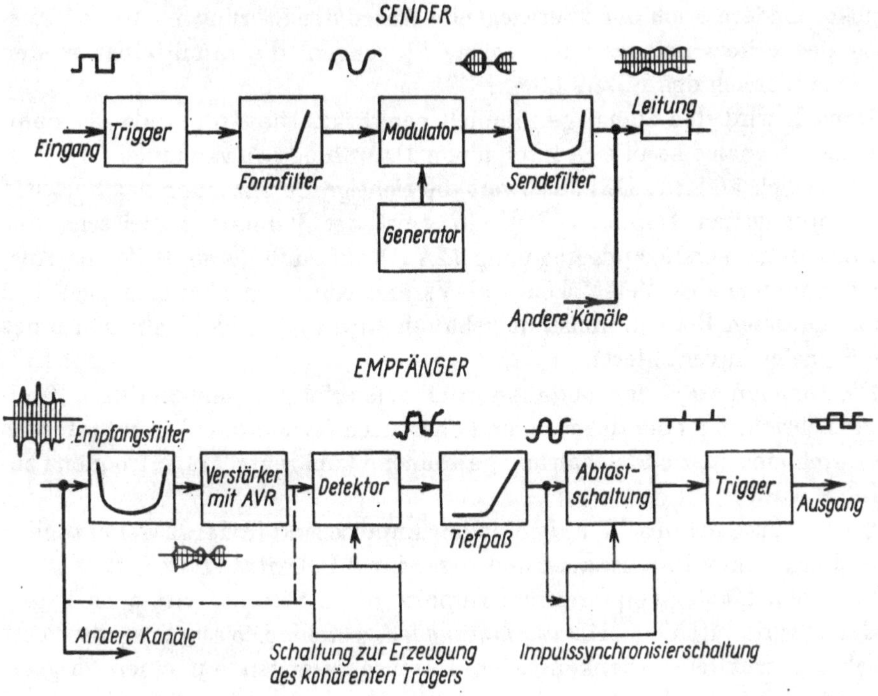

Abb. 2.1. **Blockschaltbild eines Binärkanals mit AM**

Die Trägerfrequenz wird durch einen Generator erzeugt und gelangt an den Modulator. Am Ausgang des Modulators entsteht ein Spektrum, das im allgemeinen Fall die Trägerfrequenz, zwei Seitenbänder und parasitäre Modulationsprodukte enthält. Bevor die modulierten Trägerimpulse in den Übertragungskanal eintreten, durchlaufen sie ein *bandpaßförmiges Sendefilter*, das das Spektrum der Nutzsignale begrenzt und die parasitären Modulationsprodukte unterdrückt. Dadurch wird eine Beeinflussung der benachbarten Kanäle verhindert. Bei Einseitenbandübertragung wird vom Sendefilter zusätzlich das zweite Seitenband unterdrückt.

In der Regel werden über eine Leitung Signale verschiedener Nachrichtenkanäle übertragen, wobei die Signale der einzelnen Kanäle an den Ausgängen der jeweiligen Sendefilter vereinigt werden. Das die Übertragungsleitung passierende Signalgemisch ist der Einwirkung verschiedener Störungen unterworfen.

Auf der Gegenstelle wird das Nutzsignal eines bestimmten Kanales durch ein *bandpaßförmiges Empfangsfilter* von den Signalen der übrigen Kanäle getrennt. Dabei werden nicht nur die Signale der anderen Kanäle unterdrückt, sondern auch der überwiegende Anteil der Störungen. An den Ausgang des Filters gelangen nur solche Störungen, die unmittelbar in den Durchlaßbereich des Filters fallen.

Danach wird das Signal gewöhnlich verstärkt. Die Amplitude des empfangenen Signales kann sich infolge von Dämpfungsschwankungen der Leitung zeitlich ändern. Das erschwert die richtige Bestimmung der Polarität des empfangenen Impulses. Deshalb weist der Verstärker meistens eine automatische Verstärkungsregelung (AVR) auf, mit deren Hilfe die Ausgangsspannung des Verstärkers bei Veränderung des Empfangspegels in einem gewissen Bereich konstant gehalten wird (dabei bleibt die Form des AM-Signales unverändert).

Die Demodulation der modulierten Signale erfolgt allgemein durch Zweiweggleichrichtung oder durch einen kohärenten (synchronen) Detektor, dem die durch eine spezielle Schaltung gewonnene kohärente Trägerfrequenz zugeführt wird.

Die am Ausgang des TP auftretenden Impulse sind in der Regel bezüglich ihrer Form, ihrer Impulsdauer und sogar ihrer Polarität stark verzerrt.

Die Polarität der empfangenen Impulse (d. h. Stromschritt oder Pause, 0 oder 1) wird durch eine *Abtastschaltung* festgestellt. Die am Ausgang dieser Schaltung erhaltenen flankensteilen Impulse gelangen auf einen Trigger, durch den sie in Rechteckimpulse normaler Dauer umgeformt werden, d. h., am Ausgang des Triggers treten bereits die regenerierten Impulse auf.

Die Breite des für einen Kanal benötigten Frequenzbandes wird in der Hauptsache durch die Bandbreite von Sende- und Empfangsfilter bestimmt, durch die die Trennung eines gegebenen Kanales von den übrigen erfolgt. Deshalb nennt man sie auch *Kanalfilter*.

Die Blockschaltbilder von Nachrichtenkanälen bei anderen Modulationsmethoden sind weitgehend dem betrachteten analog.

2.2. Die Spektren unmodulierter impulsförmiger Signale

Zum weiteren Verständnis der Besonderheiten komplizierter Spektren, wie sie in der Datenübertragungstechnik auftreten, erinnern wir zunächst an die Grundlagen der Spektraltheorie.

Bekanntlich läßt sich jede beliebige periodische Funktion $u(t)$ in eine Fourier-Reihe entwickeln, die aus einer Summe von sinusförmigen Schwingungen besteht. Diese werden als Harmonische des Signalspektrums bezeichnet:

$$u(t) = \frac{a_0}{2} + \sum_{k=1}^{\infty} (a_k \cos k\Omega t + b_k \sin k\Omega t), \tag{2.1}$$

worin Ω die *Kreisfrequenz* oder die erste Harmonische des Signales ist:

$$\Omega = \frac{2\pi}{T}. \tag{2.2}$$

Darin ist T die *Periode* der Funktion $u(t)$, a_k und b_k sind konstante Koeffizienten, die von der Art der Funktion $u(t)$ abhängen. Es gilt:

$$\left.\begin{aligned} a_k &= \frac{2}{T} \int_{-T/2}^{T/2} u(t) \cos k\Omega t \,\mathrm{d}t, \\ b_k &= \frac{2}{T} \int_{-T/2}^{T/2} u(t) \sin k\Omega t \,\mathrm{d}t \end{aligned}\right\}. \tag{2.3}$$

Hier ist k eine ganze positive Zahl, die die Werte 1, 2, 3 $\cdots$ annehmen kann, a_0 eine Konstante, die sich aus der Gleichung

$$\frac{a_0}{2} = \frac{1}{T} \int_{-T/2}^{T/2} u(t) \,\mathrm{d}t \tag{2.4}$$

bestimmt.

Alle Schwingungen des Spektrums enthalten Frequenzen, die Vielfache der Kreisfrequenz Ω sind.

Die Reihe (2.1) kann man auch in der Form

$$u(t) = \frac{a_0}{2} + \sum_{k=1}^{\infty} c_k \cos (k\Omega t - \varphi_k) \tag{2.5}$$

schreiben, wobei die Amplituden der Harmonischen gleich

$$c_k = \sqrt{a_k^2 + b_k^2} \tag{2.6}$$

und die Phasen der Harmonischen gleich

$$\varphi_k = \arctan \frac{b_k}{a_k} \tag{2.7}$$

sind.

Die Gesamtheit aller Amplituden c_k nennt man *Amplitudenspektrum* (oder einfach Spektrum) und die Gesamtheit aller Phasen φ_k heißt *Phasenspektrum.*

Eine nichtperiodische Funktion kann durch ein Fourier-Integral dargestellt werden:

$$u(t) = \frac{1}{2\pi} \int_{-\infty}^{\infty} S(\omega)\, \mathrm{e}^{\mathrm{j}\omega t} \,\mathrm{d}\omega, \tag{2.8}$$

wobei das komplexe Spektrum gleich

$$S(\omega) = \int_{-\infty}^{\infty} u(t)\, e^{-j\omega t}\, dt \tag{2.9}$$

ist.

Letzteres kann man auch in anderer Form schreiben:

$$S(\omega) = |S(\omega)|\, e^{-j\varphi_S(\omega)}. \tag{2.10}$$

Darin ist $|S(\omega)|$ das Amplitudenspektrum (genauer die Spektraldichte der Amplituden), $\varphi_s(\omega)$ das Phasenspektrum.

Bei nichtperiodischen Funktionen wird der Abstand zwischen benachbarten Harmonischen unendlich klein, d. h., man erhält ein *kontinuierliches* Spektrum. Im Gegensatz dazu ist das Spektrum einer periodischen Funktion *linienförmig* (oder diskret).

Betrachten wir nun die Spektren einiger typischer Signale. Unmodulierte Signale in Datenübertragungseinrichtungen bestehen gewöhnlich aus *Rechteckimpulsen*. Das Spektrum eines solchen Impulses kann in folgender Form geschrieben werden [siehe Gl. (2.9)]:

$$S(\omega) = U_0 \int_{-\tau_0/2}^{\tau_0/2} e^{j\omega t}\, dt = U_0 \tau_0 \frac{\sin \pi \tau_0 f}{\pi \tau_0 f}. \tag{2.11}$$

Hierin ist U_0 die Amplitude des Impulses, τ_0 die Impulsdauer, f die Spektralfrequenz.

In Abb. 2.2a ist der Verlauf von $|S(\omega)|$ gezeigt. Wir wollen darauf hinweisen, daß die Funktion

$$y = \frac{\sin x}{x}, \tag{2.12}$$

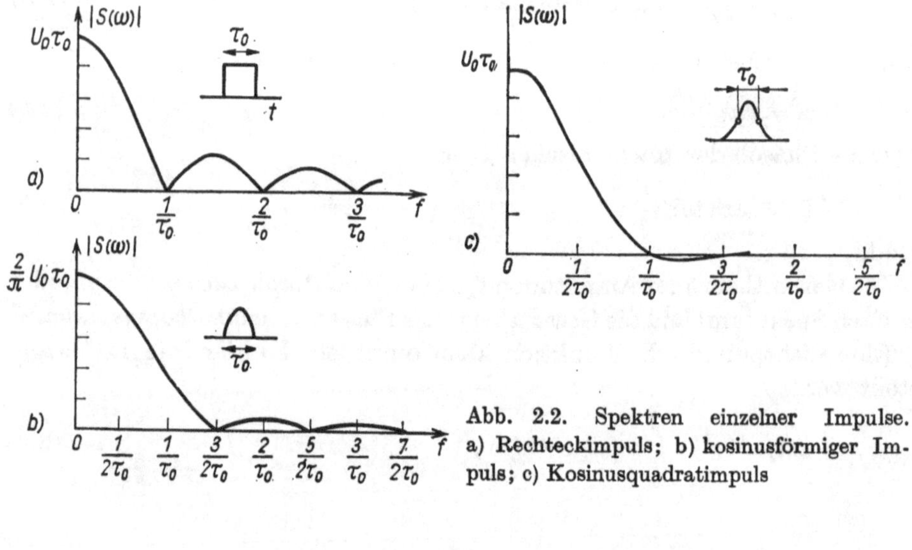

Abb. 2.2. Spektren einzelner Impulse. a) Rechteckimpuls; b) kosinusförmiger Impuls; c) Kosinusquadratimpuls

die man häufig in Spektralfunktionen findet, für $x \to 0$ zu eins wird. Die Form dieser Funktion (ohne Berücksichtigung des Vorzeichens) ist in Abb. 2.2a dargestellt.

Für einen „*Kosinusimpuls*" mit der Impulsdauer τ_0, der eine halbe Schwingungsperiode mit der Amplitude U_0 darstellt (Abb. 2.2b), ergibt sich das Spektrum zu

$$S(\omega) = U_0 \int_{-\tau_0/2}^{\tau_0/2} \mathrm{e}^{-\mathrm{j}\omega t} \cos \frac{\pi t}{\tau_0} \,\mathrm{d}t = \frac{2 U_0 \tau_0}{\pi} \frac{\cos \pi \tau_0 f}{1-(2\tau_0 f)^2}. \tag{2.13}$$

Für einen Kosinusimpuls mit der Dauer τ_0 bei der Hälfte seines Amplitudenwertes, der eine nach oben verschobene Schwingungsperiode darstellt (Abb. 2.2c), kann das Spektrum wie folgt geschrieben werden:

$$S(\omega) = \frac{U_0}{2} \int_{-\tau_0}^{\tau_0} \left(1 + \cos \frac{\pi t}{\tau_0}\right) \mathrm{e}^{-\mathrm{j}\omega t} \,\mathrm{d}t$$

$$= U_0 \tau_0 \frac{\sin 2\pi \tau_0 f}{2\pi \tau_0 f} \cdot \frac{1}{1 - 4(\tau_0 f)^2}. \tag{2.14}$$

Eine solche Impulsform nennt man „*Kosinusquadratimpulse*". Das folgt aus der Beziehung

$$1 + \cos x = 2 \cos^2 \frac{x}{2}.$$

Man kann feststellen, daß alle betrachteten Impulse durch eine gemeinsame Eigenschaft charakterisiert werden: Die Hauptenergie ist in der Nähe der Frequenz 0 konzentriert; bei Vergrößerung der Frequenz sinken die Amplituden der Spektralkomponenten. Im Prinzip sind alle betrachteten Spektren unendlich breit, jedoch kann man praktisch von einer endlichen Spektralbreite der Impulse sprechen, wenn man die hohen Frequenzen vernachlässigt, auf die nur ein unbedeutender Teil der Energie entfällt, z. B. 1% der Signalenergie.

Wir haben mit Hilfe des Fourier-Integrals die Spektren einzelner Impulse untersucht. Wenn sich die Impulse periodisch wiederholen, kann man eine Reihenentwicklung nach Fourier durchführen. Man erhält dann ein diskretes Spektrum.

Wir wollen den allgemeinen Fall untersuchen, bei dem die Periode einer Rechteckimpulsfolge gleich $\alpha \tau_0$ mit $\alpha > 1$ ist. Wenn das Signal eine gerade Funktion der Zeit ist, werden in Gl. (2.1) alle Koeffizienten b_k zu Null. Die Amplituden der Harmonischen errechnen sich nach Gl. (2.3):

$$a_k = \frac{2 U_0}{T} \int_{T/2\alpha}^{-T/2\alpha} \cos k\Omega t \,\mathrm{d}t = \frac{2 U_0}{\alpha} \frac{\sin \pi \frac{k}{\alpha}}{\pi \frac{k}{\alpha}}. \tag{2.15}$$

Die Konstante $\frac{a_0}{2}$ wird nach Gl. (2.4) gleich

$$\frac{a_0}{2} = \frac{U_0}{\alpha}. \tag{2.16}$$

Zum Beispiel erhält man für eine Impulsfolge mit dem Tastverhältnis 1 : 5 bei $\alpha = 6$

$$a_k = \frac{U_0}{3} \frac{\sin \pi \frac{k}{6}}{\pi \frac{k}{6}}, \quad \frac{a_0}{2} = \frac{U_0}{6}. \tag{2.17}$$

Betrachten wir den Fall mit der Periode gleich $2\,\tau_0$. Diese Signalfolge hat ein Tastverhältnis 1 : 1 und heißt „Mäanderspannung".

Mit den Ausdrücken (2.15) und (2.16) finden wir

$$a_k = U_0 \frac{\sin \pi \frac{k}{2}}{\pi \frac{k}{2}}, \quad \frac{a_0}{2} = \frac{U_0}{2}. \tag{2.18}$$

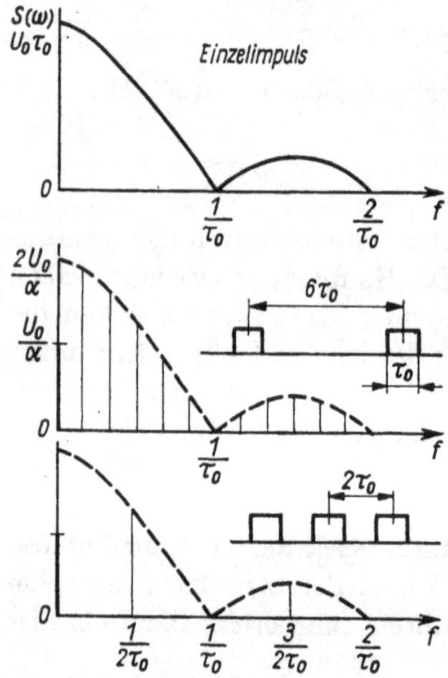

Abb. 2.3. Kontinuierliche und diskrete Spektren

Der in Abb. 2.3 gezeigte Zusammenhang zwischen den Spektren eines Einzelimpulses und einer periodischen Impulsfolge gilt auch für andere Impulsformen. *Das Linienspektrum eines periodischen Signals ist immer im Spektrum eines Einzelimpulses enthalten.*

Untersuchen wir jetzt das Spektrum eines sehr kurzen Impulses. In Form derartiger Impulse werden häufig kurzzeitige Störungen dargestellt. Damit die Energie eines solchen Impulses nicht zu Null wird, setzen wir seine Amplitude als so groß voraus, daß die Impulsfläche

$$D_{\text{imp}} = U_0 \tau_0 \tag{2.19}$$

gleich der gegebenen Göße A_0 ist. Betrachten wir z. B. einen rechteckförmigen Impuls [siehe Gl. (2.11) und Abb. 2.4a]. Bei $\tau_0 \to 0$ und $D_{\text{imp}} = U_0 \tau_0 = \text{const}$ ergibt sich ein konstantes Amplitudenspektrum (Abb. 2.4b):

$$S(\omega) = D_{\text{imp}}. \tag{2.20}$$

Eine Funktion, deren Amplitude unendlich groß und deren Dauer unendlich klein ist, nennt man *Delta-Funktion* oder Dirac-Impuls. Setzt man die Gl. (2.20) in den Ausdruck (2.8) ein, so findet man die mathematische Beschreibung dieser Funktion:

$$\delta(t) = \frac{D_{\text{imp}}}{\pi} \int_0^\infty \cos \omega t \, d\omega. \tag{2.21}$$

Für die Nachrichtentheorie sind die Spektren einiger Signale interessant, die keine Impulse darstellen. So wird z. B. die *Sprung- oder Einschaltfunktion* (Abb. 2.5a) häufig für die Untersuchung von Einschwingvorgängen benutzt:

$$\sigma(t) = \begin{Bmatrix} 0 \text{ bei } t < 0 \\ U_0 \text{ bei } t > 0 \end{Bmatrix}. \tag{2.22}$$

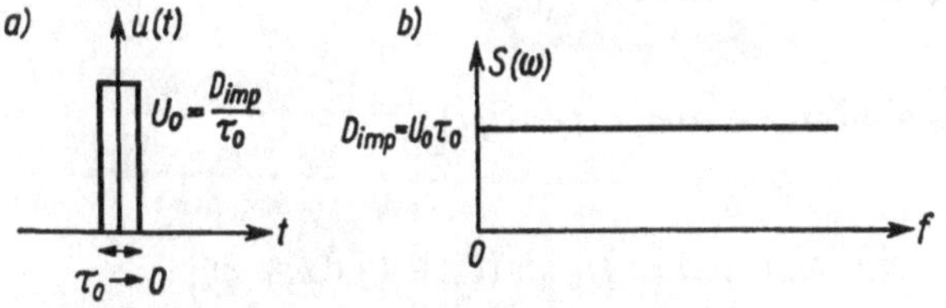

Abb. 2.4. Delta-Funktion. a) Zeitfunktion; b) Spektrum

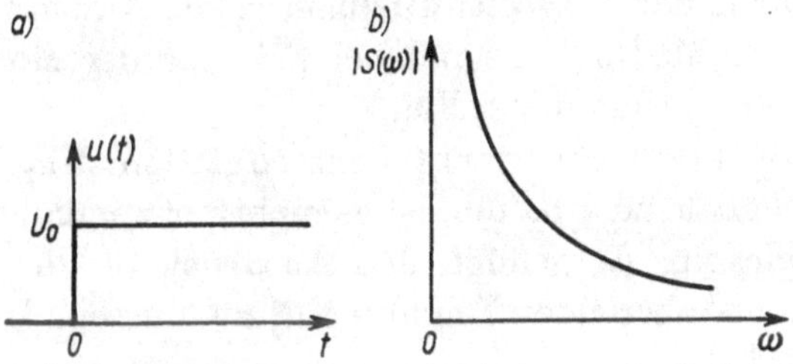

Abb. 2.5. Sprungfunktion. a) Zeitfunktion; b) Spektrum

Das Spektrum der Sprungfunktion berechnet sich zu:

$$S(\omega) = \frac{U_0}{j\omega} = \frac{U_0}{\omega} e^{-j\frac{\pi}{2}}. \tag{2.23}$$

Die grafische Darstellung des Ausdruckes $|S(\omega)|$ ist in Abb. 2.5b gezeigt. Daraus ist ersichtlich, daß die Hauptenergie des Einschaltsignals im Gebiet sehr niedriger Frequenzen liegt. Seine Gesamtenergie ist natürlich unendlich groß.

Setzt man den Ausdruck (2.23) in Gl. (2.8) ein, so erhält man die mathematische Darstellung der Einschaltfunktion:

$$\sigma(t) = U_0 \left(\frac{1}{2} + \frac{1}{\pi} \int_0^\infty \frac{\sin \omega t}{\omega} \, d\omega \right). \tag{2.24}$$

Diese Gleichung kann man folgendermaßen interpretieren: Ein Einschaltsignal mit der Amplitude U_0 besteht aus einer konstanten Komponente $U_0/2$ und einer unendlichen Summe von Sinusschwingungen mit den Amplituden $U_0 \, d\omega/\pi\omega$.

2.3. Die Spektren modulierter impulsförmiger Signale

Ein moduliertes Signal ist eine sinusförmige Schwingung, bei der sich wenigstens ein Parameter entsprechend den modulierenden Impulsen zeitlich ändert. Wir werden die letzteren einfach als Impulse und das modulierte Signal als *Wechselstromimpuls* bezeichnen.

Ändern sich die modulierenden Impulse $x(t)$ in den Grenzen $0 < x(t) < 1$, so ergibt sich für die Wechselstromimpulse bei AM:

$$u(t) = U_m \frac{1 - m + 2mx(t)}{1 + m} \sin(\omega_0 t + \varphi_0), \tag{2.25}$$

bei PM

$$u(t) = U_m \sin[\omega_0 t + \Delta\varphi\, x(t) + \varphi_0] \tag{2.26}$$

und bei FM

$$u(t) = U_m \sin\left\{\omega_0 t + \Delta\omega \int [2x(t) - 1]\, dt + \varphi_0\right\}. \tag{2.27}$$

Hierin ist U_m die Amplitude des modulierten Signales (nach der Modulation), ω_0 die Kreisfrequenz der Trägerschwingung, φ_0 die Anfangsphase der Trägerschwingung, m der Modulationsgrad bei AM, $\Delta\varphi$ der Modulationsindex bei PM, $\Delta\omega$ der Frequenzhub bei FM.

Betrachten wir die Spektren bei Amplitudenmodulation. Um das Spektrum der modulierten Signale zu erhalten, ist es nicht notwendig, sie in eine Fourier-Reihe zu entwickeln. Es genügt, den Ausdruck für die spektrale Zusammensetzung der modulierenden Impulse $x(t)$ zu kennen, der dann in Gl. (2.25) eingesetzt wird.

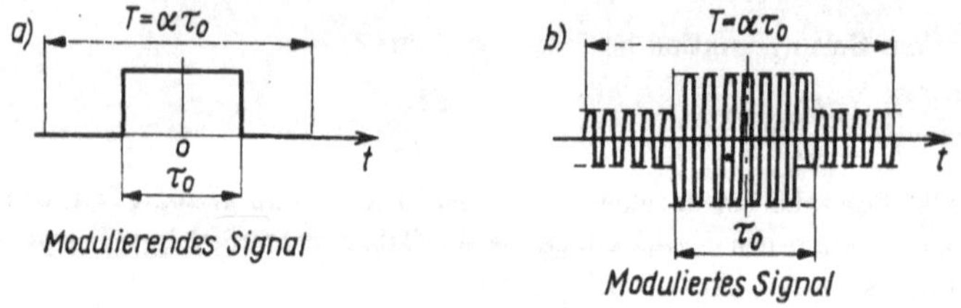

Abb. 2.6. Signalform bei AM

Eine periodische Rechteckimpulsfolge (Abb. 2.6) mit der Impulsdauer τ_0 und der Periode T kann entsprechend Gl. (2.18) und (2.1) bei $U_0 = 1$ in folgender Form geschrieben werden:

$$x(t) = \frac{1}{\alpha} + \frac{2}{\alpha} \sum_{k=1}^{\infty} \frac{\sin \pi \frac{k}{\alpha}}{\pi \frac{k}{\alpha}} \cos k\Omega t, \tag{2.28}$$

worin $\Omega = \frac{2\pi}{T}$ die Kreisfrequenz der ersten Harmonischen,

$\alpha = \frac{T}{\tau_0}$ das Tastverhältnis der Impulsfolge bedeutet.

Setzt man den Ausdruck (2.28) in Gl. (2.25) ein, so erhält man

$$u(t) = \frac{U_m[\alpha(1-m)+2m]}{\alpha(1+m)} \sin(\omega_0 t + \varphi_0)$$

$$+ \frac{2U_m m}{\alpha(1+m)} \sum_{k=1}^{\infty} \frac{\sin \pi \frac{k}{\alpha}}{\pi \frac{k}{\alpha}} \sin\{[(\omega_0 + k\Omega)t + \varphi_0]$$

$$+ \sin[(\omega_0 - k\Omega)t + \varphi_0]\}. \qquad (2.29)$$

Für den häufig verwendeten Fall $m = 1$ (hundertprozentige Modulation) vereinfacht sich die Gleichung zu

$$u(t) = \frac{U_m}{\alpha} \sin(\omega_0 t + \varphi_0) + \frac{U_m}{\alpha} \sum_{k=1}^{\infty} \frac{\sin \pi \frac{k}{\alpha}}{\pi \frac{k}{a}} \times$$

$$\times \{\sin[(\omega_0 + k\Omega)t + \varphi_0] + \sin[(\omega_0 - k\Omega)t + \varphi_0]\}. \qquad (2.30)$$

Beispiele für die Spektren von AM-Signalen bei der Übertragung von Rechteckimpulsen sind in Abb. 2.7 gezeigt. Bei Vergrößerung des Modula-

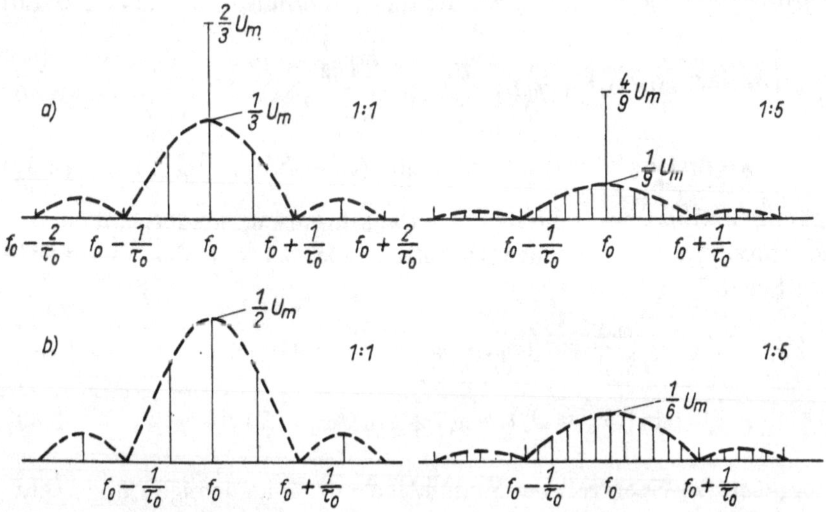

Abb. 2.7. Spektren von AM-Signalen bei der Übertragung von Rechteckimpulsfolgen a) bei $m = 0{,}5$; b) bei $m = 1$

tionsgrades wachsen die Amplituden der Seitenfrequenzen, und die Amplitude der Trägerfrequenz wird kleiner. Bei $m = 1$ werden die Amplituden aller Frequenzen (einschließlich der Trägerfrequenz) durch den Ausdruck

$$\frac{U_m}{\alpha} = \frac{\sin \pi \frac{k}{\alpha}}{\pi \frac{k}{\alpha}}$$

beschrieben, d. h., die Amplitudenwerte liegen auf der Kurve

$$y = \frac{U_m}{\alpha} \frac{\sin \omega \frac{\tau_0}{2}}{\omega \frac{\tau_0}{2}} \tag{2.31}$$

mit $\omega = k\,\Omega$.

Die Vergrößerung der Impulsperiode (bei unveränderlicher Impulsdauer) führt zu einer Vergrößerung der Zahl der Seitenfrequenzen und einer Verringerung ihrer Amplituden.

Man kann leicht eine grundlegende Gesetzmäßigkeit erkennen: *Bei AM haben die Seitenbänder der modulierten Trägerschwingung dieselbe Form wie die Seitenbänder der modulierenden Impulse.* Das Spektrum der modulierten Schwingung ist doppelt so breit wie das Spektrum der modulierenden Impulse.

Für den Spezialfall der Übertragung einer Mäanderspannung ($\alpha = 2$) mit hundertprozentiger rechteckförmiger Modulation erhalten wir aus Gl. (2.30)

$$u(t) = \frac{U_m}{2} \sin(\omega_0 t + \varphi_0) + \frac{U_m}{2} \sum \frac{\sin \pi \frac{k}{2}}{\pi \frac{k}{2}} \times$$

$$\times \{\sin[(\omega_0 + k\Omega)\,t + \varphi_0] + \sin[(\omega_0 - k\Omega)\,t + \varphi_0]\}\,. \tag{2.32}$$

Erfolgt die Modulation nicht mit Rechteckimpulsen, sondern mit sinusförmigen Impulsen und gleicher Impulsperiode, so hat das modulierte Signal die Form

$$u(t) = U_m \frac{1 + \cos \Omega t}{2} \sin(\omega_0 t + \varphi_0) = \frac{U_m}{2} \sin(\omega_0 + \varphi_0)$$

$$+ \frac{U_m}{4} \{\sin[(\omega_0 + \Omega)\,t + \varphi_0] + \sin[(\omega_0 - \Omega)\,t + \varphi_0]\}\,. \tag{2.33}$$

Der Vergleich der Spektren bei Modulation mit sinusförmigen und rechteckförmigen Impulsen (Abb. 2.8) zeigt, daß die Amplitude des Trägers in beiden Fällen die gleiche ist. Bei Rechteckmodulation sind die Amplituden der ersten Seitenfrequenzen größer; außerdem treten die dritten und fünften Seitenfrequenzen auf (die übrigen kann man vernachlässigen).

Bei der Übertragung eines einzelnen Rechteckimpulses hat die Funktion des Modulationssignales bei $U_0 = 1$ entsprechend den Ausdrücken (2.11) und

(2.8) die Form

$$x(t) = \frac{\tau_0}{2\pi} \int_{-\infty}^{\infty} \frac{\sin \omega \frac{\tau_0}{2}}{\omega \frac{\tau_0}{2}} e^{j\omega t} d\omega . \tag{2.34}$$

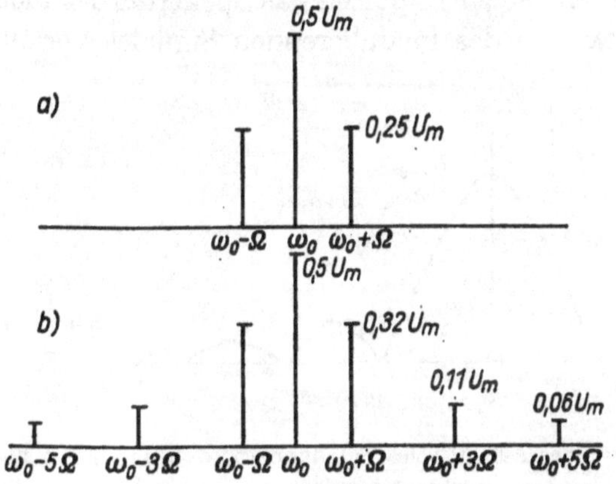

Abb. 2.8. Vergleich der Spektren a) bei sinusförmiger und b) bei rechteckförmiger Amplitudenmodulation durch eine Mäanderspannung

Setzt man den Ausdruck (2.34) in (2.25) ein und bezeichnet die Integrationsvariable mit ω', so erhält man die Form des modulierten Trägersignals:

$$u(t) = U_m \frac{1-m}{1+m} \sin(\omega_0 + \varphi_0) + \frac{2 U_m \tau_0 m}{1+m} \frac{1}{\pi} \int_{-\infty}^{\infty} \frac{\sin \omega' \frac{\tau_0}{2}}{\omega' \frac{\tau_0}{2}}$$

$$\times \frac{\sin[(\omega_0 + \omega')t + \varphi_0] + \sin[(\omega_0 - \omega')t + \varphi_0]}{2} d\omega' . \tag{2.35}$$

Die Variable ω' ist die Abweichung der Frequenz der unter dem Integral stehenden Schwingung von der Trägerfrequenz ω_0.

Die Spektraldichte der Amplituden der Seitenbänder entspricht dem Ausdruck

$$|S(\omega)| = \frac{2 U_m \tau_0 m}{1+m} \left| \frac{\sin \omega' \frac{\tau_0}{2}}{\omega' \frac{\tau_0}{2}} \right| . \tag{2.36}$$

Im Sonderfall der hundertprozentigen Modulation ist

$$|S(\omega)| = U_m \tau_0 \left| \frac{\sin \omega' \frac{\tau_0}{2}}{\omega' \frac{\tau_0}{2}} \right| . \tag{2.37}$$

Vergleicht man diesen Ausdruck mit der Gl. (2.11), so sieht man, daß auch bei der Übertragung von einzelnen Impulsen das Spektrum des modulierten Signals analog zum Spektrum des modulierenden Signales verläuft (siehe Abb. 2.2a und 2.9).

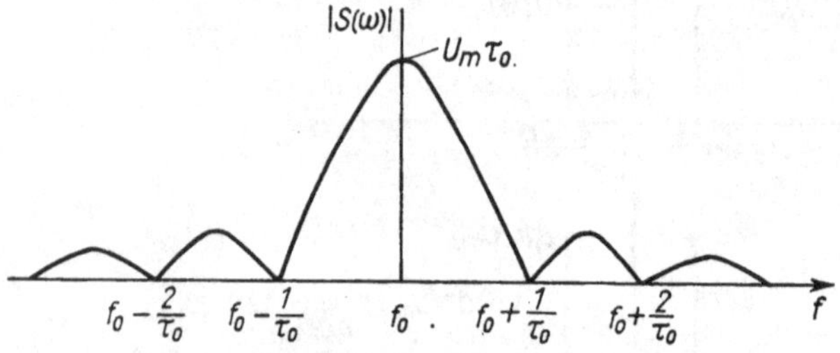

Abb. 2.9. Spektrum eines AM-Signales mit hundertprozentiger Modulation für die Übertragung eines einzelnen Rechteckimpulses

Aus dem Ausdruck (2.35) ist zu ersehen, daß bei $m < 1$ die Trägerfrequenz eine zusätzliche Komponente enthält (außer der im kontinuierlichen Spektrum enthaltenen). Sie ist auch bei der Übertragung periodischer Impulse vorhanden.

Wenden wir uns jetzt den *Spektren bei Phasenmodulation* zu. Ein phasenmoduliertes Signal kann man entsprechend dem Ausdruck (2.26) durch die Funktion

$$u(t) = U_m \{\sin(\omega_0 t + \varphi_0) \cos[\Delta \varphi x(t)] + \cos(\omega_0 t + \varphi_0) \sin[\Delta \varphi x(t)]\} \tag{2.38}$$

beschreiben.

Um das Spektrum des PM-Signals zu finden, genügt es, die Spektren der Funktionen $\cos[\Delta\varphi\, x(t)]$ und $\sin[\Delta\varphi\, x(t)]$ zu kennen. Diese Methode ist für beliebige Fälle geeignet. Für den häufig angewendeten Fall rechteckförmiger Impulse kann man jedoch eine einfachere und anschaulichere Methode benutzen.

Man kann die Phasenmodulation bei einem Phasensprung von 180° als die Summe eines AM-Signales mit doppelter Amplitude und einer ungetasteten Schwingung in Gegenphase zum Träger betrachten. Diese Methode kann man auf den Fall eines beliebigen Modulationsindexes ($\Delta\varphi \neq 180°$) erweitern. Auf Grund des Überlagerungsprinzipes (Superposition) kann man zu einem ungetasteten Träger $U_m \sin(\omega_0 t + \varphi_0)$ mit der Phase φ_0 (Abb. 2.10a) einen Wechselstromimpuls mit der Dauer τ_0 und der Phase $\varphi_0 + 180°$

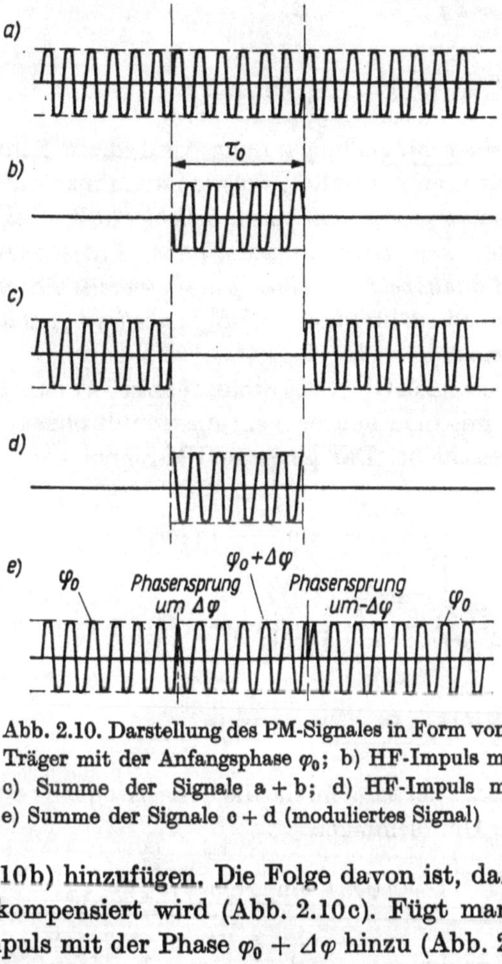

Abb. 2.10. Darstellung des PM-Signales in Form von AM-Impulsen. a) Ungetasteter Träger mit der Anfangsphase φ_0; b) HF-Impuls mit der Anfangsphase $\varphi_0 + 180°$; c) Summe der Signale a + b; d) HF-Impuls mit der Anfangsphase $\varphi_0 + \Delta\varphi$; e) Summe der Signale c + d (moduliertes Signal)

(Abb. 2.10b) hinzufügen. Die Folge davon ist, daß das Signal während der Zeit τ_0 kompensiert wird (Abb. 2.10c). Fügt man einen zweiten Wechselstromimpuls mit der Phase $\varphi_0 + \Delta\varphi$ hinzu (Abb. 2.10d), so erhält man eine mit $\Delta\varphi$ phasengetastete Schwingung (Abb. 2.10e).

Zwei Wechselstromimpulse kann man als einen Impuls mit neuer Amplitude und neuer Phase darstellen. Die Summe der beiden Impulse ist

$$u_{\text{ges}} = U_m \sin(\omega_0 t + \varphi_0 + 180°) + U_m \sin(\omega_0 t + \varphi_0 + \Delta\varphi)$$
$$= U_m [(-1 + \cos\Delta\varphi) \sin(\omega_0 t + \varphi_0) + \sin\Delta\varphi \cos(\omega_0 t + \varphi_0)] .$$

Stellt man diesen Ausdruck in der Form

$$u_{\text{ges}} = B \sin(\omega_0 t + \varphi_0 + \beta)$$

dar mit

$$B = U_m \sqrt{(-1 + \cos \Delta\varphi)^2 + \sin^2 \Delta\varphi} = 2\, U_m \sin \frac{\Delta\varphi}{2},$$

$$\beta = \arctan \frac{\sin \Delta\varphi}{-1 + \cos \Delta\varphi} = 90^\circ + \frac{\Delta\varphi}{2},$$

so erhält man

$$u_{\text{ges}} = 2\, U_m \sin \frac{\Delta\varphi}{2} \sin\left(\omega_0 t + \varphi_0 + 90^\circ + \frac{\Delta\varphi}{2}\right). \tag{2.39}$$

Bei der Übertragung einer Mäanderspannung wird diese Schwingung periodisch während der Zeit τ_0 eingeschaltet. Folglich kann man die *Phasenmodulation bei einem Phasensprung um einen beliebigen Winkel $\Delta\varphi$ als Summe eines AM-Signales und einer unmodulierten Trägerfrequenz betrachten. Daraus folgt, daß das Spektrum eines phasengetasteten Signales bezüglich seiner Form mit dem Spektrum eines AM-Signales (mit Ausnahme der Trägerfrequenz) übereinstimmt.*

Das Spektrum der Impulse nach Gl. (2.39) erhält man sofort aus Gl. (2.30), wenn man die Amplitude mit dem Faktor $2 \sin \Delta\varphi/2$ multipliziert und die Phase um $90^\circ + \Delta\varphi/2$ verschiebt. Das gesamte PM-Signal kann man als Summe

$$u(t) = U_m \sin(\omega_0 t + \varphi_0) + \frac{2\, U_m}{\alpha} \sin \frac{\Delta\varphi}{2} \sin\left(\omega_0 t + \varphi_0 + 90^\circ + \frac{\Delta\varphi}{2}\right)$$
$$+ \frac{2\, U_m}{\alpha} \sin \frac{\Delta\varphi}{2} \sum_{k=1}^{\infty} \frac{\sin \pi \dfrac{k}{\alpha}}{\pi \dfrac{k}{\alpha}} \left\{\sin\left[(\omega_0 + k\Omega)\, t + \varphi_0 + 90^\circ + \frac{\Delta\varphi}{2}\right]\right.$$
$$\left. + \sin\left[(\omega_0 - k\Omega)\, t + \varphi_0 + 90^\circ + \frac{\Delta\varphi}{2}\right]\right\} \tag{2.40}$$

schreiben.

Faßt man die beiden Glieder zusammen, die die Trägerfrequenz enthalten, erhält man nach einfachen Umformungen

$$u(t) = \frac{U_m}{\alpha} \sqrt{(\alpha - 1 + \cos \Delta\varphi)^2 + \sin^2 \Delta\varphi}\, \sin\left(\omega_0 t + \varphi_0\right.$$
$$\left. + \arctan \frac{\sin \Delta\varphi}{\alpha - 1 + \cos \Delta\varphi}\right) + \frac{2\, U_m}{\alpha} \sin \frac{\Delta\varphi}{2} \sum_{k=1}^{\infty} \frac{\sin \pi \dfrac{k}{\alpha}}{\pi \dfrac{k}{\alpha}}$$
$$\times \left\{\sin\left[(\omega_0 + k\Omega)\, t + \varphi_0 + 90^\circ + \frac{\Delta\varphi}{2}\right] + \sin\left[(\omega_0 - k\Omega)\, t\right.\right.$$
$$\left.\left. + \varphi_0 + 90^\circ + \frac{\Delta\varphi}{2}\right]\right\}. \tag{2.41}$$

Als Beispiele sind in Abb. 2.11 die Spektren der PM-Signale mit den Tastverhältnissen $k = 1:5$ und $k = 1:1$ bei Phasensprüngen von $\Delta\varphi = 90^\circ$ und

$\Delta\varphi = 180°$ gezeigt. Die Amplituden der Seitenfrequenzen bei PM unterscheiden sich von den Amplituden bei AM um den Faktor $2 \sin \Delta\varphi/2$. Bei $\Delta\varphi = 60°$ besteht kein Unterschied zwischen den Amplituden, bei $\Delta\varphi = 90°$ sind die Amplituden der Seitenfrequenzen bei PM ungefähr um das Anderthalbfache und bei $\Delta\varphi = 180°$ um das Zweifache größer als bei AM. Die Amplitude der Trägerfrequenz unterscheidet sich bei PM bedeutend von der

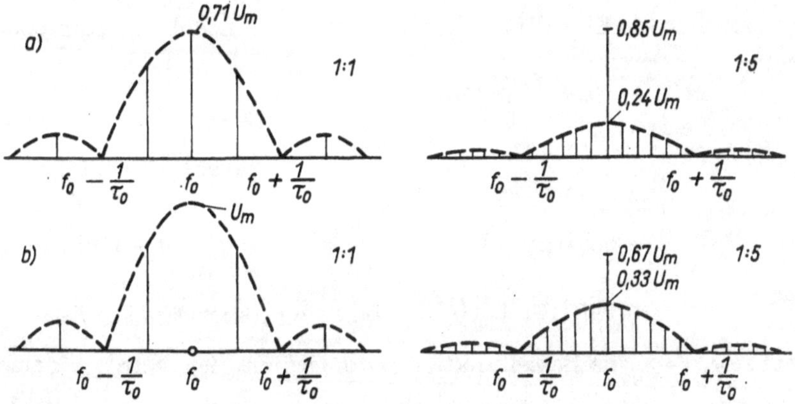

Abb. 2.11. Spektren der PM-Signale bei der Übertragung periodischer Rechteckimpulsfolgen a) bei $\Delta\varphi = 90°$; b) bei $\Delta\varphi = 180°$

Amplitude der Trägerfrequenz bei AM. Vergrößert sich $\Delta\varphi$ von Null auf 180°, so verkleinert sich die Amplitude des Trägers von U_m auf $U_m(\alpha - 2)\alpha$ und verschwindet bei $\alpha = 2$ (Mäanderspannung) ganz.

Für den speziellen Fall der Übertragung einer Mäanderspannung ($\alpha = 2$) vereinfacht sich der Ausdruck (2.41) zu:

$$u(t) = U_m \cos \frac{\Delta\varphi}{2} \sin\left(\omega_0 t + \varphi_0 + \frac{\Delta\varphi}{2}\right) + U_m \sin \frac{\Delta\varphi}{2} \sum_{k=1}^{\infty} \frac{\sin \pi \frac{k}{2}}{\pi \frac{k}{2}} \left\{\sin\left[(\omega_0 + k\Omega)t + \varphi_0 + 90° + \frac{\Delta\varphi}{2}\right] + \sin\left[(\omega_0 - k\Omega)t + \varphi_0 + 90° + \frac{\Delta\varphi}{2}\right]\right\}. \quad (2.42)$$

Setzt man jetzt $\Delta\varphi = 180°$, so verschwindet im Spektrum der Träger:

$$u(t) = -U_m \sum_{k=1}^{\infty} \frac{\sin \pi \frac{k}{2}}{\pi \frac{k}{2}} \{\sin[(\omega_0 + k\Omega)t + \varphi_0] + \sin[(\omega_0 - k\Omega)t + \varphi_0]\}. \quad (2.43)$$

Oben wurden die Spektren bei Phasenmodulation mit Rechteckimpulsen betrachtet. Sie sind analog den Spektren der AM-Signale und folglich auch den Spektren der modulierenden Signale. Bei anderen Impulsformen gilt diese Gesetzmäßigkeit nicht. So erhält man zum Beispiel bei sinusförmiger Modulation

$$u(t) = U_m \sin\left(\omega_0 t + \varphi_0 + \frac{\Delta\varphi}{2}\cos\Omega t\right), \tag{2.44}$$

bekanntlich ein Signal mit einer unendlichen Anzahl von Komponenten:

$$\begin{aligned} u(t) = {} & U_m J_0\left(\frac{\Delta\varphi}{2}\right)\sin(\omega_0 t + \varphi_0) \\ & + U_m \sum_{k=1,3,5\ldots}^{\infty} (-1)^{\frac{k+3}{2}} J_k\left(\frac{\Delta\varphi}{2}\right)\{\cos[(\omega_0 + k\Omega)t + \varphi_0] \\ & + \cos[(\omega_0 - k\Omega)t + \varphi_0]\} + U_m \sum_{k=2,4,6\ldots}^{\infty} (-1)^{k/2} J_k\left(\frac{\Delta\varphi}{2}\right) \\ & \times \{\sin[(\omega_0 + k\Omega)t + \varphi_0] + \sin[(\omega_0 - k\Omega)t + \varphi_0]\}, \end{aligned} \tag{2.45}$$

wobei $J_k\left(\frac{\Delta\varphi}{2}\right)$ die Besselfunktion erster Ordnung ist. Nur bei kleinen Modulationsindizes ($\Delta\varphi < 60°$) kann man alle Seitenfrequenzen mit Ausnahme der ersten vernachlässigen. Dann wird

$$\begin{aligned} u(t) \approx {} & U_m[\sin(\omega_0 t + \varphi_0) + \frac{U_m \Delta\varphi}{4}\{\cos[(\omega_0 + k\Omega)t + \varphi_0] \\ & + \cos[(\omega_0 - k\Omega)t + \varphi_0]\} \end{aligned} \tag{2.46}$$

($\Delta\varphi$ in rad gemessen).

Betrachten wir jetzt die *Spektren bei Frequenzmodulation.* Die Funktion für die modulierte Trägerschwingung kann man entsprechend Gl. (2.27) in der Form

$$u(t) = U_m[\sin(\omega_0 t + \varphi_0)\cos\Theta(t) + \cos(\omega_0 t + \varphi_0)\sin\Theta(t)] \tag{2.47}$$

schreiben, wobei $\Theta(t)$ die Phase ist:

$$\Theta(t) = \Delta\omega \int [2x(t) - 1]\,\mathrm{d}t; \tag{2.48}$$

$\Delta\omega$ ist der Frequenzhub.

Um die Spektren der FM-Signale zu finden, muß man die Spektren der Funktionen $\cos\Theta(t)$ und $\sin\Theta(t)$ kennen.

Die Frequenz möge sich über gleichmäßige Zeitintervalle sprungförmig von ω_1 nach ω_2 und umgekehrt ändern (Abb. 2.12a). Das entspricht einer übertragenen Impulsfolge mit dem Tastverhältnis 1 : 1. Die Augenblickfrequenz kann man in der Form

$$\Delta\omega(t) = \frac{d\Theta(t)}{dt} = \begin{Bmatrix} -\Delta\omega \text{ für } -\tau_0 < t < 0 \\ \Delta\omega \text{ für } \quad 0 < t < \tau_0 \end{Bmatrix} \tag{2.49}$$

schreiben.

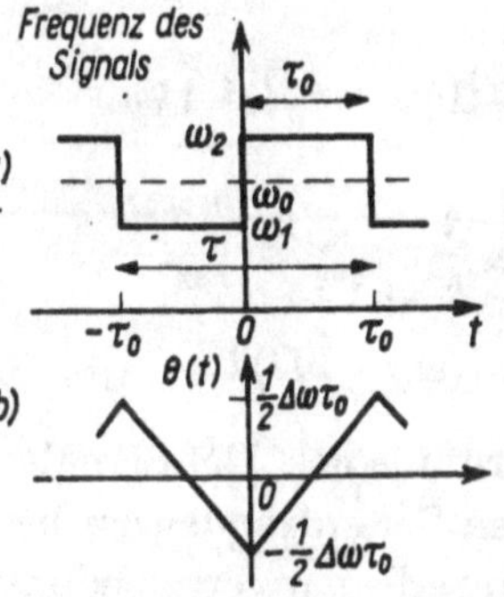

Abb. 2.12. Änderungsgesetz von Frequenz und Phase bei Frequenzmodulation durch eine Mäanderspannung. a) Verlauf der Frequenz über der Zeit; b) Verlauf der zeitabhängigen Phase

Hieraus kann man leicht die Phase bestimmen (die Integrationskonstanten wählen wir so, daß die Bedingung für die Stetigkeit der Phase beachtet wird):

$$\Theta(t) = \int \Delta\omega(t)\,dt = \begin{Bmatrix} -\Delta\omega\left(t + \frac{\tau_0}{2}\right) \text{ für } -\tau_0 < t < 0, \\ \Delta\omega\left(t - \frac{\tau_0}{2}\right) \text{ für } -\ 0 < t < \tau_0 \end{Bmatrix}. \tag{2.50}$$

Die Phase ist eine periodische Funktion der Zeit (Abb. 2.12b). Die Funktionen $\cos\Theta(t)$ und $\sin\Theta(t)$ sind natürlich ebenfalls periodisch. Man kann sie deshalb durch Fourier-Reihen darstellen:

$$\left.\begin{aligned} \cos\Theta(t) &= \frac{a_0}{2} + 2 \sum_{k=2,4,6\ldots}^{\infty} a_k \cos k\Omega t, \\ \sin\Theta(t) &= 2 \sum_{k=1,3,5\ldots}^{\infty} b_k \cos k\Omega t \end{aligned}\right\}, \tag{2.51}$$

wobei Ω die Kreisfrequenz der Impulsfolge ist. Entsprechend den Gln. (2.3) und (2.4) finden wir:

$$\left.\begin{aligned} \frac{a_0}{2} &= \frac{\sin\pi\frac{m}{2}}{\pi\frac{m}{2}} \\ a_k &= \frac{2}{\pi}\,\frac{m\sin\pi\frac{m}{2}}{m^2 - k^2} \\ b_k &= \frac{2}{\pi}\,\frac{m\cos\pi\frac{m}{2}}{m^2 - k^2} \end{aligned}\right\}, \tag{2.52}$$

wobei $m = \frac{\Delta\omega}{\Omega}$ der Modulationsindex ist.

Setzen wir den Ausdruck (2.51) in (2.47) ein, so erhalten wir den Ausdruck für das FM-Signal

$$u(t) = U_m \frac{\sin \pi \frac{m}{2}}{\pi \frac{m}{2}} \sin(\omega_0 t + \varphi_0)$$

$$+ U_m \frac{2}{\pi} \sum_{k=2,4,6\ldots}^{\infty} \frac{m \sin \pi \frac{m}{2}}{m^2 - k^2} \{\sin[(\omega_0 + k\Omega) t + \varphi_0]$$

$$+ \sin[(\omega_0 - k\Omega) t + \varphi_0]\} + U_m \frac{2}{\pi} \sum_{k=1,3,5\ldots}^{\infty} \frac{m \cos \pi \frac{m}{2}}{m^2 - k^2}$$

$$\times \{\cos[(\omega_0 + k\Omega) t + \varphi_0] + \cos[(\omega_0 - k\Omega) t + \varphi_0]\}\,. \tag{2.53}$$

Daraus ist zu ersehen, daß das Spektrum eines FM-Signales aus der Trägerfrequenz und den oberen und unteren Seitenfrequenzen besteht. Die geraden und ungeraden Seitenfrequenzen unterliegen verschiedenen Gesetzmäßigkeiten und unterscheiden sich in ihrer Phasenlage um 90°.

Beispiele für Spektren von FM-Signalen bei verschiedenen Modulationsindizes sind in Abb. 2.13 gezeigt. Aus den angeführten Beispielen ist er-

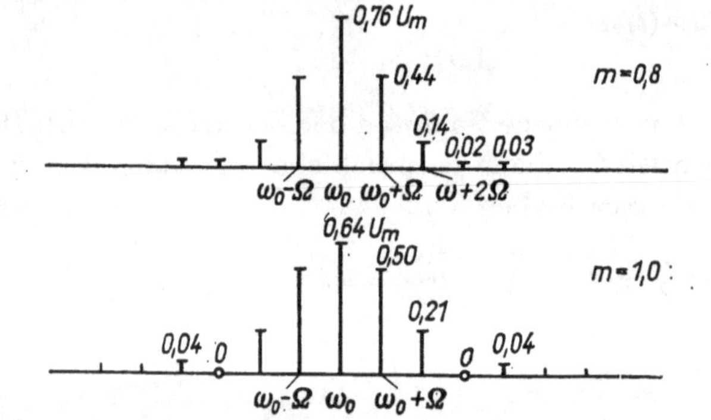

Abb. 2.13. Spektren von FM-Signalen bei der Übertragung von Impulsfolgen mit dem Tastverhältnis 1 : 2

sichtlich, daß die Spektren ziemlich kompliziert sein können und daß ihre Form stark vom Modulationsindex abhängt. Bei Modulationsindizes nahe eins (wie sie gewöhnlich bei der Datenübertragung benutzt werden) ist die Hauptenergie im Träger und in den ersten Seitenfrequenzen enthalten. Deshalb ist bei kleinen Modulationsindizes die *Spektralbreite des FM-Signales gleich der Spektralbreite des AM- oder PM-Signales.*

Noch komplizierter wird das Spektrum bei der Übertragung von Signalen mit unterschiedlicher Einschaltdauer der Frequenzen ω_1 und ω_2 (zum Beispiel eine Signalfolge mit dem Tastverhältnis 1 : 5). In diesem Fall wird das Spektrum bezüglich der Trägerfrequenz unsymmetrisch.

Geschieht die Frequenzmodulation nicht mit einem rechteckförmigen, sondern mit einem sinusförmigen Signal

$$u(t) = U_m \sin\left(\omega_0 t + \Delta\omega \int \cos\Omega t \, \mathrm{d}t + \varphi_0\right), \tag{2.54}$$

so zeigt das Spektrum bekanntlich die Form

$$u(t) = U_m J_0(m) \sin(\omega_0 t + \varphi_0) + U_m \sum_{k=1,2,3\ldots}^{\infty} J_k(m) \times$$
$$\times \left\{\sin[(\omega_0 + k\Omega)t + \varphi_0] + (-1)^k \sin[(\omega_0 - k\Omega)t + \varphi_0]\right\}. \tag{2.55}$$

Ein Vergleich der Spektren bei rechteckförmiger und bei sinusförmiger Modulation (Abb. 2.14) zeigt, daß bei letztgenanntem Fall die Amplituden der Seitenfrequenzen in Richtung der höheren Harmonischen schneller absinken.

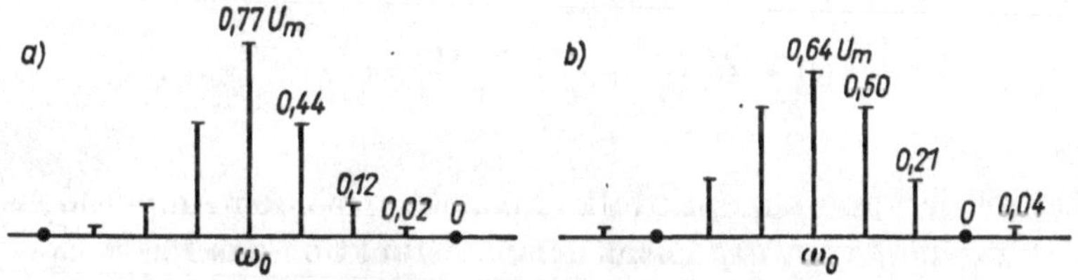

Abb. 2.14. Vergleich der Spektren a) bei sinusförmiger Modulation und b) bei Modulation mit einer Impulsfolge (Tastverhältnis 1 : 2)

Bei einer Betrachtung der Spektren von modulierten Signalen ergibt sich, daß man die *Modulationsmethoden in zwei Gruppen einteilen kann.* In der ersten Gruppe besteht zwischen den modulierenden und den modulierten Signalen eine lineare Abhängigkeit, auf Grund deren das Spektrum der Seitenbänder der modulierten Signale dieselbe Form hat wie das Spektrum der modulierenden Impulse. Eine solche Eigenschaft weisen die Amplitudenmodulation sowie die Phasenmodulation mit Rechteckimpulsen auf. Diese Methoden bezeichnet man als *linear*.

In der zweiten Gruppe ist die Abhängigkeit zwischen den modulierenden und den modulierten Signalen nichtlinear. Das Spektrum der modulierten Signale hat keine Ähnlichkeit mit dem Spektrum der modulierenden Impulse. Diese Eigenschaft besitzen die Frequenzmodulation und die Phasenmodulation mit nichtrechteckförmigen Impulsen. Diese Methoden bezeichnet man als *nichtlinear*.

2.4. Einschwingvorgänge in Tiefpässen

Betrachten wir zunächst einen idealen Tiefpaß TP (Abb. 2.15), bei dem der Übertragungsfaktor im Durchlaßbereich gleich A_0 und außerhalb des Durchlaßbereiches gleich Null und der Phasenverlauf linear ist:

$$b(\omega) = \omega\, t_0, \tag{2.56}$$

wobei t_0 die Gruppenlaufzeit des Filters ist.

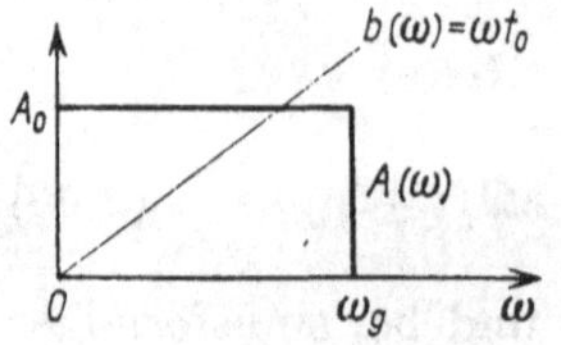

Abb. 2.15. Verlauf des Übertragungsfaktors eines idealen TP

An den Filtereingang möge zum Zeitpunkt $t = 0$ eine Spannung U_0 gelegt werden, d. h., das Eingangssignal ist eine Sprungfunktion, die entsprechend Gl. (2.24) die Form

$$u_1(t) = \sigma(t) = U_0\left(\frac{1}{2} + \frac{1}{\pi}\int_0^\infty \frac{\sin \omega t}{\omega}\, \mathrm{d}\omega\right) \tag{2.57}$$

hat.

Multipliziert man alle Spektralkomponenten mit dem Amplitudenspektrum und subtrahiert vom Argument der Sinusfunktion das Phasenspektrum, so erhält man den Ausdruck für das Ausgangssignal

$$u_2(t) = U_0\left[\frac{1}{2}A_0 + \frac{A_0}{\pi}\int_0^{\omega_g} \frac{\sin(\omega t - \omega t_0)}{\omega}\, \mathrm{d}\omega\right]. \tag{2.58}$$

In den Grenzen $\omega = \omega_g$ bis ∞ verschwindet das Integral, da in diesem Gebiet $A(\omega) = 0$ gilt. Führt man die Substitution $y = \omega(t - t_0)$ ein, so ergibt sich

$$u_2(t) = U_0 A_0\left(\frac{1}{2} + \frac{1}{\pi}\int_0^{\omega_g(t-t_0)} \frac{\sin y}{y}\, \mathrm{d}y\right). \tag{2.59}$$

Die Funktion

$$\operatorname{Si} x = \int_0^x \frac{\sin y}{y} \, \mathrm{d} y$$

nennt man *Integralsinus*. Sie ist eine ungerade Funktion (Abb. 2.16). Ihre Werte können aus Tabellen entnommen werden.

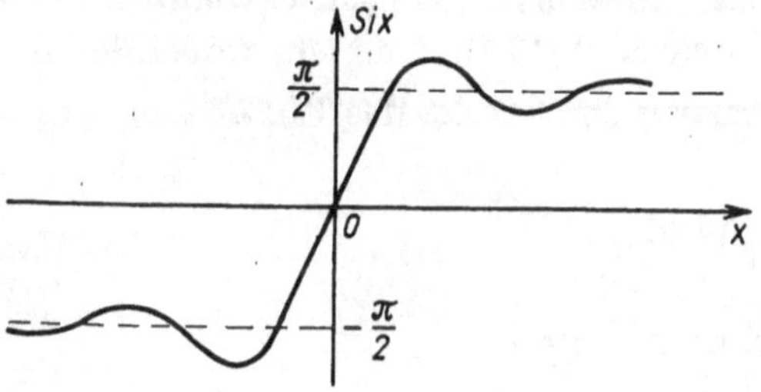

Abb. 2.16. Integralsinus

Man kann deshalb das Ausgangssignal durch die bekannte Funktion des Integralsinus ausdrücken:

$$u_2(t) = U_0 A_0 \left[\frac{1}{2} + \frac{1}{\pi} \operatorname{Si} \omega_g (t - t_0)\right]. \tag{2.60}$$

Die berechnete Signalform ist in Abb. 2.17 gezeigt. Aus der Abbildung ist ersichtlich, daß der Einschwingvorgang in der Nähe des Zeitpunktes $t = t_0$ erfolgt. Das Gebiet des Spannungsanstieges bezeichnet man als Flanke des

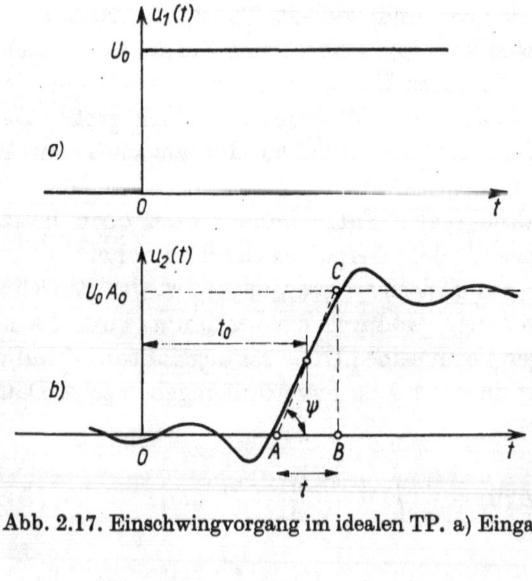

Abb. 2.17. Einschwingvorgang im idealen TP. a) Eingangssignal; b) Ausgangssignal

Einschwingvorganges. *Die Flanke des Einschwingvorganges tritt am Filterausgang verzögert gegenüber dem Einschaltzeitpunkt der Spannung am Filtereingang auf.* Diese Verzögerung ist ungefähr gleich der Gruppenlaufzeit des Filters. Bei $t = t_0$ erreicht die Amplitude die Hälfte des Wertes im eingeschwungenen Zustand.

Aus Abb. 2.17 ist weiterhin zu sehen, daß die Spannung am Filterausgang *stetig* und *nicht sprungförmig* anwächst. Die Einschwingzeit t_E kann man näherungsweise aus dem Dreieck ABC bestimmen, wobei der Anstieg der Geraden $\overline{AC}$ gleich dem Anstieg der Flanke des Einschwingvorganges zum Zeitpunkt $t = t_0$ ist:

$$\tan\psi = \frac{U_0 A_0}{t_E} = \left[\frac{\mathrm{d}u_2(t)}{\mathrm{d}t}\right]_{t=t_0}.$$

Daraus ergibt sich die Einschwingzeit

$$t_E = \frac{U_0 A_0}{\left[\frac{\mathrm{d}u_2(t)}{\mathrm{d}t}\right]_{t=t_0}}. \tag{2.61}$$

Entsprechend Gl. (2.58) erhalten wir

$$t_E = \frac{\pi}{\omega_g} = \frac{1}{2f_g}, \tag{2.62}$$

wobei f_g die Grenzfrequenz des Filters ist. *Die Einschwingzeit ist also umgekehrt proportional zur Grenzfrequenz des Filters.*

Nach Erreichen seines vollen Wertes bleibt das Signal nicht konstant, sondern es treten *gedämpfte Schwingungen* (*Überschwingen*) auf. Das erste Überschwingen ist relativ groß und beträgt 9% vom Spannungsendwert. Strenggenommen stellt sich der eingeschwungene Zustand erst nach unendlich langer Zeit ein. Ein analoges Überschwingen ist auch schon vor dem Einschwingvorgang vorhanden (ein Filter mit unendlich großer Dämpfung muß eine unendliche Zahl von Gliedern haben, deshalb muß t_0 in Abb. 2.17 unendlich sein).

Das Einschwingverhalten realer Filter kommt dem oben betrachteten Einschwingverhalten eines idealen Tiefpasses ziemlich nahe.

Der Hauptparameter des Einschwingvorganges ist die Einschwingzeit. Betrachten wir etwas genauer, wodurch sie bestimmt wird. Es möge ein Tiefpaß TP mit beliebiger Form seines Übertragungsfaktors $A(\omega)$ und, wie bisher vorausgesetzt, mit linearem Phasenverlauf gegeben sein. Dann erhält man analog zu Gl. (2.58)

$$u_2(t) = U_0\left[\frac{1}{2}A(0) + \frac{1}{\pi}\int_0^\infty \frac{A(\omega)\sin(t-t_0)}{\omega}\,\mathrm{d}\omega\right]. \tag{2.63}$$

Die Steilheit im Punkte $t = t_0$ wird gleich

$$\left[\frac{\mathrm{d}u_2(t)}{\mathrm{d}t}\right]_{t=t_0} = \frac{U_0}{\pi}\int\limits_0^\infty A(\omega)\,\mathrm{d}\omega\,.$$

Daraus ergibt sich die Einschwingzeit analog dem Ausdruck (2.61) zu

$$t_E = \frac{\pi A(0)}{\int\limits_0^\infty A(\omega)\,\mathrm{d}\omega}\,. \qquad (2.64)$$

Die Einschwingzeit wird also durch die Fläche des Übertragungsfaktors des Filters bestimmt.

Betrachten wir ein ideales Filter (Abb. 2.18), bei dem die Größe $A(0)\,\omega_{gm}$ gleich der Fläche ist, die durch das Amplitudenspektrum eines realen Filters und die Koordinatenachsen begrenzt wird. Die Größe $f_{gm} = \omega_{gm}/2\pi$ werden wir wirksame *Bandbreite* des Tiefpasses nennen. Dann erhält der allgemeine Ausdruck für die Einschwingzeit eines TP die Form

$$t_E = \frac{\pi}{\omega_{gm}} = \frac{1}{2 f_{gm}}\,. \qquad (2.65)$$

Bei realen Filtern ist die *Breite des Durchlaßbereiches angenähert gleich der Frequenz, bei der das Amplitudenspektrum bis zur Hälfte seines Wertes bei der*

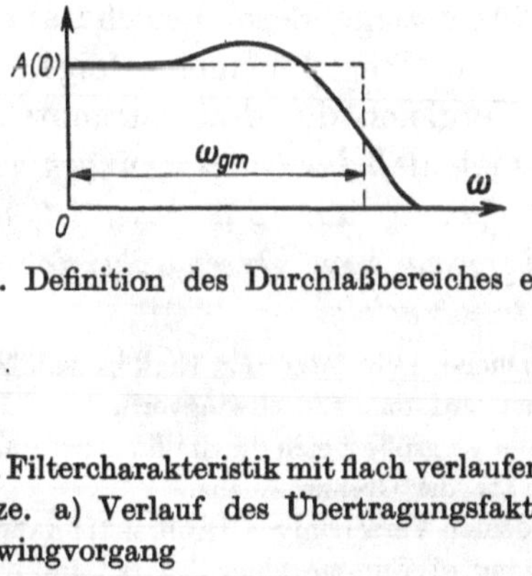

Abb. 2.18. Definition des Durchlaßbereiches eines TP

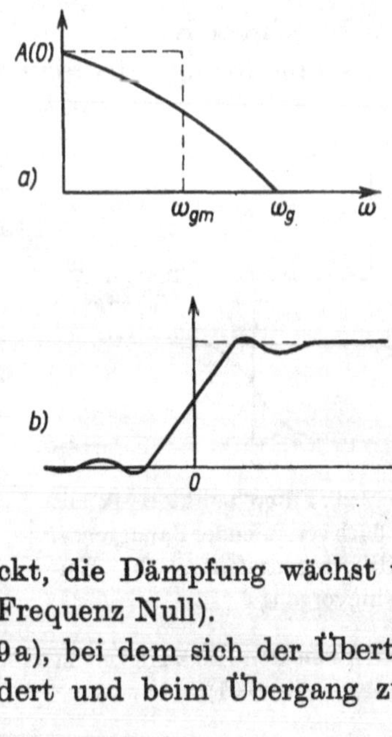

Abb. 2.19. Filtercharakteristik mit flach verlaufender Bandgrenze. a) Verlauf des Übertragungsfaktors; b) Einschwingvorgang

Frequenz Null sinkt (oder anders ausgedrückt, die Dämpfung wächst um 0,7 Np im Vergleich zur Dämpfung bei der Frequenz Null).

Betrachten wir jetzt einen TP (Abb. 2.19a), bei dem sich der Übertragungsfaktor im Durchlaßbereich stetig ändert und beim Übergang zum

Sperrbereich den Wert

$$A(\omega) = A(0)\cos\frac{\pi}{2}\frac{\omega}{\omega_g} \tag{2.66}$$

aufweist.

Man findet die Breite des Durchlaßbereiches bei einem Wert von 0,5 zu $\omega_{gm} = 2\,\omega_g/3$.

Setzen wir $t - t_0 = t'$. Dabei bedeutet t die Zeit und t_0 die Gruppenlaufzeit des Filters.

Das Ausgangssignal finden wir auf dieselbe Weise wie beim idealen TP:

$$u_2(t') = U_0 A(0)\left[\frac{1}{2} + \frac{1}{2\pi}\,\mathrm{Si}\left(\frac{9}{4}\,\omega_{gm}t' + \frac{\pi}{2}\right) + \frac{1}{2\pi}\,\mathrm{Si}\left(\frac{9}{4}\,\omega_{gm}t' - \frac{\pi}{2}\right)\right]. \tag{2.67}$$

Die berechnete Kurve ist in Abb. 2.19b gezeigt. Aus ihr ist zu ersehen, daß das Überschwingen bedeutend kleiner als beim idealen Filter ist.

Betrachten wir einen TP mit noch flacher verlaufenden Filterflanken (Abb. 2.20), bei dem der Übertragungsfaktor kosinusförmig verläuft:

$$A(\omega) = \frac{A(0)}{2}\left(1 + \cos\frac{\pi}{2}\frac{\omega}{\omega_{gm}}\right). \tag{2.68}$$

Das Ausgangssignal hat die Form

$$u_2(t') = U_0 A(0)\left[\frac{1}{2} + \frac{1}{2\pi}\,\mathrm{Si}\,2\,\omega_{gm}t' + \frac{1}{4\pi}\,\mathrm{Si}\,(2\,\omega_{gm}t' + \pi) + \frac{1}{4\pi}\,\mathrm{Si}\,(2\,\omega_{gm}t' - \pi)\right]. \tag{2.69}$$

Die berechnete Kurve ist in Abb. 2.20b gezeigt. Besonders charakteristisch für das Einschwingverhalten ist, daß kein Überschwingen erfolgt.

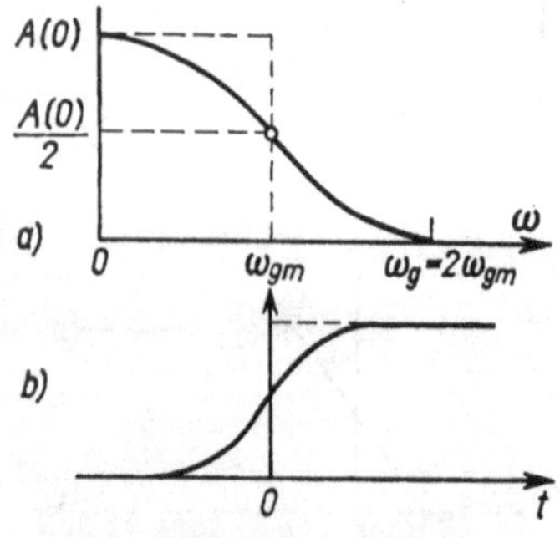

Abb. 2.20. Filtercharakteristik mit sehr flach verlaufender Bandgrenze. a) Übertragungsfaktor; b) Einschwingvorgang

Ein Vergleich der drei betrachteten Tiefpässe zeigt, daß *das Überschwingen beim Einschwingvorgang um so geringer ist, je flacher der Übergang vom Durchlaßbereich in den Sperrbereich erfolgt.*

Untersuchen wir jetzt den Einfluß von Phasenverzerrungen auf das Einschwingverhalten. Bei realen Tiefpässen vergrößert sich die Steilheit der Phasenkurve in der Nähe der Grenzfrequenz.

Bei kleinen Verzerrungen (Abb. 2.21) kann man den Phasengang als Summe einer linearen und einer sinusförmigen Komponente beschreiben:

$$b(\omega) = \omega t_0 - \Delta b_{\max}\sin n\pi\,\frac{\omega}{\omega_g}. \tag{2.70}$$

Darin ist $\Delta b_{\max}$ die maximale Abweichung der Phase von der linearen Abhängigkeit in rad, n die Zahl der Halbperioden im Durchlaßbereich (in Abb. 2.21 gilt $n = 1$).

In diesem Fall kann man für ein Filter mit beliebigem Verlauf des Übertragungsfaktors $A(\omega)$ in Analogie zum Ausdruck (2.63) schreiben

$$u_2(t) = U_0 \left\{ \frac{1}{2} A(0) + \frac{1}{\pi} \int_0^\infty A(\omega) \sin \left[\omega (t - t_0) + \Delta b_{\max} \sin \frac{n\pi\omega}{\omega_g} \right] \frac{d\omega}{\omega} \right\}. \quad (2.71)$$

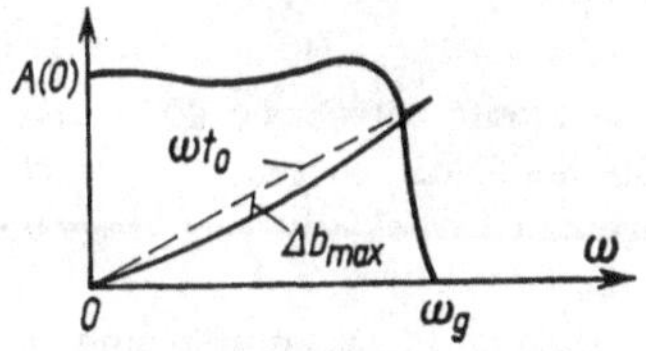

Abb. 2.21. Übertragungsfaktor eines Tiefpasses mit geringen Phasenverzerrungen

Wir formen die unter dem Integral stehende Sinusfunktion um und setzen dabei $t' = t - t_0$:

$$y = \sin \left[\omega t' + \Delta b_{\max} \sin \frac{n\pi\omega}{\omega_g} \right] = \sin \omega t' \cos \left[\Delta b_{\max} \sin \frac{n\pi\omega}{\omega_g} \right]$$
$$+ \cos \omega t' \sin \left[\Delta b_{\max} \sin \frac{n\pi\omega}{\omega_g} \right].$$

Bekanntlich kann man Ausdrücke der Form $\cos(\Delta b_{\max} \sin x)$ und $\sin(\Delta b_{\max} \sin x)$ in Besselfunktionen erster Ordnung entwickeln. Bei kleinen Werten von $\Delta b_{\max}$ ($b < 0{,}5$ rad) kann man die Reihe nach dem ersten Glied abbrechen und die Besselfunktionen näherungsweise durch die Ausdrücke

$$\left.\begin{aligned} &\cos\left(\Delta b_{\max} \sin \frac{\pi n \omega}{\omega_g}\right) \approx J_0(b) \approx 1, \\ &\sin\left(\Delta b_{\max} \sin \frac{n\pi\omega}{\omega_g}\right) \approx 2 J_1(\Delta b_{\max}) \sin \frac{n\pi\omega}{\omega_g} \approx \Delta b_{\max} \sin \frac{n\pi\omega}{\omega_g} \end{aligned}\right\} \quad (2.72)$$

ersetzen.

Damit wird

$$y = \sin \omega t' + \Delta b_{\max} \sin \frac{n\pi\omega}{\omega_g} \cos \omega t'$$
$$= \sin \omega t' + \frac{\Delta b_{\max}}{2} \left[\sin \omega \left(t' + \frac{n\pi}{\omega_g}\right) - \sin \omega \left(t' - \frac{n\pi}{\omega_g}\right) \right].$$

Nach dem Einsetzen dieses Ausdruckes in Gl. (2.71) erhält man

$$u_2(t') = U_0 \left[\frac{1}{2} A(0) + \frac{1}{\pi} \int_0^\infty A(\omega) \sin \omega t' \frac{d\omega}{\omega} \right]$$
$$+ \frac{U_0 \Delta b_{\max}}{2} \left[\frac{1}{2} A(0) + \frac{1}{\pi} \int_0^\infty A(\omega) \sin \omega \left(t' + \frac{n\pi}{\omega_g}\right) \frac{d\omega}{\omega} \right]$$
$$- \frac{U_0 \Delta b_{\max}}{2} \left[\frac{1}{2} A(0) + \frac{1}{\pi} \int_0^\infty A(\omega) \sin \omega \left(t' - \frac{n\pi}{\omega_g}\right) \frac{d\omega}{\omega} \right]. \quad (2.73)$$

In diesem Ausdruck beschreibt das erste Glied den uns aus Gl. (2.63) bekannten Einschwingvorgang, wenn keine Phasenverzerrungen auftreten ($\Delta b = 0$). Wir bezeichnen dieses

Glied mit $u_0(t')$. Das zweite Glied charakterisiert einen in der Form analogen Einschwingvorgang, der jedoch zeitlich vorauseilt und eine andere Amplitude besitzt. Das dritte Glied hat dieselbe Amplitude wie das zweite Glied, eilt aber zeitlich nach und weist ein entgegengesetztes Vorzeichen auf. Den gesamten Einschwingvorgang kann man in der folgenden Form schreiben:

$$u_2(t') = u_0(t') + \frac{\Delta b_{\max}}{2} u_0\left(t' + \frac{n\pi}{\omega_g}\right) - \frac{\Delta b_{\max}}{2} u_0\left(t' - \frac{n\pi}{\omega_g}\right). \qquad (2.74)$$

Das erste Glied nennt man das *Hauptsignal*, das zweite *voreilendes Echo* und das dritte *nacheilendes Echo* (Abb. 2.22). Die betrachtete Methode, die es gestattet, nach Gl. (2.74) äußerst einfach den Einfluß der Phasenverzerrungen zu berücksichtigen, trägt die Bezeichnung *Methode der paarweisen Echos.*

Die Amplitude des Echos hängt nur von der maximalen Phasenabweichung ab. Das Voreilen (oder Nacheilen) des Echos im Vergleich zur Einschwingzeit hängt nur von der Zahl der Halbperioden der Phasenabweichung im Durchlaßbereich ab. Tatsächlich wird für das ideale Filter die Einschwingzeit

$$t_E = \frac{\pi}{\omega_g}.$$

Deshalb ist gemäß Gl. (2.74) die Zeit für das Vorauseilen des Echos

$$\Delta t = \frac{n\pi}{\omega_g} = n t_E. \qquad (2.75)$$

Wenn $n = 1$ ist (eine Halbperiode im Durchlaßbereich), so ist das Vorauseilen gleich der Einschwingzeit. Dieser Fall ist in Abb. 2.22 gezeigt.

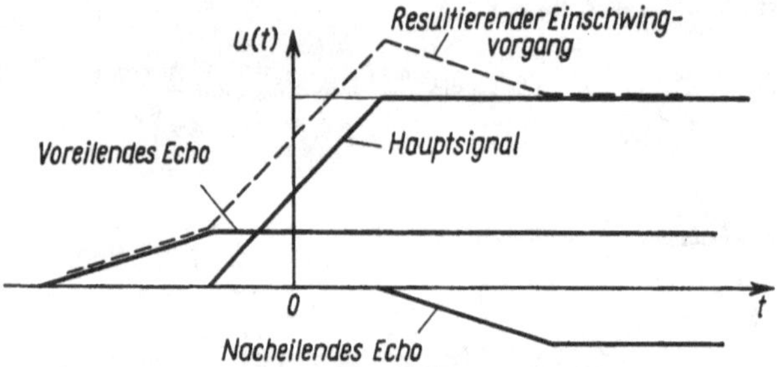

Abb. 2.22. Darstellung des Einschwingvorganges bei geringen Phasenverzerrungen als Summe eines Hauptsignales und zweier Echosignale

Wie aus der Abbildung zu sehen ist, erfährt dabei der Gesamtprozeß des Einschwingvorganges bedeutende Veränderungen. Erstens verschiebt er sich in Richtung des voreilenden Echos (bei Phasenverzerrungen, wie sie in Abb. 2.21 gezeigt sind). *Seine Steilheit verändert sich dabei fast nicht.* Zweitens *vergrößert sich das obere Überschwingen bedeutend.* Und schließlich, drittens, erscheint ein voreilender abgeschrägter „Schwanz". Insgesamt *verlängert sich der Einschwingvorgang merklich.*

Ein Vergleich der Einschwingvorgänge im idealen TP mit und ohne Phasenverzerrungen ist in Abb. 2.23 gezeigt. Die Kurven wurden nach den Gln. (2.74) und (2.60) berechnet.

Haben die Phasenverzerrungen einen entgegengesetzten Verlauf ($b < 0$), so kehren sich die Vorzeichen von vor- und nacheilendem Echo um. Dadurch vergrößert sich das untere voreilende Überschwingen bedeutend, und oben erscheint ein „Schwanz", der langsam bis zum eingeschwungenen Wert anwächst. Die Flanke des Einschwingvorganges wird verzögert.

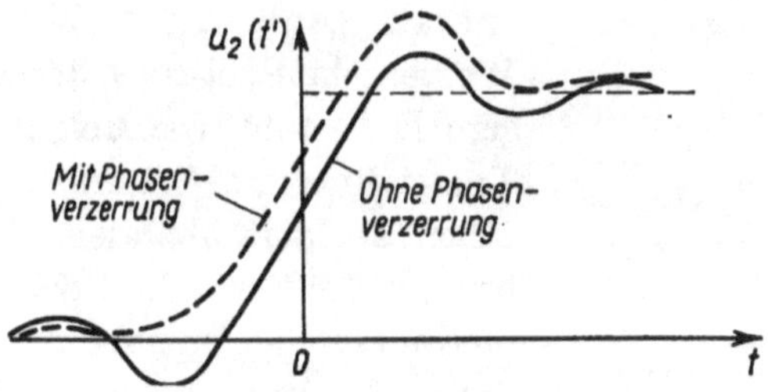

Abb. 2.23. Vergleich der Einschwingvorgänge eines idealen TP mit und ohne Phasenverzerrungen

Wenn im Durchlaßbereich die Phasenabweichung mehrere Halbperioden beträgt, so vergrößert sich das Vor- und Nacheilen proportional zur Zahl der Halbperioden. Der Einschwingvorgang wird in Folge der „Schwänze" stark verlängert. Diese „Schwänze" rufen eine gegenseitige Beeinflussung der Impulse hervor.

2.5. Einschwingvorgänge in Bandfiltern bei AM

Zur Zeit $t = 0$ soll an den Eingang eines Bandfilters eine Wechselspannung (Träger) mit der Amplitude U_m angelegt werden. Das kann beschrieben werden durch

$$u_1(t) = U_m\,\sigma(t)\sin(\omega_0 t + \varphi_1)\,. \tag{2.76}$$

Hierbei ist ω_0 die Kreisfrequenz des Trägers, φ_1 die Anfangsphase, $\sigma(t)$ der Einheitssprung, eine Funktion, die gleich Null für $t < 0$ und gleich eins für $t > 0$ ist. Diese Funktion kann gemäß Gl. (2.24) beschrieben werden durch

$$\sigma(t) = \frac{1}{2} + \frac{1}{\pi}\int_0^\infty \frac{\sin\omega t}{\omega}\,\mathrm{d}\omega\,. \tag{2.77}$$

Dieser Ausdruck zeigt, daß das modulierende Signal aus einer konstanten Komponente und einer unendlichen Summe sinusförmiger Komponenten besteht, deren Amplituden umgekehrt proportional der Frequenz sind. Das Spektrum der Sprungfunktion ist in Abb. 2.5 dargestellt.

Durch Einsetzen der Gl. (2.77) in den Ausdruck (2.76) erhalten wir

$$\begin{aligned} u_1(t) &= U_m\left(\frac{1}{2} + \frac{1}{\pi}\int_0^\infty \frac{\sin\omega t}{\omega}\,\mathrm{d}\omega\right)\sin(\omega_0 t + \varphi_1) \\ &= \frac{U_m}{2}\left\{\sin(\omega_0 t + \varphi_1) + \frac{1}{\pi}\int_0^\infty \cos[(\omega_0 - \omega)t + \varphi_1]\,\frac{\mathrm{d}\omega}{\omega}\right. \\ &\quad \left. - \frac{1}{\pi}\int_0^\infty \cos[(\omega_0 + \omega)t + \varphi_1]\,\frac{\mathrm{d}\omega}{\omega}\right\}. \end{aligned} \tag{2.78}$$

Der Ausdruck zeigt, daß das Spektrum des Eingangssignals außer der Frequenz ω_0 noch zwei kontinuierliche, unendlich breite Frequenzbereiche enthält (Abb. 2.24). Mit anderen Worten, das Spektrum des Eingangssignals besteht wie üblich aus dem Träger und zwei Seitenbändern. Die Form der Seitenbänder stimmt dabei mit der Form des Spektrums des modulierenden Signals, d. h. mit der Sprungfunktion überein. Weiterhin stellen wir fest, daß das untere Seitenband zwei Komponenten hat: Die Hauptkomponente enthält die Frequenzen von ω_0 bis Null und besitzt den Hauptteil der Energie, die zweite Komponente enthält die Frequenzen von Null bis (minus) Unendlich und hat den kleineren Teil der Energie. In den Durchlaßbereich des Filters (Abb. 2.24) fällt außer der Hauptenergie noch eine *zusätzliche Energie des unteren Seitenbandes*.

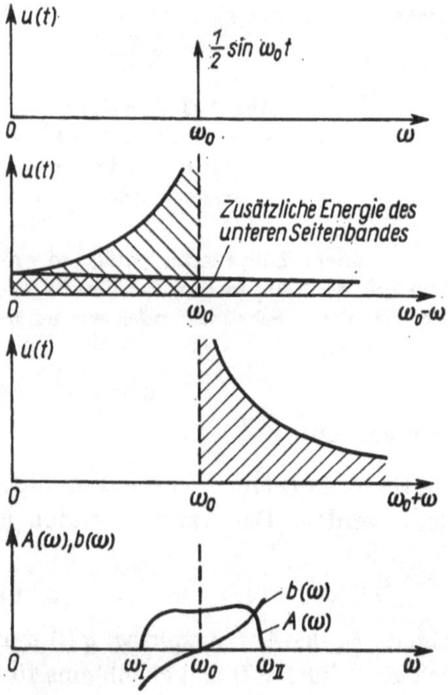

Abb. 2.24. Die drei Komponenten des Eingangssignales und der Übertragungsfaktor des Filters

Damit man eine Gleichung für das Ausgangssignal des Filters erhält, muß jede Frequenzkomponente des Eingangssignals mit $A(\omega)$ multipliziert und der Phasenwinkel $b(\omega)$ im Argument subtrahiert werden, wobei für ω die entsprechende Frequenz einzusetzen ist. Für die Ausgangsspannung kann man dann schreiben

$$u_2(t) = \frac{U_m}{2}\Big\{A(\omega_0)\sin[\omega_0 t + \varphi_1 - b(\omega_0)]$$

$$+ \frac{1}{\pi}\int_0^\infty A(\omega_0 - \omega)\cos[(\omega_0 - \omega)t + \varphi_1 - b(\omega_0 - \omega)]\,\frac{d\omega}{\omega}$$

$$- \frac{1}{\pi}\int_0^\infty A(\omega_0 + \omega)\cos[(\omega_0 + \omega)t + \varphi_1 - b(\omega_0 + \omega)]\,\frac{d\omega}{\omega}\Big\}. \qquad (2.79)$$

Betrachten wir die Funktionen $A(\omega_0 - \omega)$ und $A(\omega_0 + \omega)$ und auch die Funktionen $b(\omega_0 - \omega)$ und $b(\omega_0 + \omega)$, die in dem Ausdruck (2.79) auftreten. Sie stellen den um ω_0 verschobenen Übertragungsfaktor $A(\omega)$ und

Phasenverlauf $b(\omega)$ des Filters dar. Das Filter möge den in Abb. 2.25a gezeigten Übertragungsfaktor haben. Dann haben diese Funktionen, wie man sich leicht überzeugen kann, die in Abb. 2.25b, c dargestellte Form.

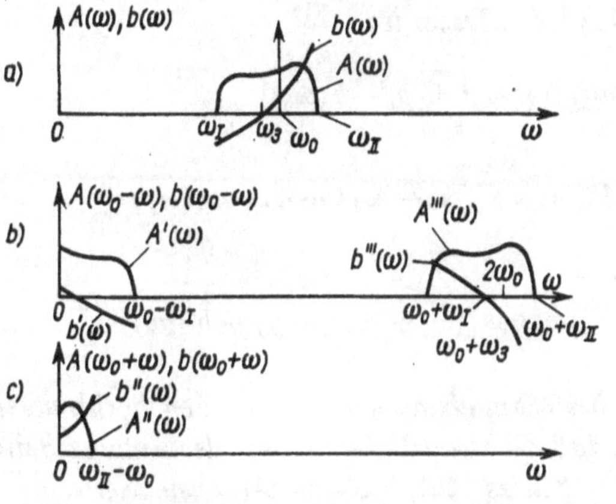

Abb. 2.25. Die Funktionen $A(\omega_0 - \omega)$ und $A(\omega_0 + \omega)$ für das Bandfilter mit willkürlichem Übertragungsfaktor und Phasenverlauf. a) Übertragungsfaktor und Phasenverlauf; b) die Funktionen $A(\omega_0 - \omega)$ und $b(\omega_0 - \omega)$; c) die Funktionen $A(\omega_0 + \omega)$ und $b(\omega_0 + \omega)$

Zur Gewinnung der Ausdrücke $A(\omega_0 - \omega)$ und $b(\omega_0 - \omega)$ muß man von den Beziehungen

$$A(-\omega) = A(\omega), \quad b(-\omega) = -b(\omega)$$

ausgehen.

Die Übertragungsfaktoren $A(\omega_0 - \omega)$ und $A(\omega_0 + \omega)$ bilden drei Bereiche: $A'(\omega)$, $A''(\omega)$ und $A'''(\omega)$. Demgemäß kann der Ausdruck (2.79) geschrieben werden als

$$\begin{aligned} u_2(t) = \frac{U_m}{2} \Big\{ & A(\omega_0) \sin[\omega_0 t + \varphi_1 - b(\omega_0)] \\ & + \frac{1}{\pi} \int\limits_0^{\omega_0 - \omega_I} A'(\omega) \cos[(\omega_0 - \omega)t + \varphi_1 - b'(\omega)] \frac{d\omega}{\omega} \\ & + \frac{1}{\pi} \int\limits_{\omega_0 + \omega_I}^{\omega_0 + \omega_{II}} A'''(\omega) \cos[(\omega_0 - \omega)t + \varphi_1 - b'''(\omega)] \frac{d\omega}{\omega} \\ & - \frac{1}{\pi} \int\limits_0^{\omega_{II} - \omega_0} A''(\omega) \cos[(\omega_0 + \omega)t + \varphi_1 - b''(\omega)] \frac{d\omega}{\omega} \Big\}. \end{aligned} \tag{2.80}$$

Wenn das Filter relativ schmalbandig ist, treten im Nenner des zweiten Integrals bei der Integration hohe Frequenzen auf, die um ein Vielfaches größer sind als die Frequenzen in den anderen beiden Integralen. Deshalb kann man bei der Berechnung der Ausgangsspannung dieser Filter das zweite Integral vernachlässigen. Dann ist

$$u_2(t) = \frac{U_m}{2}\Bigg\{A(\omega_0)\sin[\omega_0 t + \varphi_1 - b(\omega_0)]$$

$$+ \frac{1}{\pi}\int\limits_0^{\omega_0-\omega_{\mathrm{I}}} A'(\omega)\cos[(\omega_0 - \omega)t + \varphi_1 - b'(\omega)]\,\frac{\mathrm{d}\omega}{\omega}$$

$$- \frac{1}{\pi}\int\limits_0^{\omega_{\mathrm{II}}-\omega_0} A''(\omega)\cos[(\omega_0 + \omega)t + \varphi_1 - b''(\omega)]\,\frac{\mathrm{d}\omega}{\omega}\,. \qquad (2.81)$$

Folglich *braucht man bei schmalbandigen Filtern den hochfrequenten Bereich $A'''(\omega)$, der angibt, daß die zusätzliche Energie des unteren Seitenbandes in den Durchlaßbereich des Filters fällt, nicht zu berücksichtigen.*

Im weiteren werden wir hauptsächlich Einschwingvorgänge bei schmalbandigen Filtern betrachten. Die Besonderheiten der Einschwingvorgänge in relativ breitbandigen Systemen werden am Ende des Kapitels gesondert betrachtet.

Für die Übertragungsfaktoren eines Filters sollen folgende Einschränkungen gelten:

$$\left.\begin{aligned} A(\omega_3 - \omega) &= A(\omega_3 + \omega) \\ b(\omega_3 - \omega) &= -\,b(\omega_3 + \omega) \end{aligned}\right\}, \qquad (2.82)$$

d. h., der Übertragungsfaktor $A(\omega)$ ist eine gerade und der Übertragungswinkel $b(\omega)$ eine ungerade Funktion bezüglich der Mittenfrequenz (Abb. 2.26a). Ein solches Filter bezeichnen wir als symmetrisches Bandfilter.

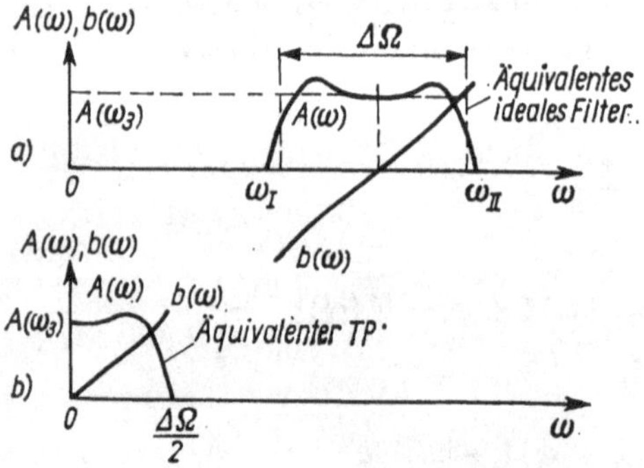

Abb. 2.26. Übertragungsfaktor und Übertragungswinkel des symmetrischen Bandfilters und der dazu äquivalente TP

Wenn außerdem noch die Bedingung erfüllt ist, daß die Trägerfrequenz mit der Mittenfrequenz des Filters zusammenfällt:

$$\omega_0 = \omega_3\,, \qquad (2.83)$$

dann gilt, wie man leicht auch aus Abb. 2.25 erkennt

$$\left.\begin{aligned} A'(\omega) &= \quad A''(\omega) \\ b'(\omega) &= -\, b''(\omega) \end{aligned}\right\}, \tag{2.84}$$

$$\left.\begin{aligned} A(\omega_0) &= A''(0) \\ b(\omega_0) &= 0 \end{aligned}\right\}, \tag{2.85}$$

$$\omega_0 - \omega_{\mathrm{I}} = \omega_{\mathrm{II}} - \omega_0 = \frac{\omega_{\mathrm{II}} - \omega_{\mathrm{I}}}{2}, \tag{2.86}$$

wobei $\omega_{\mathrm{II}} - \omega_{\mathrm{I}}$ die Bandbreite des Filters ist. Der Ausdruck (2.81) kann dann nach geringfügigen Umformungen in folgender Form geschrieben werden:

$$u_2(t) = U_m \left\{ \frac{1}{2} A''(0) + \frac{1}{2\pi} \int\limits_0^{\frac{\omega_{\mathrm{II}} - \omega_{\mathrm{I}}}{2}} A''(\omega) \sin\left[\omega t - b''(\omega)\right] \frac{\mathrm{d}\omega}{\omega} \right\} \sin(\omega_0 t + \varphi_1). \tag{2.87}$$

Diese Formel zeigt, daß der Einschwingvorgang selbst sinusförmig verläuft; seine Amplitude wird durch den Ausdruck in den geschweiften Klammern bestimmt und als *Einhüllende* oder *Hüllkurve* bezeichnet.

Wie man leicht erkennt, stellt der Ausdruck in den geschweiften Klammern die Gleichung für den Einschwingvorgang in einem TP dar.

Wenn die drei Bedingungen erfüllt sind, daß

1. das Filter relativ schmalbandig ist,
2. das Filter symmetrisch ist,
3. die Trägerfrequenz mit der Mittenfrequenz des Filters zusammenfällt,

folgt daraus, daß *die Einhüllende des Einschwingvorganges in der Form mit dem Einschwingvorgang in einem Tiefpaß übereinstimmt.* Die Übertragungsfaktoren für diesen TP stimmen mit der oberen Hälfte des Übertragungsfaktors eines Bandfilters überein, die um ω_3 zu niederen Frequenzen hin verschoben ist (Abb. 2.26b).

Deshalb können alle Gesetzmäßigkeiten, die in vorhergehenden Abschnitten abgeleitet worden sind, auf die Einhüllende des Einschwingvorganges in symmetrischen Filtern erweitert werden. Insbesondere verkleinert eine langsam abfallende Filterflanke das Überschwingen, aber Phasenverzerrungen vergrößern es. Die Einschwingzeit wird gemäß Gl. (2.65)

$$t_E = \frac{2\pi}{\Delta\Omega} = \frac{1}{\Delta F}, \tag{2.88}$$

wobei ΔF die Breite des Durchlaßbereiches des Filters bis zu einer Dämpfung von 0,7 Np ist (Abb. 2.26).

Wir betrachten nun die Gesetzmäßigkeiten, die allgemein in einem Bandfilter dann auftreten, wenn die obenangeführten drei Bedingungen nicht erfüllt sind. Zur Vereinfachung nehmen wir an, daß der Übertragungswinkel linear verläuft:

$$b(\omega) = (\omega - \omega_3)\, t_0\,, \tag{2.89}$$

wobei t_0 die Gruppenlaufzeit ist. Dann kann der Ausdruck (2.79) nach geringfügigen Umformungen geschrieben werden als

$$u_2(t') = U_m[p(t')\sin(\omega_0 t' + \varphi) + q(t')\cos(\omega_0 t' + \varphi)]\,, \tag{2.90}$$

mit $t' = t - t_0$;

$\varphi = \varphi_1 + \omega_3 t_0$;

$$p(t') = \frac{1}{2} A(\omega_0) + \frac{1}{2\pi}\int\limits_0^\infty [A(\omega_0 - \omega) + A(\omega_0 + \omega)] \sin\omega t' \frac{d\omega}{\omega}\,; \tag{2.91}$$

$$q(t') = \frac{1}{2\pi}\int\limits_0^\infty [A(\omega_0 - \omega) - A(\omega_0 + \omega)] \cos\omega t' \frac{d\omega}{\omega}\,. \tag{2.92}$$

Die Funktionen $p(t')$ und $q(t')$ heißen normalphasige bzw. *Quadratur-Komponente der Einhüllenden.*

Die Gleichung (2.90) kann auch in der folgenden Form geschrieben werden:

$$u_2(t') = U_m r(t') \sin[\omega_0 t' + \varphi + \Theta(t')]\,, \tag{2.93}$$

wobei die Einhüllende

$$r(t') = \sqrt{p^2(t') + q^2(t')} \tag{2.94}$$

und die Phase

$$\Theta(t') = \operatorname{arc\,tan} \frac{q(t')}{p(t')} \tag{2.95}$$

ist.

Wenn also am Eingang des Filters eine Amplitudentastung des Trägers erfolgt, dann erscheint am Ausgang des Filters eine Schwingung, bei der im allgemeinen Fall *sowohl die Amplitude als auch die Phase moduliert sind.*

Die Formeln (2.94) und (2.95) zeigen, daß das Übergangsverhalten der Einhüllenden und der Phase durch die normalphasige und die Quadratur-Komponente vollständig beschrieben wird. Deshalb läßt sich die Untersuchung des Einschwingvorganges auf die Analyse dieser beiden Funktionen zurückführen. Letztere hängen nach Gl. (2.91) und (2.92) nur von dem Übertragungsfaktor des Filters und der Größe der Trägerfrequenz ab.

Für ein schmalbandiges Filter, bei dem der Bereich $A'''(\omega)$ (siehe Abb. 2.25) vernachlässigt werden kann, haben die Formeln für $p(t')$ und $q(t')$ die Form

$$p(t') = \frac{1}{2} A(\omega_0) + \frac{1}{2\pi} \int_0^{\omega_{NF}} [A'(\omega) + A''(\omega)] \sin \omega t' \frac{d\omega}{\omega}, \qquad (2.96)$$

$$q(t') = \frac{1}{2\pi} \int_0^{\omega_{NF}} [A'(\omega) - A''(\omega)] \cos \omega t' \frac{d\omega}{\omega}, \qquad (2.97)$$

wobei ω_{NF} die Integrationsgrenze für den niederfrequenten Bereich ist, die gleich $\omega_0 - \omega_I$ oder $\omega_{II} - \omega_0$ ist, je nachdem, welche Differenz größer ist.

Aus dem Ausdruck (2.97) ist ersichtlich, daß für $A'(\omega) = A''(\omega)$, d. h. *für ein symmetrisches Filter, bei dem Trägerfrequenz und Mittenfrequenz des Filters gleich sind, die Quadratur-Komponente zu Null wird:*

$$q(t') = 0.$$

Auch der Einschwingvorgang der Phase verschwindet:

$$\Theta(t') = 0.$$

Die Einhüllende wird dann nur durch die normalphasige Komponente $r(t') = |p(t')|$ bestimmt.

Betrachten wir als Beispiel den Einschwingvorgang in einem idealen Bandfilter, bei dem im Durchlaßbereich $A(\omega) = A_0$ ist (Abb. 2.27). Nach Gl. (2.96) finden wir die normalphasige

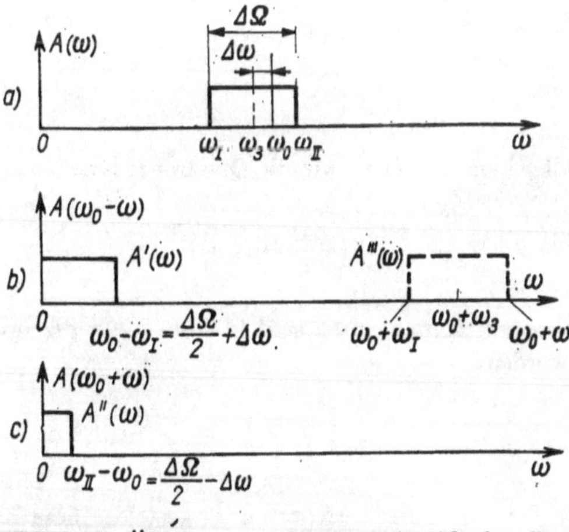

Abb. 2.27. Übertragungsfaktoren des idealen Bandfilters. a) Übertragungsfaktor; b) die Funktion $A(\omega_0 - \omega)$; c) die Funktion $A(\omega_0 + \omega)$

Komponente

$$p(t') = \frac{1}{2} A_0 + \frac{A_0}{2\pi} \int\limits_0^{\frac{\Delta\Omega}{2}+\Delta\omega} \frac{\sin \omega t' \, d\omega}{\omega} + \frac{A_0}{2\pi} \int\limits_0^{\frac{\Delta\Omega}{2}-\Delta\omega} \frac{\sin \omega t' \, d\omega}{\omega}$$

$$= A_0 \left[\frac{1}{2} + \frac{1}{2\pi} \operatorname{Si}\left(\frac{\Delta\Omega}{2} + \Delta\omega\right) t' + \frac{1}{2\pi} \operatorname{Si}\left(\frac{\Delta\Omega}{2} - \Delta\omega\right) t'\right]. \tag{2.98}$$

Hierin ist $\Delta\Omega$ die Bandbreite des Filters, $\Delta\omega = \omega_0 - \omega_3$ die Differenz zwischen Trägerfrequenz und Mittenfrequenz des Filters.

Nach Gl. (2.97) berechnen wir die Quadratur-Komponente

$$q(t') = \frac{A_0}{2\pi} \int\limits_0^{\frac{\Delta\Omega}{2}+\Delta\omega} \frac{\cos \omega t' \, d\omega}{\omega} - \frac{A_0}{2\pi} \int\limits_0^{\frac{\Delta\Omega}{2}-\Delta\omega} \frac{\cos \omega t' \, d\omega}{\omega}.$$

Die hier auftretende Funktion

$$\operatorname{Ci} x = -\int\limits_x^{\infty} \frac{\cos y \, dy}{y} \tag{2.99}$$

heißt *Integralkosinus* und kann aus Tabellen entnommen werden. Sie ist eine gerade Funktion (Abb. 2.28).

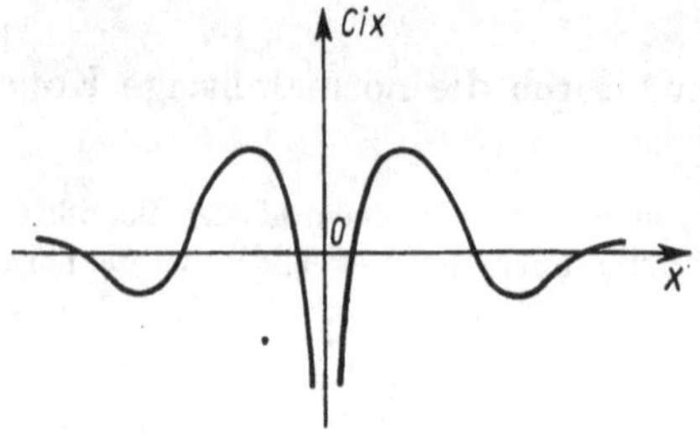

Abb. 2.28. Integralkosinus

Unter Anwendung des Integralkosinus schreiben wir die Quadratur-Komponente in der Form

$$q(t') = A_0 \left[\frac{1}{2\pi} \operatorname{Ci}\left(\frac{\Delta\Omega}{2} + \Delta\omega\right) t' - \frac{1}{2\pi} \operatorname{Ci}\left(\frac{\Delta\Omega}{2} - \Delta\omega\right) t'\right]. \tag{2.100}$$

Die durch diese Formeln berechneten Komponenten sind in Abb. 2.29a gezeigt. Sie sind für einige Werte von d berechnet worden:

$$d = \frac{\Delta\Omega}{2\Delta\omega} = \frac{\Delta F}{2\Delta f}. \tag{2.101}$$

In Abb. 2.29b sind die Einhüllenden für diese Werte von d dargestellt. Diese Kurven bestätigen die oben gefundenen Gesetzmäßigkeiten. Außerdem zeigen sie, daß *die Verschiebung des Trägers relativ zur Mittenfrequenz des Filters die Amplitude des „voreilenden Schwanzes“*

vergrößert und zum Auftreten eines oberen „Schwanzes" führt, der langsam auf den stationären Wert ansteigt. Auf diese Weise *vergrößert sich die Zeit des Einschwingvorganges merklich. Die Anstiegssteilheit im mittleren Teil ändert sich jedoch nur unbedeutend.*

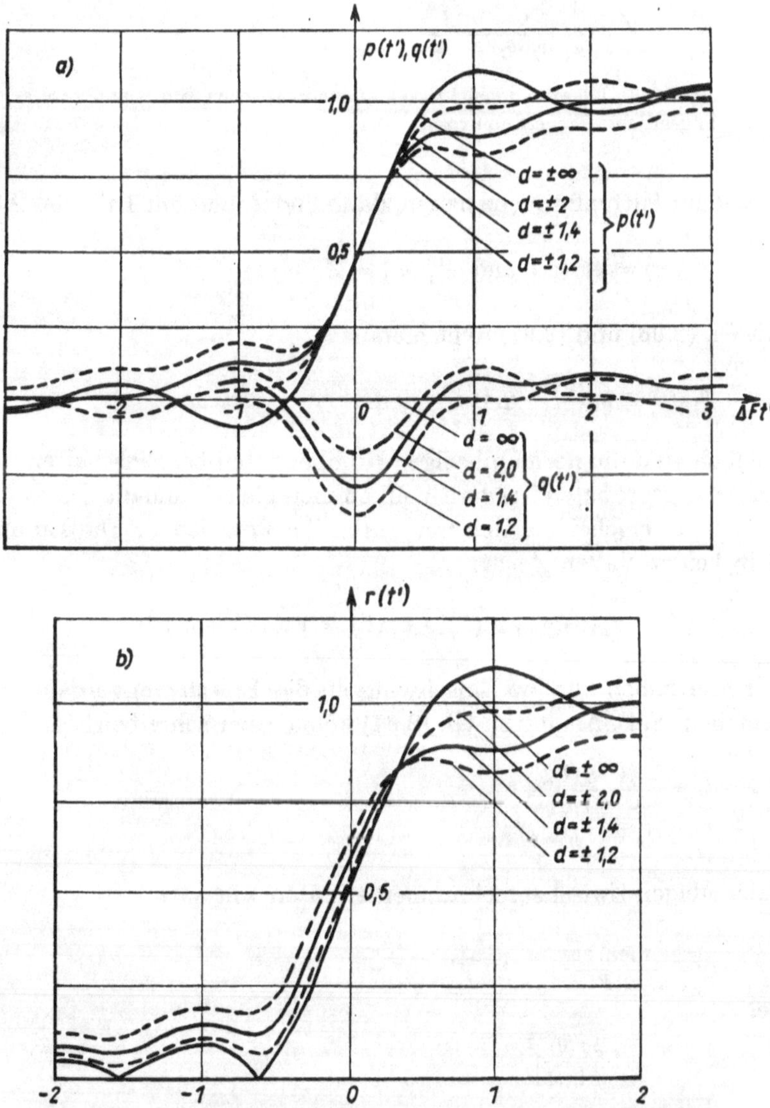

Abb. 2.29. Einschwingvorgang im idealen Bandfilter. a) Normalphasige und Quadratur-Komponente; b) Einhüllende

Betrachten wir jetzt ein schmalbandiges symmetrisches Filter, wie es in Abb. 2.30 gezeigt ist. Wenn die Trägerfrequenzen ω_1 und ω_2 den gleichen

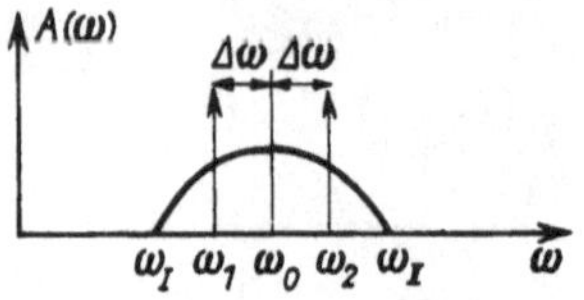

Abb. 2.30. Übertragungsfaktor eines symmetrischen Filters und zwei symmetrisch angeordnete Trägerfrequenzen

Abstand zur Mittenfrequenz haben, dann findet man mit Hilfe der Abb. 2.25 leicht

$$A_1'(\omega) = A_2''(\omega) \text{ und } A_1''(\omega) = A_2'(\omega).$$

Mit Gl. (2.96) und (2.97) folgt hieraus:

$$p_1(t') = p_2(t'); \quad q_1(t') = -q_2(t'). \tag{2.102}$$

Folglich sind die normalphasigen Komponenten bei Einschalten von symmetrisch angeordneten Trägern vollkommen gleich, und die Quadraturkomponenten unterscheiden sich nur durch ihr Vorzeichen. Die Einhüllenden sind in beiden Fällen gleich:

$$r_1(t') = r_2(t') = \sqrt{p_1^2(t') + q_1^2(t')} = \sqrt{p_2^2(t') + q_2^2(t')}. \tag{2.103}$$

Wir bestimmen nun die Einschwingzeit des Einschwingvorganges für den allgemeinen Fall. Analog zu Gl. (2.61) können wir schreiben

$$t_E = \frac{A(\omega_0)\, U_m}{\left|\frac{\mathrm{d}r(t')}{\mathrm{d}t'}\right|_{t'=0}}.$$

Nach einigen Zwischenrechnungen erhalten wir

$$t_E = \frac{A(\omega_0)\sqrt{c}}{\Delta F}, \tag{2.104}$$

wobei

$$c = 1 + \left[\frac{2q(0)}{A(\omega_0)}\right]^2 \tag{2.105}$$

ist.

In realen Filtern kann man bei geringen Verschiebungen des Trägers gegenüber der Mittenfrequenz des Filters näherungsweise annehmen, daß

$A(\omega_0)\sqrt{c} \approx 1$ ist. Damit wird

$$t_E \approx \frac{1}{\Delta F}. \tag{2.106}$$

Abb. 2.29b bestätigt die geringe Abhängigkeit der Steilheit des Einschwingvorganges von der Trägerfrequenzverschiebung.

Aus Abb. 2.29 ist ersichtlich, daß sich der Einschwingvorgang verlängert, wenn die Verschiebung der Trägerfrequenz gegenüber der Mittenfrequenz des Filters vergrößert wird. Legt man jedoch die Trägerfrequenz direkt an den Rand des Durchlaßbereiches und erfüllt bestimmte Bedingungen, so kann man eine gute Form des Einschwingvorganges erhalten. Es ist dann eine Übertragung mit teilweiser Unterdrückung eines Seitenbandes möglich.

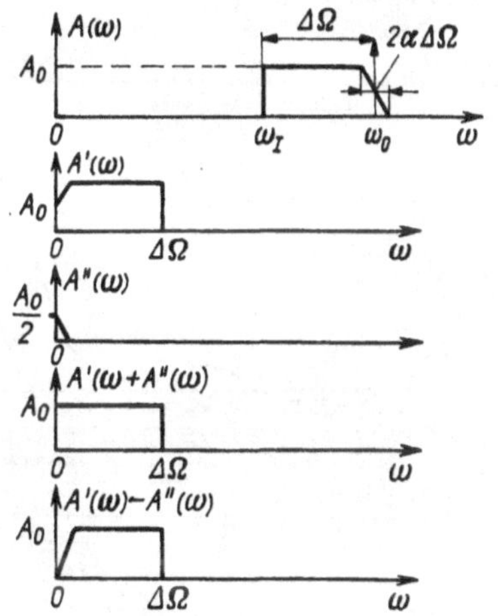

Abb. 2.31. Übertragung mit teilweiser Unterdrückung des oberen Seitenbandes

Betrachten wir als Beispiel ein Filter, wie es in Abb. 2.31 gezeigt ist. Die Trägerfrequenz liegt in der Mitte der oberen Filterflanke. Dabei ist $A(\omega_0) = A_0/2$. Die Funktion $A'(\omega) + A''(\omega)$ stellt im gegebenen Fall den Übertragungsfaktor eines idealen TP dar. Das ist allgemein bei einer bezüglich der Trägermittenfrequenz ungeraden symmetrischen Form der Filterflanke der Fall. Mit Hilfe von Gl. (2.96) und (2.97) erhalten wir leicht die normalphasige und die Quadratur-Komponente:

$$p(t') = \frac{A_0}{2}\left(\frac{1}{2} + \frac{1}{\pi}\,\mathrm{Si}\,\Delta\Omega\,t'\right), \tag{2.107}$$

$$q(t') = \frac{A_0}{2}\left(\mathrm{Ci}\,\Delta\Omega\,t' - \mathrm{Ci}\,\alpha_1\Delta\Omega\,t' + \frac{\sin\alpha_1\Delta\Omega\,t'}{\alpha_1\Delta\Omega\,t'}\right). \tag{2.108}$$

Die berechneten Komponenten und die Einhüllende des Einschwingvorganges sind in Abb. 2.32 dargestellt. Die Steilheit des Einschwingvorganges vergrößert sich annähernd um das Doppelte im Vergleich zu der Steilheit des Einschwingvorganges in Abb. 2.29.

Die Quadratur-Komponente ist bei Restseitenbandübertragung ziemlich groß. Sofern sie die Gesamtlänge des Einschwingvorganges stark vergrößert, wendet man im Empfänger die kohärente Demodulation an. Danach wird das demodulierte Signal nur noch durch die normalphasige Komponente bestimmt. Die Form des Einschwingvorganges am Ausgang des Demodulators verbessert sich dabei bedeutend.

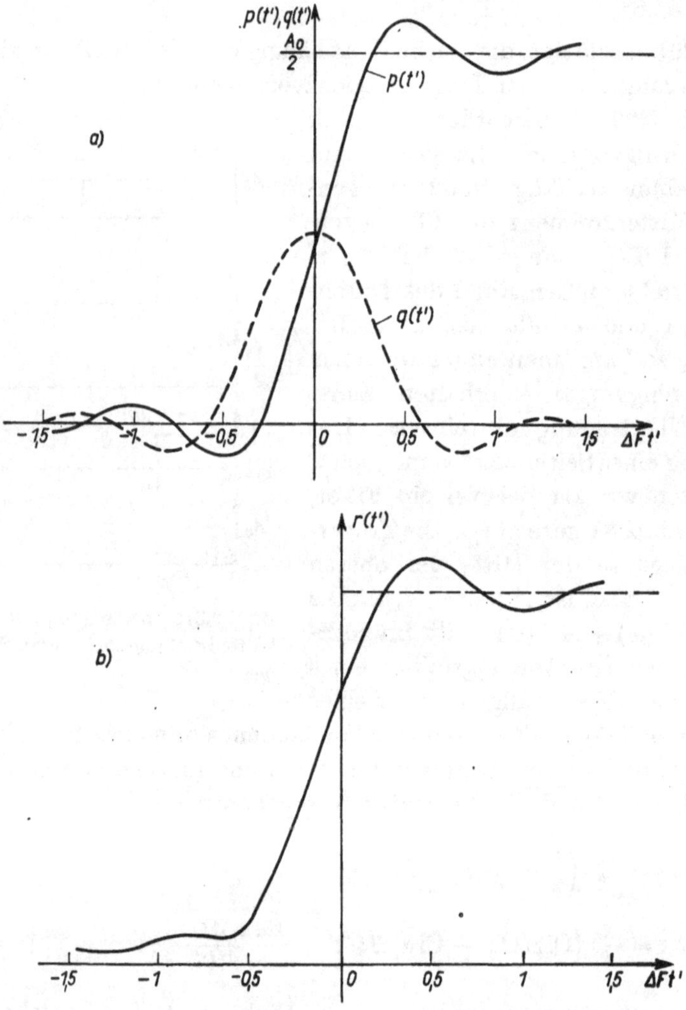

Abb. 2.32. Einschwingvorgang bei der Übertragung mit teilweiser Unterdrückung eines Seitenbandes bei $\alpha = 0{,}5$. a) Normalphasige und Quadratur-Komponente; b) Einhüllende

2.6. Einschwingvorgänge in Bandfiltern bei FM

Die Umschaltung einer Frequenz ω_1 auf eine andere Frequenz ω_2 kann man sich entsprechend dem Überlagerungsprinzip (Superposition) als zwei gleichzeitig stattfindende Einschaltvorgänge vorstellen:

1. eine Schwingung mit der Frequenz ω_1 mit entgegengesetzter Phase (bezüglich der Phase der Anfangsschwingung mit der Frequenz ω_1);
2. eine Schwingung mit der Frequenz ω_2.

Deshalb kann die Eingangsspannung analog zu dem Ausdruck (2.76) geschrieben werden als

$$u_1(t) = U_m[\sin(\omega_1 t + \varphi_1) - \sigma(t)\sin(\omega_1 t + \varphi_1) + \sigma(t)\sin(\omega_2 t + \varphi_1)]. \tag{2.109}$$

Es sei darauf hingewiesen, daß bei der Frequenzumschaltung zwei Bedingungen erfüllt sein müssen: die Konstanz der Amplitude und die Stetigkeit der Phase.

Die Spannung am Ausgang des Filters hat analog zu Gl. (2.90) folgende Form:

$$u_2(t') = U_m[A(\omega_1)\sin(\omega_1 t' + \varphi) - p_1(t')\sin(\omega_1 t' + \varphi) - q_1(t')\cos(\omega_1 t' + \varphi) + p_2(t)\sin(\omega_2 t' + \varphi) + q_2(t')\cos(\omega_2 t' + \varphi)], \tag{2.110}$$

wobei $p(t')$ und $q(t')$ durch Gl. (2.91) und (2.92) bestimmt werden,

$$t' = t - t_0,$$

$$\varphi = \varphi_1 + \omega_3 t_0.$$

Wir nehmen an, daß das Filter schmalbandig und symmetrisch ist und daß die Arbeitsfrequenzen ω_1 und ω_2 bezüglich der Mittenfrequenz des Filters symmetrisch sind (Abb. 2.30).

Den Phasenverlauf nehmen wir als linear an. Dann kann man auf Grund der Gl. (2.102) und (2.110) schreiben

$$u_2(t') = U_m[A(\omega_1)\sin(\omega_1 t' + \varphi) - p(t')\sin(\omega_1 t' + \varphi) - q(t')\cos(\omega_1 t' + \varphi) + p(t')\sin(\omega_2 t' + \varphi) - q(t')\cos(\omega_2 t' + \varphi)], \tag{2.111}$$

wobei $p(t')$ und $q(t')$ die Komponenten sind, die für die niedrige Arbeitsfrequenz berechnet worden sind, d. h.

$$p(t') = p_1(t'), \quad q(t') = q_1(t').$$

Wir setzen in Gl. (2.111) $\omega_1 = \omega_3 - \Delta\omega$ und $\omega_2 = \omega_3 + \Delta\omega$, wobei $\Delta\omega$ die Kreisfrequenz des Frequenzhubes ist. Dann erhalten wir nach einfachen trigonometrischen Umformungen

$$u_2(t') = U_m[x(t')\sin(\omega_3 t' + \varphi) + y(t')\cos(\omega_3 t' + \varphi)] \tag{2.112}$$

mit

$$x(t') = A(\omega_1)\cos\Delta\omega t',$$

$$y(t') = [2p(t') - A(\omega_1)]\sin\Delta\omega t' - 2q(t')\cos\Delta\omega t'. \tag{2.113}$$

Den Ausdruck (2.112) kann man auch in folgender Form darstellen:

$$u_2(t') = U_m r(t')\sin[\omega_3 t' + \varphi + \Theta(t')], \tag{2.114}$$

wobei die Einhüllende

$$r(t') = \sqrt{x^2(t') + y^2(t')} \tag{2.115}$$

und die zeitabhängige Phase

$$\Theta(t') = \operatorname{arc\,tan}\frac{y(t')}{x(t')} \tag{2.116}$$

ist.

Uns interessiert der Einschwingvorgang der Augenblicksfrequenz, den man durch Differentiation der Phase nach der Zeit erhält:

$$\Delta\omega(t') = \frac{\mathrm{d}\Theta(t')}{\mathrm{d}t'} = \frac{x(t')\dfrac{\mathrm{d}y(t')}{\mathrm{d}t'} - y(t')\dfrac{\mathrm{d}x(t')}{\mathrm{d}t'}}{x^2(t') + y^2(t')}.$$

Benutzen wir die in der Theorie der Einschwingvorgänge abgeleitete Formel

$$\frac{\mathrm{d}p(t')}{\mathrm{d}t'}\sin\Delta\omega t' - \frac{\mathrm{d}q(t')}{\mathrm{d}t'}\cos\Delta\omega t' = 0, \tag{2.117}$$

so erhalten wir

$$\frac{\Delta\omega(t')}{\Delta\omega} = \frac{A(\omega_1)[2p(t') - A(\omega_1)]}{\cos^2\Delta\omega t'[A^2(\omega_1) + \{[2p(t') - A(\omega_1)]\tan\Delta\omega t' - 2q(t')\}^2]}. \tag{2.118}$$

Gemäß dem Ausdruck (2.114) *ist der Einschwingvorgang der Frequenz von dem Einschwingvorgang der Einhüllenden begleitet.* Aus Gl. (2.115) findet man

$$r(t') = \cos\Delta\omega t'\sqrt{A^2(\omega_1) + \{[2p(t') - A(\omega_1)]\tan\Delta\omega t' - 2q(t')\}^2}. \tag{2.119}$$

In Abb. 2.33 sind die Einschwingvorgänge der Frequenz und der Einhüllenden grafisch dargestellt, die für ein ideales Bandfilter bei einigen

Werten von

$$d = \frac{\Delta \Omega}{2\Delta\omega} = \frac{\Delta F}{2\Delta f} \tag{2.120}$$

berechnet worden sind; hierbei ist Δf der Frequenzhub, ΔF die Durchlaß-bandbreite des Filters.

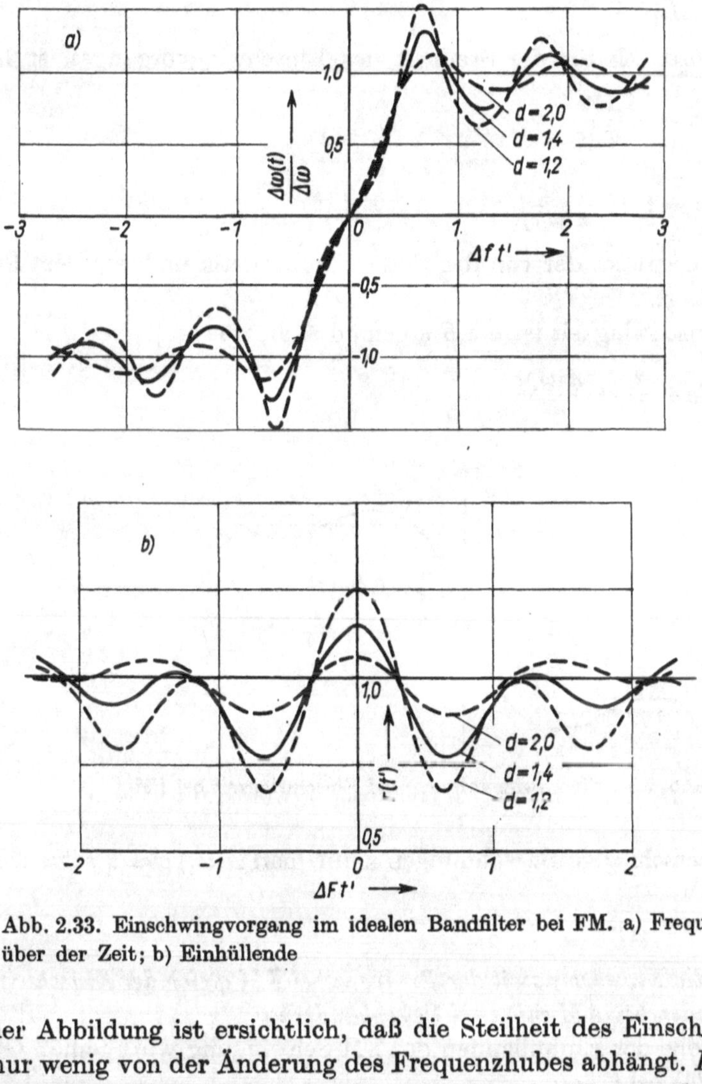

Abb. 2.33. Einschwingvorgang im idealen Bandfilter bei FM. a) Frequenzverlauf über der Zeit; b) Einhüllende

Aus der Abbildung ist ersichtlich, daß die Steilheit des Einschwingvorganges nur wenig von der Änderung des Frequenzhubes abhängt. *Die Größe des Überschwingens wächst mit der Vergrößerung des Frequenzhubes.* Die Amplitude des FM-Signals *überschreitet* in der Nähe von $t' = 0$ *den statio-*

nären Wert, und zwar um so mehr, je größer der Frequenzhub ist. Den Wert der Einhüllenden bei $t' = 0$ erhält man gemäß Gl. (2.119) zu

$$r(0) = \sqrt{A^2(\omega_1) + 4q^2(0)}\,. \tag{2.121}$$

Der *Einschwingvorgang* in der Nähe des Punktes $t' = 0$ *ist annähernd linear;*

$$\frac{\Delta\omega(t')}{\Delta\omega} = St'\,. \tag{2.122}$$

Der Ausdruck für die Steilheit des Einschwingvorganges ist leicht zu finden:

$$S = \frac{2\Delta F}{A(\omega_1)\,c}\,, \tag{2.123}$$

wobei

$$c = 1 + \left[\frac{2q(0)}{A(\omega_1)}\right]^2 \tag{2.124}$$

ein Koeffizient ist, der von der Filtercharakteristik und von dem Frequenzhub abhängt.

Die Einschwingzeit ist bei FM gemäß Abb. 2.34

$$t_E = \frac{2}{S} = \frac{A(\omega_1)\,c}{\Delta F}\,. \tag{2.125}$$

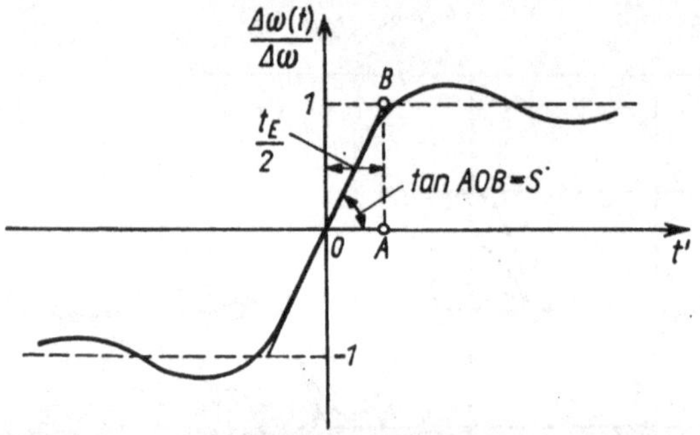

Abb. 2.34. Einschwingvorgang und Einschwingzeit bei FM

Für überschlägige Berechnungen kann man $A(\omega_1)\,c \approx 1$ setzen. Dann ist

$$t_E \approx \frac{1}{\Delta F}\,. \tag{2.126}$$

So ist die Einschwingzeit der Frequenz bei FM gleich der Einschwingzeit der Einhüllenden bei AM mit zwei Seitenbändern.

Die Größe der Einhüllenden der FM-Schwingung wird gemäß Gl. (2.121) und (2.124) bei $t' = 0$

$$r(0) = A(\omega_1)\sqrt{c}\,. \tag{2.127}$$

Alle vorhergehenden Gleichungen für FM sind unter der Bedingung abgeleitet worden, daß die Arbeitsfrequenzen symmetrisch zur Mittenfrequenz des Filters liegen. Bei einer Verschiebung der Arbeitsfrequenzen gegenüber ihrer Normallage wird der Einschwingvorgang, bezogen auf den Zeitpunkt $t' = 0$, unsymmetrisch. Für die Steilheit des Einschwingvorganges (im idealen Filter) kann man Kurven berechnen, wie sie in Abb. 2.35 gezeigt sind.

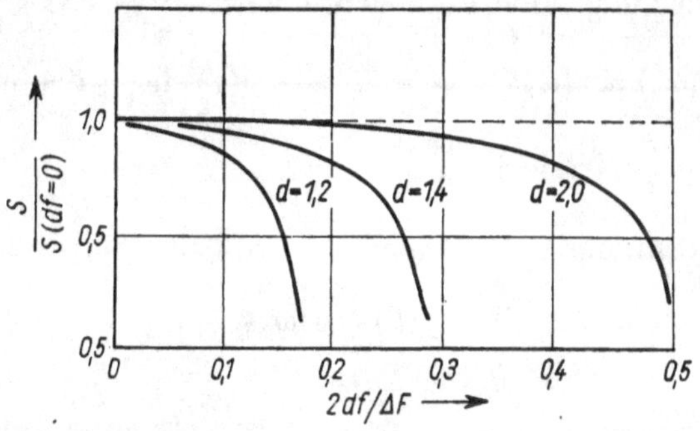

Abb. 2.35. Abhängigkeit der Steilheit der Frequenzänderung von der Abweichung der Arbeitsfrequenzen

Bei dem gewöhnlich verwendeten $d = 1{,}4$ verkleinert sich die Steilheit bei einer Frequenzabweichung von $\mathrm{d}f = 0{,}1\,\Delta F$ nur um 9%. In realen Filtern ist ein noch geringeres Absinken der Steilheit zu erwarten. *Deshalb kann man in der Praxis die Veränderung der Steilheit infolge einer Verschiebung der Arbeitsfrequenzen vernachlässigen.*

2.7. Einschwingvorgänge in Bandfiltern bei PM

Einen Phasensprung der Trägerschwingung um $\Delta\varphi\left(\text{von} -\frac{\Delta\varphi}{2} \text{ bis } +\frac{\Delta\varphi}{2}\right)$ kann man sich auf Grund des Superpositionsprinzips als Einschaltvorgang zweier Schwingungen vorstellen:

1. eine Schwingung mit der Phase $-\frac{\Delta\varphi}{2} - \pi$, die gegenphasig zur Anfangsschwingung ist,
2. eine Schwingung mit der neuen Phase $\frac{\Delta\varphi}{2}$.

Deshalb kann man analog zu dem Ausdruck (2.76) die Eingangsspannung schreiben als

$$u_1(t) = U_m\left[\sin\left(\omega_0 t + \varphi_1 - \frac{\Delta\varphi}{2}\right) - \sigma(t)\sin\left(\omega_0 t + \varphi_1 - \frac{\Delta\varphi}{2}\right) + \sigma(t)\sin\left(\omega_0 t + \varphi_1 + \frac{\Delta\varphi}{2}\right)\right]. \tag{2.128}$$

Hierbei ist U_m die Amplitude des Trägers, φ_1 seine Anfangsphase.

Wir nehmen an, daß die Amplituden-Frequenz-Charakteristik des Filters symmetrisch und relativ schmalbandig ist. Den Phasenverlauf nehmen wir als linear an. Außerdem möge die Trägerfrequenz des Signals ω_0 mit der Mittenfrequenz ω_3 zusammenfallen; die Quadratur-Komponente des Übergangsverhaltens des Einschaltvorganges wird dabei zu Null.

Unter diesen Bedingungen können wir analog zu dem Ausdruck (2.90) die Ausgangsspannung in der folgenden Form schreiben:

$$u_2(t') = U_m\left[A(\omega_3)\sin\left(\omega_3 t' + \varphi - \frac{\Delta\varphi}{2}\right) - p(t')\sin\left(\omega_3 t' + \varphi - \frac{\Delta\varphi}{2}\right) + p(t')\sin\left(\omega_3 t' + \varphi + \frac{\Delta\varphi}{2}\right)\right]. \tag{2.129}$$

Nach einfachen Umformungen erhält man

$$u_2(t') = U_m[x\sin(\omega_3 t' + \varphi) + y(t')\cos(\omega_3 t' + \varphi)] \tag{2.130}$$

mit

$$\left.\begin{aligned} x &= A(\omega_3)\cos\frac{\Delta\varphi}{2} \\ y(t') &= [2p(t') - A(\omega_3)]\sin\frac{\Delta\varphi}{2}. \end{aligned}\right\} \tag{2.131}$$

Den Ausdruck (2.130) kann man in die Form umwandeln:

$$u_2(t') = U_m r(t')\sin[\omega_3 t' + \varphi + \Theta(t')], \tag{2.132}$$

wobei die Einhüllende

$$\begin{aligned} r(t') &= \sqrt{x^2 + y^2(t')} \\ &= \sqrt{A^2(\omega_3)\cos^2\frac{\Delta\varphi}{2} + \left[2p(t') - A(\omega_3)\right]^2\sin^2\frac{\Delta\varphi}{2}} \end{aligned} \tag{2.133}$$

und die Phase

$$\Theta(t') = \operatorname{arc\,tan}\frac{y(t')}{x} = \operatorname{arc\,tan}\left[\frac{2p(t') - A(\omega_3)}{A(\omega_3)}\tan\frac{\Delta\varphi}{2}\right] \tag{2.134}$$

ist.

Insofern sich die Phase der Ausgangsschwingung zeitlich ändert, wird sich auch die Augenblicksfrequenz der Schwingung ändern:

$$\omega = \frac{\mathrm{d}}{\mathrm{d}t'}[\omega_3 t' + \varphi + \Theta(t')] = \omega_3 + \frac{\mathrm{d}\Theta(t')}{\mathrm{d}t'}. \tag{2.135}$$

Wir finden die Abweichung der augenblicklichen Kreisfrequenz von ω_3 nach

$$\Delta\omega(t') = \frac{\mathrm{d}\Theta(t')}{\mathrm{d}t'} = \frac{\mathrm{d}}{\mathrm{d}t'}\left[\operatorname{arc\,tan}\frac{y(t')}{x}\right] = \frac{x\dfrac{\mathrm{d}y(t')}{\mathrm{d}t'}}{x^2 + y^2(t')}. \tag{2.136}$$

Nach einfachen Berechnungen finden wir die normierte Abweichung der Kreisfrequenz:

$$\frac{2\Delta\omega(t')}{\Delta\Omega} = \frac{2}{\pi}\,\frac{\frac{A(\omega_3)}{\Delta F}\,\frac{\mathrm{d}p(t')}{\mathrm{d}t'}\tan\frac{\Delta\varphi}{2}}{A^2(\omega_3) + [2p(t') - A(\omega_3)]^2\tan^2\frac{\Delta\varphi}{2}}, \tag{2.137}$$

wobei ΔF die Durchlaßbreite des Filters ist.

Mit den Gl. (2.133), (2.134) und (2.137) kann man die Einschwingvorgänge der Einhüllenden, der Phase und der Augenblicksfrequenz für Filter mit einer beliebigen Form des Übertragungsfaktors berechnen (wenn sie nur symmetrisch sind und die Phasenkurve linear ist).

Betrachten wir einen Spezialfall, nämlich ein ideales Bandfilter, dessen Filtercharakteristik in Abb. 2.27 gezeigt ist. Es möge $A(\omega_3) = A_0 = 1$ sein. Dann ist

$$\frac{\mathrm{d}p(t')}{\mathrm{d}t'} = \frac{1}{\pi t'}\sin 2\Delta F t', \tag{2.138}$$

und alle Gleichungen vereinfachen sich:

$$r(t') = \sqrt{\cos^2\frac{\Delta\varphi}{2} + [2p(t') - 1]^2\sin^2\frac{\Delta\varphi}{2}}, \tag{2.139}$$

$$\Theta(t') = \operatorname{arc\,tan}\left\{[2p(t') - 1]\tan\frac{\Delta\varphi}{2}\right\}, \tag{2.140}$$

$$\frac{2\Delta\omega(t')}{\Delta\omega} = \frac{2}{\pi}\,\frac{\frac{\sin\pi\Delta F t'}{\pi\Delta F t'}\tan\frac{\Delta\varphi}{2}}{1 + [2p(t') - 1]^2\tan^2\frac{\Delta\varphi}{2}}, \tag{2.141}$$

wobei die normalphasige Komponente gemäß Gl. (2.98) bei $\Delta\omega = 0$

$$p(t') = \frac{1}{2} + \frac{1}{\pi}\,\mathrm{Si}\,\pi\Delta F t' \tag{2.142}$$

ist.

Nach dem Ausdruck (2.140) sind die Kurven in Abb. 2.36a berechnet. Bei $\Delta\varphi = 180°$ existiert kein Einschwingvorgang der Phase (d. h., die Phase am Ausgang des Filters verändert sich sprunghaft). Bei den übrigen Größen des Phasensprungs ist ein Einschwingvorgang mit der Dauer von etwa $t_E = 1/\Delta F$ vorhanden. So *ist die Dauer des Einschwingvorganges der Phase bei PM (mit einem Phasensprung kleiner als 180°) gleich der Einschwingzeit der Einhüllenden bei AM mit zwei Seitenbändern.* Es tritt Überschwingen auf. Den größten absoluten Wert des Überschwingens erhält man bei $\Delta\varphi = 90°$. Den größten relativen Wert des Überschwingens erhält man bei Sprüngen in der Nähe von Null. Die Grenzkurve für $\Delta\varphi \to 0$ ist

$$\left[\frac{2\Theta(t')}{\Delta\varphi}\right]_{\Delta\varphi\to 0} = 2p(t') - 1, \tag{2.143}$$

d. h., *der Einschwingvorgang der Phase hat bei kleinen Phasensprüngen die gleiche Form wie bei dem Einschwingvorgang eines TP.*

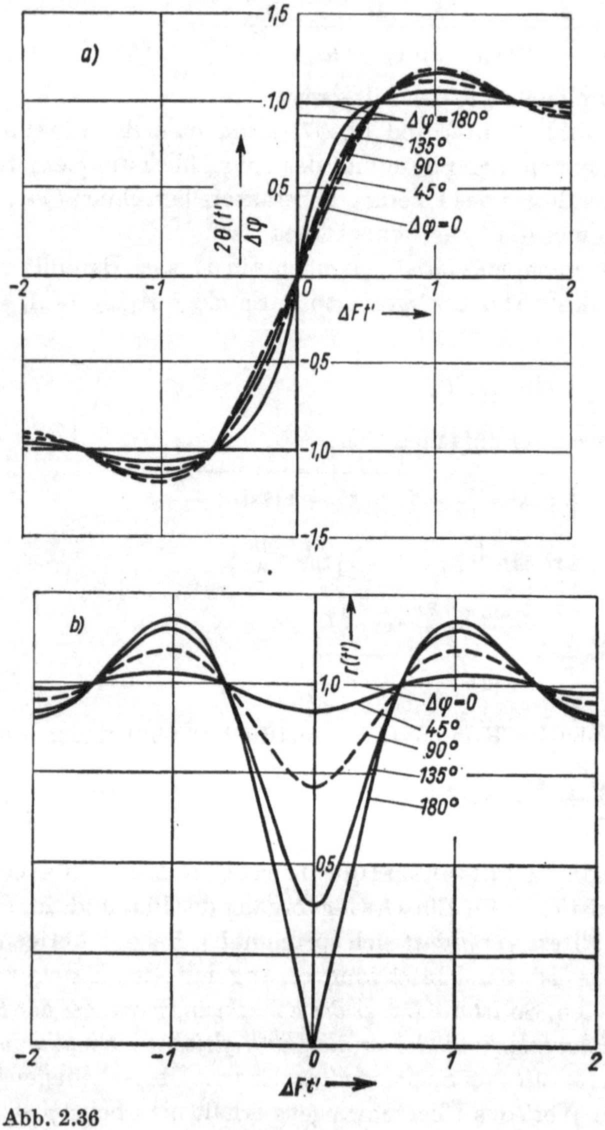

Abb. 2.36

Aus Abb. 2.36a ist auch ersichtlich, daß die Steilheit des Einschwingvorganges von der Größe des Phasensprungs abhängt. Bei kleinen Phasensprüngen hat sie den kleinsten Wert, und bei $\Delta\varphi = 180°$ wird sie unendlich.

In Abb. 2.36b ist die Kurve des Einschwingvorganges der Einhüllenden dargestellt, die gemäß Gl. (2.139) berechnet worden ist. Die Veränderungen

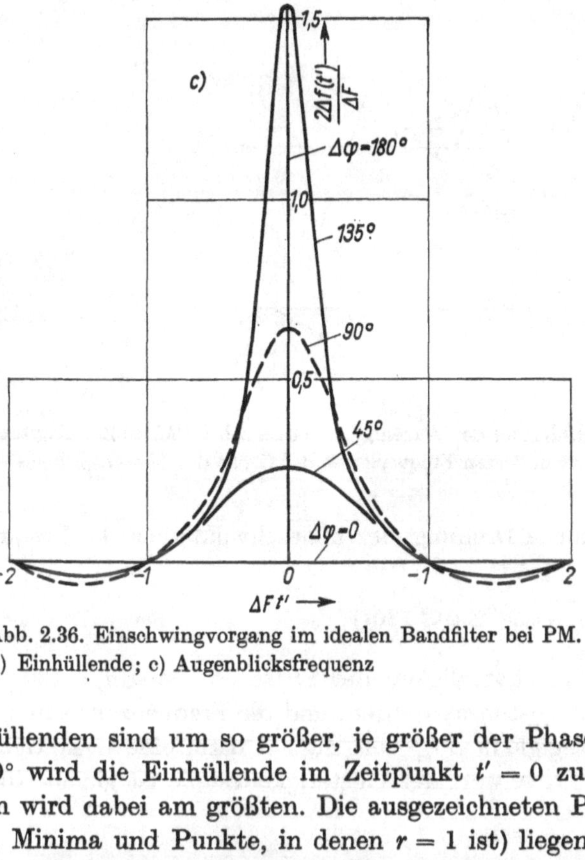

Abb. 2.36. Einschwingvorgang im idealen Bandfilter bei PM. a) Normierte Phase; b) Einhüllende; c) Augenblicksfrequenz

der Einhüllenden sind um so größer, je größer der Phasensprung ist. Bei $\Delta\varphi = 180°$ wird die Einhüllende im Zeitpunkt $t' = 0$ zu Null, das Überschwingen wird dabei am größten. Die ausgezeichneten Punkte der Kurve (Maxima, Minima und Punkte, in denen $r = 1$ ist) liegen an den gleichen Stellen wie die ausgezeichneten Punkte des Einschwingvorganges der Phase.

In Abb. 2.36c sind die Kurven für die Augenblicksfrequenzen gezeigt, die nach Gl. (2.141) berechnet worden sind. Der Einschwingvorgang der Phase wird von einem bedeutenden Einschwingvorgang der Augenblicksfrequenz begleitet, der Schwingungscharakter hat. Die Größe des Hauptüberschwingens der Frequenz ist um so größer, je größer der Phasensprung ist. Schon bei $\Delta\varphi = 135°$ überschreitet das Überschwingen der Frequenz etwa um das 1,5fache die Hälfte der Durchlaßbreite des Filters. Bei $\Delta\varphi = 180°$ wird das Überschwingen der Frequenz unendlich groß, die Dauer dieses Überschwingens wird jedoch unendlich klein.

Wenn die Phasensprünge aufeinander folgen (Abb. 2.37a), weicht der Mittelwert der Frequenz von der Trägerfrequenz f_0 ab. Die Frequenzänderung Δf_m könnte man bestimmen, indem man die Fläche des Überschwingens der Frequenz berechnet. Es gibt jedoch ein einfacheres Verfahren. Bei Phasensprüngen gleicher Größe und gleichen Vorzeichens erhält der Signal-

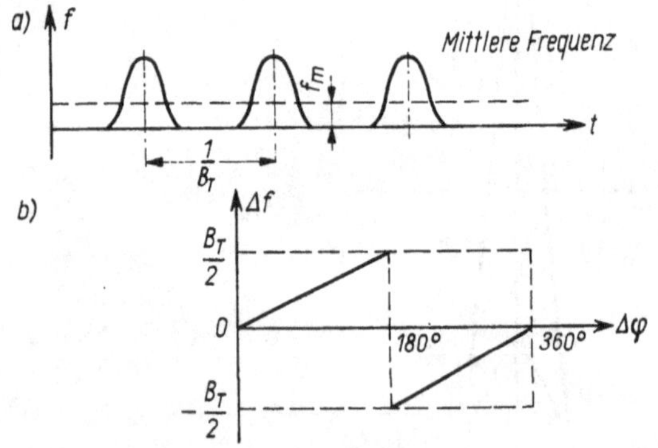

Abb. 2.37. Änderung der Augenblicksfrequenz bei PM. a) Zeitdiagramm; b) Abhängigkeit der mittleren Frequenz von der Größe des Phasensprunges

vektor eine zusätzliche Drehung, deren Geschwindigkeit die Frequenzänderung darstellt:

$$\Delta f_m = \frac{B_T \Delta\varphi}{360°} \quad (\text{bei } \Delta\varphi < 180°)\,, \tag{2.144}$$

wobei B_T die Tastgeschwindigkeit der Phase ist. Bei $\Delta\varphi = 180°$ kann die Drehrichtung nicht bestimmt werden, und die Frequenzzunahme ist unbestimmt. Die Abhängigkeit Δf_m von $\Delta\varphi$ hat dann eine Unstetigkeitsstelle (Abb. 2.37b). Der Mittelwert der Unstetigkeitsstelle ist gleich Null:

$$|\Delta f_m|_{\Delta\varphi \to 180°} = 0\,.$$

Bei $\Delta\varphi > 180°$ beginnt sich der Vektor in die entgegengesetzte Seite zu drehen:

$$\Delta f_m = -\frac{B_T(360° - \Delta\varphi)}{360°} \quad (\text{bei } \Delta\varphi > 180°)\,. \tag{2.145}$$

Diese Besonderheit der Phasenmodulation erschwert die Trennung der kohärenten Trägerschwingung aus dem Signalgemisch im Empfänger.

Oben wurde der Einschwingvorgang für den Fall betrachtet, daß die Trägerfrequenz mit der Mittenfrequenz des Filters zusammenfällt. Wenn die Trägerfrequenz eine geringe Verschiebung gegenüber der Mittenfrequenz des Filters hat, verändert sich der Einschwingvorgang nur unbedeutend. Bei $\Delta\varphi = 180°$ erreicht die Einhüllende nicht den Wert Null, und die Phase verläuft nicht sprunghaft.

2.8. Besonderheiten der Einschwingvorgänge bei niedrigen Trägerfrequenzen

Die Übertragung von Impulsen bei einer im Vergleich zur Bandbreite des Kanals *niedrigen Trägerfrequenz* (d. h. bei breitbandigen Kanälen) *ist mit dem Auftreten zusätzlicher Verzerrungen* verbunden. Bei der Datenübertragung über Telefoniekanäle ist die Trägerfrequenz immer mit der Kanalbreite vergleichbar; deshalb ist die Untersuchung dieser Verzerrungen außerordentlich wichtig.

Es ist schon in Abschn. 2.5 darauf hingewiesen worden, daß die physikalische Ursache für diese Verzerrungen das Auftreten einer zusätzlichen Energie des unteren Seitenbandes des Eingangssignals im Durchlaßbereich ist. Diese Energie ist bezüglich des Hauptsignals eine Eigenstörung. Ein Beispiel für das Spektrum eines Impulses bei niedriger Trägerfrequenz ist in Abb. 2.38 angegeben.

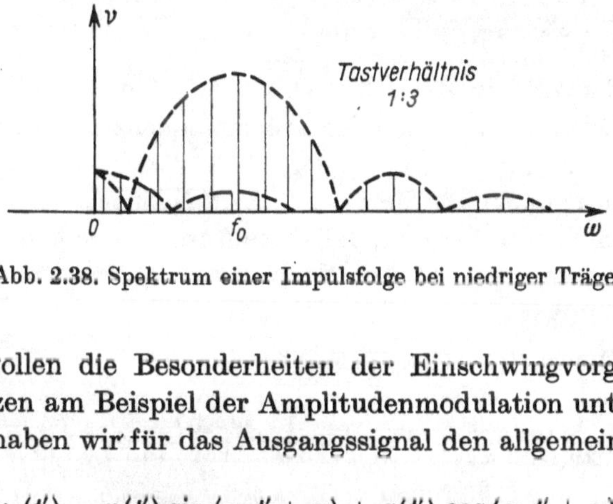

Abb. 2.38. Spektrum einer Impulsfolge bei niedriger Trägerfrequenz

Wir wollen die Besonderheiten der Einschwingvorgänge bei niedrigen Frequenzen am Beispiel der Amplitudenmodulation untersuchen.

Oben haben wir für das Ausgangssignal den allgemeinen Ausdruck

$$u_2(t') = p(t') \sin(\omega_0 t' + \varphi) + q(t') \cos(\omega_0 t' + \varphi) \tag{2.146}$$

erhalten, wobei $\varphi = \varphi_1 + \omega_3 t_0$ und $t' = t - t_0$ ist. Die normalphasige und die Quadratur-Komponente kann man schreiben als

$$p(t') = \frac{1}{2} A(\omega_0) + \frac{1}{2\pi} \int_0^{\omega_{NF}} [A'(\omega) + A''(\omega)] \sin \omega t' \frac{d\omega}{\omega}$$

$$+ \frac{1}{2\pi} \int_{\omega_0 + \omega_I}^{\omega_0 + \omega_{II}} A'''(\omega) \sin \omega t' \frac{d\omega}{\omega}, \tag{2.147}$$

$$q(t') = \frac{1}{2\pi} \int\limits_0^{\omega_{\mathrm{NF}}} [A'(\omega) - A''(\omega)] \cos \omega t' \frac{\mathrm{d}\omega}{\omega}$$

$$+ \frac{1}{2\pi} \int\limits_{\omega_0 + \omega_{\mathrm{I}}}^{\omega_0 + \omega_{\mathrm{II}}} A'''(\omega) \cos \omega t' \frac{\mathrm{d}\omega}{\omega}, \tag{2.148}$$

wobei ω_{I} und ω_{II} die Grenzfrequenzen des Filters sind. Die Übertragungsfaktoren $A'(\omega)$, $A''(\omega)$ und $A'''(\omega)$ für ein ideales Filter sind in Abb. 2.27 gezeigt. Wir setzen hier $A_0 = 1$.

Wir berechnen die normalphasige Komponente für unseren Fall:

$$p(t') = \frac{1}{2} + \frac{1}{2\pi} \int\limits_0^{\frac{\Delta\Omega}{2} - \Delta\omega} 2 \sin \omega t' \frac{\mathrm{d}\omega}{\omega}$$

$$+ \frac{1}{2\pi} \int\limits_{\frac{\Delta\Omega}{2} - \Delta\omega}^{\frac{\Delta\Omega}{2} + \Delta\omega} \sin \omega t' \frac{\mathrm{d}\omega}{\omega} + \frac{1}{2\pi} \int\limits_{2\omega_3 - \frac{\Delta\Omega}{2} + \Delta\omega}^{2\omega_3 + \frac{\Delta\Omega}{2} + \Delta\omega} \sin \omega t' \frac{\mathrm{d}\omega}{\omega}.$$

Hierin ist $\Delta\Omega = 2\pi \Delta F$ und $\Delta\omega = 2\pi \Delta f$, wobei ΔF die Bandbreite des Filters und Δf die Differenz zwischen der Trägerfrequenz und der Mittenfrequenz des Filters ist.

Im dritten Integral nehmen wir die Frequenz im Nenner als konstant an ($\omega \approx 2\omega_3 + \Delta\omega$). Eine Kontrolle zeigt, daß diese Annahme zu keinem merklichen Fehler führt, wenn $\omega_3 \geqq \Delta\Omega$ ist. Nach der Integration und einigen Umformungen erhalten wir

$$p(t') = p_0(t') + p_1(t) \sin(2\omega_3 + \Delta\omega) t' \tag{2.149}$$

mit

$$p_0(t') = \frac{1}{2} + \frac{1}{2\pi} \mathrm{Si}\left(\frac{\Delta\Omega}{2} + \Delta\omega\right) t' + \frac{1}{2\pi} \mathrm{Si}\left(\frac{\Delta\Omega}{2} - \Delta\omega\right) t'; \tag{2.150}$$

$$p_1(t') = \frac{\Delta\Omega}{2\pi(2\omega_3 + \Delta\omega)} \frac{\sin \Delta\Omega \frac{t'}{2}}{\Delta\Omega \frac{t'}{2}}. \tag{2.151}$$

Analog dazu finden wir die Quadratur-Komponente

$$q(t') = q_0(t') + p_1(t') \cos(2\omega_3 + \Delta\omega) t' \tag{2.152}$$

mit

$$q_0(t') = \frac{1}{2\pi} \mathrm{Ci}\left(\frac{\Delta\Omega}{2} + \Delta\omega\right) t' - \frac{1}{2\pi} \mathrm{Ci}\left(\frac{\Delta\Omega}{2} - \Delta\omega\right) t'. \tag{2.153}$$

In einem schmalbandigen Filter ist $\Delta\Omega \ll 2\omega_3 + \Delta\omega$; deshalb ist die Größe $p_1(t')$ klein und kann vernachlässigt werden. In den erhaltenen Formeln sind $p_0(t')$ und $q_0(t')$ die normalphasige und die Quadratur-Komponente, die ohne Berücksichtigung des Einflusses der niedrigen Trägerfrequenz berechnet worden sind.

Bei einer niedrigen Trägerfrequenz darf das zweite Glied in Gl. (2.149) und (2.152) nicht vernachlässigt werden. Man kann jedoch nach diesen Gleichungen auf übliche Art die Einhüllende nicht bestimmen. Tatsächlich erhalten die Komponenten infolge des Vorhandenseins des zweiten Gliedes eine überlagerte Hochfrequenzschwingung mit der Frequenz $2\,\omega_3 + \Delta\omega$. Deshalb wird dieselbe hochfrequente Überlagerung bei der Einhüllenden auftreten. Der wellenartige Charakter der Einhüllenden läßt sich praktisch nicht erkennen, weil die Eigenschwingung eine kleinere Frequenz hat.

Es zeigt sich also, daß die Einhüllende eine höhere Frequenz enthält als die Eigenschwingung. Dieses Paradoxon der Theorie der Einschwingvorgänge kann folgendermaßen gelöst werden: Auf Grund der Ausdrücke (2.146) und (2.152) schreiben wir

$$\begin{aligned} u_2(t') &= p_0(t')\sin(\omega_0 t' + \varphi) + q_0(t')\cos(\omega_0 t' + \varphi) \\ &+ p_1(t')\sin(2\omega_3 + \Delta\omega)\,t'\sin(\omega_0 t' + \varphi) \\ &+ p_1(t')\cos(2\omega_3 + \Delta\omega)\,t'\cos(\omega_0 t' + \varphi) \end{aligned}$$

und versuchen wieder, uns das Ausgangssignal als Summe von normalphasigen und Quadratur-Komponenten vorzustellen. Wenn wir berücksichtigen, daß $\omega_0 = \omega_3 + \Delta\omega$ ist, erhalten wir nach einfachen Umformungen

$$\begin{aligned} u_2(t') &= p_0(t')\sin(\omega_0 t' + \varphi) + q_0(t')\cos(\omega_0 t' + \varphi) \\ &+ p_1(t')\cos(\omega_3 t' - \varphi)\,. \end{aligned} \tag{2.154}$$

Mit der Umformung

$$\begin{aligned} \cos(\omega_3 t' - \varphi) &= \cos[(\omega_0 t' + \varphi) - (\Delta\omega t' + 2\varphi)] \\ &= \cos(\Delta\omega t' + 2\varphi)\cos(\omega_0 t' + \varphi) \\ &+ \sin(\Delta\omega t' + 2\varphi)\sin(\omega_0 t' + \varphi) \end{aligned}$$

erhalten wir schließlich

$$u_2(t') = P(t')\sin(\omega_0 t' + \varphi) + Q(t')\cos(\omega_0 t' + \varphi)\,, \tag{2.155}$$

worin $P(t')$ und $Q(t')$ die *neue normalphasige bzw. Quadratur-Komponente* sind.

Man kann sie in folgender Weise ausdrücken:

$$\left.\begin{aligned} P(t') &= p_0(t') + p_1(t')\sin(\Delta\omega t' + 2\varphi) \\ Q(t') &= q_0(t') + p_1(t')\cos(\Delta\omega t' + 2\varphi) \end{aligned}\right\}. \tag{2.156}$$

Aus diesen Gleichungen erkennt man, daß die neuen Komponenten keine hochfrequenten Anteile enthalten. Deshalb wird die Einhüllende

$$r(t') = \sqrt{P^2(t') + Q^2(t')} \tag{2.157}$$

$$= \sqrt{p_0^2(t') + q_0^2(t') + p_1^2(t') + 2p_1(t')\sqrt{p_0^2(t') + q_0^2(t')}\sin(\Delta\omega t' + 2\varphi + \alpha)}$$

mit

$$\alpha = \arctan\frac{q_0(t')}{p_0(t')}\,. \tag{2.158}$$

In den normalphasigen und Quadratur-Komponenten treten bei niedrigen Trägerfrequenzen sich langsam ändernde Anteile auf, deren Amplituden vom Verhältnis der Filterbreite zu der Trägerfrequenz $\frac{\Delta\Omega}{2\omega_3 + \Delta\omega} \approx \frac{\Delta\Omega}{2\omega_0}$ und deren Form von der Anfangsphase des Trägers abhängt. Unter diesen Bedingungen wird der Einschwingvorgang der Einhüllenden eine Funktion der Anfangsphase des Trägers.

In Abb. 2.39a ist der zusätzliche Anteil in der normalphasigen Komponente für einige Werte der Anfangsphase gezeigt. Der zusätzliche Anteil in der Quadratur-Komponente hat dieselbe Form, er unterscheidet sich nur durch die Phase.

Die Anfangsphase des Trägers kann im Einschaltmoment am Eingang des Filters jeden beliebigen Wert zwischen Null und 2π haben. Infolgedessen können sich die Komponenten in folgenden Grenzen ändern:

$$\left.\begin{aligned} P_g(t') &= p_0(t') \pm p_1(t') \\ Q_g(t') &= q_0(t') \pm q_1(t') \end{aligned}\right\}. \tag{2.159}$$

Die Grenzwerte der Einhüllenden sind gemäß Gl. (2.157)

$$r_g(t') = \sqrt{p_0^2(t') + q_0^2(t') + p_1^2(t') \pm 2p_1(t')\sqrt{p_0^2(t') + q_0^2(t')}}\,. \tag{2.160}$$

In Abb. 2.39b sind die mit diesen Gleichungen berechneten Grenzwerte für die Einhüllende und deren Komponenten dargestellt. Aus der Zeichnung ist ersichtlich, daß *bei niedrigen Trägerfrequenzen die Flanke des Einschwingvorganges innerhalb eines bestimmten Bereiches schwankt.*

Um die Breite des Schwankungsbereiches zu bestimmen, betrachten wir den Spezialfall $\Delta\omega = 0$ (die Trägerfrequenz stimmt mit der Mittenfrequenz des Kanals überein). Dabei vereinfacht sich der Ausdruck (2.160)

$$r(t') = p_0(t') \pm p_1(t')\,. \tag{2.161}$$

Aus den Gln. (2.150) und (2.151) finden wir

$$r(t') = \frac{1}{2} + \frac{1}{\pi}\,\mathrm{Si}\,\frac{\Delta\Omega t'}{2} \pm \frac{1}{2\pi\omega_3 t'}\sin\frac{\Delta\Omega t'}{2}\,. \tag{2.162}$$

Um die Breite des Schwankungsbereiches zu bestimmen, setzen wir $r(t') = 1/2$. Damit wird

$$\mathrm{Si}\,\frac{\Delta\Omega t'_{\mathrm{schw}}}{2} \pm \frac{1}{2\omega_3 t'_{\mathrm{schw}}} \sin\frac{\Delta\Omega t'_{\mathrm{schw}}}{2} = 0\,. \tag{2.163}$$

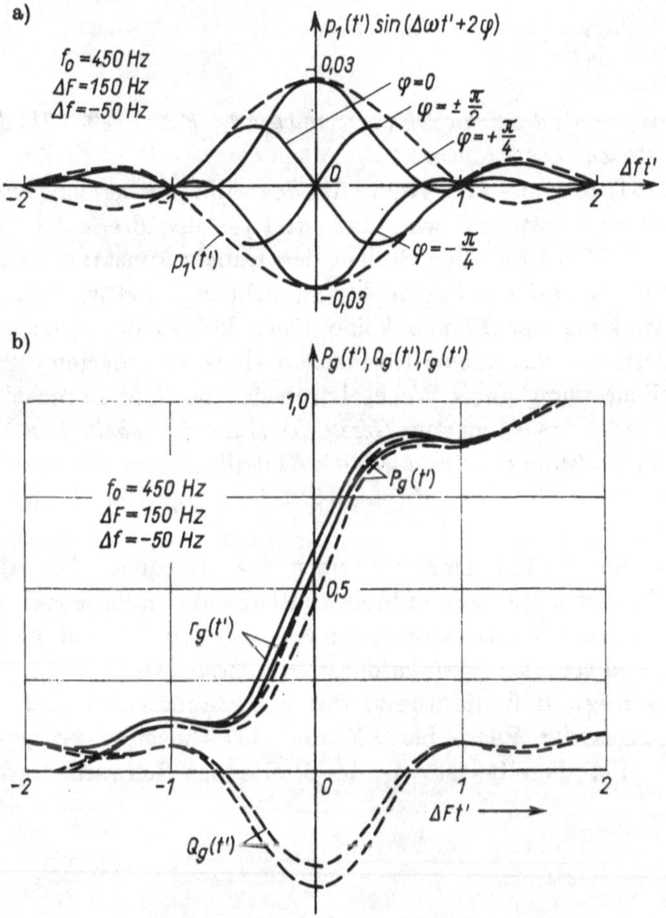

Abb. 2.39. Einschwingvorgang bei niedriger Trägerfrequenz. a) Anteil der normalphasigen Komponente; b) Grenzwerte der normalphasigen und der Quadratur-Komponente sowie der Einhüllenden

Nimmt man an, daß der Schwankungsbereich im Vergleich zur Einschwingzeit klein ist, erhält man

$$\mathrm{Si}\,\frac{\Delta\Omega t'_{\mathrm{schw}}}{2} \approx \sin\frac{\Delta\omega t'_{\mathrm{schw}}}{2} \approx \frac{\Delta\Omega t'_{\mathrm{schw}}}{2}\,.$$

Aus Gl. (2.163) erhalten wir dann

$$t'_{\text{schw}} = \pm \frac{1}{2\omega_0} = \pm \frac{1}{4\pi f_0} .$$

Hieraus folgt, daß die Gesamtbreite des Schwankungsbereiches

$$\Delta t'_{\text{schw}} = \frac{1}{2\pi f_0} \tag{2.164}$$

ist.

So *beträgt die Breite des Schwankungsbereiches der Flanke etwa 1/3 der Länge einer halben Periode des Trägers.*

Die Gl. (2.164) zeigt, daß die Breite des Schwankungsbereiches nur durch die Trägerfrequenz bestimmt wird und *nicht von der Breite des Filters abhängt*, d. h., sie bleibt an allen Stellen des Kanals konstant, so auch am Eingang des Filters, an dem das Spektrum nicht begrenzt ist. Infolgedessen ist die Schwankung der Flanke keine Besonderheit des Einschwingvorganges, sondern eine allgemeine Eigenschaft eines modulierten Signals. Bei der Amplitudentastung eines Wechselstromsignals ohne Berücksichtigung seiner Phase wirkt das eigenartige *Gesetz der Unbestimmtheit: Der Einschaltmoment des Wechselstromes kann durch die Einhüllende nur mit einer Genauigkeit bestimmt werden, die gleich einem Drittel der Länge einer Halbperiode des Wechselstromes ist.*

Wir haben den Einfluß einer niedrigen Trägerfrequenz bei AM untersucht. Die Zusatzenergie des unteren Seitenbandes fällt jedoch auch bei PM und FM in den Durchlaßbereich des Kanals (Abb. 2.38), d. h., *Flankenverzerrungen sind bei allen Modulationsarten zu beobachten.*

Die Praxis zeigt, daß die Breite des Schwankungsbereiches des Einschwingvorganges der Phase bei PM und des Einschwingvorganges der Frequenz bei FM dieselbe ist wie die Breite des Schwankungsbereiches bei AM.

KAPITEL 3

Impulsverzerrungen

3.1. Grundbegriffe

Die im Empfänger am Ausgang des Detektors auftretenden Gleichstromimpulse (Stromschritte) sind in bezug auf die gesendeten Impulse immer mehr oder weniger verzerrt. Dabei können sich die Form, die Dauer oder die Polarität während eines Teiles oder während der gesamten Impulsdauer ändern.

Verzerrungen der Impulsform können leicht beseitigt werden, indem man z. B. die detektierten Impulse auf einen Trigger gibt. Am Triggerausgang erhält man Rechteckimpulse. Polaritätsverfälschungen und Verzerrungen der Impulsdauer werden dadurch jedoch nicht beseitigt. Verzerrungen der Impulsdauer, die als *Flankenverzerrungen* bezeichnet werden, können durch die Regeneration der Impulse beseitigt werden. Doch auch in diesem Fall bleiben die Polaritätsverfälschungen bestehen. Das sind aber gerade jene Fehler, die die Übertragungssicherheit herabsetzen.

Fehler und Flankenverzerrungen der Impulse sind verschiedene Erscheinungsformen ein und derselben Störursache des Binärkanales. Es besteht nicht immer eine eindeutige Zuordnung zwischen der Fehlerzahl und der Größe der Flankenverzerrungen.

Eine bessere Bewertung der Kanaleigenschaften erhält man natürlich durch die Fehlerwahrscheinlichkeit. Bei kleiner Fehlerwahrscheinlichkeit benötigt man jedoch zu ihrer Messung eine lange Zeit. Außerdem kann man die Fehlerwahrscheinlichkeit nur bei Übertragung von Prüfsignalen und nicht während des praktischen Betriebes messen. Deshalb ist in der Praxis die Messung der Impulsflankenverzerrungen, die sich leicht und schnell zu jeder beliebigen Zeit durchführen läßt, weit verbreitet. Aus den Impulsverzerrungen kann man nicht nur die Zahl und die Intensität der Kanalstörungen bestimmen, sondern auch die richtige Einstellung der Geräte feststellen.

Es ist deshalb wichtig, die Flankenverzerrungen der Impulse zu untersuchen, ungeachtet dessen, daß sie durch Regeneration beseitigt werden können und nicht an den Ausgang des Binärkanales gelangen.

In Abb. 3.1 ist eine Folge von Elementarimpulsen dargestellt, die auf der Sendeseite erzeugt werden. Die Punkte *a*, *b*, *c*, *d* usw. haben auf der Zeitachse voneinander den Abstand eines Elementarimpulses τ_0. In Abhängigkeit von der Art der Kombination kann in diesen Punkten ein Übergang

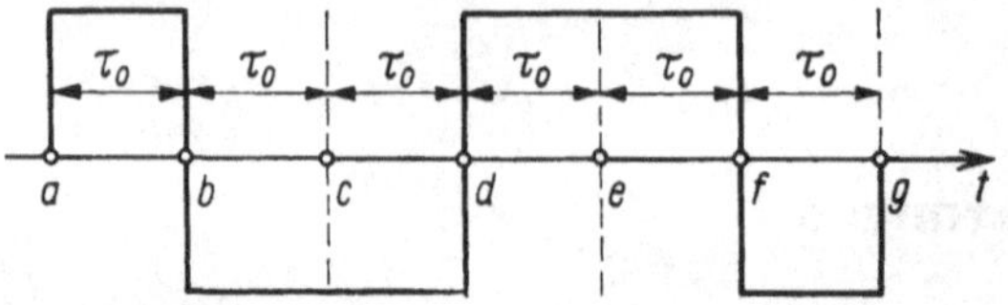

Abb. 3.1. Folge von Elementarimpulsen

von 1 nach 0 erfolgen und umgekehrt, oder es findet kein Vorzeichenwechsel statt. Als Unterscheidungsmerkmal der Impulse „1" von „0" kann die Amplitude, die Frequenz, die Phase usw. dienen. Die Zeitpunkte, bei denen sich das Vorzeichen der Impulse auf der Sendeseite ändern kann (die Punkte *a*, *b*, *c*, *d*, *e*, *f*, *g* in Abb. 3.1), nennt man ***charakteristische Momente der Modulation*** (CMM). Die Zeitpunkte, bei denen sich das Vorzeichen der Impulse ändert (die Punkte *a*, *b*, *d*, *f*, *g* in Abb. 3.1), nennt man ***tatsächliche charakteristische Momente der Modulation*** (TCMM).

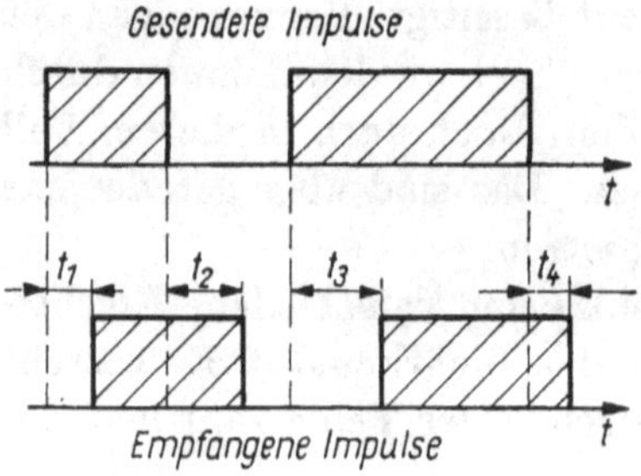

Abb. 3.2. Flankenverzerrungen der Impulse

Beim Empfang einer Impulsfolge unterscheidet man entsprechend ***charakteristische Momente der Demodulation*** (CMD) und ***tatsächliche charakteristische Momente der Demodulation*** (TCMD).

Im allgemeinen Fall sind die TCMM und die TCMD relativ zueinander verschoben (Abb. 3.2). Die Größe dieser Verschiebung kann als Maß für die Abweichung der gesendeten von der empfangenen Impulsfolge dienen.

Infolge einer ungleichmäßigen Verschiebung der TCMD ist der erste Impuls um $\Theta_1 = t_2 - t_1$ verlängert und der dritte um $\Theta_3 = t_3 - t_4$ verkürzt. Bei einer unendlichen Impulsfolge kann man annehmen, daß der gesamte Verschiebungsbereich der TCMD

$$\Theta = t_{\max} - t_{\min} \tag{3.1}$$

beträgt.

Das ist der Absolutwert der Flankenverzerrungen. Bequemer ist es, die relative Größe der Flankenverzerrungen zu benutzen:

$$\delta = \frac{\Theta}{\tau_0} 100\% = \frac{t_{\max} - t_{\min}}{\tau_0} 100\% = B(t_{\max} - t_{\min})\, 100\%, \tag{3.2}$$

wobei B die Übertragungsgeschwindigkeit ist.

Ihrem Charakter nach können die Flankenverzerrungen in drei Arten eingeteilt werden: *unsymmetrische* Verzerrungen (δ_{uns}), *charakteristische* Verzerrungen (δ_{ch}) und *statistische* Verzerrungen (δ_{stat}).

Wenn die Verzerrungen der einzelnen Impulse (Θ_1, Θ_2, Θ_3 . . ., Θ_i) zeitlich konstant sind (bezüglich Größe und Vorzeichen), so gehören sie zu den Verzerrungen, die man als unsymmetrisch bezeichnet. Diese Verzerrungen äußern sich durch die Verlängerung aller Impulse eines Vorzeichens auf Kosten einer Verkürzung der Impulse des anderen Vorzeichens. Unsymmetrische Verzerrungen dieser Art können durch Regulierung des Empfängers bei der Anpassung an den Kanal beseitigt werden.

Eine Besonderheit der charakteristischen Verzerrungen ist die Abhängigkeit von der Größe und dem Charakter der übertragenen Impulsfolge. Solche Verzerrungen treten dann auf, wenn der Einschwingvorgang während der Dauer eines Elementarimpulses noch nicht beendet ist oder wenn während eines Einschwingvorganges Überschwingen auftritt. Die Impulslänge (am Filter- oder Kanalausgang) ändert sich dabei in Abhängigkeit von der Form der vorausgehenden Impulsfolge.

Bei der Übertragung einer periodischen Impulsfolge von unsymmetrischen Kombinationen (z. B. vom Typ 1 : 5; 5 : 1; 2 : 3) ist die Größe der charakteristischen Verzerrungen in jedem Fall konstant. Werden die Impulse in einer stochastischen Folge gesendet, so ist die Größe der charakteristischen Verzerrungen veränderlich. Ihre maximale Größe entspricht der Übertragung der ungünstigsten Kombination. Bei Übertragung einer Mäanderfolge entstehen keine charakteristischen Verzerrungen.

Die statistischen Verzerrungen werden gewöhnlich durch Störungen hervorgerufen und sind zeitlich veränderlich.

Allgemein sind die empfangenen Impulse der Wirkung aller drei erläuterten Arten von Verzerrungen gleichzeitig unterworfen:

$$\delta_{\text{ges}} \approx \delta_{\text{uns}} + \delta_{\text{ch}} + \delta_{\text{stat}} . \tag{3.3}$$

Die resultierende Größe der Verzerrungen ist ebenfalls eine statistische Größe.

Außer den Flankenverzerrungen werden auf drahtgebundenen Nachrichtenkanälen sogenannte *Impulseinbrüche* beobachtet. Diese Verzerrungen äußern sich durch eine kurzzeitige Vorzeichenumkehr innerhalb des Impulses.

In Abb. 3.3 ist eine gesendete und empfangene Impulsfolge gezeigt. Beim ersten und dritten empfangenen Impuls sind Einbrüche vorhanden. Letzteres ist mit einer Vergrößerung der Zahl der TCMD im Vergleich zur Zahl der TCMM verbunden. Die Impulseinbrüche können das Auftreten von Fehlern zur Folge haben.

Zeitpunkt und Dauer $t_{\text{Einbr.}}$ der Impulseinbrüche haben statistischen Charakter.

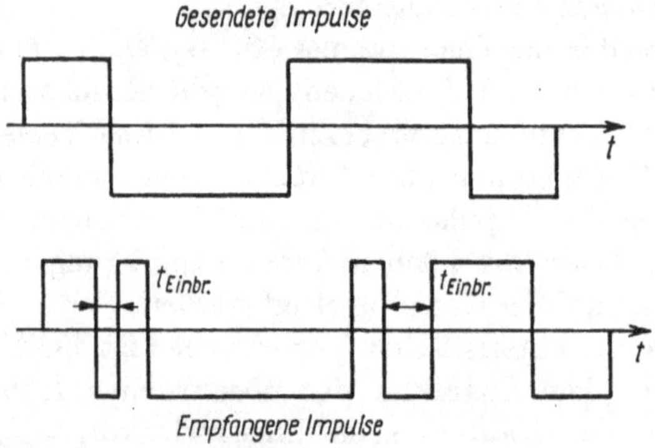

Abb. 3.3. Impulseinbrüche

Verzerrungen der Impulslängen (Flankenverzerrungen und Einbrüche) werden mit Hilfe von Spezialgeräten, sog. *Impulsverzerrungsmessern* gemessen. Das Blockschaltbild eines derartigen Gerätes ist in Abb. 3.4a gezeigt. Ein Trägergenerator G_1 erzeugt eine Sinusschwingung mit einer Frequenz, die gleich der Übertragungsgeschwindigkeit ist. Ein Impulsgeber sendet in den Binärkanal Prüfkombinationen. Als Prüfkombinationen benutzt man Mäanderfolgen, unsymmetrische Kombinationen (zum Beispiel 1 : 5 und 5 : 1) sowie stochastische Kombina-

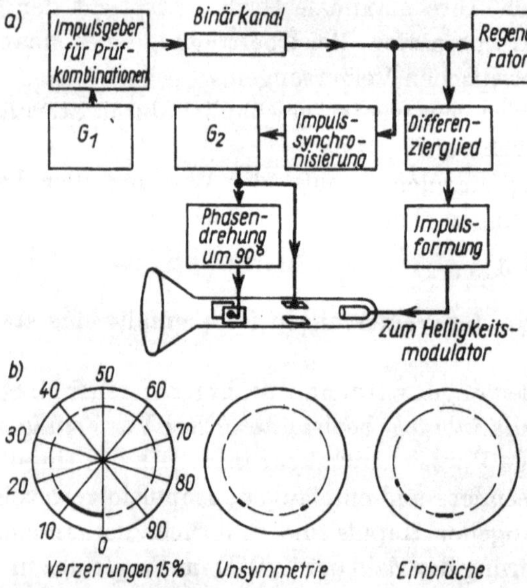

Abb. 3.4. Impulsverzerrungsmesser. a) Blockschaltbild; b) Darstellung auf dem Oszillographenschirm

tionen, die als „Text“ bezeichnet werden. Die Länge der „Text“-Kombinationen wählt man gewöhnlich größer als 20 Elementarimpulse.

Die am Ausgang des Binärkanales erhaltenen Impulse (vor der Regenerierung) werden auf eine Differenzierschaltung gegeben, die an ihrem Ausgang Nadelimpulse liefert. Durch diese Impulse werden die tatsächlichen charakteristischen Demodulationszeitpunkte gekennzeichnet. Weiter werden diese Impulse verstärkt, formiert und auf den Helligkeitsmodulator einer Elektronenstrahlröhre gegeben.

Mit Hilfe der Schwingungen des Trägergenerators G_2 und eines Phasendrehgliedes erhält man auf dem Bildschirm eine kreisförmige Ablenkung. Während der Zeit eines Elementarimpulses macht der Strahl einen Umlauf. Die Synchronisierung des Strahlumlaufes wird durch eine Synchronisationsschaltung gewährleistet. Befinden sich Sender und Empfänger an einem Ort (bei der Erprobung über eine „Schleife“ oder bei der Erprobung der peripheren Geräte), so benutzt man zur Erzeugung der kreisförmigen Ablenkung den Generator G_1, die Impulssynchronisierschaltung kann dann entfallen.

Beispiele von Bildern, wie sie auf einem Oszillographenschirm erhalten werden, sind in Abb. 3.4b gezeigt. Wenn keine Verzerrungen vorhanden wären, so würden die Impulse aller TCMD in einem Punkt zusammenfallen. Die Streuung der Leuchtpunkte im Bereich von 15% des Kreisumfanges weist auf statistische oder charakteristische Verzerrungen in der Größenordnung von 15% hin.

Wenn sich bei Umschaltung auf eine Mäanderfolge die Größe der Verzerrungen stark verkleinert, so handelt es sich um charakteristische Verzerrungen. Die Unsymmetrie kann leicht aus zwei konstanten Punkten bestimmt werden. Die Impulseinbrüche äußern sich in Form von ab und zu auftretenden Leuchterscheinungen außerhalb der beständigen Zone der Flankenverzerrungen.

3.2. Verzerrungsursachen und Störungen

Damit Impulse während ihrer Übertragung über ein beliebiges System nicht verzerrt werden, muß eine Reihe von Bedingungen erfüllt sein. Wir bezeichnen den komplexen Übertragungskoeffizienten des Systems durch

$$K(\mathrm{j}\omega) = A(\omega)\,\mathrm{e}^{-\mathrm{j}b(\omega)}$$

und die Signalspannung am Eingang des Systems mit u_1. Dann kann man fünf Grundbedingungen für eine verzerrungsfreie Impulsübertragung angeben:

1. Konstanz des Übertragungsfaktors und Linearität des Übertragungswinkels

$$A(\omega) = \text{const}, \quad b(\omega) = b_0 + \omega t_0; \tag{3.4}$$

2. Linearität des Übertragungskoeffizienten oder Nichtvorhandensein von nichtlinearen Verzerrungen

$$K(\mathrm{j}\omega) \neq f(u_1); \tag{3.5}$$

3. zeitliche Konstanz des Übertragungskoeffizienten

$$K(\mathrm{j}\omega) \neq f(t); \tag{3.6}$$

4. Nichtvorhandensein von Nebensignalen (Rauschen, Störungen)

$$u_{St} = 0; \tag{3.7}$$

5. richtiges Verhältnis zwischen der Trägerfrequenz und den modulierenden Frequenzen

$$f_{Tr} \gg f_{mod}. \tag{3.8}$$

In realen Nachrichtenkanälen sind diese Bedingungen nicht erfüllt. Da die Übertragungsfaktoren nicht ideal sind, treten Einschwingvorgänge auf, die ihrerseits charakteristische Impulsverzerrungen hervorrufen können. Bei der Übertragung über Telefonleitungen mit großen Übertragungsgeschwindigkeiten haben Phasenverzerrungen eine große Bedeutung. Man muß sie mit Hilfe von Phasenkorrekturgliedern verringern.

Die Nichtlinearität der Nachrichtenkanäle ist unbedeutend und hat praktisch keinen Einfluß auf die Datenübertragung (mit Ausnahme der selten verwendeten Datenübertragungssysteme mit Parallelübertragung durch Frequenzmultiplex). Diese Störursache wird hier nicht betrachtet.

Die zeitliche Instabilität des Übertragungskoeffizienten ist eine der Hauptursachen für die Verringerung der Übertragungssicherheit. Es gibt mehrere Arten von Instabilitäten. *Langsame Pegeländerungen* des empfangenen Signals werden verursacht durch den Einfluß von klimatischen Bedingungen auf den Übertragungskanal, durch schlechte Arbeitsweise der AVR (automatische Verstärkungsregelung) in Trägerfrequenzsystemen, durch Alterung von Röhren, Schwankungen der Versorgungsspannungen u. a. Diese Änderungen haben einen geringen Einfluß auf Datenübertragungskanäle mit FM und PM, aber sie können unsymmetrische Verzerrungen in Kanälen mit AM hervorrufen.

Sprungförmige Pegeländerungen des Empfangssignales sind durch die schlechte Funktion der AVR, durch Kontaktschwierigkeiten, Umschaltvorgänge in der Anlage u. a. bedingt und können zu erheblichen Impulsverzerrungen bei jedem Modulationsverfahren führen.

Kurzzeitige Kanalunterbrechungen, die durch Umschalter in den Vermittlungszentralen (Umschaltung von Haupt- auf Reserveeinrichtungen), schlechte Kontakte, Überlastungen der Gruppenverstärker u. a. hervorgerufen werden, können ebenfalls zu einer großen Fehlerzahl führen.

Eine *Frequenzverschiebung* des übertragenen Signals entsteht durch die Abweichung der Trägerfrequenzen zweier TF-Endstellen. Diese Störerscheinungen werden in fast allen Trägerfrequenzsystemen beobachtet und sind charakteristisch für Einseitenband-Übertragungssysteme mit Trägerunterdrückung. In modernen TF-Systemen ist die Frequenzverschiebung klein und hat auf die Datenübertragung wenig Einfluß (mit Ausnahme der Systeme mit Parallelübertragung, die schmalbandige Kanäle haben).

Sprungförmige Phasenänderungen der übertragenen Signale entstehen in TF-Systemen während des Umschaltens vom Hauptgenerator auf einen Reservegenerator. Sie können zu erheblichen Impulsverzerrungen führen.

Eine *niedrige Trägerfrequenz* (im Vergleich zur modulierenden Frequenz) führt zu Schwankungen der Impulsflanken, d. h. zu Verzerrungen.

In Nachrichtenkanälen sind außerdem immer Nebensignale vorhanden (Rauschen, Störungen). Sie dringen in die Nachrichtenkanäle auf den verschiedensten Wegen ein. Es kann erstens das Eigenrauschen der Geräte sein (Wärmerauschen der Leitung und der Widerstände, Rauschen der Elektronenröhren, Restwelligkeit der Versorgungsspannungen). Zweitens kann es sich um Störungen durch gegenseitige Beeinflussung von Nachrichtenkanälen handeln (gegenseitige Beeinflussung von Nachrichtenkreisen und Filtern und Nichtlinearität der Gruppeneinrichtungen). Schließlich können Störungen durch äußere Quellen induziert werden (elektrische Verkehrsmittel, Gewitterentladungen, elektrische Industrieanlagen). Die Störungen rufen starke Verzerrungen bei der Datenübertragung hervor.

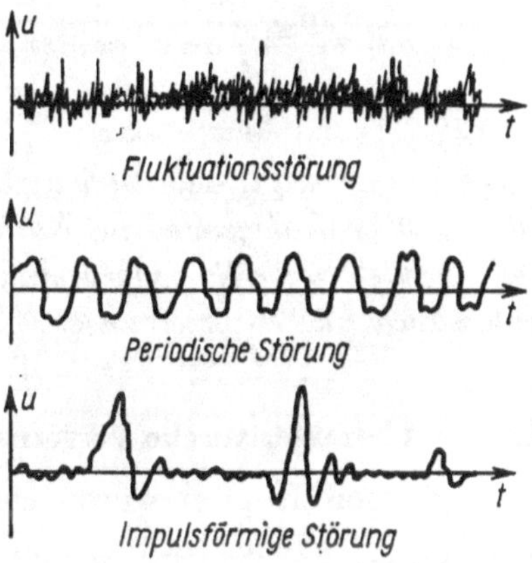

Abb. 3.5. Arten der Störungen

In Abhängigkeit von ihrem Charakter kann man die Störungen grob in drei Gruppen einteilen (Abb. 3.5):

Fluktuationsstörungen, periodische und *impulsförmige* Störungen. Die Störungen können auch gemischt auftreten. Gewöhnlich werden diese drei Gruppen von Störungen durch drei Modelle imitiert: durch eine normale Fluktuationsstörung, durch eine harmonische und durch eine sehr kurze, impulsförmige Störung (Deltafunktion).

Die *Fluktuationsstörung* ist ein zufälliger Prozeß und kann durch Wahrscheinlichkeitsverteilungen charakterisiert werden. Die normale Fluktuationsstörung ist der Normalverteilung (Gaußsches Gesetz) unterworfen. Dabei ist die Wahrscheinlichkeitsdichte gleich

$$W(x) = \frac{1}{\sqrt{2\pi}} e^{-\frac{x^2}{2}}, \tag{3.9}$$

wobei $x = \frac{u}{U_{eff}}$ das Verhältnis der Augenblicksspannung zum Effektivwert ist.

Die Wahrscheinlichkeit für die Überschreitung einer beliebigen Größe x_1 ist gleich

$$p(x > x_1) = \int_{x_1}^{\infty} W(x)\, dx. \tag{3.10}$$

Die *harmonische Störung* stellt eine einfache Sinusfunktion dar:

$$u_{St} = U_{St} \sin(\omega_{St} t + \varphi_{St}) = U_{St} \sin[(\omega_3 + \Delta\omega_{St}) t + \varphi_{St}]. \tag{3.11}$$

Darin ist U_{St} die konstante Amplitude, ω_3 die Mittenfrequenz des Kanales, $\Delta\omega_{St}$ die Verschiebung der Störfrequenz bezüglich der Mittenfrequenz des Kanales.

Die *impulsförmige Störung* wird durch die Deltafunktion beschrieben und in Form eines Impulses dargestellt, dessen Dauer unendlich klein und dessen Amplitude unendlich groß sein kann, wobei aber das Produkt beider (d. h. die Fläche) eine endliche Größe ist. Diese Funktion wird unter Verwendung des Ausdruckes [2.21] in der Form dargestellt:

$$\delta(t) = \frac{D_{imp}}{\pi} \int_0^\infty \cos\omega t \, d\omega, \tag{3.12}$$

worin D_{imp} die Impulsfläche bedeutet.

Die Praxis zeigt, daß *die hauptsächlichen Störursachen bei der Datenübertragung über drahtgebundene Nachrichtenkanäle kurzzeitige Unterbrechungen und impulsförmige Störungen sind und bei großen Übertragungsgeschwindigkeiten auch Phasenverzerrungen.*

3.3. Charakteristische Verzerrungen

Im vorigen Kapitel wurde gezeigt, daß der Einschwingvorgang beim Durchgang von Gleichstromimpulsen durch einen TP darin besteht, daß die Impulsflanken abgeflacht werden und ein „Überschwingen" entsteht.

Die Übertragung eines Einzelimpulses kann man sich mit Hilfe des Superpositionsprinzips durch das Einschalten einer Spannung zum Zeitpunkt t_1 (Abb. 3.6a) und das Einschalten einer zweiten Spannung entgegengesetzter Polarität zum Zeitpunkt t_2 vorstellen. Addiert man die beiden Einschwingvorgänge, so verkleinert sich bei dem in Abb. 3.6b gezeigten Fall bei einem Schwellwert 0,5 die Impulsbreite, d. h., es entstehen charakteristische Verzerrungen. Dabei werden die Impulsverzerrungen durch das Überschwingen

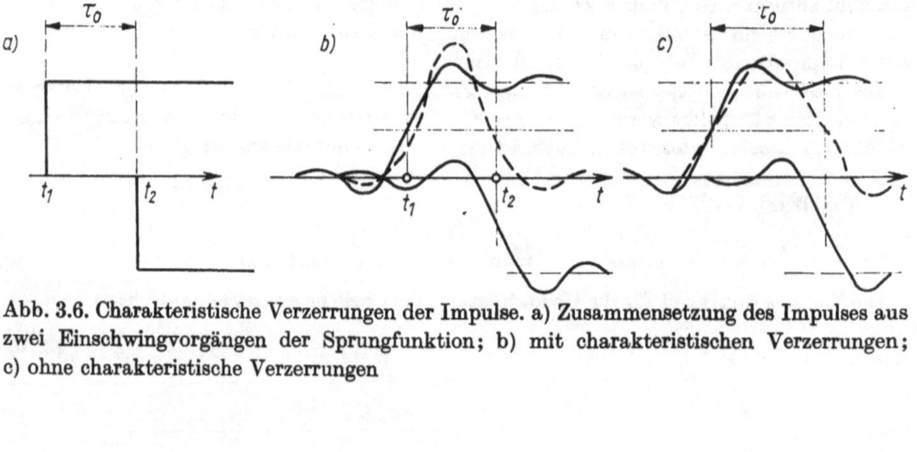

Abb. 3.6. Charakteristische Verzerrungen der Impulse. a) Zusammensetzung des Impulses aus zwei Einschwingvorgängen der Sprungfunktion; b) mit charakteristischen Verzerrungen; c) ohne charakteristische Verzerrungen

des Einschwingvorganges hervorgerufen. Wie ebenfalls aus der Abbildung ersichtlich ist, sind *die charakteristischen Verzerrungen um so größer, je größer das Überschwingen ist und je flacher der Einschwingvorgang verläuft.*

Wenn in Abb. 3.6b sich der Punkt t_2 nach rechts verschiebt, dann verringern sich die Verzerrungen. Bei einer bestimmten Länge des Impulses verschwinden die charakteristischen Verzerrungen (Abb. 3.6c). Im gegebenen Fall wird durch das Überschwingen lediglich die Steilheit der Flanken verändert. Bei weiterer Verlängerung des Impulses treten die charakteristischen Verzerrungen erneut auf, aber mit umgekehrten Vorzeichen, d. h., der Impuls verbreitert sich. Die Abhängigkeit der Größe der Verzerrungen von der Übertragungsgeschwindigkeit ohne Berücksichtigung des Vorzeichens ist in Abb. 3.7a gezeigt.

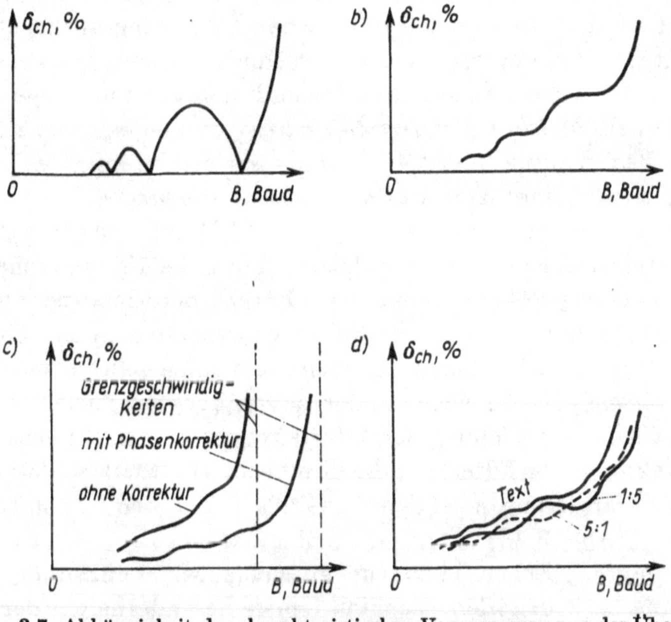

Abb. 3.7. Abhängigkeit der charakteristischen Verzerrungen von der Übertragungsgeschwindigkeit a) bei Amplitudenmodulation mit Impulsfolgen 1 : 5 und 5 : 1; b) bei Amplitudenmodulation durch stochastische Impulse (Text); c) Einfluß der Phasenverzerrungen; d) bei Frequenzmodulation

Alle diese Gesetzmäßigkeiten gelten auch für Wechselstromimpulse bei Amplitudenmodulation.

Die Übertragung eines Einzelimpulses wird in der Praxis durch die Übertragung einer unsymmetrischen Signalfolge imitiert, z. B. vom Typ 1 : 5, 5 : 1. Bei der Übertragung von „Text“ sind verschiedene Impulskombinationen möglich, deshalb sind die charakteristischen Verzerrungen bei keiner Übertragungsgeschwindigkeit gleich Null (Abb. 3.7b). *Bei der Übertragung von „Text" sind die charakteristischen Verzerrungen stets größer als bei Übertragung einer anderen Signalfolge* (mit wenigen Ausnahmen). *Bei der Übertragung von Mäanderfolgen sind keine charakteristischen Verzerrungen vorhanden*, da alle Impulsflanken den gleichen Bedingungen unterliegen.

Wie im vorigen Kapitel gezeigt worden ist, hängt die Größe des Überschwingens stark von der Form des Übertragungsfaktors und des Übertragungswinkels ab. Deshalb hängt von ihnen auch die Größe der charakteristischen Verzerrungen ab (Abb. 3.7c). In einem Kanal mit steilem Dämpfungsanstieg und großen Phasenverzerrungen sind die charakteristischen Verzerrungen groß und können 50% und mehr erreichen. Durch Phasenkorrektur können die charakteristischen Verzerrungen um ein Vielfaches verringert werden. In Kanälen mit flachen Dämpfungsanstiegen, in denen man nicht mit Phasenverzerrungen zu rechnen braucht, können die charakteristischen Verzerrungen in der Größenordnung von nur einigen Prozenten liegen. Deshalb *bestehen die Hauptverfahren zur Verringerung der charakteristischen Verzerrungen in der Anwendung von Filtern mit flach verlaufenden Filterflanken und einer Korrektur der Phasenverzerrungen.*

Analoge Erscheinungen treten bei FM und PM auf. Die charakteristischen Verzerrungen sind jedoch bei der gleichen Form der Frequenzcharakteristik des Kanales etwas größer (besonders bei PM) als bei Amplitudenmodulation.

Da bei Frequenzmodulation die Einschwingvorgänge infolge Umschaltung von der niederen zur höheren Frequenz und umgekehrt entstehen, unterscheiden sie sich häufig voneinander wegen der verschiedenen Frequenzunsymmetrien (Verschiebung der Arbeitsfrequenzen, unsymmetrische Übertragungsfaktoren der Filter und des Frequenzdetektors), so daß die charakteristischen Verzerrungen bei den Signalfolgen 1 : 5 und 5 : 1 unterschiedlich sein können (Abb. 3.7d).

Die charakteristischen Verzerrungen sind einer Berechnung schwer zugänglich, da sie von vielen, ziemlich feinen Besonderheiten der Frequenzcharakteristik des Kanales abhängen. Man muß diese Verzerrungen experimentell bestimmen.

Wie aus den oben gezeigten Abbildungen zu ersehen ist, z. B. aus Abb. 3.7d, kann man bei der Vergrößerung der Übertragungsgeschwindigkeit ein Gebiet erreichen, in dem die charakteristischen Verzerrungen schnell anwachsen und schließlich 100% erreichen. Die Geschwindigkeit, bei der die charakteristischen Verzerrungen gleich 100% werden, nennt man *Grenzübertragungsgeschwindigkeit*. Sie ist ein wichtiger Parameter eines Datenübertragungssystems, denn sie bestimmt seine Übertragungsleistung.

3.4. Verzerrungen durch harmonische Störungen

Verzerrungen durch harmonische Störungen können theoretisch leicht untersucht werden. In letzter Zeit wurden dafür Formeln hergeleitet, die gut mit den experimentellen Ergebnissen übereinstimmen. Betrachten wir die Ableitung dieser Gleichungen.

Wir wollen zuerst die Ableitung für die Frequenzmodulation behandeln. Der Einschwingvorgang der Frequenz hat, wie in Kap. 2 gezeigt worden ist, in der Mitte einen annähernd linearen Abschnitt mit der Steilheit

$$S = \frac{2\Delta F}{A(\omega_1)\,c} = \frac{2\Delta F}{c\,e^{-(\Delta a_{\text{send.\,S.}} + \Delta a_{\text{empf.\,S.}})}}. \tag{3.13}$$

Hierin ist ΔF die Kanalbreite bei einer Dämpfung von 0,7 Np, $A(\omega_1)$ die Größe des Übertragungsfaktors des Filters bei der Frequenz ω_1, c ein Koeffizient, der von der Größe des Frequenzhubes abhängt und nach Gl. (2.124) bestimmt wird, $\Delta a_{\text{send.\,S.}} + \Delta a_{\text{empf.\,S.}}$ der Dämpfungszuwachs von Sende- und Empfangsfilter bei der Arbeitsfrequenz im Vergleich zur Dämpfung bei der Mittenfrequenz.

Beim Übergang von der niedrigen Frequenz ω_1 zur höheren Frequenz ω_2 (Vorderflanke des Impulses) kann man die Frequenzänderung in der Form

$$\omega(t) = \omega_3 + S\,\Delta\omega t \tag{3.14}$$

schreiben, wobei $\Delta\omega$ der Frequenzhub ist.

Für die Vorderflanke des Signals am Ausgang des Empfangsfilters kann man schreiben:

$$u_S = U_S \sin\Phi_S \tag{3.15}$$

mit

$$\Phi_S = \int \omega(t)\,dt = \left(\omega_3 + \frac{1}{2} S\,\Delta\omega t\right)t + \varphi_3\,. \tag{3.16}$$

Eine harmonische Störung kann man auch in folgender Form schreiben:

$$u_{St} = U_{St} \sin\left[(\omega_3 + \Delta\omega_{St})\,t + \varphi_{St}\right] = U_{St}\sin\Phi_{St}\,. \tag{3.17}$$

Hierin ist $\Delta\omega_{St}$ die Differenz zwischen der Störfrequenz und der mittleren Kanalfrequenz, φ_{St} eine willkürliche Anfangsphase.

Die Summe von Signal und Störung wird gleich

$$u_S + u_{St} = U_S \sin\Phi_S + U_{St}\sin\Phi_{St} = U\sin(\Phi_S + \Psi)\,, \tag{3.18}$$

mit

$$U = \sqrt{U_S^2 + U_{St}^2 + 2\,U_S U_{St}\cos(\Phi_{St} - \Phi_S)}\,, \tag{3.19}$$

$$\Psi = \operatorname{arc\,tan} \frac{U_{St}\sin(\Phi_{St} - \Phi_S)}{U_S + U_{St}\cos(\Phi_{St} - \Phi_S)}\,. \tag{3.20}$$

Differenziert man die Phase, so erhält man die Augenblicksfrequenz, die von der Phasendifferenz $\Phi_{St} - \Phi_S$ abhängt.

Berücksichtigt man, daß diese Differenz beliebige Werte von Null bis 2π annehmen kann, so erhält man die Grenzwerte für die Frequenz

$$\omega(t) = \omega_3 \pm \frac{\alpha}{1 \pm \alpha}\,\Delta\omega_{St} + \frac{1}{1 \pm \alpha}\,S\,\Delta\omega t\,, \tag{3.21}$$

wobei $\alpha = U_{St}/U_S$ das Amplitudenverhältnis von Störung und Signal am Filterausgang ist.

Vergleicht man diesen Ausdruck mit der Gl. (3.14), so sieht man, daß durch den Einfluß der Störungen erstens eine Veränderung der Steilheit der Impulsflanke und zweitens eine Verschiebung der Impulsflanke erfolgt, d. h., es entstehen Verzerrungen.

Der auf den Frequenzdetektor folgende Trigger spricht auf eine Frequenz an, die nahe der Kanalmittenfrequenz liegt. Wir bezeichnen diese Frequenz (Abb. 3.8a) für die Vorderflanke mit

$$\omega_{Tr1} = \omega_0 + \Delta\omega_{Tr}. \tag{3.22}$$

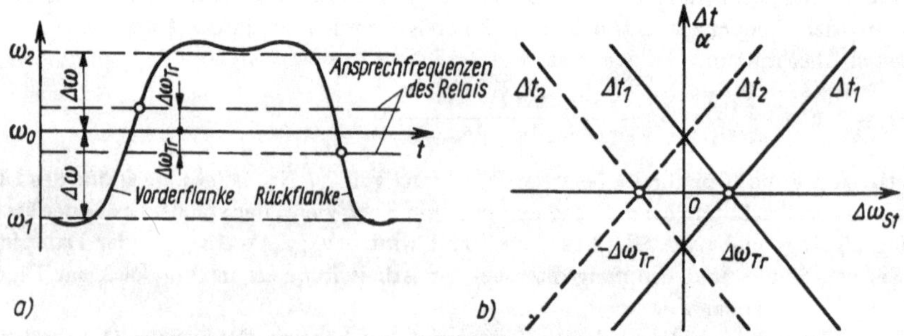

Abb. 3.8. Einfluß der harmonischen Störung auf die Flankenverzerrungen. a) Impulsform ohne Störung; b) Verschiebung der vorderen und hinteren Impulsflanke in Abhängigkeit von der Störfrequenz

Setzt man den Ausdruck (3.21) mit der Ansprechfrequenz des Triggers (3.22) gleich, so findet man den Ansprechzeitpunkt des Triggers für die Vorderflanke des Impulses

$$t_1 = \frac{\Delta\omega_{Tr}}{S\Delta\omega} \pm \alpha\,\frac{\Delta\omega_{St} - \Delta\omega_{Tr}}{S\Delta\omega}.$$

Die Verschiebung des Ansprechzeitpunktes infolge der Störungen wird gleich

$$\Delta t_1 = \pm\alpha\,\frac{\Delta\omega_{St} - \Delta\omega_{Tr}}{S\Delta\omega}. \tag{3.23}$$

Analog dazu kann man für die hintere Flanke schreiben:

$$\Delta t_2 = \pm\alpha\,\frac{\Delta\omega_{St} + \Delta\omega_{Tr}}{S\Delta\omega}. \tag{3.24}$$

Die gefundenen Abhängigkeiten sind in Abb. 3.8b gezeigt. Daraus ist zu ersehen, daß *die Verzerrungen der vorderen und hinteren Impulsflanke im allgemeinen nicht gleich sind.* Bei $\Delta\omega_{St} > 0$ wird die maximale Größe der Verzerrungen durch die Verzerrungen der hinteren Impulsflanke bestimmt:

$$\Delta t = 2\,|\Delta t_2| = 2\alpha\,\frac{|\Delta\omega_{St}| + \Delta\omega_{Tr}}{S\Delta\omega} \tag{3.25}$$

und bei $\Delta\omega_{St} < 0$ durch die Verzerrungen der vorderen Impulsflanke. Ihre Größe errechnet sich nach derselben Gleichung.

Die relative Größe der Verzerrungen wird

$$\delta = \Delta t B \, 100\% = 2\alpha \frac{|\Delta \omega_{St}| + \Delta \omega_{Tr}}{S \Delta \omega} B \, 100\% . \tag{3.26}$$

Wir wollen α durch die Spannungen von Signal und Störung am Eingang des Empfangsfilters ausdrücken und dabei die Erhöhung der Signalspannung in der Nähe der Mitte des Einschwingvorganges berücksichtigen. Mit Gl. (2.127) erhält man:

$$\alpha = \frac{U_{St}}{U_S} = \frac{U_{St0} \, e^{-\Delta a_{empf.\,St.}}}{U_{S0} \sqrt{c} \, e^{-\Delta a_{empf.\,S.}}} = e^{-\Delta p} \frac{e^{-\Delta a_{empf.\,St.}}}{\sqrt{c} \, e^{-\Delta a_{send.\,S.}}} . \tag{3.27}$$

Dabei sind U_{St0} und U_{S0} die Amplituden der Störung und des am Eingang des Empfangsfilters liegenden Signales, Δp ist der Pegelunterschied von Signal und Störung am Eingang des Empfangsfilters, $\Delta a_{empf.St.}$ der Dämpfungsanstieg des Eingangsfilters bei der Störfrequenz im Vergleich zur Mittenfrequenz, $\Delta a_{empf.S.}$ der Dämpfungsanstieg des Empfangsfilters bei der Signalfrequenz im Vergleich zur Mittenfrequenz.

Das Verhältnis $\Delta \omega_{Tr} / \Delta \omega$ in Gl. (3.26) kann man durch das Verhältnis der Ansprechspannung des Triggers zur Arbeitsspannung ausdrücken:

$$\frac{\Delta \omega_{Tr}}{\Delta \omega} = \frac{U_{anspr}}{U_{arb}} = \frac{1}{a} , \tag{3.28}$$

worin a die Empfindlichkeitsreserve des Triggers ist.

Nach Einsetzen in den Ausdruck (3.26) erhalten wir die endgültige Gleichung

$$\delta = \frac{e^{-\Delta p} e^{-\Delta a_{send.\,S.}} e^{-\Delta a_{empf.\,St.}} \sqrt{c} \, B \, 100\%}{\Delta F} \left(\frac{\Delta f_{St}}{\Delta f} + \frac{1}{a} \right) . \tag{3.29}$$

Die typische Abhängigkeit der Größe der Verzerrung von der Störfrequenz, die nach dieser Gleichung errechnet wurde, ist in Abb. 3.9 gezeigt

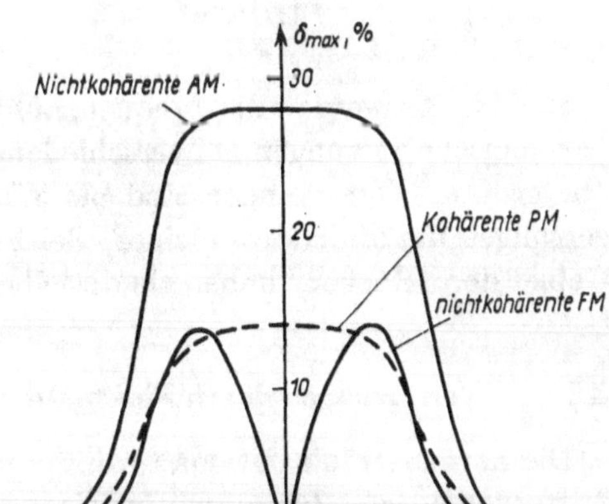

Abb. 3.9. Abhängigkeit der Verzerrungen von der Frequenz der harmonischen Störung bei AM, FM und PM

(Kurve „nichtkohärente FM"). Sie hat eine *„zweihöckerige" Form.* Die Lage der Höcker hängt von der Frequenzcharakteristik des Kanales ab. Der angenäherte Ausdruck für die maximale Größe der Verzerrungen hat die Form:

$$\delta_{\max} \approx \frac{e^{-\Delta p} B\, 100\%}{\Delta F}. \tag{3.30}$$

Eine genauere Analyse zeigt, daß die Verzerrungen von der Größe des Frequenzhubes abhängen und daß die *optimale Größe des Koeffizienten* $d \approx 1{,}4$ ist.

Betrachten wir jetzt die Verzerrungen bei Amplitudenmodulation. Verwendet man das gleiche Verfahren wie bei FM, so erhält man den Ausdruck für die relative Verzerrungsgröße:

$$\delta = \Delta t B\, 100\% = \frac{2\, e^{-\Delta p} e^{-\Delta a_{\text{empf. St.}}} B\, 100\%}{\Delta F}. \tag{3.31}$$

Die Frequenzcharakteristik der Verzerrungen hat die in Abb. 3.9 gezeigte Form (Kurve „nichtkohärente AM"). In der Kanalmitte, bei der die Verzerrungen am größten sind, ist $\Delta a_{\text{empf.St.}} = 0$. Die maximale Verzerrungsgröße kann man aus dem Ausdruck

$$\delta_{\max} = \frac{2\, e^{-\Delta p} B\, 100\%}{\Delta F} \tag{3.32}$$

ermitteln.

Für die Phasenmodulation erhält man analog:

$$\delta = \frac{e^{-\Delta p} e^{-\Delta a_{\text{empf. St.}}} B\, 100\%}{\Delta F}. \tag{3.33}$$

Die Frequenzabhängigkeit der Verzerrungen bei FM hat dieselbe Form wie bei AM. Die maximale Verzerrungsgröße wird gleich

$$\delta_{\max} = \frac{e^{-\Delta p} B\, 100\%}{\Delta F}. \tag{3.34}$$

In Abb. 3.9 werden die Frequenzabhängigkeiten der Verzerrungen durch harmonische Störungen bei verschiedenen Modulationsverfahren verglichen. Die größten Verzerrungen sind bei AM vorhanden. Bei PM sind die Verzerrungen um die Hälfte kleiner. Bei FM sind sie noch kleiner, und nur im Gebiet der „Höcker" haben sie dieselbe Größe wie bei PM.

3.5. Verzerrungen durch Fluktuationsstörungen

Die normale Fluktuationsstörung am Ausgang eines Bandfilters mit der Mittenfrequenz ω_3 kann man in folgender Form darstellen:

$$u_{\text{St}} = U_1(t) \sin \omega_3 t + U_2(t) \cos \omega_3 t, \tag{3.35}$$

wobei $U_1(t)$ und $U_2(t)$ Zufallsgrößen sind, die der Normalverteilung gehorchen.

Die mittleren quadratischen Größen von $U_1(t)$ und $U_2(t)$ sind gleich dem Effektivwert der Störspannung am Filterausgang:

$$\sqrt{\overline{U_1^2(t)}} = \sqrt{\overline{U_2^2(t)}} = U_{\text{eff. St.}} \tag{3.36}$$

Untersuchen wir zuerst die Amplitudenmodulation. Das Signal am Ausgang des Empfangsfilters (für die Vorderflanke des Impulses) ändert sich entsprechend dem Ausdruck

$$u_S = U_S r(t) \sin \omega_3 t = U_S \Delta F t \sin \omega_3 t .$$

Die Summe von Signal und Störung in Form des Ausdruckes (3.35) wird

$$u_S + u_{St} = [U_S \, \Delta F t + U_1(t)] \sin \omega_3 t + U_2(t) \cos \omega_3 t .$$

Die Einhüllende hat die Form

$$U(t) = \sqrt{(U_S \Delta F t)^2 + 2 U_S \Delta F t U_1(t) + U_1^2(t) + U_2^2(t)} . \tag{3.37}$$

Ist die Störspannung im Vergleich zur Signalspannung klein, so kann man näherungsweise schreiben

$$U(t) \approx U_S \Delta F t + U_1(t) . \tag{3.38}$$

Setzt man diese Spannung gleich der Ansprechspannung des Triggers 0,5 U_S, so findet man das Gesamtgebiet der Verzerrungen

$$\Delta t = \frac{U_1(t)}{U_S} \frac{2}{\Delta F} . \tag{3.39}$$

Die relative Verzerrung wird gleich

$$\delta = \Delta t B \, 100\% = 2 \frac{U_1(t)}{U_S} \frac{B 100\%}{\Delta F} . \tag{3.40}$$

Die Spannung $U_1(t)$ ist eine Zufallsgröße, die der Normalverteilung gehorcht. Folglich *ist die Verzerrung durch Fluktuationsstörungen eine Zufallsgröße, die der Normalverteilung unterliegt.*

Die mittlere quadratische Größe ist gleich

$$\delta_m = \sqrt{\overline{\delta^2}} = \sqrt{2} \frac{\sqrt{\overline{U_1^2(t)}}}{U_{\text{eff. St.}}} \frac{B 100\%}{\Delta F} ,$$

worin $U_{\text{eff. S.}}$ die effektive Signalspannung ist. Berücksichtigt man den Ausdruck (3.36), so erhält man

$$\delta_m = \sqrt{2} \frac{U_{\text{eff St}}}{U_{\text{eff S}}} \frac{B 100\%}{\Delta F} = \frac{\sqrt{2} \, e^{-\Delta p} B \, 100\%}{\Delta F} . \tag{3.41}$$

Darin ist $U_{\mathrm{eff.St.}}$ die effektive Störspannung am Ausgang des Empfangsfilters, Δp die Pegeldifferenz der Effektivwerte von Signal und Störung am Ausgang des Empfangsfilters.

Vergleichen wir diesen Ausdruck mit der Gl. (3.32), so finden wir, daß man die mittlere quadratische Größe der Verzerrungen infolge Fluktuationsstörungen durch die maximale Verzerrung infolge harmonischer Störungen (bei gleichen Δp, B, ΔF) folgendermaßen ausdrücken kann:

$$\delta_{m\,\mathrm{fl}} = \frac{1}{\sqrt{2}}\,\delta_{\mathrm{harm}} = 0{,}71\,\delta_{\mathrm{harm}}. \tag{3.42}$$

Für den Kanal mit FM finden wir analog:

$$\delta_m = 1{,}45\,\frac{U_{\mathrm{St0}}}{U_{\mathrm{s}}}\,\frac{d\sqrt{c}\,B\,100\%}{\sqrt{\Delta F}}. \tag{3.43}$$

Hierbei ist U_{St0} die Spektraldichte der Fluktuationsstörungen, d ein Koeffizient, der sich aus Gl. (2.120) bestimmt.

Die effektive Störspannung wird gleich

$$U_{\mathrm{eff.St.}} = U_{\mathrm{St0}}\sqrt{\Delta F}. \tag{3.44}$$

Deshalb kann man die Gleichung in der Form schreiben

$$\delta_m = 1{,}45\,\frac{e^{-\Delta p}\,d\sqrt{c}\,B\,100\%}{\Delta F}, \tag{3.45}$$

wobei Δp die Pegeldifferenz (in Neper) zwischen Signal und Störung am Ausgang des Empfangsfilters ist.

Die Größe der Verzerrungen hängt vom Frequenzhub ab (Abb. 3.10). In der Praxis wählt man $d \approx 1{,}4$. Damit wird näherungsweise

$$\delta_m = 0{,}67\,\frac{e^{-\Delta p}\,B\,100\%}{\Delta F}. \tag{3.46}$$

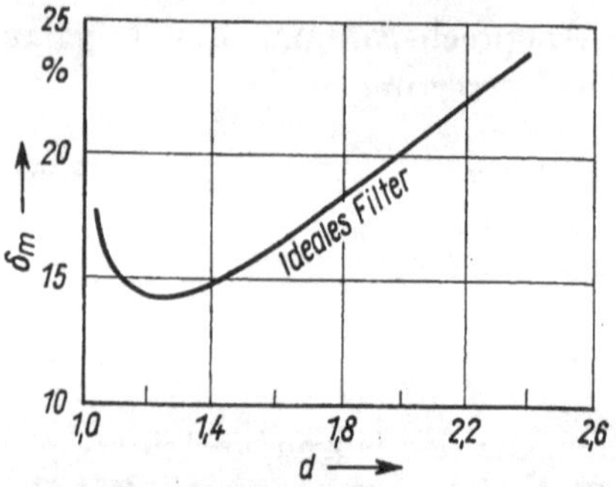

Abb. 3.10. Abhängigkeit der Verzerrungen bei Fluktuationsstörungen vom Koeffizienten d

Der Frequenzdetektor verringert den Einfluß der Fluktuationsstörung. Berücksichtigt man seine Wirkung, so kann man näherungsweise schreiben

$$\delta_m = 0{,}5\,\frac{e^{-\Delta p}\,B\,100\%}{\Delta F}. \tag{3.47}$$

Vergleichen wir diesen Ausdruck mit Gl. (3.30), so finden wir den Zusammenhang zwischen δ_m und der maximalen Verzerrung durch harmonische Störungen

$$\delta_{m\,\mathrm{fl}} = 0{,}5\,\delta_{\mathrm{harm}}. \tag{3.48}$$

Für die Phasenmodulation erhalten wir

$$\delta_m = \frac{e^{-\Delta p} B\,100\%}{\sqrt{2}\,\Delta F}, \tag{3.49}$$

$$\delta_{m\text{fl}} = 0{,}71\,\delta_{\text{harm}}. \tag{3.50}$$

Vergleicht man die verschiedenen Modulationsverfahren, so kann man schreiben:

$$\delta_{m\,\text{AM}} = 2\,\delta_{m\,\text{PM}} = 2{,}82\,\delta_{m\,\text{FM}}. \tag{3.51}$$

Hieraus ist ersichtlich, daß *die kleinsten Verzerrungen durch Fluktuationsstörungen bei der Frequenzmodulation und die größten bei der Amplitudenmodulation entstehen. Die Phasenmodulation nimmt eine Mittelstellung ein.*

3.6. Verzerrungen durch impulsförmige Störungen

Eine impulsförmige Störung am Eingang des Empfangsfilters kann man durch eine Deltafunktion ausdrücken:

$$\delta(t) = \frac{D_{\text{imp}}}{\pi} \int_0^\infty \cos\omega t\,\mathrm{d}\omega, \tag{3.52}$$

worin D_{imp} die Impulsfläche ist.

Eine Störung am Ausgang des Empfangsfilters mit der Mittenfrequenz ω_3 und dem Durchlaßbereich $\Delta\Omega = 2\pi\,\Delta F$ wird durch die Gleichung beschrieben:

$$u_{\text{St}} = \frac{D_{\text{imp}}}{\pi} \int_{\omega_3 - \frac{\Delta\Omega}{2}}^{\omega_3 + \frac{\Delta\Omega}{2}} \cos\omega t\,\mathrm{d}\omega = 2\Delta F\,D_{\text{imp}} \frac{\sin \Delta\Omega\, t/2}{\Delta\Omega\, t/2} \cos\omega_3 t. \tag{3.53}$$

Die Störung besitzt die in Abb. 3.11 gezeigte Form. Die maximale Amplitude ist gleich

$$U_{\text{St. max.}} = 2\Delta F\,D_{\text{imp}}. \tag{3.54}$$

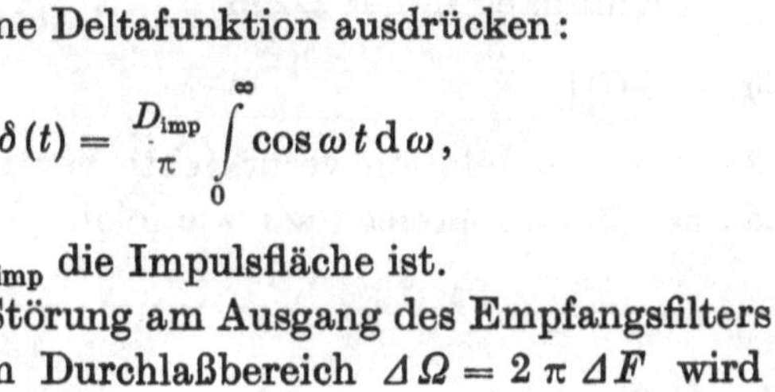

Abb. 3.11. Form der Impulsstörung am Ausgang des Empfangsfilters

In der Nähe des Maximums kann man die Störung als harmonisch betrachten:

$$u_{St} = 2\Delta F\, D_{imp} \cos\omega_3 t\,. \tag{3.55}$$

Für die Amplitudenmodulation erhält man deshalb sofort den Ausdruck für die Verzerrung, wenn man in Gl. (3.32) statt der Amplitude der Störung $2\,\Delta F\, D_{imp}$ einsetzt:

$$\delta = 4\,\frac{D_{imp}}{U_S}\,B\,100\%\,. \tag{3.56}$$

Für die Phasenmodulation erhalten wir nach Gl. (3.34) analog:

$$\delta = 2\,\frac{D_{imp}}{U_S}\,B\,100\%\,. \tag{3.57}$$

Bei Frequenzmodulation ändert sich der Verlauf der Augenblicksfrequenz nicht nur in Abhängigkeit von der Amplitude der Störungen, sondern auch in Abhängigkeit von ihrer Frequenz. Um eine Gleichung dafür abzuleiten, schreiben wir das Signal am Filterausgang in der Form

$$u_S = U_S \sin[\omega_3 t + \varphi_0 + \Theta(t)]\,, \tag{3.58}$$

worin $\Theta(t)$ die durch die Frequenzmodulation verursachte veränderliche Phase ist. Die Störung gemäß Gl. (3.53) schreiben wir wie folgt:

$$u_{St} = B(t)\cos\omega_3 t \tag{3.59}$$

mit

$$B(t) = 2\Delta F\, D_{imp}\,\frac{\sin\Delta\Omega t/2}{\Delta\Omega t/2}\,. \tag{3.60}$$

Die Summe von Signal und Störung wird

$$u_S + u_{St} = U_S\cos[\varphi_0 + \Theta(t)]\sin\omega_3 t$$
$$+ \{U_S \sin[\varphi_0 + \Theta(t)] + B(t)\}\cos\omega_3 t\,.$$

Diesen Ausdruck kann man in der Form darstellen

$$u_S + u_{St} = A(t)\sin[\omega_3 t + \psi(t)]\,.$$

Nachdem wir hieraus die durch die Störung hervorgerufene Frequenzabweichung gefunden haben, ergibt sich die maximale Verzerrung zu

$$\Delta t = \frac{0{,}88\,\Delta F^2 D_{imp}}{U_S S \Delta f}\,. \tag{3.61}$$

Die relative Verzerrung wird gleich

$$\delta = \Delta t\, B\, 100\% = 0{,}88\,\frac{D_{imp}}{U_S}\,dc\,B\,100\%\,. \tag{3.62}$$

Für das gewöhnlich verwendete $d = 1{,}4$ erhalten wir

$$\delta = 1{,}42\, \frac{D_{\text{imp}}}{U_s}\, B\, 100\,\%. \tag{3.63}$$

Der Frequenzdetektor verringert die Wirkung der Impulsstörungen. Bei Berücksichtigung seines Einflusses erhält man näherungsweise

$$\delta = \frac{D_{\text{imp}}}{U_s}\, B\, 100\,\%. \tag{3.64}$$

Eine Besonderheit der Verzerrungen durch Impulsstörungen ist ihre Unabhängigkeit von der Kanalbreite. Bei Vergrößerung der Kanalbreite wächst die Steilheit des Einschwingvorganges an, aber gleichzeitig vergrößert sich, wie aus Gl. (3.53) zu sehen ist, die Störspannung am Ausgang des Empfangsfilters.

Ein Vergleich der Ausdrücke (3.64), (3.57) und (3.56) zeigt, daß *die Verzerrungen durch Impulsstörungen bei PM zweimal kleiner und bei FM viermal kleiner sind als bei Amplitudenmodulation.*

3.7. Verzerrungen durch Pegelschwankungen, sprungförmige Pegeländerungen und kurzzeitige Kanalunterbrechungen

Pegelschwankungen des empfangenen Signales können in Übertragungseinrichtungen mit AM Unsymmetrien hervorrufen. Möge sich zum Beispiel die Signalspannung am Ausgang des Detektors von U_1 auf U_2 verkleinert haben (Abb. 3.12a). Der dem Detektor nachgeschaltete Trigger spricht im Punkt D an. Der empfangene Impuls wird also verkürzt.

Wir wollen die Größe der Unsymmetrie bestimmen. Die Verkürzung an der Vorderflanke ist

$$\Delta t_1 = DE = AE' - AD' = AE' - \frac{t_E}{2}.$$

Aus dem Dreieck ABC erhalten wir

$$\frac{AE'}{AB} = \frac{EE'}{BC}$$

und daraus

$$AE' = AB\, \frac{EE'}{BC} = t_E\, \frac{U_1}{2\,U_2}.$$

Folglich wird

$$\Delta t_1 = \frac{t_E}{2}\left(\frac{U_1}{U_2} - 1\right). \tag{3.65}$$

Die Gesamtverkürzung des Impulses wird

$$\Delta t = 2\,|\Delta t_1| = \frac{1}{\Delta F}\left|\left(\frac{U_1}{U_2} - 1\right)\right|. \tag{3.66}$$

Die relative Verzerrung ist

$$\delta = \Delta t B \, 100\% = |(e^{-\Delta p} - 1)| \, \frac{B \, 100\%}{\Delta F}, \tag{3.67}$$

wobei Δp die Pegeländerung des Signales ist.

Die Abhängigkeit der Verzerrungen von der Pegelveränderung ist in Abb. 3.12b gezeigt. Man erkennt, daß *bei einer Verringerung der Signalspannung um mehr als das Zweifache ein Empfang überhaupt unmöglich wird.*

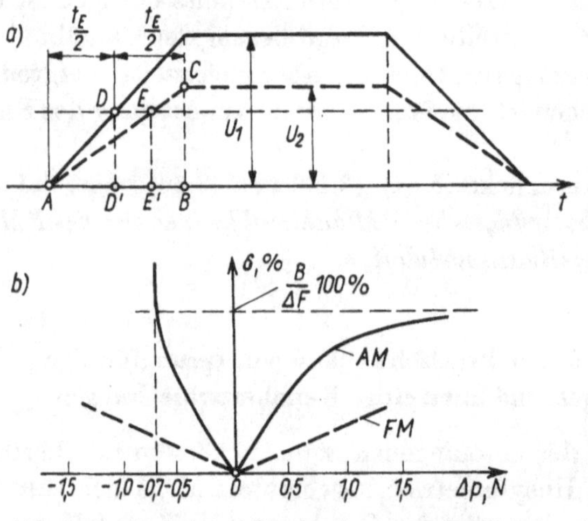

Abb. 3.12. Einfluß von Pegeländerungen des Signals auf die Flankenverzerrungen. a) Form der Impulse bei AM; b) Abhängigkeit der Verzerrungen von der Pegeländerung bei AM und von Pegelsprüngen bei FM

Pegeländerungen können deshalb große Impulsverzerrungen hervorrufen. Deshalb verwendet man in Empfangseinrichtungen mit AM immer eine automatische Verstärkungsregelung (AVR), die mehr oder weniger die Pegelschwankungen verringert.

Weist die AVR eine gewisse Trägheit auf, so können bei sprungförmigen Pegeländerungen die ersten Impulse nach dem Sprung eine Verzerrung haben, die von einer Unsymmetrie entsprechend Gl. 3.67 verursacht wird. Deshalb kann man diesen Ausdruck auch zur Berechnung der Verzerrungen durch Pegelsprünge bei AM verwenden.

Bei Frequenzmodulation rufen Pegelsprünge Verzerrungen des Einschwingvorganges der Frequenz hervor, d. h. Flankenverzerrungen. Analysiert man den Einschwingvorgang, so erhält man den Ausdruck

$$\delta = 0{,}35 \, \frac{\Delta p B \, 100\%}{\Delta F}. \tag{3.68}$$

Bei Pegelsprüngen größer als 1,4 ⋯ 1,8 Np entstehen in einem Kanal mit FM außer den Flankenverzerrungen Impulseinbrüche.

Ein Vergleich der Ausdrücke (3.68) und (3.67) zeigt, daß bei FM die Verzerrungen durch Pegelsprünge 2- bis 4mal kleiner sind als bei AM (Abb. 3.12b).

Kurzzeitige Kanalunterbrechungen (kürzer als die Länge eines Elementarimpulses) führen ebenfalls zum Auftreten von Flankenverzerrungen. Bei AM ergibt sich zum Beispiel für die Verzerrungen durch Kanalunterbrechungen der Ausdruck

$$\delta = 2 \Delta t_U B \, 100\,\%, \tag{3.69}$$

wobei Δt_U die Dauer der Unterbrechung am Eingang des Empfangsfilters ist. Aus dieser Gleichung folgt, daß *die Verzerrungen proportional der Dauer der Unterbrechung sind und nicht von der Bandbreite des Filters abhängen.* Für die übrigen Modulationsmethoden lassen sich analoge Ausdrücke nicht ableiten.

In allen vorangegangenen Betrachtungen wurde nur der direkte Einfluß der Störursache auf den *betrachteten* Kanal berücksichtigt. Bei sprungförmigen Pegeländerungen oder kurzzeitigen Kanalunterbrechungen in Multiplexsystemen treten außerdem gegenseitige Beeinflussungen der Kanäle auf. Erfolgt ein Pegelsprung einer beliebigen Trägerfrequenz, so *wird dadurch ein sehr breites Spektrum erzeugt, welches in die Durchlaßbereiche der übrigen Kanäle fällt.* In jedem Kanal entsteht im Moment des Pegelsprunges eine Störung durch die übrigen Kanäle, wodurch die Verzerrungen vergrößert werden. Das Anwachsen der Verzerrungen hängt vom Abstand und von der Zahl der Kanäle, aber auch von der Störsicherheit des Empfängers ab (deshalb ist das Anwachsen der Verzerrungen besonders bei AM zu beobachten). Die zusätzliche Verzerrung kann in einigen Fällen die unmittelbar durch den Pegelsprung hervorgerufene um ein Vielfaches übersteigen.

3.8. Verzerrungen durch Frequenzverschiebungen und sprunghafte Phasenänderungen

Eine Frequenzverschiebung des empfangenen Signals, wie sie bei TF-Kanälen auftritt, kann in einem Empfänger mit FM Unsymmetrien hervorrufen. Die Frequenzverschiebung sei $\mathrm{d}f$ (Abb. 3.13a). Aus der Ähnlichkeit der Dreiecke OCD und ABO kann man die Größe der Verschiebung des Ansprechpunktes des dem Frequenzdetektors nachfolgenden Triggers bestimmen:

$$\Delta t_1 = -\frac{t_E \mathrm{d}f}{2 \Delta f}; \tag{3.70}$$

darin ist t_E die Einschwingzeit des Einschwingvorganges, Δf der Frequenzhub.

Unter Berücksichtigung der Gl. (2.125) erhalten wir

$$\Delta t_1 = -\frac{A(\omega_1)\, c}{2 \Delta F} \frac{\mathrm{d}f}{\Delta f}.$$

Die Gesamtgröße der Unsymmetrie ist gleich

$$\Delta t = 2\,|\Delta t_1| = \frac{A(\omega_1)c}{\Delta F}\,\frac{|\mathrm{d}f|}{\Delta f}\,. \tag{3.71}$$

Für die relative Verzerrung erhält man den Ausdruck

$$\delta = \Delta t B\, 100\% = \frac{|\mathrm{d}f|}{\Delta f}\,\frac{A(\omega_1)cB\,100\%}{\Delta F}\,. \tag{3.72}$$

Für eine überschlägige Rechnung kann man $A(\omega_1)\,c \approx 1$ annehmen und erhält

$$\delta \approx \frac{|\mathrm{d}f|}{\Delta f}\,\frac{B\,100\%}{\Delta F}\,. \tag{3.73}$$

Die Größe der Unsymmetrie ist folglich direkt der Frequenzverschiebung proportional (Abb. 3.13b).

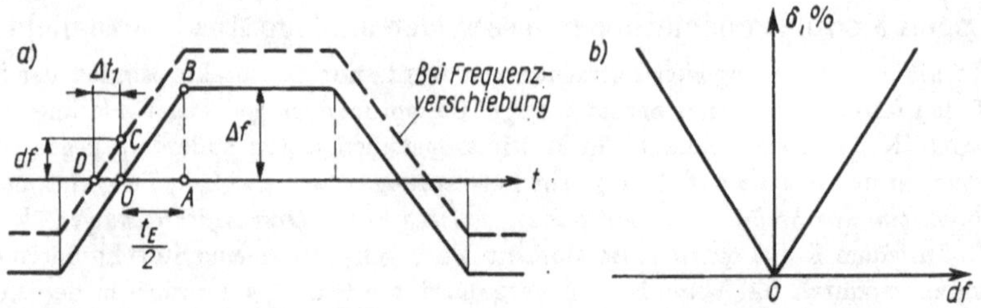

Abb. 3.13. Einfluß von Frequenzverschiebungen des Signals auf die Randverzerrungen bei FM. a) Impulsform; b) Abhängigkeit der Verzerrungen von der Frequenzverschiebung

Bei modernen Trägerfrequenzsystemen beträgt die Frequenzverschiebung nicht mehr als ± 5 Hz. Derartige Frequenzverschiebungen rufen vernachlässigbar kleine Verzerrungen hervor, wenn für die Übertragung der ganze Telefonkanal benutzt wird und der Frequenzhub groß ist. Zum Beispiel erhält man bei $\Delta f = 400$ Hz, $B = 1200$ Baud, $\Delta F = 3000$ Hz $\delta = 0{,}5\%$. Bei der Übertragung von Daten über Telefoniekanäle (ausgenommen die Frequenzmultiplex-Parallelübertragung) braucht man folglich *nicht mit dem Einfluß von Frequenzverschiebungen zu rechnen.*

Wird ein Telefoniekanal durch Frequenzmultiplex ausgenutzt, so macht sich der Einfluß der Frequenzverschiebungen empfindlich bemerkbar. So erhält man in einem Telegrafiesystem mit FM bei $\Delta f = 30$ Hz, $B = 50$ Baud, $\Delta F = 80$ Hz bei derselben Frequenzverschiebung von ± 5 Hz eine Verzerrung von $\delta = 10\%$.

Phasensprünge des übertragenen Signals haben Verzerrungen bei FM und AM, aber auch bei einigen Empfängerschaltungen mit PM zur Folge.

Für Frequenzmodulation kann man folgende Gleichung ableiten, die die Verzerrungen infolge von Phasensprüngen angibt:

$$\delta = \frac{0{,}4\,B\,100\%}{\Delta f} \tan\frac{\Delta\varphi}{2}, \tag{3.74}$$

wobei $\Delta\varphi$ der Phasensprung ist.

Die Abhängigkeit der Verzerrungen von der Größe des Phasensprunges ist in Abb. 3.14 gezeigt. Aus der Abbildung ist ersichtlich, daß durch Phasensprünge in der Größenordnung von 180° sehr starke Verzerrungen entstehen können, die zu Übertragungsfehlern führen.

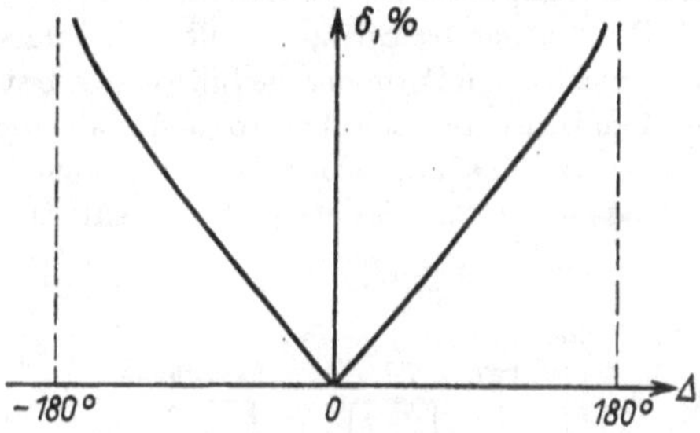

Abb. 3.14. Abhängigkeit der Verzerrungen von Phasensprüngen bei FM

3.9. Verzerrungen durch Schwankungen der Impulsflanke

Wie in Abschn. 2.8 gezeigt wurde, entstehen bei der Amplitudentastung einer Trägerschwingung Schwankungen der Impulsflanke, die durch die Unbestimmtheit der Trägerphase im Tastzeitpunkt entstehen. Die Größe des Schwankungsbereiches hängt gemäß Gl. (2.164) nur von der Größe der Trägerfrequenz ab:

$$\Delta t'_{\text{schw}} = \frac{1}{2\pi f_0}. \tag{3.75}$$

In derselben Größenordnung entstehen Schwankungen auch bei FM und PM.

Die relative Verzerrung durch Schwankungen der Impulsflanke wird für alle Modulationsarten

$$\delta = \Delta t'_{\text{schw}}\, B\, 100\% = \frac{B}{2\pi f_0}\, 100\%, \tag{3.76}$$

d. h., die Verzerrungen durch Schwankungen der Impulsflanke hängen nur vom Verhältnis der Übertragungsgeschwindigkeit und der Trägerfrequenz ab. Aus Tabelle 3.1 ist zu sehen, daß für $f_0/B = 1$ die Verzerrungen 16% erreichen. Damit man den Einfluß dieser Verzerrungen vernachlässigen kann, muß das Verhältnis von Trägerfrequenz zur Übertragungsgeschwindigkeit größer als 10 sein.

Tabelle 3.1

$\frac{f_0}{B}$	1	2	3	5	10	20
δ, %	16,0	8,0	5,3	3,2	1,6	0,8

Aus den in Abschn. 2.8 betrachteten Besonderheiten des Einschwingvorganges bei niedriger Trägerfrequenz leiten sich drei mögliche Methoden zur Beseitigung des schädlichen Einflusses der Impulsflankenschwankungen ab:

1. Begrenzung des Spektrums des Eingangssignales (Abb. 3.15a), d. h. Verzicht auf eine streng rechteckige Form der modulierenden Impulse. Zu diesem Zweck wird vor den Eingang des Modulators (der eine lineare Modulationscharakteristik haben muß) ein TP geschaltet. Benutzt man eine lineare Modulationsmethode (AM oder getastete PM), so wird das Spektrum des modulierten Signales ebenfalls begrenzt sein. In das Übertragungsband fällt dabei keine

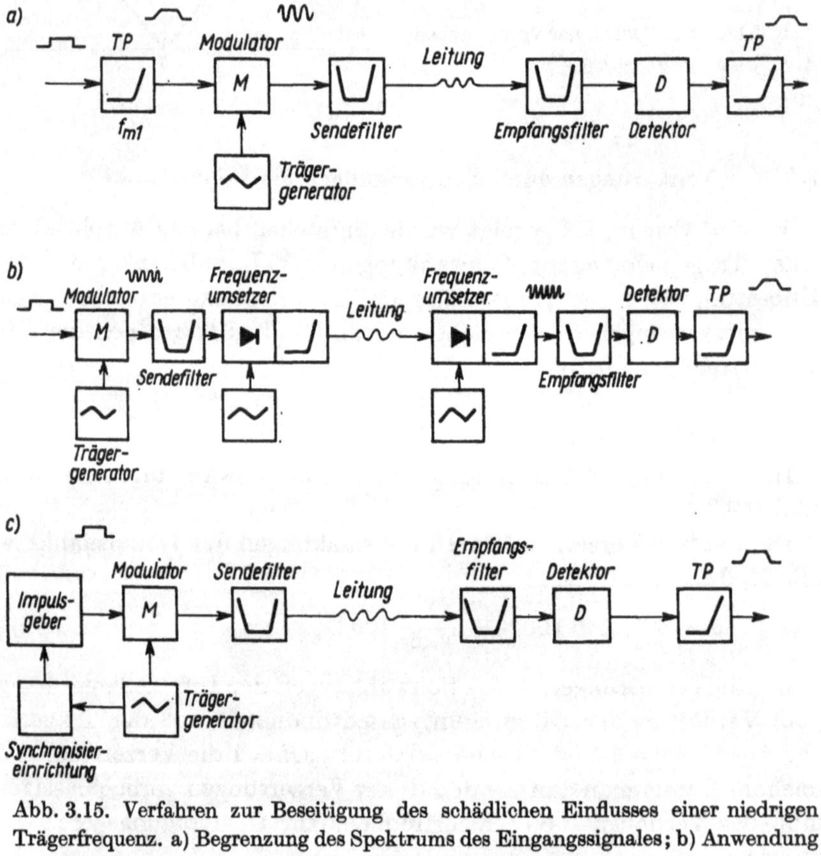

Abb. 3.15. Verfahren zur Beseitigung des schädlichen Einflusses einer niedrigen Trägerfrequenz. a) Begrenzung des Spektrums des Eingangssignales; b) Anwendung der Frequenzumsetzung; c) Synchronisation der Trägerfrequenz

zusätzliche Energie des unteren Seitenbandes, wie leicht aus Abb. 2.24 zu sehen ist. Aus dieser Abbildung kann man leicht die Grenzfrequenz des TP bestimmen:

$$\omega_{m_1} \leqq \omega_0 + \omega_{\mathrm{I}} \tag{3.77}$$

mit ω_0 = Trägerfrequenz, ω_{I} = untere Grenzfrequenz des Kanales.

Dieses Verfahren kann bei den nichtlinearen Modulationsmethoden (FM, nicht sprungförmige PM) nicht angewendet werden.

2. Frequenzumsetzung (Abb. 3.15b). Bei diesem Verfahren erfolgt die Modulation bei hoher Trägerfrequenz. Danach wird das Spektrum durch ein spezielles Filter begrenzt (auf einer oder auf beiden Seiten). Darauf kann das Spektrum ohne Gefahr für die Entstehung von Verzerrungen wieder in den niederfrequenten Bereich umgesetzt werden. Ein Nachteil dieses Verfahrens sind die durch die Frequenzumsetzungen bedingten komplizierten Schaltungen.

3. Synchronisation der Trägerfrequenz mit den zu übertragenden Impulsen (Abb. 3.15c). Dabei erfolgt die Tastung immer bei derselben Phase des Trägers. Dieses Verfahren kann nur bei Übertragungseinrichtungen angewendet werden, die nach dem synchronen Übertragungsprinzip arbeiten.

Wir wollen darauf hinweisen, daß die betrachteten Verzerrungen nur an den Impulsflanken auftreten. Aus Abb. 2.39 erkennt man, daß sich in der Mitte der Impulse die Signalamplitude nicht ändert. Deshalb wirken sich diese Impulsflankenverzerrungen nur wenig auf die Fehlerwahrscheinlichkeit aus. Darin besteht die charakteristische Besonderheit der Verzerrungen durch Schwankungen der Flanke. Bei den übrigen Störarten ist das Vorhandensein von Flankenverzerrungen immer ein Beweis für eine Änderung der Amplitude in der Impulsmitte. Auf Grund der angeführten Besonderheit sind *Verzerrungen durch Schwankungen der Impulsflanke weniger gefährlich als Verzerrungen der gleichen Größenordnung durch andere Störursachen.* Deshalb wird mitunter diese Art von Verzerrungen nicht beseitigt.

3.10. Wahrscheinlichkeitsbewertung der Verzerrungen

Die Größe der Verzerrungen in realen Nachrichtenkanälen wird durch eine Vielzahl von Faktoren bestimmt, von denen viele zufälligen Charakter besitzen. Deshalb kann man die Verzerrungen ebenfalls als einen Zufallsprozeß betrachten, der mit Hilfe statistischer Methoden untersucht werden kann.

Für die Untersuchung der statistischen Struktur der Elementeverzerrungen gibt es Spezialgeräte, die als Verzerrungsanalysatoren bezeichnet werden. Mit ihrer Hilfe wird das Verteilungsgesetz der charakteristischen Demodulationsmomente bestimmt (CMD). Mit Hilfe eines Verzerrungsanalysators kann man feststellen, wieviel der CMD von der Gesamtzahl der empfangenen CMD gegenüber der idealen Lage um eine vorgegebene Größe verschoben sind. Die Meßergebnisse werden in einer Tabelle zusammengestellt. Als Beispiel ist Tabelle 3.2[1]) angeführt.

Tabelle 3.2

Verschiebungen CMD Δx, %	Häufigkeit der Verschiebungen n_i	Normierte Häufigkeit $\frac{n_i}{\Delta x \sum n_i}$
von −50 bis −11	0	0
von −11 bis −9	1	0,000376
von −9 bis −7	8	0,00298
von −7 bis −5	41	0,0154
von −5 bis −3	141	0,053
von −3 bis −1	290	0,109
von −1 bis +1	370	0,139
von +1 bis +3	275	0,104
von +3 bis +5	156	0,0587
von +5 bis +7	40	0,01501
von +7 bis +9	7	0,00264
von +9 bis +11	1	0,000376
von +11 bis +50	0	0
Summe	$1330 = \sum n_i$	

Treten die CMD zeitlich vor den idealen CMD auf, so zählt man die Verschiebung als negativ, treten sie danach auf, so zählt man sie als positiv. Jeder der betrachteten charakteristischen Momente fällt mit einer bestimmten Wahrscheinlichkeit in eines der in Tab. 3.2 angegebenen Intervalle.

Als grafische Interpretation der angeführten Tabelle kann das *Säulendiagramm* (Abb. 3.16a) dienen, d. h. eine grafische Darstellung, die aus Rechtecken zusammengesetzt ist, deren Basis die Verschiebungsintervalle sind und deren Höhen proportional der Häufigkeit der Verschiebung der CMD sind. Auf der Ordinate ist das Verhältnis der Häufigkeit der Verschiebungen $n_i/\sum n_i$ zur Intervallbreite Δx aufgetragen.

Das Säulendiagramm zeigt anschaulich die Verteilung der Verschiebungen der CMD. Für Berechnungen ist es jedoch zweckmäßig, das Säulendiagramm durch eine stetige Funktion zu approximieren, die möglichst genau den Meßergebnissen entsprechen sollte.

Auf Grund der Form des in Abb. 3.16a gezeigten Säulendiagrammes kann man voraussetzen, daß man letzteres hinreichend genau durch das Normalverteilungsgesetz approximieren kann.

---

[1]) Hier werden die Verschiebungen der CMD gegenüber der idealen Lage gemessen, aber nicht die Flankenverzerrungen, die gemäß (3.2) durch den gesamten Schwankungsbereich bestimmt werden.

Bekanntlich bestimmt sich die Wahrscheinlichkeitsdichte des Normalverteilungsgesetzes durch die Beziehung

$$\varphi(x) = \frac{1}{\sigma\sqrt{2\pi}}\, e^{-\frac{(x-a)^2}{2\sigma^2}}\,. \tag{3.78}$$

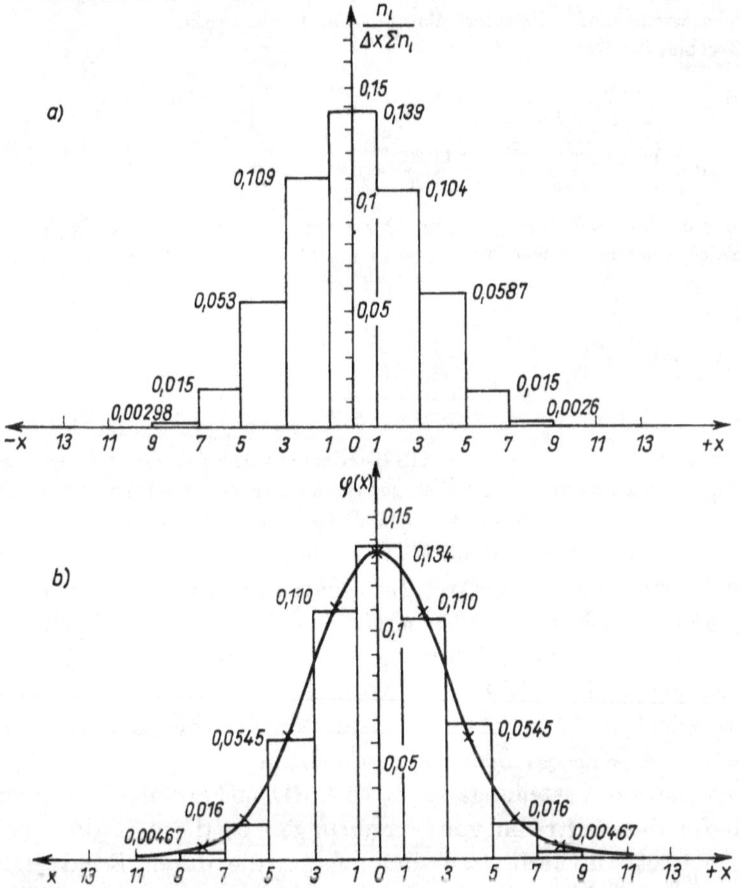

Abb. 3.16. Verteilung der Flankenverzerrungen. a) Säulendigramm; b) Vergleich des Säulendiagramms mit der berechneten Normalverteilung

Dabei ist x eine statistische Größe, hier die Verschiebung der CMD, a der arithmetische Mittelwert der statistischen Größe; σ die mittlere quadratische Abweichung der Größe x vom Mittelwert a.

Das Normalverteilungsgesetz wird vollständig durch die Parameter a und σ charakterisiert. Wir wollen diese Parameter aus den in Tab. 3.2 angeführten Meßergebnissen bestimmen.

Der Mittelwert der statistischen Größe ergibt sich aus dem Ausdruck

$$a = \frac{\sum x_i n_i}{\sum n_i}\,. \tag{3.79}$$

Die mittlere quadratische Abweichung ergibt sich zu

$$\sigma = \sqrt{\frac{\sum n_i (x_i - a)^2}{\sum n_i}}. \tag{3.80}$$

In den angeführten Ausdrücken bedeutet x_i einen der Verschiebungswerte der CMD. Gewöhnlich werden dafür die Intervallmitten von Δx eingesetzt.

Als Ergebnis der Rechnung finden wir:

$$a = \frac{\sum x_i n_i}{\sum n_i} = \frac{16}{1330} = 0{,}0121 \approx 0\%,$$

$$\sigma = \sqrt{\frac{\sum n_i (x_i - a)^2}{\sum n_i}} = \sqrt{\frac{11086}{1330}} \approx 2{,}9\%.$$

Aus den erhaltenen Parametern a und σ konstruieren wir die Kurve für die Wahrscheinlichkeitsdichte der normierten Normalverteilung (Abb. 3.16b), die sich aus dem Ausdruck

$$\varphi(z) = \frac{1}{\sqrt{2\pi}} e^{-\frac{z^2}{2}} \tag{3.81}$$

berechnet, wobei

$$z = \frac{x - a}{\sigma} \tag{3.82}$$

ist.

Aus der Abbildung ist ersichtlich, daß die Übereinstimmung zwischen der theoretischen und der gemessenen Verteilung ziemlich gut ist. Man kann deshalb annehmen, daß für den betrachteten Fall die Verschiebungen der CMD dem Normalverteilungsgesetz gehorchen.

Die zahlreichen Messungen, die auf drahtgebundenen Nachrichtenkanälen bei der Übertragung von binären Informationen mit niedrigen Geschwindigkeiten (50 und 75 Baud) mit Verzerrungsanalysatoren durchgeführt worden sind, bestätigen ebenfalls, daß in der Mehrzahl der Fälle die Verteilung der Verschiebungen der CMD dem Normalverteilungsgesetz gehorcht. Das schließt jedoch die Möglichkeit anderer Verteilungen der Verschiebungen der CMD unter anderen Bedingungen nicht aus.

Kennt man das Verteilungsgesetz der CMD, so kann man die Wahrscheinlichkeit für das Auftreten von Verzerrungen bestimmen, die eine vorhergegebene Größe überschreiten und folglich die durch Randverzerrungen hervorgerufene Fehlerwahrscheinlichkeit bestimmen.

Bekanntlich ist die Fläche der Funktion für die Wahrscheinlichkeitsdichte gleich eins, d. h.

$$\int_{-\infty}^{+\infty} \varphi(x)\,\mathrm{d}x = 1. \tag{3.83}$$

Die Wahrscheinlichkeit dafür, daß eine zufällige Größe x einen vorgegebenen Wert δ überschreitet (ohne Berücksichtigung des Vorzeichens), ist

$$P(|x| > \delta) = \int_{-\infty}^{-\delta} \varphi(x)\,\mathrm{d}x + \int_{\delta}^{\infty} \varphi(x)\,\mathrm{d}x = 1 - \int_{-\delta}^{\delta} \varphi(x)\,\mathrm{d}x. \tag{3.84}$$

Für das Normalverteilungsgesetz kann man diesen Ausdruck in die bekannte Form bringen:

$$P(|x| > \delta) = \int_{-\infty}^{-\delta} \varphi(x)\,dx + \int_{\delta}^{\infty} \varphi(x)\,dx$$
$$= \int_{-\infty}^{-\delta} \varphi(x)\,dx + \left[1 - \int_{-\infty}^{+\delta} \varphi(x)\,dx\right].$$

Durch Übergang zur normierten Form des Normalverteilungsgesetzes erhalten wir

$$P(|x| > \delta) = \frac{1}{\sqrt{2\pi}} \int_{-\infty}^{-t} e^{-\frac{t^2}{2}}\,dt + \left[1 - \frac{1}{\sqrt{2\pi}} \int_{-\infty}^{t_1} e^{-\frac{t_1^2}{2}}\,dt_1\right]$$
$$= \Phi(t) + [1 - \Phi(t_1)]. \tag{3.85}$$

Darin ist $\Phi(t)$ das Wahrscheinlichkeitsintegral, das Tabellen entnommen werden kann:

$$\Phi(t) = \frac{1}{\sqrt{2\pi}} \int_{-\infty}^{-t} e^{-\frac{t^2}{2}}\,dt, \tag{3.86}$$

$\Phi(t_1)$ dieselbe Funktion vom Argument t_1:

$$\Phi(t_1) = \frac{1}{\sqrt{2\pi}} \int_{-\infty}^{t_1} e^{-\frac{t_1^2}{2}}\,dt_1; \tag{3.87}$$

$$t = \frac{\delta - a}{\sigma}; \quad t_1 = \frac{\delta + a}{\sigma}. \tag{3.88}$$

Beispiel: Es ist bekannt, daß die CMD der Normalverteilung genügen. Ihre Parameter sind: $a = 2\%$, $\sigma = 3\%$. Die Wahrscheinlichkeit für das Auftreten von Verzerrungen $\delta \geqq 10\%$ ist zu bestimmen:

$$t = \frac{10 - 2}{3} = 2{,}67, \quad t_1 = \frac{10 + 2}{3} = 4{,}0,$$
$$\Phi(t) = 0{,}0038, \quad 1 - \Phi(t_1) = 0{,}00003.$$

Die gesuchte Wahrscheinlichkeit ist $P(|x| > \delta) = 0{,}00383$.

Gehorchen die Verschiebungen der CMD dem Normalverteilungsgesetz, so ist es für die Berechnung der Wahrscheinlichkeit $P(|x| < \delta)$ zweckmäßig, eine Näherungsmethode zu benutzen. Betrachtet man den Ausdruck (3.85), so sieht man, daß für $a = 0$ gilt: $\Phi(t) = 1 - \Phi(t_1)$. Damit wird $P(|x| > \delta) = 2\,\Phi(t)$. Bei $a \neq 0$ gilt $\Phi(t) \neq 1 - \Phi(t_1)$. Der Unterschied wird um so größer sein, je größer der Wert a ist. Für $\delta > |a|$ wird jedoch

$$2\Phi(t) = 2\Phi\left(\frac{\delta - |a|}{\sigma}\right) > \Phi(t) + [1 - \Phi(t_1)]; \tag{3.89}$$

deshalb kann der Wert $P'(|x| > \delta) = 2\,\Phi\left(\frac{\delta - |a|}{\sigma}\right)$ zur Bewertung der Wahrscheinlichkeit $P(|x| > \delta)$ dienen.

Die Einführung einer solchen Bewertung vereinfacht die mathematischen Darlegungen bedeutend. Nimmt man an, daß

$$P'(|x| > \delta) = 2\Phi(t) \tag{3.90}$$

ist, so kann man aus der Funktion $\Phi(t)$ tatsächlich leicht die Parameter t (Tab. 3.3), die den verschiedenen Wahrscheinlichkeiten $P'(|x| > \delta)$ entsprechen, bestimmen.

Wegen $t = \dfrac{\delta - |a|}{\sigma}$ ist

$$\delta = |a| + t\sigma. \tag{3.91}$$

Betrachten wir ein Beispiel.

Die Verteilung der CMD folgt dem Normalgesetz, und ihre Parameter sind $a = 3\%$ und $\sigma = 4\%$. Es sind die Verzerrungen zu bestimmen, die mit einer Wahrscheinlichkeit von 10^{-3} und 10^{-5} auftreten. Für $P'(|x| > \delta) = 10^{-3}$ ist $t = 3{,}29$ und $\delta = 3 + 3{,}29 \cdot 4 = 14{,}9 \approx 15\%$. Für $P'(|x| > \delta) = 10^{-5}$ ist $t = 4{,}41$ und $\delta = 3 + 4{,}41 \cdot 4 = 20{,}6 \approx 21\%$.

Die oben angeführten Methoden gestatten es, die Wahrscheinlichkeiten abzuschätzen, mit der Elementarimpulse durch eine Verschiebung der CMD falsch ausgewertet werden (Fehler). Bei der am weitesten verbreiteten Methode der Abtastung in der Impulsmitte erfolgt eine falsche Registrierung dann, wenn die Verschiebung der CMD die Größe des effektiven Empfangsspielraumes μ überschreitet.

Als Bewertung für die falsche Registrierung eines Elementarimpulses kann die Größe h_F dienen:

$$h_F = 1 - \int_{-\mu}^{\mu} \varphi(x)\,\mathrm{d}x. \tag{3.92}$$

Beispiel: Es ist bekannt, daß die Verteilung der CMD dem Normalgesetz folgt. Die Parameter sind gleich $a = 5\%$ und $\sigma = 7\%$. Es soll die Fehlerwahrscheinlichkeit bestimmt werden, wenn der effektive Spielraum des Empfängers $\mu = 35\%$ beträgt. Gemäß Gl. (3.92) ist

$$h_F = 1 - \int_{-\mu}^{\mu} \varphi(x)\,\mathrm{d}x \leqq \frac{2}{\sqrt{2\pi}} \int_{-\infty}^{-t} \mathrm{e}^{-\frac{t^2}{2}}\,\mathrm{d}t = 2\Phi(t) \tag{3.93}$$

mit

$$t = \frac{\mu - |a|}{\sigma} = \frac{35 - 5}{7} \approx 4{,}3.$$

Aus Tab. 3.3 finden wir: $10^{-4} > h_F > 10^{-5}$. Einen genaueren Wert kann man aus Tabellen für Wahrscheinlichkeitsintegrale entnehmen: $h_F = 0{,}000017$.

Tabelle 3.3

$P'(\lvert x\rvert > \delta)$	10^{-1}	10^{-2}	10^{-3}	10^{-4}	10^{-5}	10^{-6}	10^{-7}	10^{-8}	10^{-9}
t	1,64	2,58	3,29	3,89	4,41	4,89	5,32	5,73	6,109

3.11. Wahrscheinlichkeitsbewertung der Impulseinbrüche

Für die Bewertung des Einflusses der Impulseinbrüche auf die richtige Registrierung der Elementarimpulse muß man das Verteilungsgesetz der Einbrüche kennen. Die Verteilungsfunktion der Impulseinbrüche kann aus den Resultaten statistischer Beobachtungen mit Hilfe von digitalen Registriereinrichtungen bestimmt werden. Mit Hilfe dieser Einrichtungen können die Zahl der Einbrüche und die Dauer eines jeden Einbruches gemessen werden. Die gewonnenen Resultate werden wie bei den Randverzerrungen mit den Methoden der mathematischen Statistik verarbeitet (siehe Abschn. 3.10).

Zahlreiche Messungen, die auf drahtgebundenen Nachrichtenkanälen bei der Übertragung von binären Informationen bei niedrigen Geschwindigkeiten (50 und 75 Baud) mit Hilfe von digitalen Registriereinrichtungen durchgeführt wurden, haben gezeigt, daß für die meisten Kanäle die Verteilungskurven für die Dauer der Einbrüche annähernd logarithmisch der Normalverteilung gehorchen. Der Normalverteilung unterliegt also nicht die Einbruchsdauer x, sondern ihr Logarithmus $\ln x$.

Die logarithmische Normalverteilung ergibt sich aus dem Ausdruck

$$\varphi(x) = \frac{1}{x\sigma\sqrt{2\pi}}\, e^{-\frac{(\ln x - m)^2}{2\sigma^2}} \quad (0 < x < \infty). \tag{3.94}$$

Dabei ist x eine positive statistische Größe (Dauer der Einbrüche), m der Mittelwert der Größe $\ln x$, σ die mittlere quadratische Abweichung der Größe $\ln x$ vom Mittelwert m.

Da man nun das Verteilungsgesetz der Einbruchsdauer kennt, so kann man zur Bestimmung der Wahrscheinlichkeit für die falsche Registrierung der Elementarimpulse übergehen.

Wir bezeichnen die minimal notwendige Zeit für die Abtastung in der Empfangseinrichtung mit a. Bekanntlich liegt in einem richtig arbeitenden Empfänger die Abtastzone im mittleren Teil des Elementarimpulses. Zur Erhöhung des Spielraumes des Empfängers bei Verzerrungen des Elementarimpulses wählt man die Abtastzeit nach Möglichkeit klein.

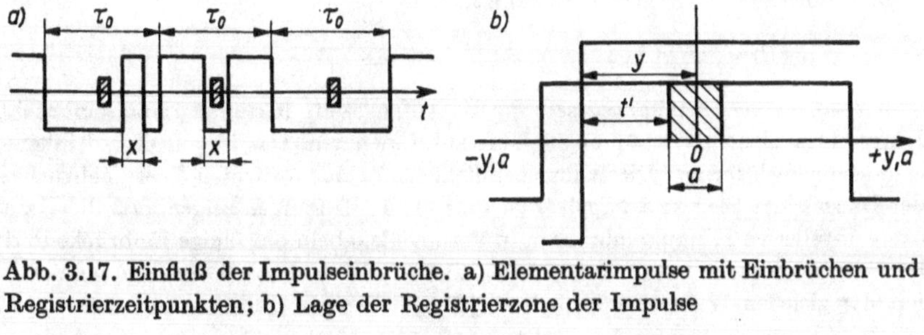

Abb. 3.17. Einfluß der Impulseinbrüche. a) Elementarimpulse mit Einbrüchen und Registrierzeitpunkten; b) Lage der Registrierzone der Impulse

Betrachten wir Abb. 3.17a. In ihr sind einige Elementarimpulse mit Kennzeichnung der Abtastzone dargestellt. Wie aus der Zeichnung zu ersehen ist, sind im ersten und zweiten Elementarimpuls Einbrüche vorhanden. Es wird jedoch nur der zweite Impuls falsch registriert, da während des Empfanges der Einbruch zeitlich mit dem Abtastmoment zusammenfällt. Folglich muß man zur Bewertung der Wahrscheinlichkeit einer falschen Abtastung außer der Verteilung der Dauer $\varphi(x)$ auch die Verteilung der Anfangszeitpunkte der Impulseinbrüche $\varphi(y)$ kennen.

Für den allgemeinsten Fall kann dann die Wahrscheinlichkeit für die falsche Registrierung eines Impulses wie folgt dargestellt werden:

$$P(A) = \iint_S \varphi(x)\,\varphi(y)\,\mathrm{d}x\,\mathrm{d}y, \tag{3.95}$$

wobei S der Integrationsbereich ist.

Da a die minimale Abtastzeit ist, führt jeder Einbruch $x > 0$, der in die Abtastzone fällt, zu einer falschen Registrierung des Impulses. Die Dauer der Einbrüche kann die Werte 0 bis ∞ annehmen. Deshalb wird

$$\int_0^\infty \varphi(x)\,\mathrm{d}x = 1\,. \tag{3.96}$$

Überschreitet die Einbruchsdauer x die Länge eines Elementarimpulses τ_0, so wird offensichtlich der Impuls mit der Wahrscheinlichkeit 1 falsch registriert. Bei $x_0 < \tau_0$ wird der Elementarimpuls mit einer gewissen Wahrscheinlichkeit $P(B)$ falsch registriert. Deshalb gilt:

$$P(A) = \begin{cases} 1 & \text{für } x > \tau_0 \\ P(B) & \text{für } x < \tau_0\,. \end{cases} \tag{3.97}$$

Die Wahrscheinlichkeit dafür, daß $x < \tau_0$ ist, wird

$$P(x < \tau_0) = \int_0^{\tau_0} \varphi(x)\,\mathrm{d}x\,. \tag{3.98}$$

Die Wahrscheinlichkeit dafür, daß $x > \tau_0$ ist, wird

$$P(x > \tau_0) = \int_{\tau_0}^\infty \varphi(x)\,\mathrm{d}x = 1 - \int_0^{\tau_0} \varphi(x)\,\mathrm{d}x\,. \tag{3.99}$$

Mit Hilfe des verallgemeinerten Wahrscheinlichkeitstheorems finden wir

$$P(A) = P(B)\,P(x < \tau_0) + P(x > \tau_0)\,. \tag{3.100}$$

Bestimmen wir $P(B)$. In Gl. (3.95) ist

$$P(B) = \int \varphi(y)\,\mathrm{d}y\,. \tag{3.101}$$

Wir wollen das Verteilungsgesetz für die Anfangszeitpunkte der Impulseinbrüche über die Länge eines Elementarimpulses als konstant annehmen. Das ist auf Grund folgender Überlegungen gerechtfertigt: Die Wahrscheinlichkeit für das Auftreten eines Einbruches während der Dauer eines Elementarimpulses ist sehr klein (Messungen zeigen, daß die Häufigkeit für das Auftreten von Impulseinbrüchen in Fernmeldekabeln nur einige Einbrüche in der Stunde beträgt), so daß man mit großer Sicherheit annehmen kann, daß der Beginn eines Einbruches mit der gleichen Wahrscheinlichkeit in jeden beliebigen Teil des Elementarimpulses fallen kann. Wir bezeichnen diese Wahrscheinlichkeit mit

$$\alpha = \frac{n}{T} \tau_0 , \tag{3.102}$$

wobei n die Gesamtzahl der Impulseinbrüche während der Zeit T bedeutet.

Berücksichtigt man die obigen Überlegungen, so kann man den Ausdruck (3.101) in der Form darstellen:

$$P(B) = \alpha \int \mathrm{d}y . \tag{3.103}$$

Die Integration über y hat nur Sinn, wenn die notwendige und hinreichende Bedingung erfüllt ist, daß das Ereignis A, d. h. die falsche Registrierung eines Elementarimpulses, auftritt. Zur Bestimmung der Integrationsgrenzen betrachten wir Abb. 3.17b. Wenn der Beginn eines Einbruches im positiven Gebiet y liegt, ist die Bedingung für die falsche Registrierung $y < a/2$. Das ist auch die obere Integrationsgrenze. Liegt der Anfang des Einbruches im negativen Gebiet, so ist es notwendig, daß die Dauer des Einbruches größer als t' ist. Für t' gilt $t' = -y - \frac{a}{2}$. Folglich wird die Bedingung $x > t'$ bei $y > -\left(x + \frac{a}{2}\right)$ erfüllt. Das ist die untere Integrationsgrenze.

Der Ausdruck (3.103) nimmt nach der Integration die Form an:

$$P(B) = \alpha \int\limits_{-\left(x+\frac{a}{2}\right)}^{\frac{a}{2}} \mathrm{d}y = \alpha (x + a). \tag{3.104}$$

Mit Hilfe der Gleichungen (3.95), (3.100) und (3.104) kann man jetzt schreiben:

$$P(A) = \alpha \int\limits_0^{\tau_0} (x + a)\, \varphi(x)\, \mathrm{d}x + \int\limits_{\tau_0}^{\infty} \varphi(x)\, \mathrm{d}x . \tag{3.105}$$

Wir wollen noch darauf hinweisen, daß bei $x < \tau_0$ nur die falsche Registrierung e i n e s Impulses möglich ist, jedoch bei $x > \tau_0$ m e h r e r e hintereinanderfolgende Elementarimpulse registriert werden können.

In Abb. 3.18 ist die Abhängigkeit der Wahrscheinlichkeit einer falschen Abtastung eines Elementarimpulses als Funktion der Parameter des Verteilungsgesetzes der Einbruchdauer m und σ gezeigt. Die Abhängigkeit wurde für eine Übertragungseinrichtung mit $\tau_0 = 20$ ms und $a = 4$ ms berechnet. Dabei wird vorausgesetzt, daß die Häufigkeit der Impulseinbrüche einen Einbruch in der Stunde beträgt.

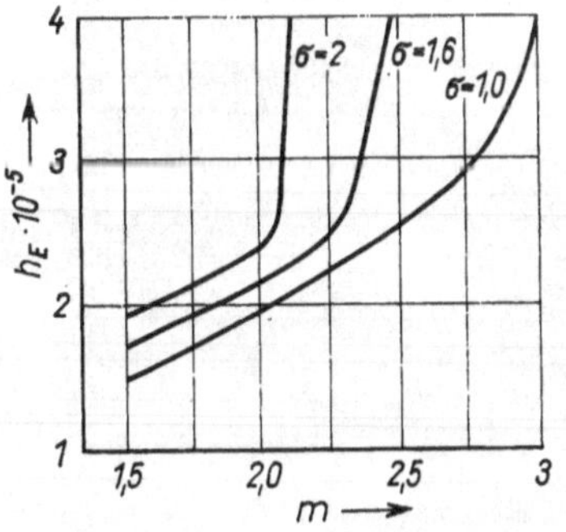

Abb. 3.18. Abhängigkeit der Fehlerwahrscheinlichkeit von den Parametern der Verteilung der Einbrüche

Aus den Abbildungen ist zu ersehen, daß die Wahrscheinlichkeit für die falsche Abtastung schnell mit der Vergrößerung des Mittelwertes der Einbruchdauer und der mittleren quadratischen Abweichung σ anwächst.

Eine der Hauptursachen für das Auftreten von Impulseinbrüchen sind betriebstechnische Arbeiten in den Fernmeldeämtern (Arbeiten an Leitungen und stationären Einrichtungen). Deshalb ist die typische Abhängigkeit der Zahl der Impulseinbrüche von der Tageszeit interessant (Abb. 3.19). Die Gesamtzahl der Einbrüche im Verlaufe von 24 Stunden wurde mit 100 % angenommen. Folgender Umstand verdient dabei Aufmerksamkeit: Während der Tageszeit sind die Einbrüche wesentlich häufiger als nachts. Zwischen 8 und 9 Uhr morgens, wenn die Ablösung des Wartungspersonales erfolgt, wächst die Zahl der Impulseinbrüche stark an.

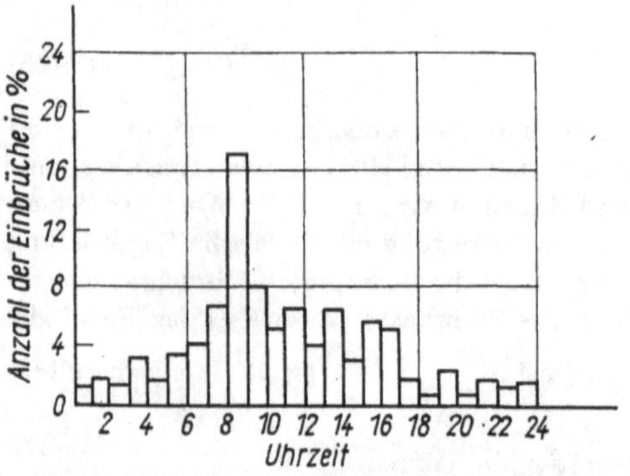

Abb. 3.19. Beispiel für die Verteilung der Einbrüche auf drahtgebundenen Nachrichtenkanälen im Verlauf von 24 Stunden

Diese Gesetzmäßigkeit führt zu dem Schluß, daß das Wartungssystem verbessert werden muß, damit die Zahl der falsch empfangenen Elementarimpulse verringert wird.

KAPITEL 4

Übertragungsverfahren und Fehlerwahrscheinlichkeit im Binärkanal

4.1. Allgemeines zu Übertragungsfehlern

Am Ausgang eines Binärkanales, der gewöhnlich mit einer Impulsregeneriereinrichtung abgeschlossen ist, haben die Impulse die richtige Länge, Form und Amplitude. Es ist deshalb nicht möglich, Angaben über den Einfluß von Störungen zu machen, wenn man nur die empfangenen Impulse betrachtet. Beim Vergleich der empfangenen Kodekombinationen mit den gesendeten (Abb. 4.1) kann jedoch eine Abweichung zwischen beiden fest-

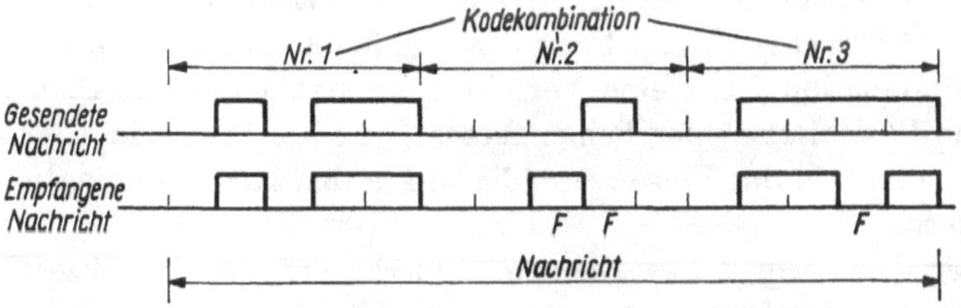

Abb. 4.1. Vergleich des empfangenen mit dem gesendeten Signal

gestellt werden. Jeden falsch empfangenen Impuls bezeichnet man als *Elementefehler* oder einfach als Fehler. Bei der in Abb. 4.1 angegebenen Nachricht sind im dritten und vierten Impuls der Kodekombination Nr. 2 und im vierten Impuls der Kodekombination Nr. 3 Fehler entstanden.

Das in dieser Abbildung gezeigte Bild kann vereinbarungsgemäß in folgender Form beschrieben werden:

Nachricht	Kodekombinationen		
	Nr. 1	Nr. 2	Nr. 3
gesendete	01011	00010	01111
empfangene	01011	00**10**0	01**1**0**1**

Die Fehler sind hier durch die fettgedruckten Ziffern hervorgehoben.

Die Fehler können eingeteilt werden nach einer Verfälschung von null in eins und einer Verfälschung von eins in null. Der Fehler in der Kodekombination Nr. 3 ist z. B. eine Verfälschung von eins in null. Wenn die Fehlerwahrscheinlichkeiten beider Kategorien gleich sind, bezeichnet man den Binärkanal als *symmetrisch*, im anderen Fall als *unsymmetrisch*. Reale Kanäle sind mehr oder weniger unsymmetrisch.

Ein wichtiger Parameter des Binärkanals ist die *Vielfachheit der Fehler*, d. h. die Anzahl der aufeinanderfolgenden Fehler. So treten in der Kodekombination Nr. 2 nacheinander zwei Fehler auf. Die Vielfachheit ist also gleich zwei. In der Kodekombination Nr. 3 ist ein *Einzelfehler* vorhanden. Die Praxis zeigt, daß in drahtgebundenen Leitungen die Fehler hauptsächlich in Gruppen, in sogenannten *Fehlerpaketen* angeordnet sind. Innerhalb dieser Fehlerpakete können auch richtig empfangene Impulse auftreten. Die Vielfachheit der Fehler innerhalb der Pakete kann groß sein. Eine genauere Definition des Begriffes „Fehlerpaket“ wird in dem folgenden Kapitel gegeben.

Vom Grad der Symmetrie des Kanals und der Verteilung der Vielfachheit der Fehler hängt die Wahrscheinlichkeit der *Verschiebungsfehler* ab, d. h. der zweifachen Fehler, bei denen einer eine Verfälschung von eins in null und der andere eine Verfälschung von null in eins ist. In Abb. 4.1 hat in der Kodekombination Nr. 2 eine Verschiebung stattgefunden. Eine charakteristische Besonderheit der Fehler dieses Typs besteht darin, daß sie in der Regel die Anzahl der Einsen oder Nullen in den Kodekombinationen nicht verändern.

Außer dem Begriff des Elementefehlers wird oft der Begriff der *verfälschten Kodekombination* benutzt. Eine Kodekombination gilt als falsch empfangen, wenn in ihr wenigstens ein Elementefehler enthalten ist. In Abb. 4.1 ist die Kodekombination Nr. 1 richtig, und die Kodekombinationen Nr. 2 und Nr. 3 sind fehlerhaft empfangen worden. Der Fehler in der Kodekombination Nr. 2 ist infolge zweier Elementefehler und der Fehler in der Kombination Nr. 3 infolge eines Elementefehlers entstanden. Insgesamt ist die in Abb. 4.1 gezeigte Nachricht fehlerhaft empfangen worden.

Die Wahrscheinlichkeit (genauer die Häufigkeit) der Fehler kann mit Spezialgeräten gemessen werden. Das Blockschaltbild einer typischen *Einrichtung für die Messung der Fehlerwahrscheinlichkeit* ist in Abb. 4.2 gezeigt. Der Testsignalgeber erzeugt eine bestimmte Nachricht (z. B. 1 : 5, 5 : 1, Mäander, Text) und sendet sie in den Binärkanal. Auf der Empfängerseite befindet sich der gleiche Signalgeber, der synchron zu den empfangenen Impulsen arbeitet. Die Synchronisierung der Impulse wird durch eine spezielle Schaltung gewährleistet. Die Synchronisierung der Zyklen (der Nachrichten) wird entweder durch eine Spezialschaltung vom Sender (z. B. mit Hilfe von Startimpulsen) oder von Hand zu Beginn der Messung hergestellt.

Die empfangenen Impulse werden mit den im Sender erzeugten Impulsen verglichen. Wenn die Binärelemente nicht übereinstimmen, arbeitet der Fehlerzähler. Mit diesem Zähler können sowohl die Gesamtzahl der Fehler ermittelt werden, als auch verschiedene andere Angaben gewonnen werden, z. B. können die Verfälschungen von null in eins, die zweifachen und dreifachen Fehler, die Anzahl der verfälschten Kodekombinationen usw. getrennt gezählt werden.

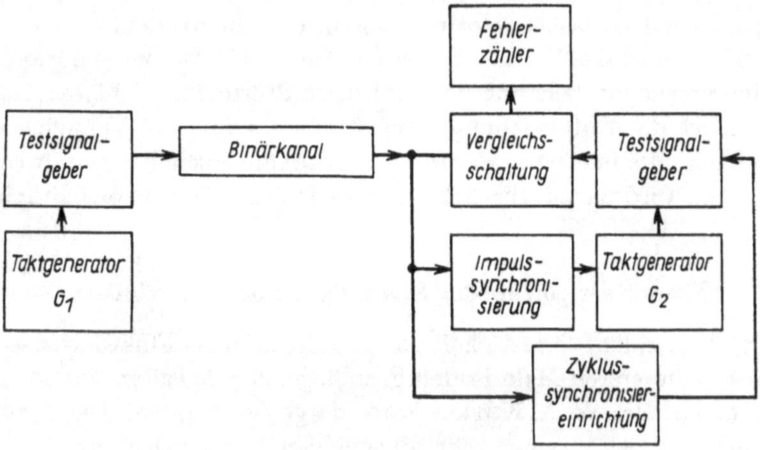

Abb. 4.2. Blockschaltung einer Meßeinrichtung für die Fehlerhäufigkeit

Wenn man die Meßergebnisse der Fehlerhäufigkeit mit Hilfe statistischer Methoden verarbeitet, kann man verschiedene Wahrscheinlichkeitsparameter und Gesetzmäßigkeiten über die Fehlerverteilung erhalten. Als Beispiel ist in Abb. 4.3 eine typische Fehlerverteilung während der 24 Stunden eines Tages für eine drahtgebundene Leitung gezeigt. Für sie ist ebenso wie für die Verteilung der Impulseinbrüche, die im vorigen Kapitel behandelt wurde, die kleine Fehlerhäufigkeit während der Nachtzeit und die große Fehlerhäufigkeit während der Tageszeit charakteristisch.

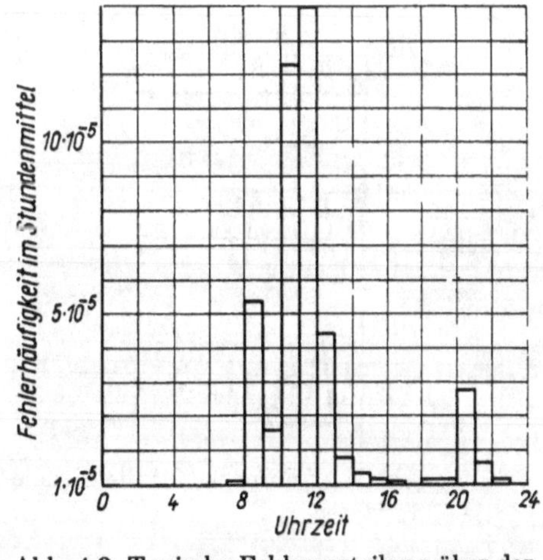

Abb. 4.3. Typische Fehlerverteilung über der Tageszeit für eine drahtgebundene Übertragung

Die Fehlerwahrscheinlichkeit im Binärkanal hängt von verschiedenen Parametern ab. Die wesentlichsten Faktoren sind das gewählte Modulationsverfahren, die Intensität der Störungen in der Leitung und die verwendete Empfängerschaltung. Die Praxis zeigt, daß *in drahtgebundenen Kanälen kurzzeitige Leitungsunterbrechungen und impulsförmige Störungen die hauptsächlichen Störungsursachen sind;* außerdem beeinflussen bei großen Übertragungsgeschwindkeiten Phasenverzerrungen die Fehlerzahl. Der Einfluß dieser Ursachen bei verschiedenen Modulationsverfahren und Empfängerschaltungen ist jedoch bisher relativ wenig untersucht worden.

Am besten ist das Verhalten von Kanälen bei Einwirkung normaler Fluktuationsstörungen bekannt. Obwohl diese Störungen nicht die Hauptrolle spielen, ist die Untersuchung ihres Einflusses für den Vergleich der verschiedenen Modulationsverfahren und Empfängerschaltungen zweckmäßig. Außerdem wird daraus die Arbeitsweise des Empfängers ersichtlich.

4.2. Theorie der potentiellen Störfestigkeit nach Kotelnikow

Die Theorie der Störfestigkeit von Empfängern bei Fluktuationsstörungen ist 1947 zum ersten Male in den grundlegenden Arbeiten des sowjetischen Wissenschaftlers W. A. Kotelnikow dargelegt worden. Das Problem der Störfestigkeit ist in einer sehr allgemeinen Form gelöst worden; deshalb können die Ergebnisse für viele Zwecke verwendet werden.

Es seien (am Eingang des Empfängers) zwei Elementarsignale $A(t)$ und $B(t)$ gegeben, die einen Binärkode bilden (Abb. 4.4). Unterliegt das Signal einer normalen Fluktuationsstörung, dann gelangt auf den Eingang des

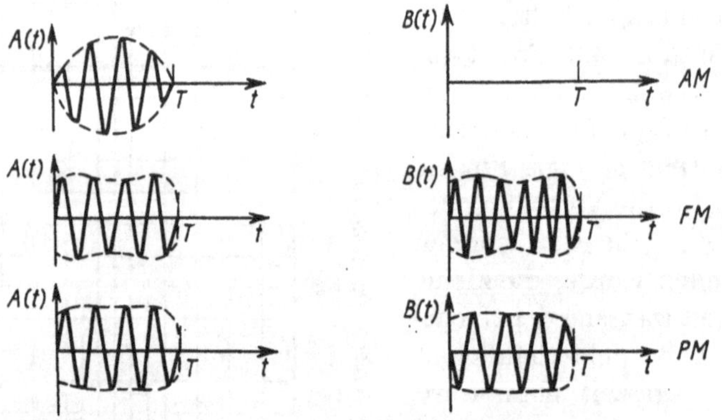

Abb. 4.4. Beispiele für die Signale $A(t)$ und $B(t)$ bei verschiedenen Modulationsverfahren

Empfängers ein Gemisch von Signal und Störung, das wir mit $X(t)$ bezeichnen.

W. A. KOTELNIKOW hat, ausgehend von den allgemeinen Gesetzmäßigkeiten der Wahrscheinlichkeitstheorie, bewiesen, daß es eine Empfangseinrichtung gibt, die die kleinste Fehlerwahrscheinlichkeit für den Empfang der Signale besitzt. Ein solcher Empfänger wird als *ideal* bezeichnet. Er hat auch bewiesen, daß dieser Empfänger folgende Eigenschaften haben muß: Wenn die Bedingung

$$\int_0^T [X(t) - A(t)]^2 \mathrm{d}t < \int_0^T [X(t) - B(t)]^2 \mathrm{d}t \tag{4.1}$$

erfüllt ist, wird an den Ausgang das Signal A gegeben, anderenfalls das Signal B. Das Integrationsintervall T muß die gesamte Dauer der Signale A (t) und B (t) umfassen. Aus der Ungleichung (4.1) ist ersichtlich, daß die Form der Signale A (t) und B (t) auf der Empfängerseite genau bekannt sein muß (d. h. der Empfänger muß kohärent sein) und daß der Empfänger eine Mittelung von Signal und Störung während der gesamten Dauer des Signals durchführen muß.

Es ist bewiesen worden, daß dann, wenn die Signale A und B mit der gleichen Wahrscheinlichkeit (der sogenannten a-priori-Wahrscheinlichkeit)

$$P_A = P_B = 0{,}5 \tag{4.2}$$

auftreten, die Fehlerwahrscheinlichkeit für den idealen Empfänger, d. h. die fehlerhafte Regeneration eines Signales (Regeneration in B anstatt A und umgekehrt)

$$p = \frac{1}{\sqrt{2\pi}} \int_{-\infty}^{-\alpha} \mathrm{e}^{-\frac{z^2}{2}} \mathrm{d}z = \frac{1}{2} - \frac{1}{2} \Phi\left(\frac{\alpha}{\sqrt{2}}\right) \tag{4.3}$$

ist. Dabei ist Φ (x) das Gaußsche Wahrscheinlichkeitsintegral, das aus Tabellen entnommen werden kann und durch den Ausdruck

$$\Phi(x) = \frac{2}{\sqrt{\pi}} \int_0^x \mathrm{e}^{-z^2} \mathrm{d}z \tag{4.4}$$

bestimmt wird[1]); α ist eine verallgemeinerte Funktion, die durch das Signal-

---

[1]) Es ist zu beachten, daß in der Literatur noch zwei andere Definitionen des Wahrscheinlichkeitsintegrals anzutreffen sind, die sich zahlenmäßig von dem obengenannten unterscheiden:

$$\Phi(x) = \frac{2}{\sqrt{2\pi}} \int_0^x \mathrm{e}^{-\frac{z^2}{2}} \mathrm{d}z$$

und

$$\Phi(x) = \frac{1}{\sqrt{2\pi}} \int_0^x \mathrm{e}^{-\frac{z^2}{2}} \mathrm{d}z.$$

Stör-Verhältnis und auch durch den Grad der Verschiedenheit der Signale A und B bestimmt wird. Sie kann beschrieben werden durch den Ausdruck

$$\alpha = \sqrt{\frac{1}{2\sigma^2}\int_0^T [A(t) - B(t)]^2 \mathrm{d}t}\,, \tag{4.5}$$

worin σ die Spektraldichte der Fluktuationsstörung ist:

$$\sigma = \frac{U_{\mathrm{eff.St.}}}{\sqrt{\Delta F}}\,. \tag{4.6}$$

Aus Gl. (4.3) ist ersichtlich, daß die Fehlerwahrscheinlichkeit um so kleiner wird, je größer α ist.

Die Störfestigkeit eines idealen Empfängers, die durch die Fehlerwahrscheinlichkeit nach Gl. (4.3) bestimmt wird, heißt *potentielle Störfestigkeit.* Die Störfestigkeit von realen Empfängern kann nicht höher als die potentielle sein, sie kann sich ihr nur nähern.

Die Kenntnis der potentiellen Störfestigkeit ist für die Nachrichtentechnik äußerst nützlich. Sie gestattet es, die mögliche Erhöhung der Störfestigkeit abzuschätzen und auch die verschiedenen Verfahren der Übertragung und des Empfangs bei Fluktuationsstörungen objektiv miteinander zu vergleichen.

Wir wollen ein *optimales Modulationsverfahren* finden, das bei einer gegebenen Signalleistung die kleinste Fehlerwahrscheinlichkeit oder, mit anderen Worten, die größte potentielle Störfestigkeit hat. Wir geben uns die größte spezifische (das ist die auf einen Elementarimpuls bezogene) Signalenergie vor und bezeichnen sie mit Q^2. Folglich unterliegen die Stromschritte A und B folgenden Bedingungen:

$$\left.\begin{aligned} Q_A^2 &= \int_0^T A^2(t)\,\mathrm{d}t \leqq Q^2 \\ Q_B^2 &= \int_0^T B^2(t)\,\mathrm{d}t \leqq Q^2 \end{aligned}\right\}. \tag{4.7}$$

Aus Gl. (4.5) ist ersichtlich, daß man, um das Maximum von α zu erhalten, das Maximum des Integrals $\int_0^T [A(t) - B(t)]^2\,\mathrm{d}t$ kennen muß. Wir stellen es in folgender Form dar:

$$\int_0^T [A(t) - B(t)]^2 \mathrm{d}t$$
$$= 2\int_0^T A^2(t)\,\mathrm{d}t + 2\int_0^T B^2(t)\,\mathrm{d}t - \int_0^T [A(t) + B(t)]^2\,\mathrm{d}t\,.$$

Das Maximum erhält man beim Maximum der ersten beiden Integrale, d. h. bei

$$\int_0^T A^2(t)\,\mathrm{d}t = \int_0^T B^2(t)\,\mathrm{d}t = Q^2 \tag{4.8}$$

und beim Minimum des dritten Integrals, das nicht negativ werden kann, d. h. bei

$$\int_0^T [A(t) + B(t)]^2\,\mathrm{d}t = 0 . \tag{4.9}$$

Hieraus folgt

$$A(t) = -B(t) . \tag{4.10}$$

Diese Beziehung steht nicht im Widerspruch zu der Forderung (4.8).

Folglich *ist ein optimales System* ein Übertragungssystem von Binärsignalen, in dem die beiden Binärsignale die gleiche Amplitude, entgegengesetzte Vorzeichen und die maximal mögliche spezifische Energie haben, mit anderen Worten *ein System mit bipolaren Impulsen* bei Übertragung über einen Tiefpaß-Kanal *oder mit Phasenumtastung* von 180° bei Übertragung über einen Bandpaß-Kanal.

Für PM erhalten wir gemäß Gl. (4.5)

$$\alpha = \sqrt{\frac{2}{\sigma^2}\int_0^T A^2(t)\,\mathrm{d}t} = \frac{\sqrt{2}\,Q}{\sigma} = \sqrt{2}\,N , \tag{4.11}$$

wobei N das Verhältnis der Quadratwurzel der spezifischen Signalenergie zur Spektraldichte der Störungen ist:

$$N = \frac{Q}{\sigma} . \tag{4.12}$$

Es sei bemerkt, daß bei sinusförmigem Verlauf der Signale A und B mit der konstanten Amplitude U_{Sm} die Größe N durch folgenden Ausdruck dargestellt werden kann:

$$N = \frac{U_{\mathrm{Sm}}\sqrt{\tau_0}}{\sqrt{2}\,\sigma} = \frac{U_{\mathrm{Sm}}\sqrt{\tau_0 \Delta F}}{\sqrt{2}\,U_{\mathrm{eff.St.}}} = \frac{U_{\mathrm{eff.S.}}}{U_{\mathrm{eff.St.}}}\sqrt{\frac{\Delta F}{B}} . \tag{4.13}$$

Dabei ist τ_0 die Länge eines Elementarimpulses, B die Übertragungsgeschwindigkeit in Baud, ΔF die Durchlaßbandbreite des Empfangsfilters; $U_{\mathrm{eff.S.}}$ und $U_{\mathrm{eff.St.}}$ sind die Effektivspannungen des Signals und der Störung am Ausgang des Empfangsfilters.

Die potentielle Störfestigkeit bei PM wird gemäß Gl. (4.3) und Gl. (4.11) durch folgende Fehlerwahrscheinlichkeit bestimmt:

$$p = \frac{1}{2} - \frac{1}{2}\Phi(N). \tag{4.14}$$

Wir stellen fest, daß die potentielle Störfestigkeit gemäß Ausdruck (4.14) nur durch die spezifische Signalenergie bestimmt wird und *nicht von der Form der Signale abhängt.*

Betrachten wir nun ein System mit passiver Pause (ein System mit *Amplitudentastung*), bei dem ein Signal gleich Null ist:

$$B(t) = 0. \tag{4.15}$$

Nach Gl. (4.5) ist

$$\alpha = \sqrt{\frac{1}{2\sigma^2}\int_0^T A^2(t)\,\mathrm{d}t} = \frac{Q}{\sqrt{2}\,\sigma} = \frac{N}{\sqrt{2}}. \tag{4.16}$$

Damit ist die potentielle Störfestigkeit bei AM

$$p = \frac{1}{2} - \frac{1}{2}\Phi\left(\frac{N}{2}\right). \tag{4.17}$$

Bei demselben Wert von N ist die Fehlerwahrscheinlichkeit bei AM größer als bei PM. Die potentielle Störfestigkeit ist auch hier unabhängig von der Form des Signals und wird nur durch seine Energie bestimmt.

Wir wollen jetzt ein System betrachten, bei dem die Energie für beide Binärsignale gleich groß ist, d. h. $Q_A^2 = Q_B^2 = Q^2$. Dabei sind die Binärsignale A und B unabhängige Funktionen und unterliegen der sogenannten *Orthogonalitätsbedingung:*

$$\int_0^T A(t)\,B(t)\,\mathrm{d}t = 0. \tag{4.18}$$

Diese Bedingung ist in Systemen mit *aktiver Pause* erfüllt oder, mit anderen Worten, in Systemen mit Frequenzumtastung und Phasensprung für den Fall, daß die Arbeitsfrequenzen und der Frequenzhub wesentlich größer als die Übertragungsgeschwindigkeit sind. Aus den Ausdrücken (4.5) und (4.18) folgt:

$$\begin{aligned}\alpha &= \sqrt{\frac{1}{2\sigma^2}\int_0^T [A(t) - B(t)]^2\,\mathrm{d}t} \\ &= \sqrt{\frac{1}{2\sigma^2}\left[\int_0^T A^2(t)\,\mathrm{d}t + \int_0^T B^2(t)\,\mathrm{d}t - 2\int_0^T A(t)\,B(t)\,\mathrm{d}t\right]} \\ &= \frac{Q}{\sigma} = N.\end{aligned} \tag{4.19}$$

Hieraus ergibt sich die potentielle Störfestigkeit für Systeme mit aktiver Pause zu

$$p = \frac{1}{2} - \frac{1}{2}\,\Phi\left(\frac{N}{\sqrt{2}}\right). \tag{4.20}$$

Die nach den Gleichungen (4.14), (4.17) und (4.20) berechneten Kurven für die Abhängigkeit der Fehlerwahrscheinlichkeit von der Größe N, die das Signal-Stör-Verhältnis charakterisiert, sind in Abb. 4.5 dargestellt. Auf der Abszisse ist die Größe $\ln N$ aufgetragen, wobei N in Neper angegeben wird:

$$\ln N = \Delta p + \frac{1}{2} \ln \frac{\Delta F}{B}\,; \tag{4.21}$$

dabei ist Δp die Differenz von Signal- und Störpegel, gemessen in Neper (bezüglich der Effektivspannung). Aus Gl. (4.14) und (4.17) ist ersichtlich, daß *bei Amplitudenmodulation die Störfestigkeit im Vergleich zur PM niedriger ist: bezüglich der Signalspannung um das Zweifache (oder 0,7 Np) und bezüglich der Leistung des Senders um das Vierfache.* Die Differenz der Fehlerwahrscheinlichkeiten hängt vom Störpegel ab (Abb. 4.5). So erhält man bei $\ln N = 0{,}5\,Np$ eine Verschlechterung um eine Größenordnung und bei $\ln N - 1{,}5\,Np$ von mehr als fünf Größenordnungen.

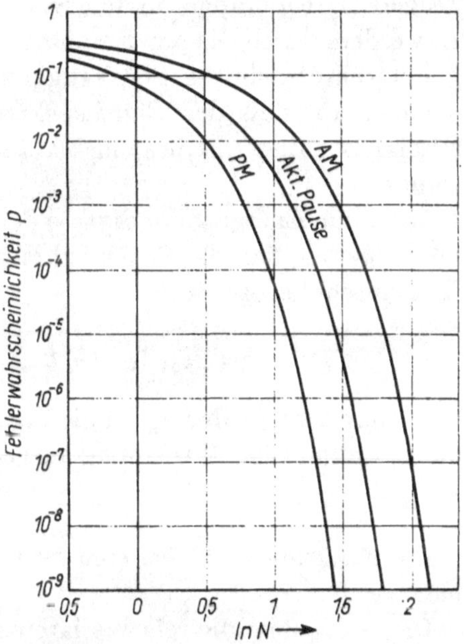

Abb. 4.5. Abhängigkeit der Fehlerwahrscheinlichkeit von $\ln N$ bei der potentiellen Störfestigkeit

Ein System mit aktiver Pause nimmt eine Zwischenstellung zwischen AM und PM ein. Bezüglich der Signalspannung erhält man im Vergleich zur AM eine Verbesserung um das 1,41fache (oder 0,35 Np) und bezüglich der Leistung des Senders um das Zweifache.

Für Frequenzmodulation (echte FM ohne Phasensprung) ist die potentielle Störfestigkeit nicht definiert.

4.3. Kohärenter und nichtkohärenter Empfang

In der Theorie der potentiellen Störfestigkeit wird vorausgesetzt, daß das empfangene Signal auf der Empfängerseite vollständig bekannt ist, d. h.

seine Amplitude, die Frequenz, die Anfangsphase des Trägers, die Signaldauer und der Zeitpunkt des Signalbeginns. Nicht bekannt ist nur, welcher der beiden Werte des modulierenden Parameters übertragen worden ist. Unter diesen Bedingungen kann der Empfänger am besten das empfangene Signal von den Störungen unterscheiden.

In der Praxis sind Fälle möglich, bei denen auf der Empfängerseite nicht alle Parameter bekannt sind. Die unbekannten Parameter können vom Empfänger nicht für die Trennung des Signals von den Störungen verwendet werden, deshalb verringert sich seine Störfestigkeit. Für die Praxis am interessantesten ist der Fall eines *nichtkohärenten Empfangs* (oder einhüllenden Empfangs), d. h. der Empfang bei unbekannter Anfangsphase des Trägers. Dabei braucht in dem System keine kohärente Schwingung erzeugt zu werden, durch die der Empfänger wesentlich komplizierter würde.

Betrachten wir die Störfestigkeit bei nichtkohärentem Empfang. Wir nehmen an, daß das Signalspektrum im Vergleich zur Trägerfrequenz schmal ist (diese Bedingung ist bei der Datenübertragung nicht immer erfüllt).

Wenn die Energien der Signale A und B gleich sind ($Q_A^2 = Q_B^2 = Q^2$), kann man ableiten, daß die Fehlerwahrscheinlichkeit bei nichtkohärentem Empfang durch den Ausdruck

$$p = \frac{1}{2} e^{-\frac{N^2}{2}} \left[I_0\left(\frac{N^2\lambda}{2}\right) + 2 \sum_{n=1}^{\infty} \frac{1-\sqrt{1-\lambda^2}}{\lambda} I_n\left(\frac{N^2\lambda}{2}\right)\right] \tag{4.22}$$

bestimmt wird, wobei $I_n(x)$ die modifizierte Besselfunktion[1]) ist, die durch die Besselfunktion 1. Ordnung ausgedrückt werden kann:

$$I_n(x) = (-\mathrm{j})^n J_n(\mathrm{j}x)\,. \tag{4.23}$$

Die Funktion $I_n(x)$ ist eine reelle Funktion und kann Tabellen entnommen werden.

Die Größe λ ist die relative Kreuzkorrelation der Signale A und B:

$$\lambda = \frac{1}{Q^2} \int_0^T A(t)\, B(t)\, \mathrm{d}t\,. \tag{4.24}$$

Sie ist ein Maß für den Unterschied der Signale A und B. Ihre Betrag ist nicht größer als eins, d. h. $|\lambda| \leq 1$.

Die kleinste Fehlerwahrscheinlichkeit erhält man bei $\lambda = 0$; das entspricht der Orthogonalitätsbedingung. Diese ist, wie bereits erwähnt, in einem System mit aktiver Pause und großem Frequenzhub erfüllt.

---

[1]) Diese Funktion wird manchmal auch als Besselfunktion mit imaginärem Argument bezeichnet.

So wird *die größte Störfestigkeit bei nichtkohärentem Empfang durch ein Orthogonalsystem erreicht.* Die Fehlerwahrscheinlichkeit erhält man dabei nach Gl. (4.22) aus

$$p = \frac{1}{2} e^{-\frac{N^2}{2}}. \tag{4.25}$$

Diese Funktion ist in Abb. 4.6 dargestellt. Aus der Zeichnung ist ersichtlich, daß ein nichtkohärenter Empfänger für Signale mit aktiver Pause eine schlechtere Störfestigkeit hat als ein kohärenter, der Unterschied ist jedoch nicht groß. Die Verschlechterung bezüglich der Fehlerwahrscheinlichkeit beträgt etwa das 3fache und bezüglich der Signalspannung etwa 0,1 Np.

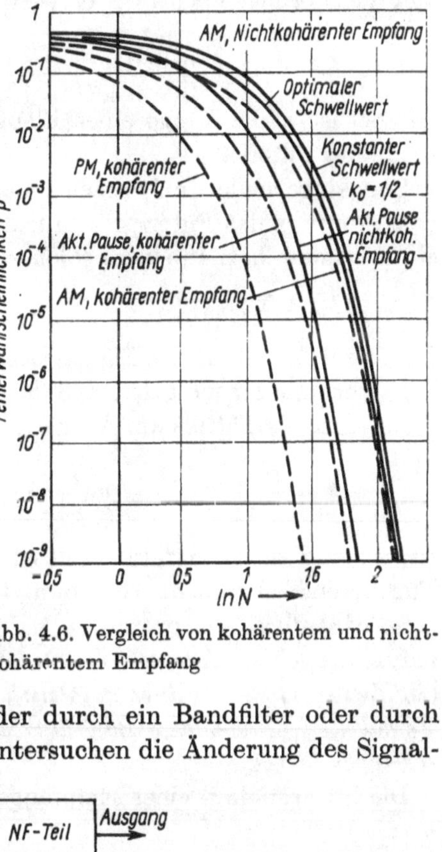

Abb. 4.6. Vergleich von kohärentem und nichtkohärentem Empfang

Neben den oben betrachteten allgemeinen Analysenmethoden ist es möglich, Methoden der Analyse bestimmter Empfängerteile anzuwenden, die sogenannten direkten Methoden. Bekanntlich kann man einen beliebigen Empfänger unterteilen in den HF-Teil, den Detektor und den NF-Teil (Abb. 4.7). Die verschiedenen Empfängertypen unterscheiden sich in der Hauptsache durch ihre Detektoren. Bei der Betrachtung des Blockschaltbildes eines Empfängers ist es notwendig, auch die Signalform anzugeben.

Der hochfrequente Teil wird entweder durch ein Bandfilter oder durch eine Integrierschaltung gebildet. Wir untersuchen die Änderung des Signal-

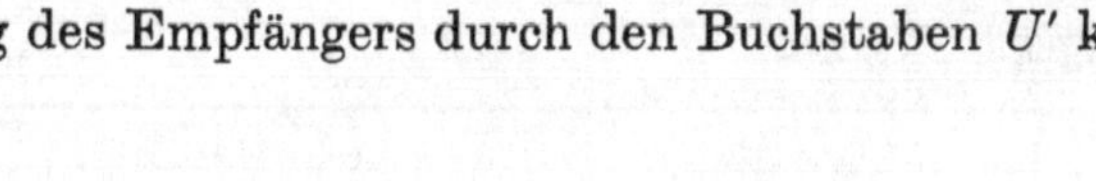

Abb. 4.7. Blockschaltung des Empfängers

Stör-Verhältnisses beim Durchlaufen des HF-Teiles. Die Spannung am Eingang des Detektors wollen wir im Unterschied zu der Spannung U am Eingang des Empfängers durch den Buchstaben U' kennzeichnen.

Betrachten wir zunächst den Fall mit Bandfilter. Beim Durchlaufen des Filters ändert sich bekanntlich die Form des Signals. Wir bezeichnen den größten Wert der Einhüllenden des Signals am Ausgang des Filters mit $U'_{\text{max. S.}}$ und die Effektivspannung der Störungen mit $U'_{\text{eff. St.}}$. Das Signal-Stör-Verhältnis am Ausgang des HF-Teiles schreiben wir folgendermaßen:

$$h = \frac{U'_{\text{max. S.}}}{\sqrt{2}\, U'_{\text{eff. St.}}} = \frac{k_S\, U_{\text{max. S.}}}{\sqrt{2}\, k_{St}\, U_{\text{eff. St.}}}, \tag{4.26}$$

wobei k_S und k_{St} die Übertragungskoeffizienten des Filters für das Signal und die Störungen sind. Unter Verwendung von Gl. (4.13) finden wir

$$h = N \frac{k_S}{k_{St} \sqrt{\tau_0 \Delta F}}. \tag{4.27}$$

Hierbei ist τ_0 die Länge eines Elementarimpulses, ΔF die Durchlaßbandbreite des Filters.

Eine eingehende Analyse zeigt, daß es eine optimale Form der Frequenzcharakteristik des Filters gibt, für die die Größe h bei gegebenem N und τ_0 ein Maximum hat. In einem solchen *optimalen Filter* ist

$$h_m = N. \tag{4.28}$$

In realen Filtern ist das Signal-Stör-Verhältnis am Ausgang etwas kleiner.

Betrachten wir jetzt den Fall der Integration. Man kann zeigen, daß das Signal-Stör-Verhältnis am Ausgang der Integrierschaltung gleich

$$h = \frac{U_{\text{max. S.}} \sqrt{T}}{\sqrt{2}\, \sigma} = N \sqrt{\frac{T}{\tau_0}} \tag{4.29}$$

ist, wobei T die Integrationszeit ist. Das Maximum erhält man bei $T = \tau_0$. Für diesen Fall geht die Gleichung in den Ausdruck (4.28) über.

So wird durch ein optimales HF-Teil erreicht, daß das Signal-Stör-Verhältnis an seinem Ausgang durch Gl. (4.28) bestimmt wird. Wir bemerken, daß die *Integration keinen zusätzlichen Gewinn in bezug auf das Signal-Stör-Verhältnis gegenüber dem Bandfilter unter den Bedingungen von Fluktuationsstörungen bringt.*

Die Störfestigkeit eines Empfängers mit optimalem HF-Teil nennen wir *maximal.*

Unter der Voraussetzung, daß der HF-Teil optimal ist, erhält man mit Hilfe der „direkten" Methode die Ausdrücke für die Fehlerwahrscheinlichkeit, die mit den durch die „allgemeine" Methode erhaltenen Gleichungen (4.14), (4.17), (4.20) und (4.25) übereinstimmen. Hieraus folgt insbesondere die Schlußfolgerung: *Die potentielle Störfestigkeit ist die maximale Störfestigkeit kohärenter Empfänger.*

Mit Hilfe der „direkten“ Methode erhält man die Gleichung für AM mit nichtkohärentem Empfänger:

$$p = \frac{1}{2}\left[e^{-\frac{N^2}{2}} \int_0^{\sqrt{2}\,k_0 N} x e^{-\frac{x^2}{2}} I_0(\sqrt{2}\,Nx)\,dx + e^{-k_0^2 N^2}\right] \tag{4.30}$$

mit

$$k_0 = \frac{U_0'}{U'_{\max.\,s}}. \tag{4.31}$$

Hier ist U'_0 der *Schwellwert des Empfängers*, d. h. die Spannung, bei der der Ausgangstrigger anspricht.

Für das Integral in dem erhaltenen Ausdruck existiert keine geschlossene Lösung, es muß durch numerische Integration bestimmt werden.

Aus Gl. (4.30) ist ersichtlich, daß die Fehlerwahrscheinlichkeit bei einem

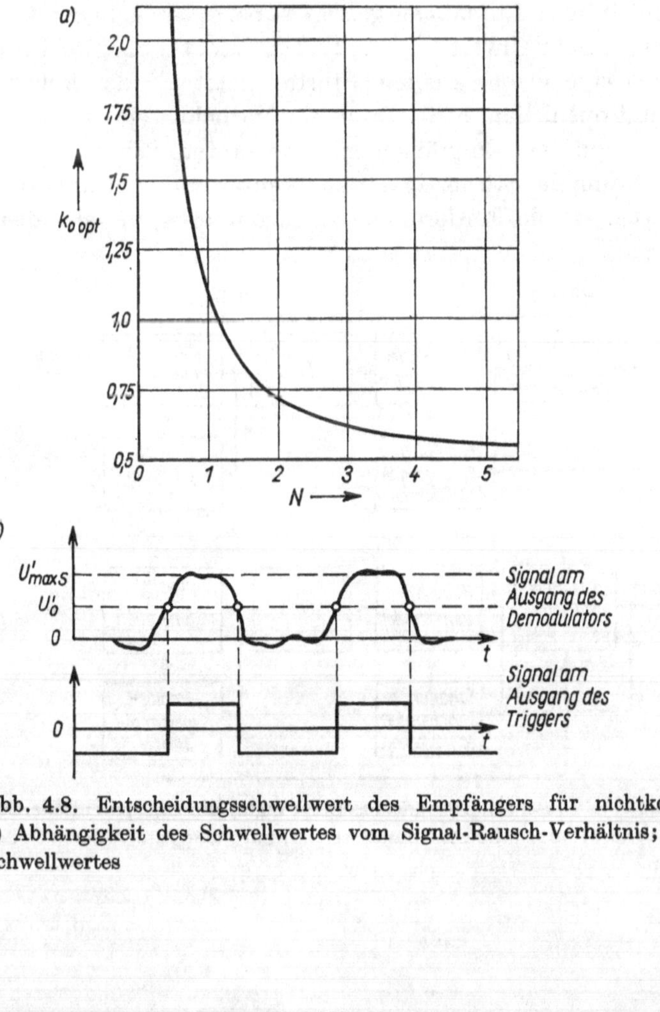

Abb. 4.8. Entscheidungsschwellwert des Empfängers für nichtkohärente AM. a) Abhängigkeit des Schwellwertes vom Signal-Rausch-Verhältnis; b) Lage des Schwellwertes

gegebenen Signal-Stör-Verhältnis N von der Größe des Schwellwertes k_0 abhängt. Eine eingehende Untersuchung zeigt, daß es eine optimale Größe für den Schwellwert gibt, bei dem die Fehlerwahrscheinlichkeit ein Minimum hat. Diese optimale Größe $k_{0\text{opt}}$ findet man durch die Gleichung

$$I_0(2k_{0\text{opt}}N^2) = e^{N^2}. \tag{4.32}$$

Eine Kurve, die nach diesem Ausdruck berechnet worden ist, ist in Abb. 4.8a dargestellt. Wie man sieht, liegt die optimale Größe des Schwellwertes in der Nähe der halben Signalamplitude (Abb. 4.8b), jedoch vergrößert sie sich bei großen Störungen. Folglich *muß der Schwellwert bei einem optimalen Empfänger automatisch in Abhängigkeit vom Störpegel geregelt werden*. In realen Empfängern wird gewöhnlich ein fester Schwellwert eingestellt, der in der Nähe der Größe $k_0 = 1/2$ liegt.

In Abb. 4.6 sind zwei Kurven für die Fehlerwahrscheinlichkeit bei AM für einen nichtkohärenten Empfänger gezeigt – bei optimalem Schwellwert und bei konstantem Schwellwert $k_0 = 1/2$. Der nichtkohärente Empfang der Signale ergibt eine etwas kleinere Störfestigkeit als der kohärente. Der Empfänger mit optimalem Schwellwert unterscheidet sich in der Störfestigkeit fast nicht von dem Empfänger mit konstantem Schwellwert.

Die Betrachtung der Störfestigkeit kohärenter und nichtkohärenter Empfänger gestattet es, die Forderungen zu formulieren, die ein idealer Emp-

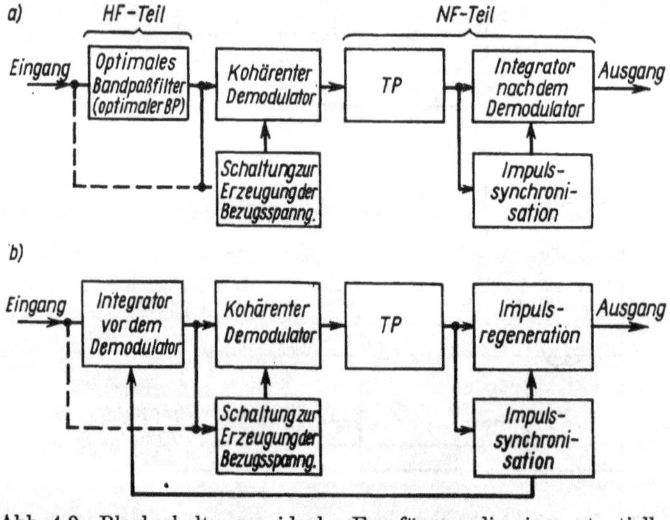

Abb. 4.9. Blockschaltungen idealer Empfänger, die eine potentielle Störfestigkeit erreichen. a) Mit optimalem Bandfilter; b) mit einer Integration vor der Demodulation

fänger erfüllen muß, und sein Blockschaltbild anzugeben. Diese Forderungen bestehen in folgendem:

Kohärenz (Benutzung der Phase des empfangenen Signals);
Integration (Mittelung der Energie von Signal und Störung über die ganze Länge eines Elementarimpulses);
Synchronisierung (Benutzung des Anfangs- und Endzeitpunktes eines Impulses);
optimales Filter (Anpassung der Charakteristik des Empfangsfilters an das Signalspektrum).

Beispiele für Blockschaltbilder idealer Empfänger sind in Abb. 4.9 gezeigt. Im ersten Fall ist der HF-Teil ein optimales Bandfilter. Die Integration wird durch einen dem Demodulator nachgeschalteten Integrator realisiert. Die für seine Arbeitsweise notwendige Synchronisation wird durch eine Impuls-Synchronisierschaltung gewährleistet. In der zweiten Schaltung ist der HF-Teil ein dem Demodulator vorgeschalteter Integrator. Am Ausgang des Empfängers erfolgt eine synchrone Regenerierung der Impulse.

4.4. Differenzphasenumtastung (DPM)

Die Phasenmodulation in ihrer klassischen Form (mit 180°-Phasen-Umtastung der Trägerschwingung und kohärentem Empfänger) gilt seit langem als Idealfall, der nach dem Gesichtspunkt der Störfestigkeit bei der Übertragung binärer Signale angestrebt werden muß. Praktisch gelingt es jedoch nicht, eine Übertragungseinrichtung nach diesem Prinzip zu realisieren. Die Hauptschwierigkeit besteht darin, im Empfänger eine sogenannte kohärente Schwingung zu gewinnen, d. h. eine Schwingung des Trägergenerators, mit der das empfangene Signal verglichen wird (Abb. 4.10).

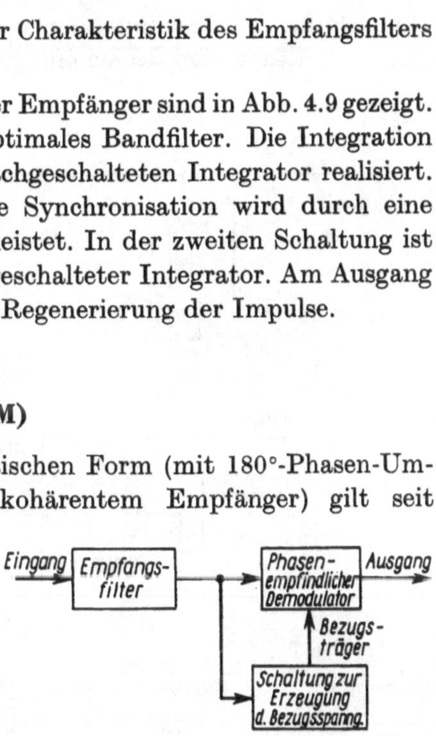

Abb. 4.10. Blockschaltung eines kohärenten Empfängers für PM

Im Prinzip sind drei Verfahren möglich, um diese Schwingung zu erhalten:

1. ein *unabhängiges Verfahren*, bei dem die Synchronisierung durch die hohe Stabilität des Trägergenerators aufrechterhalten wird. Dieses Verfahren ist nicht anwendbar, weil die Stabilität der z. Z. üblichen Generatoren nicht sehr hoch ist und weil die Phase und sogar die Frequenz der empfangenen Signale bei Betrieb über TF-Kanäle schwanken;

2. mit Hilfe von Hilfssignalen, sogenannten Pilot-Signalen. Dabei sind

Schwankungen der Phase und der Frequenz in der Leitung nicht gefährlich, weil sie gleichzeitig auf das Nutzsignal und auf das Pilot-Signal einwirken. Dieses Verfahren hat jedoch keine verbreitete Anwendung gefunden, da ein Teil des Spektrums und der Leistung für die Übertragung der Pilot-Signale benötigt wird und die Sende- und Empfangseinrichtungen komplizierter werden;

3. *unmittelbar aus dem empfangenen Nutzsignal.* In Abb. 4.11 sind drei Beispiele für die Gewinnung einer kohärenten Schwingung gezeigt. In der ersten Schaltung wird das empfangene Signal gleichgerichtet; dadurch wird

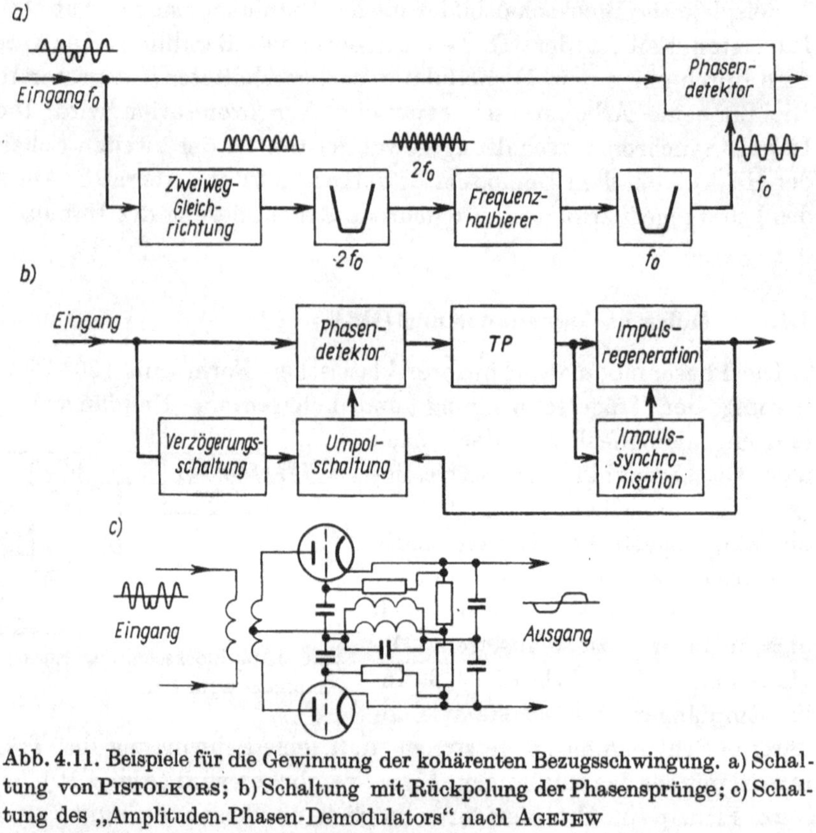

Abb. 4.11. Beispiele für die Gewinnung der kohärenten Bezugsschwingung. a) Schaltung von PISTOLKORS; b) Schaltung mit Rückpolung der Phasensprünge; c) Schaltung des „Amplituden-Phasen-Demodulators" nach AGEJEW

die Phasenmodulation beseitigt. Das gleichgerichtete Signal enthält die zweite Harmonische der Trägerschwingung, die durch ein schmalbandiges Filter herausgesiebt wird. Am Ausgang des Frequenzteilers erhält man die kohärente Schwingung. Diese Schaltung ist von dem sowjetischen Wissenschaftler A. A. PISTOLKORS vorgeschlagen worden.

In der zweiten Schaltung erfolgt die Demodulation mit Hilfe eines Umpolers, der vom Ausgangssignal des Empfängers umgesteuert wird. Dabei wird praktisch eine rückwärtige Phasenumtastung des empfangenen Signals durchgeführt.

In der dritten Schaltung – einem Amplituden-Phasen-Detektor, vorgeschlagen von dem sowjetischen Wissenschaftler D. W. Agejew – wird die Phase der kohärenten Spannung an den Gittern von Elektronenröhren durch die Trägheit des Gitter-Resonanzkreises konstantgehalten. Dieser Detektor hat gleichzeitig die Funktion eines Phasendetektors und erzeugt die kohärente Schwingung.

Es sind auch andere Verfahren zur Gewinnung der kohärenten Schwingung aus dem empfangenen Signal möglich. Sie alle haben jedoch einen gemeinsamen Nachteil: Die Phase der kohärenten Schwingung kann sich unter Einwirkung von Störungen, bei Signalverlust oder bei Netzausfall der Übertragungseinrichtung um 180° ändern. So enthält z. B. die in Abb. 4.11a dargestellte Schaltung einen Frequenzteiler mit dem Faktor zwei, der bekanntlich zwei stabile Zustände der Phase des Ausgangssignals hat. Unter Einfluß der Störungen kann der Übergang von einem Zustand in den anderen erfolgen.

Eine Veränderung der Phase der kohärenten Schwingung führt zu einer Umpolung der Ausgangsimpulse (Negation), d. h. zu Dauerfehlern.

Aus dem Gesagten ist ersichtlich, daß die betrachteten Verfahren außerdem die richtige Einstellung der Phase bei Beginn der Übertragung erfordern.

Die Verfahren, die zur Beseitigung der „Negation" vorgeschlagen worden sind, führten gewöhnlich zu einer Abweichung von der klassischen Form der Phasenmodulation, wodurch die Störfestigkeit bedeutend herabgesetzt wurde.

Im Jahre 1954 hat der sowjetische Wissenschaftler N. T. Petrowitsch ein neues Verfahren für die Übertragung und den Empfang von Signalen vorgeschlagen, das es gestattet, die PM fast ohne Absinken der Störfestigkeit zu realisieren. Das war der Anfang für die Entwicklung der sogenannten *relativen Übertragungsverfahren.*

Bei der Übertragung diskreter Signale mit Hilfe bekannter Methoden wird der Empfangsprozeß im wesentlichen auf den Vergleich der Parameter des Signals mit den Parametern der Empfangseinrichtung zurückgeführt. So wird z. B. bei der Amplitudenmodulation die Amplitude des Signals mit dem Schwellwert der Empfangseinrichtung verglichen, bei Frequenzmodulation wird die Frequenz des Signals mit der Mittenfrequenz des Detektors und bei der Phasenmodulation die Phase des Signals mit der Phase des Trägergenerators verglichen.

Bei den relativen Verfahren besteht der Empfangsprozeß nicht im Vergleich der Parameter des empfangenen Signals mit den Parametern der Empfangseinrichtung, sondern mit den Parametern eines früher empfangenen Signals. Gewöhnlich benutzt man das vorangegangene Signal.

Sende- und Empfangsgeräte, die das relative Übertragungsverfahren verwenden, müssen natürlich Verzögerungseinrichtungen (Speicher) besitzen. Diese sind notwendig, damit man zwei Signale, die in verschiedenen Zeitintervallen übertragen werden, miteinander verknüpfen kann und auf diese Weise die Möglichkeit erhält, deren Parameter zu vergleichen. Am einfachsten sind die Verzögerungseinrichtungen, wenn man für den Vergleich das vorhergehende Signal verwendet; die Verzögerungszeit τ_v muß in diesem Fall gleich der Dauer eines Elementarimpulses τ_0 sein.

Zu Beginn der Übertragung in derartigen Systemen muß ein Hilfssignal übertragen werden, d. h., der erste Schritt kann keine Nutzinformation übertragen.

In Geräten mit relativen Übertragungsverfahren können verschiedene Modulationsformen benutzt werden. Das Übertragungsverfahren mit Phasenvergleich bezeichnet man als *Differenzphasenmodulation* (DPM), mit Frequenzvergleich als *relative Frequenzmodulation* und mit Amplitudenvergleich als *relative Amplitudenmodulation*. Das relative Verfahren kann auch bei der Übertragung von Gleichstromimpulsen angewendet werden; dabei werden die Amplituden der Impulse (bei unipolarer Übertragung) oder die Polarität der Impulse (bei bipolarer Übertragung) verglichen.

Da ein DPM-Empfänger zwei benachbarte Signale vergleicht und nicht den Absolutwert jedes Signales bestimmt, ist in Systemen mit DPM prinzipiell keine „Negation" möglich.

Sehen wir uns z. B. ein System an, in dem der Sender eine relative Phasenmodulation nach folgender Regel durchführt: Bei der Übertragung von „1" ändert sich die Phase und bei der Übertragung von „0" bleibt sie erhalten.

Als Beispiel betrachten wir die Phasenänderung bei der Übertragung folgender Kodekombination:

1 1 1 1 0 1 0 0 0 0 1 1 0

0 180 0 180 0 0 180 180 180 180 180 0 180 180

Der Empfänger vergleicht die Phase des empfangenen Signals mit der Phase des vorangegangenen Signals und demoduliert das Signal nach der Regel: Phase stimmt nicht überein – „1", Phase stimmt überein – „0".

Beispiel für fehlerfreien Empfang:

Empfangenes Signal	0	180	0	180	0	0	180	180	180	180	180	0	180	180	
Verzögertes Signal		0	180	0	180	0	0	180	180	180	180	180	0	180	180
Empfangene Nachricht		1	1	1	1	0	1	0	0	0	0	1	1	0	

Jetzt möge das Signal, das mit dem achten Elementarimpuls beginnt, in der Leitung seine Phase um 180° ändern.

Empfangenes Signal	0	180	0	180	0	0	180	0	0	0	0	180	0	0	
Verzögertes Signal		0	180	0	180	0	0	180	0	0	0	0	180	0	0
Empfangene Nachricht		1	1	1	1	0	1	**1**	0	0	0	1	1	0	

Der Fehler ist durch die fettgedruckte Ziffer hervorgehoben. So *verursacht ein Phasensprung von 180° bei dem relativen Verfahren nur einen Fehler.*

Betrachten wir die Störfestigkeit der DPM bei Fluktuationsstörungen. Es gibt verschiedene Prinzipschaltbilder eines Empfängers mit DPM. Das bekannteste davon ist der *Phasenvergleich* durch *Multiplikation* zweier benachbarter Signale mit Hilfe eines Phasendetektors (Abb. 4.12a). Seine Störfestigkeit unterscheidet sich wenig von der einer kohärenten PM.

Der Aufbau des Blockschaltbildes eines Empfängers kann auch anders sein (Abb. 4.12b). Sein hochfrequenter Teil unterscheidet sich nicht von dem eines Empfängers mit kohärenter PM. Deshalb kann am Ausgang des Phasendetektors eine „Negation" auftreten. Das relative Prinzip wird im Gleichstromkreis benutzt; dabei wird die Möglichkeit der „Negation" beseitigt. Dieses Arbeitsverfahren heißt *„Vergleich der Polaritäten"*.

Betrachten wir die Störfestigkeit eines solchen Empfängers bei Benutzung eines Detektors nach Agejew. Die Fehlerwahrscheinlichkeit am Ausgang des als ideal angenommenen Phasendetektors für kohärente PM wird durch Gl. (4.14) bestimmt:

$$p_{\mathrm{PM}} = \frac{1}{2} - \frac{1}{2}\,\Phi(N)\,. \qquad (4.33)$$

Der Multiplikator (Abb. 4.12b) hat die Eigenschaft, die Fehler beim Vergleich zweier Signale zu „vervielfältigen". Im ungünstigsten Fall wird die

Anzahl der Fehler verdoppelt. Das kann man leicht prüfen, indem man Beispiele von Kodekombinationen konstruiert.

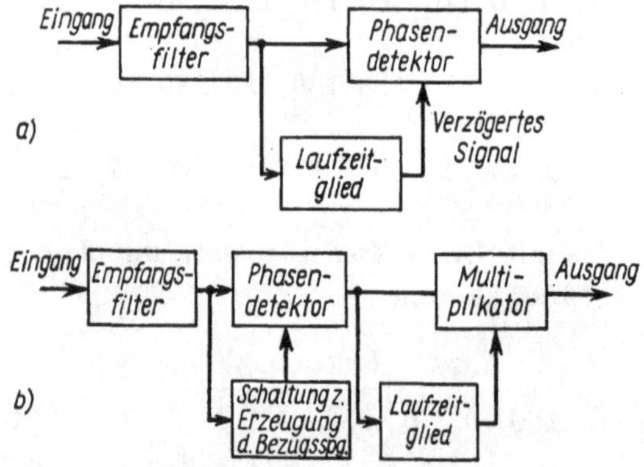

Abb. 4.12. Blockschaltungen von Empfängern mit DPM. a) Phasenvergleich durch Multiplikation; b) Vergleich der Polaritäten

Die reale Schaltung eines Detektors nach AGEJEW kann unter dem Einfluß von Störungen einen Polaritätswechsel der Ausgangsimpulse hervorrufen. Die Wahrscheinlichkeit für das Auftreten einer „Negation" ist dann

$$p_{\text{Neg}} = \frac{1}{2} - \frac{1}{2}\,\Phi\left(N\sqrt{\frac{\Delta f_{\text{EF}}}{\Delta f_{\text{G}}}}\right). \quad (4.34)$$

Hierbei ist Δf_{EF} die Bandbreite des Empfangsfilters, Δf_{G} die Bandbreite des Gitterkreises im Detektor nach AGEJEW.

Jeder Polaritätswechsel ruft eine Verfälschung hervor, die nicht mehr als zwei Elementarimpulse beträgt.

Damit wird die gesamte Fehlerwahrscheinlichkeit

$$p = 2p_{\text{PM}} + 2p_{\text{Neg}}; \quad (4.35)$$

daraus folgt

$$p = 2 - \Phi(N) - \Phi\left(N\sqrt{\frac{\Delta f_{\text{EF}}}{\Delta f_{\text{G}}}}\right). \quad (4.36)$$

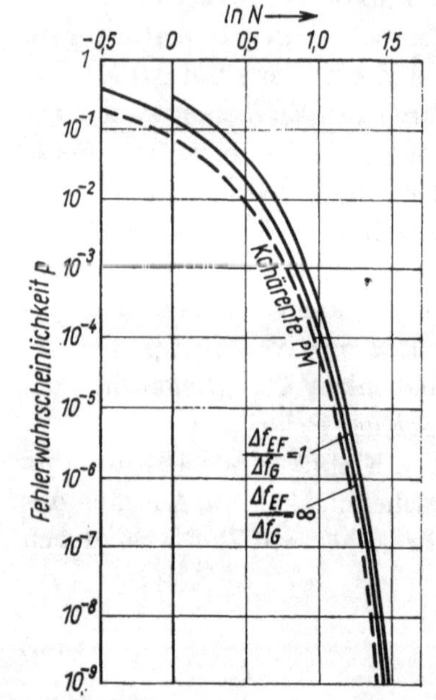

Abb. 4.13. Störfestigkeit der DPM bei Fluktuationsstörungen

Die nach dieser Formel berechneten Kurven für DPM mit Polaritätsvergleich bei einem Verhältnis der Bandbreite des Empfangsfilters und des Gitterkreises von eins und unendlich sind in Abb. 4.13 gezeigt. Wie man sieht, kann man mit dem Polaritätsvergleich eine Störfestigkeit erhalten, die der Störfestigkeit einer kohärenten PM sehr nahe kommt. Das Verhältnis der Bandbreiten beeinflußt die Störfestigkeit nur wenig. Erfahrungsgemäß empfiehlt es sich, seinen Wert $> 7 \cdots 8$ zu wählen.

4.5. Einfluß von Phasenverzerrungen

Wie bereits im vorigen Kapitel gezeigt worden ist, verfälscht der Datenübertragungskanal auch bei Nichtvorhandensein von Störungen die Impulse durch Eigenverzerrungen: charakteristische Verzerrungen und Verzerrungen durch Schwankungen der Impulsflanken. Die zweite Form der Störungen kann leicht beseitigt werden. Die charakteristischen Verzerrungen sind bei normalen Übertragungsgeschwindigkeiten unbedeutend. Sie rufen an und für sich keine Fehler hervor, aber sie setzen die Störfestigkeit des Empfängers herab.

Die charakteristischen Verzerrungen hängen stark von der Form der Frequenzcharakteristik des Kanals ab, besonders von der Phasencharakteristik. Reale Nachrichtenkanäle, die für die Datenübertragung benutzt werden, verursachen erhebliche Phasenverzerrungen, besonders TF-Kanäle.

Betrachten wir den Einfluß der Phasenverzerrungen auf die Herabsetzung der Störfestigkeit der Datenübertragungskanäle. Die Phasenverzerrungen können verschiedenen Charakter haben. In der Praxis kann der Verlauf der Gruppenlaufzeitverzerrungen in drei Komponenten zerlegt werden (Abb. 4.14): eine symmetrische, eine unsymmetrische (oder lineare) und eine schwankende.

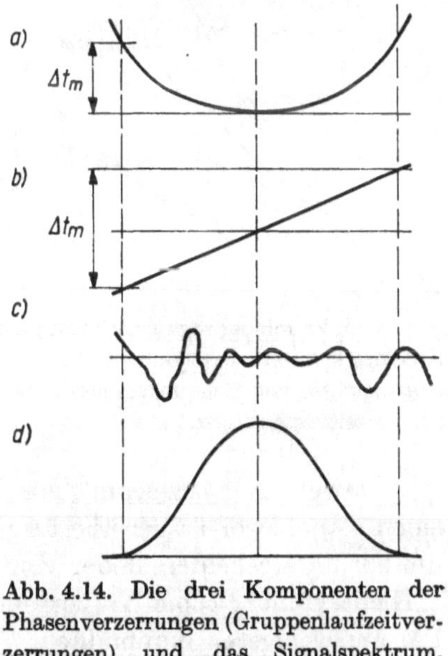

Abb. 4.14. Die drei Komponenten der Phasenverzerrungen (Gruppenlaufzeitverzerrungen) und das Signalspektrum. a) Symmetrische Komponente; b) unsymmetrische Komponente; c) schwankende Komponente; d) Signalspektrum

Der Einfluß der Phasenverzerrungen bei Fluktuationsstörungen ist theoretisch untersucht worden. Angenommen, das Spektrum eines Einzelimpulses am Eingang des Detektors hat die Form eines „angehobenen Kosinus" (Abb. 4.14d). Für diese Bedingungen sind in einer Arbeit von SUNDE die Abhängigkeiten, die in Abb. 4.15 dargestellt sind, berechnet worden. Das Verhältnis des maximalen Unterschieds der Gruppenlaufzeit im Durchlaßbereich des Kanals zur Länge eines Elementarimpulses ist auf der Abszisse aufgetragen. Die Zunahme des Signal-Stör-Verhältnisses, das die Aufrechterhaltung einer Fehlerwahrscheinlichkeit von 10^{-5} bei Einwirkung von Phasenverzerrungen gewährleistet, ist auf der Ordinate aufgetragen.

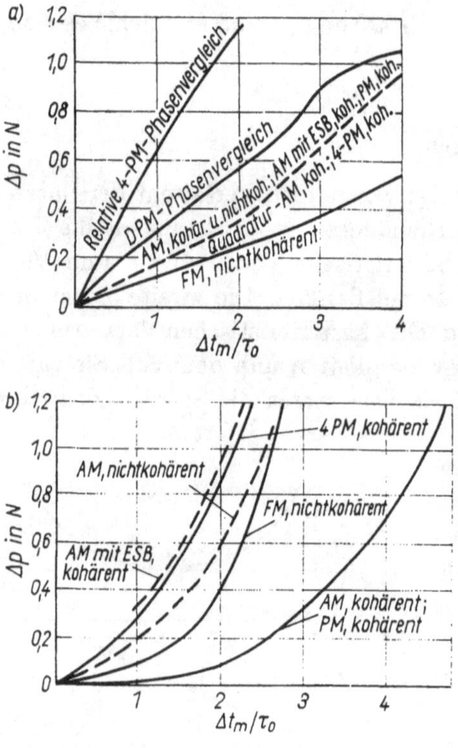

Abb. 4.15. Verminderung der Störfestigkeit a) in Abhängigkeit von den symmetrischen und b) in Abhängigkeit von den unsymmetrischen Gruppenlaufzeitverzerrungen

Am wenigsten empfindlich gegenüber symmetrischen Phasenverzerrungen ist die nichtkohärente FM. Etwas empfindlicher sind die kohärente und nichtkohärente AM, die kohärente AM mit einem Seitenband, die kohärente Quadratur AM, die kohärente PM und die Vierphasenmodulation (Zweikanal-PM mit orthogonalen Trägern). Die relative PM mit Phasenvergleich ist noch empfindlicher. Besonders empfindlich gegenüber Phasenverzerrungen ist die relative Vierphasenmodulation mit Phasenvergleich. (Als quadratische AM bezeichnet man ein Übertragungsverfahren, bei dem über einen Kanal zwei Träger übertragen werden, deren Phasen sich voneinander um 90° unterscheiden. Jeder von ihnen wird amplitudenmoduliert.)

Nichtsymmetrischen Verzerrungen gegenüber sind die kohärente AM und PM am wenigsten empfindlich. Wesentlich empfindlicher sind die übrigen Modulationsverfahren.

Es muß hervorgehoben werden, daß die Mehrzahl der Modulationsverfahren von unsymmetrischen Phasenverzerrungen stärker beeinflußt werden als von symmetrischen, besonders bei großen Verzerrungen.

Experimentelle Ergebnisse bestätigen diese Gesetzmäßigkeiten. In Abb. 4.16 ist z. B. die Abhängigkeit der Fehlerwahrscheinlichkeit bei FM von der

Pegeldifferenz des Signals und der Fluktuationsstörung am Ausgang des Empfangsfilters für zwei verschiedene Übertragungsgeschwindigkeiten und symmetrische und unsymmetrische Verzerrungen gezeigt. Bei kleinen Geschwindigkeiten ändert sich die Fehlerwahrscheinlichkeit nur geringfügig, der Unterschied zwischen dem Einfluß symmetrischer und unsymmetrischer Verzerrungen ist nicht groß. Bei Erhöhung der Übertragungsgeschwindigkeit wächst der Einfluß der Phasenverzerrungen, wobei der Einfluß unsymmetrischer Verzerrungen größer ist.

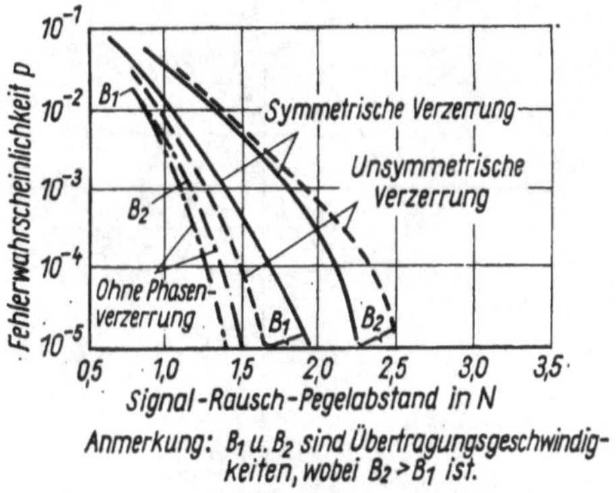

Abb. 4.16. Einfluß von Fluktuationsstörungen und Phasenverzerrungen auf einen FM-Kanal

Die zulässige Größe der Phasenverzerrungen hängt von der möglichen Verminderung der Störfestigkeit ab. Aus Abb. 4.15a und 4.15b kann abgeleitet werden, daß bei einer zugelassenen Erniedrigung der Störfestigkeit um 0,2 *Np im Mittel der zulässige Unterschied der Gruppenlaufzeit gleich der Dauer eines Elementarimpulses ist* (unabhängig von der Art der Phasenverzerrung). Die Praxis bestätigt dieses Verhalten. Abhängig vom Modulationsverfahren können sich jedoch kleinere Änderungen ergeben.

Bei großen Übertragungsgeschwindigkeiten müssen die Phasenverzerrungen mit Hilfe von Phasenkorrekturgliedern ausgeglichen werden, die gewöhnlich für die Kompensation symmetrischer und unsymmetrischer Verzerrungen ausgelegt werden. Schwankungen der Gruppenlaufzeit, die im Kanal auftreten, bleiben erhalten. Außerdem bringen die Phasenkorrekturglieder selbst zusätzliche Schwankungen der Gruppenlaufzeit mit sich. Diese Verzerrungen dürfen ebenfalls in der Größenordnung der Dauer eines Elementarimpulses liegen.

Die Fragen der Normierung der Phasenverzerrungen werden in Kap. 8 näher untersucht.

4.6. Fehlerwahrscheinlichkeit bei harmonischen und impulsförmigen Störungen

Auf ein PM-Signal möge eine sinusförmige Störung einwirken, deren Frequenz gleich der Signalfrequenz ist. Das Zeigerbild für diesen Fall ist in Abb. 4.17a dargestellt. Ein Fehler entsteht, wenn der resultierende Zeiger

U_{ges} in die untere Halbebene fällt. Das kann geschehen, wenn gleichzeitig zwei Bedingungen erfüllt sind: Wenn die Störamplitude $U_{max.St.}$ größer ist

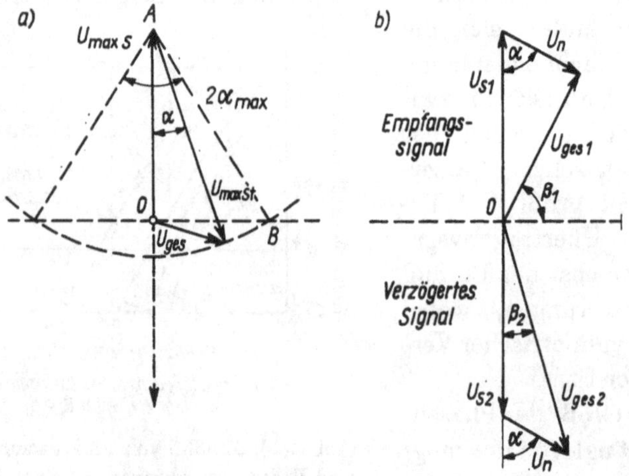

Abb. 4.17. Zeigerbild bei harmonischen Störungen. a) PM; b) DPM (statt U_n lies: $U_{max.\,St.}$)

als die Signalamplitude $U_{max.S.}$ und wenn U_{ges} sich innerhalb des Sektors $2\,\alpha_{max}$ befindet. Der Winkel α_{max} bestimmt sich aus dem Dreieck AOB

$$\cos \alpha_{max} = \frac{U_{max.\,S.}}{U_{max.\,St.}}.$$

Nimmt man die Phase der Störungen im Intervall $0 \cdots 2\,\pi$ als gleichwahrscheinlich an, so erhält man folgende Verteilung der Fehlerwahrscheinlichkeit bei der Übertragung dieses Signals:

$$p = \frac{2\alpha_{max}}{2\pi} = \frac{\arccos \dfrac{U_{max.\,S.}}{U_{max.\,St.}}}{\pi}. \tag{4.37}$$

Aus der Abbildung ist ersichtlich, daß das auch für die Übertragung eines Signals mit entgegengesetzter Phase gilt. Deshalb ist die erhaltene Gleichung auch bei der Übertragung der gesamten Nachricht richtig. Setzen wir

$$H = \frac{U_{max.\,S.}}{U_{max.\,St.}}, \tag{4.38}$$

dann ist

$$\left.\begin{aligned} p &= 0 && \text{für } H > 1\,; \\ p &= \frac{1}{\pi}\arccos H && \text{für } H < 1\,. \end{aligned}\right\} \tag{4.39}$$

Wenn die Störfrequenz nicht gleich der Signalfrequenz ist, dann erscheint am Ausgang des Phasendetektors außer der konstanten Komponente, die das empfangene Signal kennzeichnet, eine Schwebung mit unterschiedlicher Frequenz. Sofern das Signal vor dem Phasendetektor einen Amplitudenbegrenzer durchläuft, kann die Störung das Signal unterdrücken. Deshalb muß Gl. (4.39) präzisiert werden. Das Signal-Stör-Verhältnis am Eingang des Detektors wird

$$H' = \frac{E(H) - (1 - H^2)\,K(H)}{H E(H)}. \tag{4.40}$$

Hierin ist H das Signal-Stör-Verhältnis am Eingang des Begrenzers gemäß Gl. (4.38), $K(H)$ das vollständige elliptische Integral I. Art:

$$K(H) = \int_0^{\frac{\pi}{2}} \frac{\mathrm{d}x}{\sqrt{1 - H^2 \sin^2 x}}, \tag{4.41}$$

$E(H)$ das vollständige elliptische Integral II. Art:

$$E(H) = \int_0^{\frac{\pi}{2}} \sqrt{1 - H^2 \sin^2 x}\,\mathrm{d}x. \tag{4.42}$$

Diese Funktionen kann man Tabellen entnehmen.

Hieraus folgt

$$\left.\begin{aligned} p &= 0 && \text{für } H > 1,\\ p &= \frac{1}{\pi} \arccos \frac{E(H) - (1 - H^2)\,K(H)}{H E(H)} && \text{für } H < 1. \end{aligned}\right\} \tag{4.43}$$

In Abb. 4.17b ist das Zeigerbild für die relative Phasenmodulation mit Phasenvergleich angegeben (es wird „1" empfangen; die Störfrequenz ist gleich der Signalfrequenz, deshalb hat die Störung dieselbe Phase während des empfangenen und des verzögerten Signals). Ein Fehler entsteht, wenn der Winkel zwischen $U_{\text{ges}\,1}$ und $U_{\text{ges}\,2}$ kleiner als 90° wird. Das tritt bei $\beta_2 \geqq \beta_1$ ein. Aus der Zeichnung folgt

$$\tan \beta_1 = \frac{U_{S1} - U_{\text{max St.}} \cos\alpha}{U_{\text{max. St.}} \sin\alpha};$$

$$\tan \beta_2 = \frac{U_{\text{max. St.}} \sin\alpha}{U_{S2} + U_{\text{max. St.}} \cos\alpha}.$$

Hieraus ergibt sich die Bedingung für das Auftreten eines Fehlers:

$$\frac{U_{S1} - U_{\text{max. St.}} \cos\alpha}{U_{\text{max. St.}} \sin\alpha} \leqq \frac{U_{\text{max. St.}} \sin\alpha}{U_{S2} + U_{\text{max. St.}} \cos\alpha},$$

d. h.

$$(U_{S1} - U_{\text{max. St.}} \cos\alpha)(U_{S2} + U_{\text{max. St.}} \cos\alpha) \leqq U^2_{\text{max. St.}} \sin^2\alpha.$$

Gewöhnlich ist

$$U_{S1} = U_{S2} = U_{\text{max.S.}},$$

deshalb wird

$$U^2_{\mathrm{S}1} - U^2_{\mathrm{max.\,St.}} \cos^2\alpha = U^2_{\mathrm{max.\,St.}} \sin^2\alpha \,.$$

Die Bedingung für das Auftreten eines Fehlers ist

$$\frac{U_{\mathrm{max\ St}}}{U_{\mathrm{max\ S.}}} = \frac{1}{H} \geqq 1 \,. \tag{4.44}$$

Beim Empfang einer „0“ kann kein Fehler entstehen, weil die Störung die beiden Signalvektoren um denselben Winkel dreht. Deshalb wird die Fehlerwahrscheinlichkeit für relative Phasenmodulation mit Phasenvergleich bei einer Störfrequenz, die gleich der Signalfrequenz ist, schließlich

$$\left.\begin{aligned} p &= 0 \qquad \text{für } H > 1\,, \\ p &= 0{,}5 \qquad \text{für } H < 2 \end{aligned}\right\}. \tag{4.45}$$

Wenn die Störfrequenz nicht gleich der Signalfrequenz ist, findet man

$$\left.\begin{aligned} p &= 0 && \text{für } H > 1 \\ p &= \frac{1}{\pi} \arccos \left\{ \frac{E(H) - (1 - H^2)\, K(H)}{H\, E(H)} \right\}^2 && \text{für } H < 1 \end{aligned}\right\}. \tag{4.46}$$

Die Erfahrung zeigt, daß die Fehlerwahrscheinlichkeit bei nichtkohärenter FM durch Gl. (4.45) bestimmt wird.

Bei nichtkohärenter AM mit konstantem Schwellwert entsteht dann ein Fehler, wenn die Amplitude der sinusförmigen Störung größer als die halbe Signalamplitude wird. Das kann folgendermaßen beschrieben werden:

$$\left.\begin{aligned} p &= 0 \qquad \text{für } H > 2\,, \\ p &= 0{,}5 \qquad \text{für } H < 2 \end{aligned}\right\}. \tag{4.47}$$

Alle erhaltenen Gesetzmäßigkeiten sind in Abb. 4.18 dargestellt. Das Signal-Stör-Verhältnis H am Eingang des Phasendetektors (oder des Ampli-

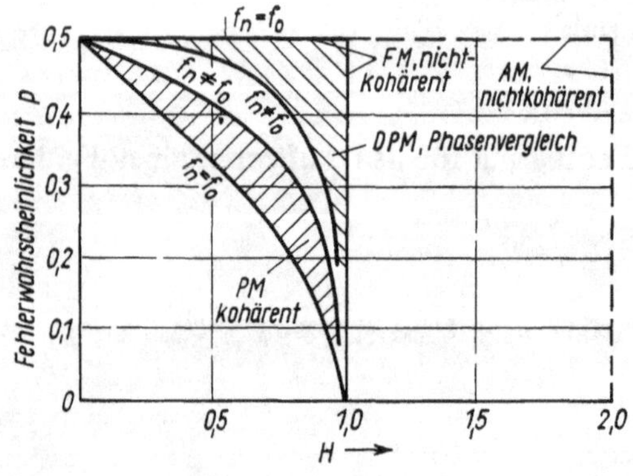

Abb. 4.18.
Fehlerwahrscheinlichkeit in Abhängigkeit von dem Verhältnis der Signalspannung zur Störspannung

tudenbegrenzers) kann näherungsweise betrachtet werden als Signal-Stör-Verhältnis am Eingang des Empfängers, wenn die Störfrequenz nicht die Bandbreite des Eingangsfilters überschreitet.

Aus der Zeichnung ist ersichtlich, daß die *harmonische Störung keine Fehler verursacht, solange das Signal-Stör-Verhältnis > 2 bei AM und > 1 bei relativen Modulationsverfahren ist.* So hat die nichtkohärente AM die geringste Störfestigkeit gegenüber einer harmonischen Störung. Eine größere Störfestigkeit hat die nichtkohärente FM (bezüglich der Signalspannung um das Zweifache oder um 0,7 Np). Die relative PM mit Phasenvergleich hat eine etwas größere Störfestigkeit als FM. Die größte Störfestigkeit hat die kohärente PM. In realen Datenübertragungssystemen ist die Störfestigkeit gegenüber einer harmonischen Störung infolge der Eigenverzerrungen der Impulse um 0,3 ··· 0,4 Np niedriger als die theoretische.

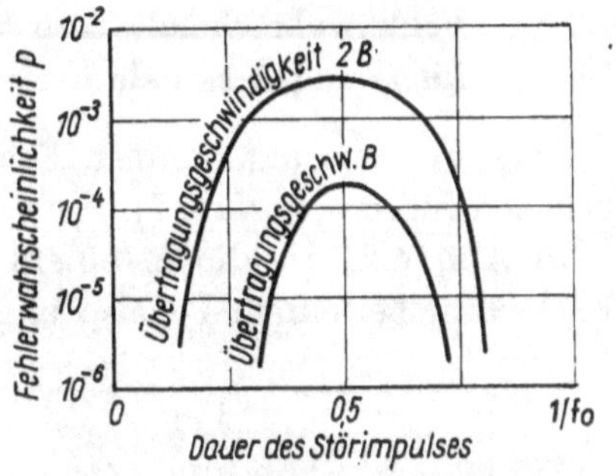

Abb. 4.19. Abhängigkeit der Fehlerwahrscheinlichkeit (bei der Störung durch einen Impuls) von der Dauer des Störimpulses bei FM

Den Einfluß einer impulsförmigen Störung betrachten wir am Beispiel der Frequenzmodulation. In Abb. 4.19 ist die gemessene Abhängigkeit der Fehlerwahrscheinlichkeit für eine impulsförmige Störung von der Dauer der Störung bei verschiedenen Übertragungsgeschwindigkeiten dargestellt. Es ist charakteristisch, daß Störungen mit der Dauer

$$\Delta t_n \approx \frac{1}{2f_3} \tag{4.48}$$

den stärksten Einfluß ausüben; f_3 ist dabei die Mittenfrequenz des Kanals.

Wie aus Abb. 4.19 ersichtlich ist, wächst die Fehlerwahrscheinlichkeit bei Vergrößerung der Übertragungsgeschwindigkeit.

In Abb. 4.20 ist ein Beispiel für die Abhängigkeit der Fehlerwahrscheinlichkeit vom Signal-Stör-Verhältnis am Eingang des Empfängers gezeigt. Man erkennt, daß durch impulsförmige Störungen, deren Amplitude kleiner als die Signalamplitude ist, Fehler hervorgerufen werden können. Dabei verursacht bei weitem nicht jeder Störimpuls einen Fehler.

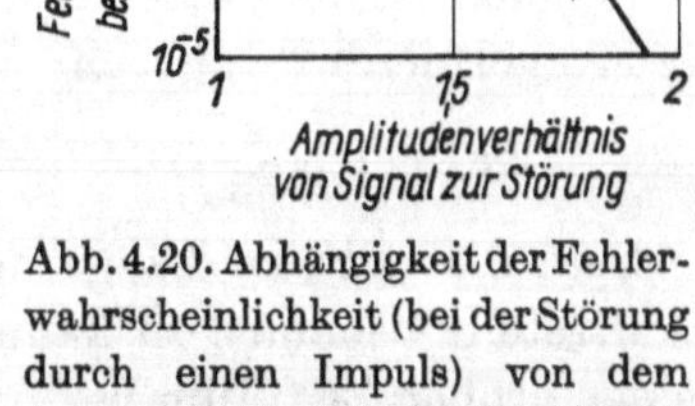

Abb. 4.20. Abhängigkeit der Fehlerwahrscheinlichkeit (bei der Störung durch einen Impuls) von dem Amplitudenverhältnis des Signals zur Störung am Eingang eines FM-Empfängers

Impulsförmige Störungen werden dann gefährlich, wenn ihre Amplitude größer als die Signalamplitude ist. Dann verursacht fast jeder Störimpuls einen Fehler.

Die angeführten Gesetzmäßigkeiten gelten auch bei PM. Bei AM sind impulsförmige Störungen besonders gefährlich, wenn das Signal-Stör-Verhältnis kleiner als zwei ist.

4.7. Fehlerwahrscheinlichkeit bei Pegelsprüngen, kurzzeitigen Kanalunterbrechungen und Phasensprüngen

Auch Pegelsprünge können Fehler verursachen, sobald sie zu Impulseinbrüchen führen (s. Kap. 3).

In Abb. 4.21 ist die in einem FM-Kanal gemessene Abhängigkeit der Fehlerzahl bei einem Pegelsprung von der Amplitude dieses Sprunges bei verschiedenen Übertragungsgeschwindigkeiten gezeigt. Man erkennt, daß ein Pegelsprung mehrere Impulse verfälschen kann.

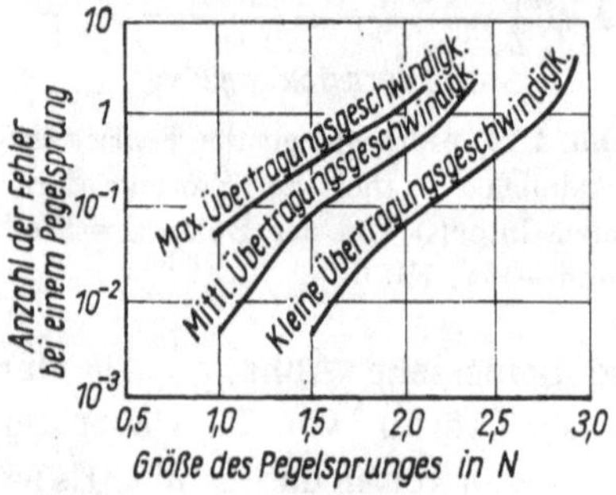

Abb. 4.21. Anzahl der Fehler bei einem Pegelsprung im FM-Kanal

Die Fehlerzahl ist sowohl von der Größe des Pegelsprunges als auch von der Übertragungsgeschwindigkeit stark abhängig. Bei maximaler Übertragungsgeschwindigkeit (für eine gegebene Bandbreite des Kanals) erzeugt einer von zehn Pegelsprüngen um 1,0 Np einen Fehler; bei einem Pegelsprung um 2,0 Np wird jedesmal ein Fehler verursacht.

Durch kurzzeitige Kanalunterbrechungen, die größer als die Dauer eines Elementarimpulses sind, gehen Impulse verloren. Während dieser Unterbrechungen wird die Fehlerwahrscheinlichkeit gleich 0,5. Diese Gesetzmäßigkeit ist natürlich bei jedem beliebigen Modulationsverfahren richtig.

Folglich ist die Fehlerzahl, die durch eine Unterbrechung der Dauer ΔT_U hervorgerufen wird, gleich

$$n_E = 0{,}5\,\frac{\Delta T_U}{\tau_0}. \tag{4.50}$$

Sind die mittlere Länge der Unterbrechungen und die Häufigkeit ihres Auftretens bekannt, so kann man leicht die Fehlerwahrscheinlichkeit für einen großen Zeitraum bestimmen.

Fehler werden jedoch auch durch kurzzeitige Unterbrechungen hervorgerufen, die kleiner als die Dauer eines Elementarimpulses sind. In Abb. 4.22

ist die Anzahl der Fehler bei einer Unterbrechung angegeben, die in einem System mit nichtkohärenter AM gemessen wurde (unter Berücksichtigung des Einflusses benachbarter Kanäle).

Unterbrechungen mit dem hundertsten Teil der Dauer eines Elementarimpulses haben noch einen merklichen Einfluß.

Phasensprünge des übertragenen Signals können ebenfalls Fehler verursachen. Phasensprünge werden häufig von kurzzeitigen Kanalunterbrechungen begleitet (z. B. beim Umschalten des Hauptgenerators auf den Reservegenerator in TF-Einrichtungen). In Abb. 4.23a, b sind die gemessenen Abhängigkeiten der Fehlerwahrscheinlichkeit vom Phasensprung bei verschiedenen Unterbrechungen für AM- und FM-Kanäle gezeigt. Man erkennt, daß die Phasensprünge bei FM einen wesentlich größeren Einfluß haben als bei AM. Bei AM werden nur Phasensprünge wirksam, die größer als 100° sind,

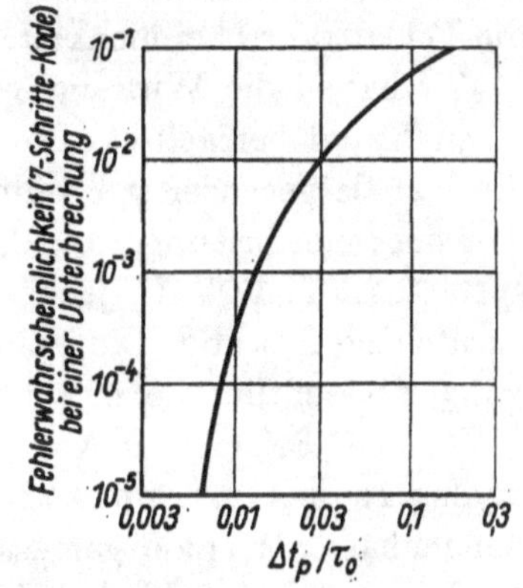

Abb. 4.22. Fehlerwahrscheinlichkeit bei einer kurzzeitigen Unterbrechung in einem AM-Kanal

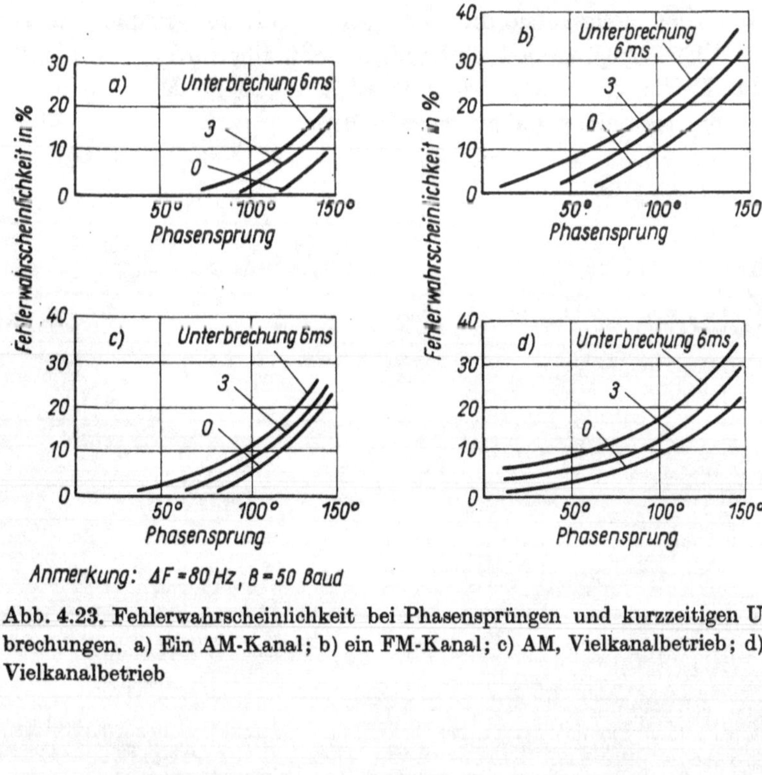

Abb. 4.23. Fehlerwahrscheinlichkeit bei Phasensprüngen und kurzzeitigen Unterbrechungen. a) Ein AM-Kanal; b) ein FM-Kanal; c) AM, Vielkanalbetrieb; d) FM, Vielkanalbetrieb

bei FM sind bereits Phasensprünge in der Größenordnung von 50° gefährlich.

Das Vorhandensein von kurzzeitigen Kanalunterbrechungen vergrößert die Fehlerwahrscheinlichkeit.

Wir haben die Wirkung von Phasensprüngen bei AM und FM nur für einen Kanal betrachtet. Im vorigen Kapitel ist gezeigt worden, daß sich die Kanäle gegenseitig beeinflussen, wenn sich irgendein Parameter in der gemeinsamen Leitung, über die die Signale vieler Kanäle übertragen werden, sprunghaft ändert. In jedem Kanal erscheint während des Sprunges eine zusätzliche Störung. Die Fehlerwahrscheinlichkeit ist unter solchen Bedingungen wesentlich höher als bei Betrieb nur eines Kanals.

Für das Beispiel in Abb. 4.23c, d sind die Abhängigkeiten gezeigt, die analog zu den in Abb. 4.23a, b angegeben und die bei einer großen Zahl benachbarter Kanäle gemessen worden sind. Man erkennt, daß sich die Fehlerwahrscheinlichkeit bei AM stark vergrößert hat; bei FM hat sie sich nur unwesentlich verändert. Das erklärt sich aus der geringeren Störeinwirkung durch benachbarte Kanäle.

Bei Frequenzmultiplexsystemen sind *AM- und FM-Systeme ungefähr gleichwertig* bezüglich der Störfestigkeit gegenüber Phasensprüngen.

Aus Abb. 4.23c, d kann entnommen werden, daß Phasensprünge keinen Einfluß haben, solange sie die Bedingung $\Delta\varphi < 30°$ erfüllen. In der Praxis sind die Phasensprünge jedoch häufig gleichmäßig im Bereich von 0 bis 360° verteilt. Messungen zeigen, daß für diesen Fall im Mittel einer von zwei Phasensprüngen einen Fehler verursacht.

KAPITEL 5

Störsichere Kodes

5.1. Gesetzmäßigkeiten für das Auftreten von Fehlern

In Kap. 1 ist darauf hingewiesen worden, daß die Sicherheit der Datenübertragung wesentlich erhöht werden kann, wenn Spezialeinrichtungen verwendet werden, die mit störsicheren Kodes arbeiten. Diese Kodes enthalten eine nach einer bestimmten Vorschrift hinzugefügte Redundanz (Prüfinformation). Das bedeutet, daß die Erhöhung der Sicherheit eine Herabsetzung der effektiven Übertragungsgeschwindigkeit eines Datenübertragungssystems bedingt.

Bei gewöhnlichen Kodes für die Informationsübertragung werden alle möglichen Kombinationen von Binärelementen verwendet. Die Redundanz der gegen Störungen gesicherten Kodes besteht darin, daß bei ihnen im Gegensatz zu den gewöhnlichen Kodes für die Informationsübertragung nur sogenannte erlaubte Kombinationen verwendet werden, die einen Teil aller möglichen Kodekombinationen darstellen. Bei gewöhnlichen Kodes führt ein Fehler in einem Element einer Kombination zu einer anderen (erlaubten) Kodekombination; bei Kodes, die gegen Störungen gesichert sind, ist der Übergang von einer erlaubten Kombination zu einer anderen erlaubten nur bei Fehlern in mehreren Elementen möglich. Infolgedessen ist bei derselben Fehlerwahrscheinlichkeit in einem Binärkanal die Wahrscheinlichkeit dafür, daß eine Kodekombination, die zu einem gegen Störungen gesicherten Kode gehört, in eine andere Kombination dieses Kodes verfälscht wird, wesentlich kleiner.

Die Wirksamkeit dieser oder jener Methode zur Erhöhung der Sicherheit bei der Übertragung binärer Informationen hängt sehr stark von der Anzahl und von der Verteilung der Fehler ab, die im Binärkanal auftreten. Wenn keine Angaben über die Fehlerstatistik des Kanals zur Verfügung stehen, ist es nicht möglich, das optimale Verfahren für eine gesicherte Datenübertragung auszuwählen. Deshalb ist die Grundlage für die Theorie und Praxis einer störsicheren Kodierung die Kenntnis der Gesetzmäßigkeit für das Auftreten der Fehler.

Durch die verschiedenen Störungen (auf der Leitung und in der Anlage) kann die Impulsform des Signals am Demodulatorausgang des Empfängers beliebig verzerrt sein. Hinter dem Regenerator, der an den Ausgang des Empfängers angeschlossen ist, sind Form und Länge der empfangenen Impulse wiederhergestellt. Wenn die Impulsverzerrungen am Eingang des Regenerators dessen Korrekturfähigkeit übersteigen, kann der Regenerator eine fehlerhafte Information liefern: „null" anstelle von „eins" oder „eins" an Stelle von „null".

In der Theorie der störsicheren Kodierung werden nur solche Störungen betrachtet, die zur Verfälschung eines oder mehrerer Elemente in den Kodekombinationen führen.

Den Mechanismus der Verfälschung der Kodekombinationen kann man als modulo-2-Addition der Elemente der zu übertragenen Information und der Fehler darstellen. Die Regel für die modulo-2-Addition der Signalelemente a_i und der Fehlerelemente x_i ist in Tab. 5.1 angegeben. Die modulo-2-Addition wird durch das Zeichen $\oplus$ gekennzeichnet.

Tabelle 5.1

a_i	x_i	$a_i \oplus x_i$
0	0	0
1	0	1
0	1	1
1	1	0

So kann man eine Verfälschung der zehnstelligen Kodekombination 1001010010 beispielsweise in der dritten und sechsten Stelle durch folgende modulo-2-Summe darstellen:

$$\begin{array}{rl} 1001010010 & \text{Kodekombination} \\ \oplus\ 0010010000 & \text{Fehlerkombination} \\ \hline 1011000010 & \text{verfälschte Kodekombination} \end{array}$$

Um den Grad der Störung auf die übertragene kodierte Information einschätzen zu können, muß man zwei Größen kennen: die Fehlerwahrscheinlichkeit p_u und die zeitliche Verteilung der Fehler.

Je nach dem Charakter der Fehlerverteilung betrachtet man in der Theorie der störsicheren Kodierung zwei Fehlerarten:

a) unkorrelierte Fehler, die durch unkorrelierte Störungen hervorgerufen werden; die einzelnen Fehler in den übertragenen Kodefolgen sind dabei statistisch unabhängig voneinander;

b) korrelierte Fehler, die durch korrelierte Störungen hervorgerufen werden; dabei ist die Wahrscheinlichkeit für die Entstehung von Fehlern, die gebündelt auftreten, bedeutend größer als bei unkorrelierten Fehlern.

Ein Kanal mit unkorrelierten Fehlern wird in der Regel als symmetrisch angenommen, d. h., die Wahrscheinlichkeiten für die Verfälschung eines Elementes von „eins" in „null" und von „null" in „eins" sind gleich. Wenn die Wahrscheinlichkeit für den fehlerhaften Empfang eines Elementes gleich p_u ist, wird die Wahrscheinlichkeit für den richtigen Empfang dieses Elementes gleich $1 - p_u$. Wenn die Fehler beim Empfang der einzelnen Elemente unabhängig voneinander auftreten, wird eine Kodekombination aus n Elementen mit der Wahrscheinlichkeit $(1 - p_u)^n$ fehlerfrei empfangen, und die Wahrscheinlichkeit für den fehlerhaften Empfang dieser Kombination ist

$$p_c = 1 - (1 - p_u)^n . \tag{5.1}$$

Bei kleinen Werten von p_u, z. B. bei $p_u \leqq 10^{-3}$, kann man den Ausdruck (5.1) mit für die Praxis ausreichender Genauigkeit (nach Auflösung des Newtonschen Binoms und Vernachlässigung der Glieder höheren Grades) in der folgenden Form schreiben:

$$p_c \approx n p_u . \tag{5.2}$$

Die Wahrscheinlichkeit dafür, daß gleichzeitig t Elemente einer Informationsfolge verfälscht werden, ist p_u^t, und die Wahrscheinlichkeit dafür, daß in einer n-stelligen Kombination $n - t$ Elemente nicht verfälscht werden, ist $(1 - p_u)^{n-t}$. Folglich ist die Wahrscheinlichkeit für die gleichzeitige Verfälschung von t Elementen in einer n-stelligen Folge

$$p_{t1} = p_u^t (1 - p_u)^{n-t} . \tag{5.3}$$

Die Gesamtheit aller möglichen Kombinationen von t-fachen Fehlern in einer n-stelligen Kombination ist

$$N_t = \binom{n}{t} = \frac{n!}{t!\,(n-t)!} .$$

Hieraus ergibt sich die Wahrscheinlichkeit für das Auftreten eines t-fachen Fehlers in einer n-stelligen Kombination zu

$$p_t = \binom{n}{t} p_u^t (1 - p_u)^{n-t} . \tag{5.4}$$

Bei kleinen p_u-Werten ist die Wahrscheinlichkeit von kleineren Mehrfachfehlern in einem symmetrischen Binärkanal größer als die Wahrscheinlichkeit von größeren Mehrfachfehlern: $p_t > p_{t'}$ mit $t' > t$.

Bei einer unabhängigen Fehlerverteilung können die Eigenschaften des Binärkanals durch einen einzigen Parameter angegeben werden, nämlich durch die Fehlerwahrscheinlichkeit p_u. Alle Beziehungen, die die Verteilung der Fehler charakterisieren, sind dabei sehr einfach. Die Bewertung der Methoden der störsicheren Kodierung auf der Grundlage der unkorrelierten Fehlerverteilung ist jedoch immer eine Näherung und kann nur für überschlägige Berechnungen verwendet werden.

Erfahrungsgemäß sind die Fehler in allen realen Nachrichtenkanälen nicht unabhängig voneinander. Sie treten gewöhnlich als Gruppen oder wie man sagt, als Fehlerpakete[1]) auf. Als Fehlerpaket wird eine Folge von Informationselementen bezeichnet, die Fehler enthält und deren Länge durch den Abstand zwischen dem ersten und dem letzten Fehler bestimmt wird. Dabei ist der Abstand zwischen zwei Fehlerpaketen größer oder gleich einer vorgegebenen Mindestzahl l_m fehlerfreier Elemente.

Das Gesetz der Fehlerverteilung innerhalb der Pakete und der Pakete selbst ist sehr kompliziert. Es wird durch viele Faktoren bestimmt, die nur mit Hilfe eines sehr komplizierten mathematischen Apparates berücksichtigt werden können, der für die Berechnungen des Ingenieurs wenig geeignet ist. Um diesen mathematischen Apparat weitestgehend zu vereinfachen, wendet man verschiedene Näherungen des tatsächlichen Verteilungsgesetzes an. Eine der einfachsten Näherungen beruht auf der Annahme, daß die Fehlerpakete und die Fehler innerhalb der Pakete unabhängig voneinander auftreten. Außerhalb der Pakete sind dann keine Fehler vorhanden.

Wir unterscheiden in diesem Fall für die Kennzeichnung des Kanals drei Parameter:

1. die Wahrscheinlichkeit für das Auftreten eines Fehlerpaketes (beliebiger Länge) p_P;
2. die Fehlerwahrscheinlichkeit innerhalb eines Paketes p_{EP};
3. die Verteilung der Wahrscheinlichkeit $p(l)$ für das Auftreten eines Fehlerpaketes der Länge l.

Für drahtgebundene Fernsprechverbindungen, die TF-Systeme benutzen, liegt die Wahrscheinlichkeit für das Auftreten eines Fehlers innerhalb eines Fehlerpaketes zwischen $p_{EP} = 0{,}3 \cdots 0{,}4$. Dabei wird vorausgesetzt, daß die Fehler innerhalb eines Paketes voneinander unabhängig sind und dem Binomialgesetz

$$p_t = \binom{n}{t} p_{EP}^t (1 - p_{EP})^{n-t} \qquad (5.5.)$$

gehorchen.

Die Wahrscheinlichkeit für das Auftreten eines Fehlerpaketes bei einem bestimmten Element in einem Kanal mit einer mittleren Fehlerwahrschein-

[1]) Bezeichnung in der angelsächsischen Literatur: burst (D. Übersetz.)

lichkeit von $p_m = 3 \cdot 10^{-5}$ beträgt $p_P = 3 \cdot 10^{-6} \cdots 3 \cdot 10^{-7}$. Das bedeutet, daß in Abhängigkeit von den Eigenschaften der Leitung in einem Paket 10 bis 100 Fehler auftreten.

Ferner wird die Wahrscheinlichkeit für das Auftreten von Fehlerpaketen in Abhängigkeit von deren Länge größenordnungsmäßig durch die Beziehung

$$p(l) = p_1(1 - p_1)^{l_1 - 1} \tag{5.6}$$

bestimmt, wobei $p_1 = \frac{p_P}{p_m} \cdot p_{EP}$ die relative Wahrscheinlichkeit für das Auftreten eines Fehlerpaketes mit der Länge eines Elementes ist, d. h. für das Auftreten von einfachen Fehlern. Abb. 5.1 zeigt die grafische Darstellung der Funktion $p(l)$.

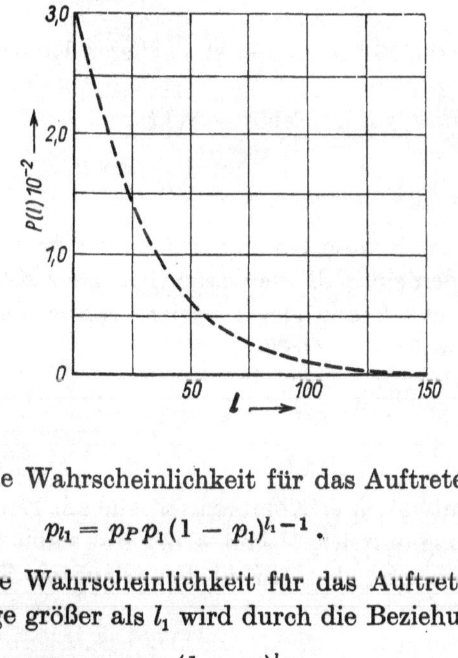

Abb. 5.1. Wahrscheinlichkeit für das Auftreten von Fehlerpaketen in Abhängigkeit von ihrer Länge

Die Wahrscheinlichkeit für das Auftreten von Paketen der Länge l_1 ist

$$p_{l_1} = p_P p_1 (1 - p_1)^{l_1 - 1}. \tag{5.7}$$

Die Wahrscheinlichkeit für das Auftreten von Fehlerpaketen mit einer Länge größer als l_1 wird durch die Beziehung

$$p_{l > l_1} = p_P (1 - p_1)^l \tag{5.8}$$

bestimmt.

Die Wahrscheinlichkeit dafür, daß in einer Kombination aus n Elementen der Anfang eines Fehlerpaketes liegt, ist

$$p_{P_n} = 1 - (1 - p_P)^n. \tag{5.9}$$

Die Wahrscheinlichkeit für die Verfälschung einer n-stelligen Kombination durch wenigstens einen Fehler eines Fehlerpaketes wird durch folgenden

Näherungsausdruck bestimmt:

$$p_E \approx p_P\left(n + \frac{1}{p_1} - 1\right). \tag{5.10}$$

Dieser Ausdruck gilt nur, wenn $np_P \ll 1$ ist. Ferner kann die Wahrscheinlichkeit dafür, daß bei der Übertragung von n Elementen m Fehlerpakete auftreten, durch das Poissonsche Gesetz beschrieben werden:

$$p_P(m) = e^{-np_P} \frac{(np_P)^m}{m!}. \tag{5.11}$$

5.2. Grundbegriffe störsicherer Kodes für die Erkennung und Korrektur von Fehlern

Die wichtigsten Parameter, die die Methoden der störsicheren Kodierung charakterisieren, sind

a) der Koeffizient der Fehlererkennung oder Fehlerkorrektur

$$k_{\text{erk}} = \frac{L}{L+M}; \tag{5.12}$$

darin ist L die Gesamtheit aller verfälschten Kombinationen, die als fehlerhaft erkannt oder korrigiert worden sind; M die Gesamtheit aller Kombinationen, bei denen die Fehler nicht erkannt oder korrigiert worden sind;

b) die Redundanz des Kodes, die durch die Größe

$$W = 1 - \frac{m_c}{m_k} = 1 - \frac{\operatorname{lb} K}{\operatorname{lb} N} \tag{5.13}$$

bestimmt wird; hierbei entsprechen

m_c und m_k der Anzahl der Elemente in einer Kombination, die am Eingang und Ausgang der Kodiereinrichtung auftritt, N und K der insgesamt möglichen Anzahl von Kombinationen und der Anzahl der erlaubten Kodekombinationen;

c) die einfache technische Realisierung.

Natürlich sind diejenigen Kodes am günstigsten, die über die größtmögliche Fähigkeit zur Fehlererkennung bei der kleinsten Redundanz verfügen. Aus Gründen der einfachen Realisierung können jedoch auch Kodes verwendet werden, deren Redundanz größer ist.

Die Haupteigenschaften der gegen Störungen gesicherten Kodes kann man am besten an einem Beispiel eines Blocksicherungsverfahrens verfolgen, bei dem die Informationsfolge in einzelne Datenblöcke zerlegt ist, die getrennt kodiert und dekodiert werden.

Die Kodeblöcke bestehen aus der gleichen Anzahl von Elementen. Die Anzahl der Binärelemente in jeder Kodekombination bezeichnet man als Länge der Kodekombination.

Der Grundgedanke für den Aufbau eines gegen Störungen gesicherten Kodes besteht darin, daß aus der Gesamtzahl $N = 2^n$ aller Kodekombinationen, die man aus n Elementen erhalten kann, für die Informationsübertragung eine kleinere Menge K erlaubter Kombinationen ausgewählt wird. Die übrigen $N—K$ Kombinationen, die nicht für die Übertragung benutzt werden, bezeichnet man als verbotene Kombinationen. Die Umwandlung der Informationsfolgen in erlaubte Kodekombinationen erfolgt durch die Kodiereinrichtung.

Beim Auftreten von Fehlern in einem oder mehreren Elementen kann die Kodekombination in eine beliebige der $N - 1$ möglichen Kodekombinationen, mit Ausnahme der betrachteten, übergehen. Folglich kann man bei der Informationsübertragung mit K erlaubten Kombinationen prinzipiell $K (N—1)$ fehlerhafte Kombinationen erhalten, wobei N verschiedene Kombinationen unterschieden werden können.

Die Kodekombination wird nach der Übertragung durch den Binärkanal in der Dekodiereinrichtung in die ursprüngliche Informationskombination umgewandelt. Der Dekodiervorgang besteht in einem Vergleich der empfangenen Kodekombination mit allen erlaubten Kombinationen, die sich in einem Speicher der Dekodiereinrichtung befinden. Wenn die empfangene Kombination nicht mit einer der erlaubten übereinstimmt, gibt die Dekodiereinrichtung ein Fehlersignal ab.

Bei einer genügend großen Redundanz des Kodes können erkannte Fehler in der Dekodiereinrichtung korrigiert werden. Den dabei verwendeten Kode bezeichnet man als fehlerkorrigierenden Kode. Einen Kode, der nur für die Fehlererkennung bestimmt ist, bezeichnet man als fehlererkennenden Kode.

Offensichtlich können die Fehler, die eine erlaubte Kombination in eine andere erlaubte Kombination umwandeln, weder korrigiert noch erkannt werden. Die Fehler, die eine erlaubte Kombination in eine nicht erlaubte umwandeln, werden von der Dekodiereinrichtung erkannt. Die Gesamtheit aller erkennbaren Fehlermuster ist gleich $K (N—K)$. Um die Anzahl nicht erkennbarer Fehlermuster möglichst klein zu halten, müssen die erlaubten Kombinationen so gewählt werden, daß die am häufigsten auftretenden Fehlerkombinationen zur Umwandlung einer erlaubten Kombination in eine unerlaubte führen. Mit anderen Worten, der Kode muß der Fehlerstatistik des Binärkanals entsprechen.

Wenn die Fehler unabhängig voneinander sind, wird die Wahrscheinlichkeit für das Auftreten von Mehrfachfehlern um so kleiner, je größer die Zahl der aufeinanderfolgenden Fehler ist. Um die Zahl der nichterkennbaren Fehler zu verkleinern, ist es in erster Linie notwendig, Mehrfachfehler kleiner Ordnung, d. h. einfache, zweifache, dreifache Fehler, zu erkennen und zu korrigieren. Man erkennt sofort, daß dabei (bei unabhängigen Fehlern) die Fähigkeit des Kodes, Fehler zu erkennen und zu korrigieren, um so größer ist, je größer die Zahl der Elemente ist, in denen sich die erlaubten Kombinationen voneinander unterscheiden. Die kleinste Anzahl der Elemente, um die sich die erlaubten Kodekombinationen voneinander unterscheiden, bezeichnet man als Kodeabstand oder Hammingdistanz d. So ist in einem vierstelligen Kode, in dem die erlaubten Kombinationen 0000, 0111, 1010 und 1101 benutzt werden, der Kodeabstand gleich 2. Die Zahl der erkennbaren Fehler σ und der korrigierbaren Fehler t hängt mit dem Kodeabstand d folgendermaßen zusammen:

$$d = \sigma + 1, \tag{5.14}$$

$$d = 2t + 1. \tag{5.15}$$

Eine Dekodiereinrichtung, die für die Korrektur bestimmter Fehlerkombinationen ausgelegt ist, muß in ihrem „Speicher" sowohl die erlaubten als auch die nichterlaubten Kombinationen enthalten, die bei den vorgegebenen Fehlerkombinationen auftreten können. Dabei muß der Kode so aufgebaut sein, daß sich alle nichterlaubten Kombinationen, bei denen eine Fehlerkorrektur vorgenommen werden soll, voneinander unterscheiden. Deshalb können höchstens $N - K$ Kombinationen korrigiert werden.

Die allgemeinste Methode für den Aufbau eines Kodes, der für die Erkennung und Korrektur eines gegebenen Fehlertyps vorgesehen ist, ist die Methode einer tabellarischen Zusammenstellung, die darauf beruht, diejenigen Kodekombinationen auszuschließen, die bei dem gegebenen Fehlertyp zu nichterlaubten Kombinationen führen.

Es soll beispielsweise ein vierstelliger Kode aus vier erlaubten Kombinationen gefunden werden, der eine maximale Anzahl von unabhängigen Fehlern erkennt. Im vorliegenden Fall ist $n = 4$, $N = 16$, $K = 4$.

Die erlaubten Kombinationen wählen wir nach Tab. 5.2 aus. In dieser Tabelle sind alle möglichen Kombinationen zusammengestellt, die bei der Verfälschung einer beliebigen von sechzehn Kodekombinationen entstehen. In den ersten vier Zeilen sind alle einfachen Fehler, in den nächsten sechs Zeilen die zweifachen, in den folgenden vier Zeilen die dreifachen und schließlich in der letzten Zeile die vierfachen Fehler aufgeführt. Die Spalten entsprechen den 16 möglichen Kodekombinationen, von denen für den geforderten Kode vier Kombinationen ausgewählt werden sollen.

Die erste erlaubte Kodekombination kann frei gewählt werden. Es möge

Tabelle 5.2

Fehler-kombi-nationen	Gestörte Kombinationen, die aus folgenden 16 Kodekombinationen erhalten werden															
	1	2	3	4	5	6	7	8	9	10	11	12	13	14	15	16
	$\underline{0000}^1$	0001	0010	0011	0100	0101	0110	$\underline{0111}^2$	1000	1001	$\underline{1010}^3$	1011	1100	$\underline{1101}^4$	1110	1111
0001	0001	$(0000)_1$	0011	0010	0101	0100	$(0111)_2$	0110	1001	1000	1011	$(1010)_3$	$(1101)_4$	1100	1111	1110
0010	0010	0011	$(0000)_1$	0001	0110	$(0111)_2$	0100	0101	$(1010)_3$	1011	1000	1001	1110	1111	1100	$(1101)_4$
0100	0100	0101	0110	$(0111)_2$	$(0000)_1$	0001	0010	0011	1100	$(1101)_4$	1110	1111	1000	1001	$(1010)_3$	1011
1000	1000	1001	$(1010)_3$	1011	1100	$(1101)_4$	1110	1111	$(0000)_1$	0001	0010	0011	0100	0101	0110	$(0111)_2$
0011	0011	0010	0001	$(0000)_1$	$(0111)_2$	0110	0101	0100	1011	$(1010)_3$	1001	1000	1111	1110	$(1101)_4$	1100
0110	0110	$(0111)_2$	0100	0101	0010	0011	$(0000)_1$	0001	1110	1111	1100	$(1101)_4$	$(1010)_3$	1011	1000	1001
1100	1100	$(1101)_4$	1110	1111	1000	1001	$(1010)_3$	1011	0100	0101	0110	$(0111)_2$	$(0000)_1$	0001	0010	0011
1010	$(1010)_3$	1011	1000	1001	1110	1111	1100	$(1101)_4$	0010	0011	$(0000)_1$	0001	0110	$(0111)_2$	0100	0101
0101	0101	0100	$(0111)_2$	0110	0001	$(0000)_1$	0011	0010	$(1101)_4$	1100	1111	1110	1001	1000	1011	$(1010)_3$
1001	1001	1000	1011	$(1010)_3$	$(1101)_4$	1100	1111	1110	0001	$(0000)_1$	0011	0010	0101	0100	$(0111)_2$	0110
1110	1110	1111	1100	$(1101)_4$	$(1010)_3$	1011	1000	1001	0110	$(0111)_2$	0100	0101	0010	0011	$(0000)_1$	0001
0111	$(0111)_2$	0110	0101	0100	0011	0010	0001	$(0000)_1$	1111	1110	$(1101)_4$	1100	1011	$(1010)_3$	1001	1000
1011	1011	$(1010)_3$	1001	1000	1111	1110	$(1101)_4$	1100	0011	0010	0001	$(0000)_1$	$(0111)_3$	0110	0101	0100
1101	$(1101)_4$	1100	1111	1110	1001	1000	1011	$(1010)_3$	0101	0100	$(0111)_2$	0110	0001	$(0000)_1$	0011	0010
1111	1111	1110	$(1101)_4$	1100	1011	$(1010)_3$	1001	1000	$(0111)_2$	0110	0101	0100	0011	0010	0001	$(0000)_1$

die Kombination 0000 sein. Wir kennzeichnen diese Kombination in allen Zeilen, indem wir sie in Klammern setzen und mit dem Index 1 versehen. Aus der Tabelle ist ersichtlich, daß die Kombinationen 2, 3, 5 und 9 bereits durch einen einfachen Fehler in die erste für den gesuchten Kode ausgewählte Kombination 0000 übergehen und damit für die weitere Betrachtung ausscheiden. Die nächste erlaubte Kombination wählt man zweckmäßig aus den Kombinationen aus, die nur bei drei- und vierfachen Fehlern in die erste Kombination übergehen. Wir wählen 0111 (Kombination 8) und setzen sie in Klammern, die wir mit dem Index 2 kennzeichnen. Damit entfallen die Kombinationen 4, 6, 7 und 16 als Kodekombinationen, da sie durch einen einfachen Fehler in die zweite Kodekombination 0111 verfälscht werden können. Die restlichen Kombinationen 10, 11, 12, 13, 14 und 15, die noch als mögliche Kodekombinationen zur Verfügung stehen, können jeweils durch einen zweifachen und einen dreifachen Fehler in eine der beiden Kodekombinationen 0000 oder 0111 verfälscht werden. Aus diesen Kombinationen wählen wir die Kombination 1010 (Kombination 11) als dritte Kodekombination aus. In der Tabelle setzen wir sie in Klammern und kennzeichnen sie durch den Index 3. Aus der Tabelle ist ersichtlich, daß die Kombinationen 12 und 15 durch einen einfachen Fehler, die Kombinationen 10 und 13 durch einen zweifachen Fehler und Kombination 14 durch einen dreifachen Fehler in Kombination 11, die Kodekombination 1010, verfälscht werden. Deshalb wird als vierte Kodekombination die Kombination 14 (Kombination 1101) festgelegt.

Die gewählten vier erlaubten Kombinationen 0000, 0111, 1010 und 1101 ermöglichen es, alle Fehler, mit Ausnahme von einem zweifachen und zwei dreifachen Fehlern, zu erkennen. Wenn die Fehler im Kanal voneinander unabhängig sind und die mittlere Elementefehlerwahrscheinlichkeit $p_u = 10^{-3}$ beträgt, dann ist die Wahrscheinlichkeit p_{2E} für das Auftreten eines zweifachen Fehlers in einer vierelementigen Kodekombination gemäß Gl. (5.3)

$$p_{2E} = p_u^2 (1 - p_u)^2 \approx 10^{-6}.$$

Die Wahrscheinlichkeit für das Auftreten der zwei dreifachen Fehler ist gleich

$$2p_{3E} = 2p_u^3 (1 - p_u) \approx 10^{-9}.$$

Folglich ist die Gesamtwahrscheinlichkeit für das Auftreten der Fehler gleich

$$p_{2E} + 2p_{3E} \approx 10^{-6}.$$

Damit verringert sich die Wahrscheinlichkeit für das Auftreten von nichterkennbaren Fehlern durch Anwendung des von uns zusammengestellten Kodes fast um das Tausendfache.

Wir betrachten jetzt die Methode des Tabellierens für den Aufbau eines vierstelligen Kodes aus vier Kombinationen, der alle zweifachen Fehler korrigiert, die paarweise auftreten; es sind dies die Fehlerkombinationen 0011, 0110 und 1100. Im ganzen sind $3 \cdot 4 = 12$ Kombinationen möglich, die keine paarweise auftretenden Fehler enthalten, d. h., es sind nicht mehr als die Menge aller korrigierbaren Kodekombinationen $N—K = 16 - 4 = 12$[1]), so daß der gesuchte Kode im Prinzip völlig real ist.

In Tabelle 5.3 entspricht die Zahl der Spalten der Gesamtheit aller Kombinationen eines vierstelligen Kodes. Die Zeilen entsprechen den vorgegebenen Fehlern. Die erste Kodekombination ist, wie im vorangegangenen Beispiel, frei wählbar, z. B. 0010. Danach werden in allen Zeilen der Tabelle gekennzeichnet: erstens die frei gewählte Kombination selbst[2]) und zweitens alle drei Fehlerkombinationen, die bei ihrer Verfälschung entstehen[3]). Die zweite Kodekombination kann nur aus den Spalten der Tabelle ausgewählt werden, in denen keine Kombination in angegebener Weise gekennzeichnet ist. Nach entsprechender Kennzeichnung können auch die restlichen Kodekombinationen gefunden werden. Der Kode mit den geforderten Eigenschaften, der durch die Aufstellung der Tab. 5.3 erhalten worden ist, führt zu Tab. 5.4.

Die Methode der Zusammenstellung, die an Hand zweier Beispiele durchgeführt worden ist, ist die einfachste Methode für die Konstruktion eines Kodes. Bei relativ langen Kodes (größer als

Tabelle 5.3

Fehlerkombinationen	Gestörte Kombinationen, die aus den folgenden Kodekombinationen erhalten werden															
	0000	$(0001)_1$	[0010]	$(0011)_2$	$(0100)_1$	[0101]	$(0110)_2$	$(0111)_3$	$(1000)_3$	$(1001)_2$	1010	[1011]	[1100]	$(1101)_3$	$(1110)_1$	1111
0011	$(0011)_2$	$(0010)^1$	0001	0000	$(0111)_3$	0110	$(0101)^2$	$(0100)_1$	$(1011)^3$	1010	$(1001)_2$	1000	1111	$(1110)_1$	$(1101)_3$	1100
0110	$(0110)_2$	$(0111)_3$	0100	$(0101)^2$	$(0010)^1$	0011	0000	$(0001)^1$	$(1110)_1$	1111	1100	1101	1010	$(1011)_3$	$(1000)_3$	$(1001)_2$
1101	1100	$(1101)_3$	1110	1111	$(1000)_3$	1001	1010	$(1011)^3$	$(0100)_1$	$(0101)^2$	$(0110)_2$	0111	0000	$(0001)_1$	$(0010)^1$	$(0011)_2$

[1]) Vgl. Gl. (5.15) und nachfolgenden Text (D. Übersetz.).

[2]) Durch hochgestellten Index 1 (D. Übersetz.).

[3]) Durch tiefgesetzten Index 1 (D. Übersetz.).

5 ··· 6 Stellen) kann dieses Auswahlverfahren nur mittels elektronischer Rechenmaschinen durchgeführt werden. Für die Zusammenstellung kurzer Kodes kann diese Methode ohne weiteres von Hand angewendet werden.

Tabelle 5.4

Fehler-kombi-nationen	Gestörte Kombinationen, die aus den folgenden Kodekombinationen erhalten werden			
	0010	0101	1011	1100
0011	0001	0110	1000	1111
0110	0100	0011	1101	1010
1100	1110	1001	0111	0000

5.3. Allgemeine Kodier- und Dekodierverfahren

Das universelle Kodier- und Dekodierverfahren für Blocksicherung ist das Matrixverfahren. Das Blockschaltbild dafür ist in Abb. 5.2a gezeigt. Die Schaltsymbole und Bezeichnungen, die in diesem Kapitel benutzt werden, sind in Abb. 5.2b angegeben.

Von der Datenquelle gelangen die k-stelligen Datenzeichen auf den Eingang der Kodiereinrichtung. Jede eintreffende Informationskombination wird im Eingaberegister gespeichert; die Anzahl der Speicherplätze entspricht dabei der Anzahl der Binärstellen eines Datenzeichens. An die Ausgänge des Eingaberegisters ist ein Entschlüßler für die Informationskombinationen angeschlossen. Die Anzahl der UND-Glieder U, die dieser enthält, entspricht der Gesamtheit aller möglichen Kombinationen eines k-stelligen Kodes, d. h. 2^k. Am Ausgang eines UND-Gliedes erscheint nur dann ein Signal, wenn im Eingaberegister die entsprechende Kombination steht. Jedes Signal, das am Ausgang des Entschlüßlers für die Informationskombinationen auftritt, erzeugt mit Hilfe eines Verschlüßlers für die Kodekombinationen in den Speicherzellen des Senderegisters eine bestimmte n-stellige Kodekombination; diese Stellen werden dann nacheinander auf die Leitung gegeben.

Die Dekodierung der Kodekombinationen kann anhand der Kodeschaltungen analysiert werden, die in Abb. 5.3a, b dargestellt sind. In Abb. 5.3a ist die Schaltung einer fehlerkorrigierenden Dekodiereinrichtung und in Abb. 5.3b die Schaltung einer fehlererkennenden Dekodiereinrichtung gezeigt.

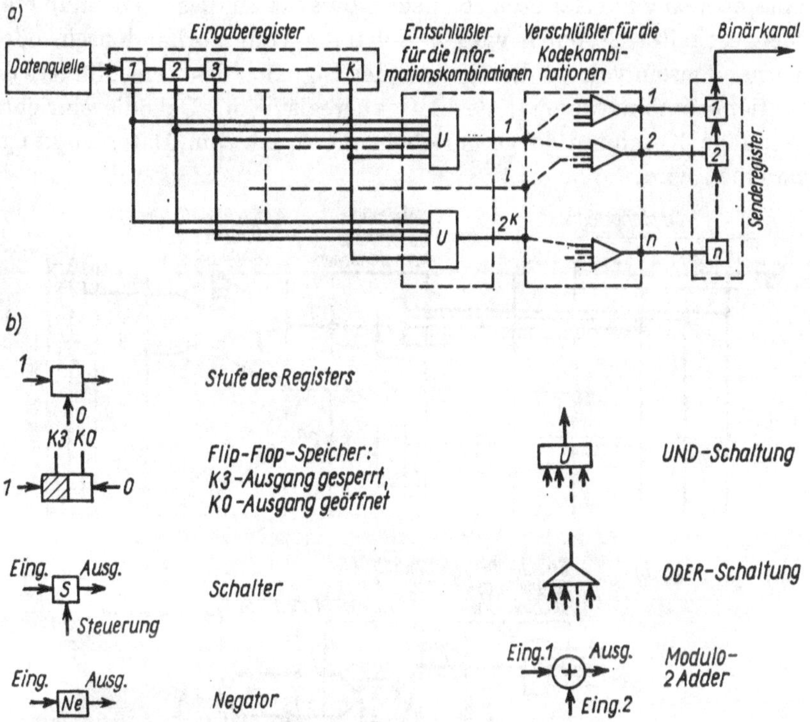

Abb. 5.2. Kodierung nach dem Matrixverfahren. a) Blockschaltbild der Kodiereinrichtung; b) Schaltsymbole und Bezeichnungen, die in den Blockschaltungen der Kodier- und Dekodiereinrichtungen verwendet werden

Die Kombinationen eines n-stelligen Kodes, die über den Nachrichtenkanal übertragen worden sind, werden in einem n-stelligen Empfangsregister gespeichert. Die empfangene Kodekombination gelangt an den Eingang des Entschlüßlers für die Kodekombinationen. Dieser hat 2^n Ausgänge; das ist die Anzahl aller möglichen Kodekombinationen. Davon entsprechen 2^k Ausgänge den erlaubten und die übrigen $(2^n - 2^k)$ Ausgänge den nichterlaubten Kombinationen. Wenn ein Übertragungssystem für die Korrektur einer bestimmten Anzahl von Fehlern vorgesehen ist, dann wird, wie schon früher bemerkt wurde, ein Kode ausgewählt, bei dem jedesmal eine andere nichterlaubte Kombination entsteht, wenn eine beliebige (erlaubte) Kodekombination durch ein korrigierbares Fehlermuster verfälscht wird, d. h., jede nichterlaubte Kombination kann einer bestimmten erlaubten Kombination zugeordnet werden. Deshalb (Abb. 5.3a) sind die Ausgänge der nichterlaubten Kombinationen des Entschlüßlers mit den Eingängen der ihnen entsprechenden erlaubten Kodekombinationen des Verschlüßlers zusammengeschaltet. Folglich wird unabhängig vom Vorhandensein oder Nichtvorhandensein von Fehlern gemäß den Signalen des Verschlüßlers der Informationskombinationen in das Ausgaberegister der Dekodiereinrichtung eine k-stellige Kombination geschrieben, die dann vom Datenempfänger übernommen wird.

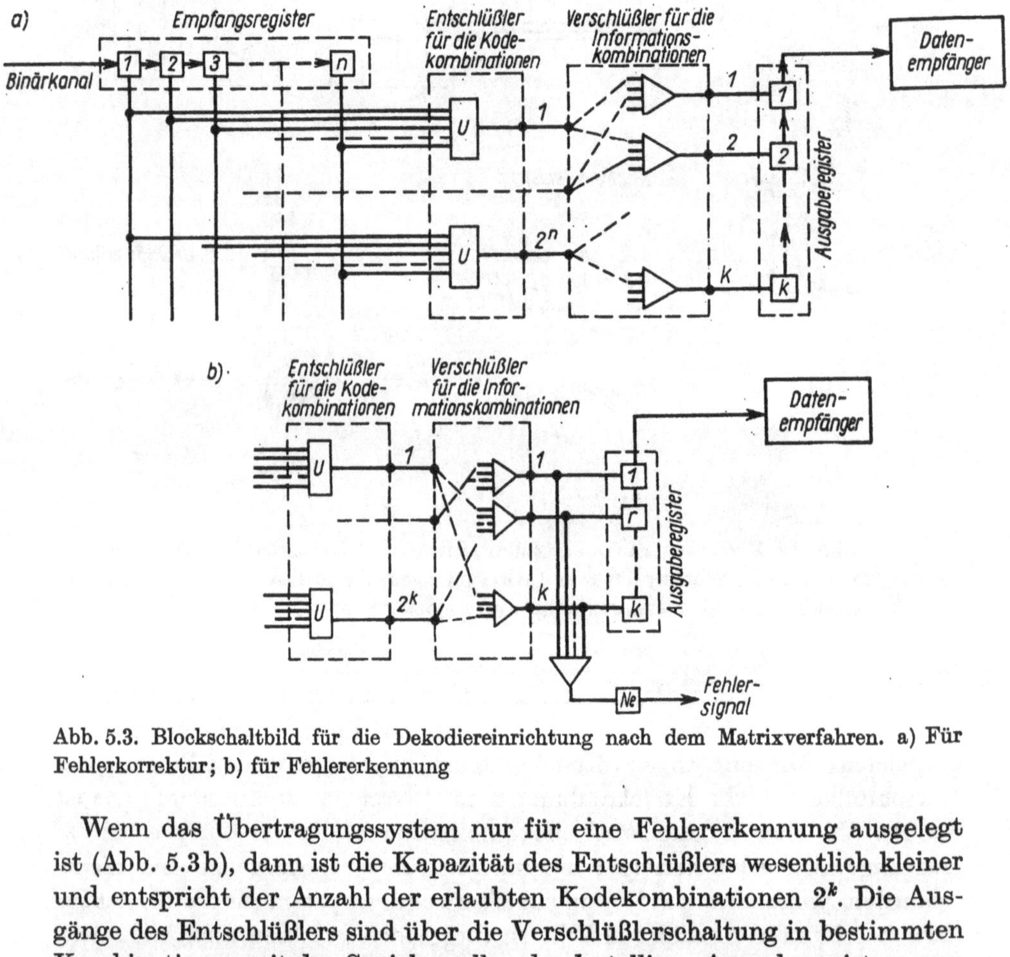

Abb. 5.3. Blockschaltbild für die Dekodiereinrichtung nach dem Matrixverfahren. a) Für Fehlerkorrektur; b) für Fehlererkennung

Wenn das Übertragungssystem nur für eine Fehlererkennung ausgelegt ist (Abb. 5.3b), dann ist die Kapazität des Entschlüßlers wesentlich kleiner und entspricht der Anzahl der erlaubten Kodekombinationen 2^k. Die Ausgänge des Entschlüßlers sind über die Verschlüßlerschaltung in bestimmten Kombinationen mit den Speicherzellen des k-stelligen Ausgaberegisters verbunden. Alle Ausgänge des Verschlüßlers werden außerdem durch eine ODER-Schaltung verknüpft und an den Eingang eines Negators gegeben. Man erkennt leicht, daß beim Empfang einer nichterlaubten Kodekombination die Information zwar nicht in das Ausgaberegister eingeschrieben, aber am Ausgang des Negators ein Fehlersignal erzeugt wird.

Aus dem Gesagten folgt, daß bei der Anwendung der Matrixmethode für die Kodierung und Dekodierung der Information die Anzahl der UND-Glieder in den Entschlüßlerschaltungen des Kodierers und des Dekodierers entweder 2^k (bei Fehlererkennung) oder 2^n (bei Fehlerkorrektur) beträgt. Mit der Vergrößerung der Länge der Kodekombination wächst der technische Aufwand sehr schnell. Bei der Verwendung eines 7stelligen Kodes werden für den Entschlüßler $2^7 = 128$ UND-Glieder benötigt. Die Dekodierung eines 100stelligen Kodes würde den Aufbau eines Entschlüßlers mit $2^{100} \approx 10^{30}$ UND-Gliedern erfordern.

Deshalb haben die regulären Verfahren für die Kodierung in der Datenübertragungstechnik weitgehende Anwendung gefunden; ihr Wesen besteht darin, daß die Umwandlung der Informationsfolgen in Kodes und umgekehrt bestimmten Gesetzen unterliegt, die automatisiert werden können. Dadurch kann der technische Aufwand für die Kodierung und Dekodierung wesentlich verkleinert werden.

5.4. Klassifizierung der Kodierverfahren

Alle gegenwärtig bekannten Kodes, die gegen Störungen gesichert sind, können in zwei Klassen eingeteilt werden: *Blockkodes* und *stetige Kodes.*

Bei den Blocksicherungsverfahren wird die Informationsfolge in einzelne Kombinationen (Blöcke) zerlegt, die einzeln kodiert und dekodiert werden. Die in der Datenübertragungstechnik verwendeten, gegen Störungen gesicherten Blockkodes sind *gleichmäßig,* d. h., alle Blöcke enthalten die gleiche Anzahl von Elementen.

Bei dem stetigen Kodierverfahren hat die Kodierung und Dekodierung stetigen Charakter. Die zu übertragende Datenfolge wird dabei durch die Einfügung der Prüfsymbole zwischen die Informationssymbole in einer ganz bestimmten Reihenfolge gebildet. Stetige Kodes werden manchmal auch als Kettenkodes oder rekurrente Kodes bezeichnet.

Je nachdem, nach welchem Verfahren die redundanten Stellen hinzugefügt werden, können bei den Blockkodes zwei Gruppen unterschieden werden: *teilbare* und *unteilbare.* Bei den teilbaren Kodes ist die Lage der Informations- und Kontrollstellen genau festgelegt. Aus den Informationselementen der reinen Nachricht werden die Kodekombinationen gebildet; die Informationselemente werden an bestimmten Plätzen der Kodekombination untergebracht. Die Prüfstellen, die nach einer bestimmten Vorschrift aus den Informationsstellen bestimmt werden, werden an den übrigen Plätzen dieser Kombination untergebracht.

Bei unteilbaren Kodes treten die Elemente der Kodekombination nicht getrennt als Informations- und Prüfelemente auf. Zu Kodes dieses Typs gehören die in der Telegrafie weit verbreiteten Kodes, bei denen das Verhältnis der Impulse verschiedener Polarität konstant ist, z. B. der internationale Telegrafenkode Nr. 3 mit einem Verhältnis zwischen Stromschritt und Pause von 3 : 4.

Teilbare Binärkodes können ihrerseits eingeteilt werden in *systematische* und *nichtsystematische* Kodes.

Als systematische Kodes bezeichnet man solche Kodes, bei denen die modulo-2-Summe zweier verschiedener Kodekombinationen wieder eine Kodekombination ergibt.

Nichtsystematische Kodes haben diese Eigenschaft nicht. Zu den nichtsystematischen Kodes gehören die Kodes mit Summenbildung, die in der Datenübertragungstechnik über Telegrafiekanäle Verbreitung gefunden haben.

Von den teilbaren Kodes sind die systematischen Kodes am weitesten verbreitet, und bei diesen bilden die *zyklischen Kodes* die größte und wichtigste Gruppe für die Praxis. Ihr Hauptmerkmal besteht darin, daß die zyklische Vertauschung der Elemente einer Kodekombination zu einer anderen Kodekombination desselben Kodes führt. Das Schema der beschriebenen Klassifikation zeigt Abb. 5.4.

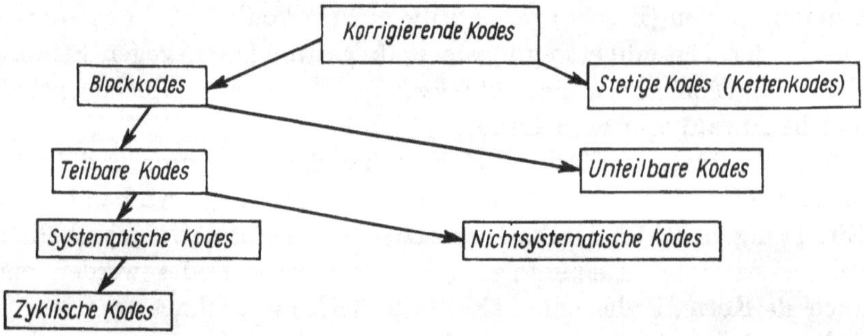

Abb. 5.4. Klassifizierung der Kodes

5.5. Eigenschaften systematischer Kodes

Bei systematischen Kodes sind auf den Informationsplätzen die Elemente der Informationskombination angeordnet und auf den Prüfplätzen die Elemente, die man aus der modulo-2-Summe bestimmter Informationselemente erhält.

Ein einfaches Beispiel für einen systematischen Kode ist ein Kode mit einer geraden Anzahl „Einsen", dessen Kodekombinationen n-stellig sind und die $n - 1$ Informationsstellen und eine Prüfstelle enthalten. Das Prüfzeichen ist gleich der modulo-2-Summe aller Informationsstellen. Wenn man die Elemente des Kodes mit $a_1, a_2, \ldots, a_{n-1}, a_n$ bezeichnet, dann ist

$$a_n = a_1 \oplus a_2 \oplus \cdots \oplus a_{n-1}. \tag{5.16}$$

Mit einem solchen Kode kann jede ungerade Anzahl fehlerhaft empfangener Elemente erkannt werden, d. h. das Entstehen oder Verlorengehen einer ungeraden Anzahl von „Einsen"[1]). Eine gerade Anzahl von Fehlern wird nicht erkannt.

Der Aufbau von systematischen Kodes beruht auf einigen Eigenschaften der Folgen von Binärzahlen. Wir wollen einige davon betrachten. Die Operationen Addition, Multiplikation und Division modulo 2 von Binärfolgen lassen sich auf die Elementaroperationen Addition und Multiplikation modulo 2 zweier Binärzahlen zurückführen, wie sie in Tab. 5.5 angegeben ist.

Tabelle 5.5

a	b	$a \oplus b$	$a \times b$
0	0	0	0
0	1	1	0
1	0	1	0
1	1	0	1

Die Operationen Addition, Multiplikation und Division modulo 2 von Binärfolgen werden durch folgende Beispiele veranschaulicht:

1. Addition

$$111010111001 \oplus 10110100011 = 101100011010$$

oder

$$\begin{array}{r} 111010111001 \\ \oplus \ \ 10110100011 \\ \hline 101100011010 \end{array}$$

2. Multiplikation

$$(110101) \times (1011) = 111110111$$

---

[1]) Bei einer Verfälschung von 0 in 1 oder von 1 in 0.

oder

$$
\begin{array}{r}
110101 \\
\times \quad 1011 \\
\hline
110101 \\
110101 \\
\oplus\ 110101 \\
\hline
111110111
\end{array}
$$

3. Division

$$(1110101011101) : (1011) = 1100001000 \text{ Rest } \frac{101}{1011}$$

oder

$$(1110101011101) : (1011) = 1100001000 + \frac{101}{1011}$$

$$
\begin{array}{l}
\oplus\ 1011 \\
\hline
\quad 1011 \\
\oplus\ \ 1011 \\
\hline
\qquad\quad 01011 \\
\qquad \oplus\ \ 1011 \\
\hline
\qquad\qquad\quad 101
\end{array}
$$

Die Division modulo 2 erfolgt nach den Regeln der arithmetischen Division, jedoch mit dem Unterschied, daß die Subtraktion des Divisors von dem Dividenden einer Addition modulo 2 gleichgesetzt werden kann.

Aus der Regel für die Addition von Binärfolgen ergibt sich unmittelbar folgende wichtige Eigenschaft systematischer Kodes: Die modulo-2-Summe zweier oder mehrerer Kombinationen eines systematischen Kodes ist wieder eine Kombination dieses Kodes, d. h., die Abhängigkeit zwischen Prüf- und Informationselementen in der Summenkombination ist dieselbe wie die der summierten Kombinationen. Man kann sich davon leicht überzeugen am Beispiel eines sehr einfachen systematischen Kodes mit einer geraden Anzahl „Einsen". Folglich genügt es, $k - 1$ Kodekombinationen anzugeben, wenn man einen systematischen Kode mit k Informationsstellen und 2^k verschiedenen Kombinationen beschreiben will. Die restlichen $2^k - k + 1$ Kombinationen erhält man leicht durch die Bildung aller möglichen modulo-2-Summen aus den angegebenen Kodekombinationen. Die letzte Kombination besteht ausschließlich aus Nullen.

Der Kodeabstand, um den sich die Ausgangs-Kodekombinationen voneinander unterscheiden, bleibt auch zwischen allen anderen Kombinationen, die sich aus den verschiedenen modulo-2-Summen aus den Ausgangskombinationen ergeben, erhalten.

Dieser Abstand ist um so größer, je größer die Redundanz des Kodes und je länger die Kodekombination ist. Für eine überschlägige Berechnung der erforderlichen Anzahl redundanter Stellen eines Kodes bei einem vorgegebenen Kodeabstand kann das hier ohne Beweis angegebene Kriterium WARMASCHOWS benutzt werden:

$$2^r \geqq 1 + \sum_{i=1}^{i=d-2} \binom{n-1}{i}. \qquad (5.17)$$

Hierin ist d der minimale Kodeabstand, r die Anzahl der Prüfstellen, n die Länge der Kodekombination.

Wir wollen ein allgemeines Verfahren für den Aufbau eines systematischen Kodes betrachten.

Für den Aufbau eines systematischen Kodes ist es im allgemeinen sehr zweckmäßig, die Begriffe Erzeugermatrix und Prüfmatrix zu verwenden (hierbei bezeichnet man als Matrix eine einfache Tabelle). Die Erzeugermatrix eines Kodes der Länge n mit k Informationsstellen hat n Spalten und k Zeilen. Meistens sind die Informationselemente auf den ersten k Plätzen des Kodes untergebracht. Dann wird eine Matrix konstruiert, die aus k Spalten und k Zeilen besteht und die in der Hauptdiagonalen „Einsen" und auf den übrigen Plätzen „Nullen" hat:

$$k\ \text{Zeilen} \left\{ \begin{array}{l} \overbrace{\;\;\;\;\;\;\;\;\;\;\;\;}^{k\ \text{Spalten}} \\ 100\ldots00 \\ 010\ldots00 \\ \ldots\ldots\ldots \\ 000\ldots10 \\ 000\ldots01 \end{array} \right.$$

Dieser Matrix wird rechts eine Matrix hinzugefügt, die aus r Spalten und k Zeilen besteht:

$$k\ \text{Zeilen} \left\{ \begin{array}{ll} \overbrace{\;\;\;\;\;\;\;\;\;\;\;\;}^{k\ \text{Spalten}} & \overbrace{\;\;\;\;\;\;\;\;\;\;\;\;}^{r\ \text{Spalten}} \\ 100\ldots00 & q_{11}q_{12}\ldots q_{1r} \\ 010\ldots00 & q_{21}q_{22}\ldots q_{2r} \\ \ldots\ldots\ldots & \ldots\ldots\ldots \\ 000\ldots10 & q_{i1}q_{i2}\ldots q_{ir} \\ 000\ldots01 & q_{k1}q_{k2}\ldots q_{kr} \end{array} \right.$$

Die erhaltene Erzeugermatrix ist in der sogenannten kanonischen Form dargestellt. Jede Zeile des hinzugefügten Teils der Matrix darf nicht weniger als $d - 1$ „Einsen" enthalten (d ist der vorgegebene Kodeabstand), und die modulo-2-Summe aus i beliebigen Zeilen muß (— auf den hinzugefügten r Plätzen — D. Übersetz.) mindestens $d - i$ „Einsen" enthalten. Im allgemeinen findet man die Kombinationen der hinzugefügten Matrix, indem die verschiedenen Kombinationen, die nicht weniger als $d - 1$ „Einsen" enthalten, herausgesucht werden.

Die restlichen Kodekombinationen erhält man, wie oben gezeigt worden ist, aus den modulo-2-Summen der n-stelligen Zeilen der Erzeugermatrix: zuerst Bildung der modulo-2-Summe aus zwei Zeilen, dann von drei Zeilen usw. bis zur Summe aller Zeilen.

Die Prüfmatrix dient dazu, den Algorithmus (d. h. das Gesetz) der Kodierung und Dekodierung des zusammengestellten systematischen Kodes zu definieren. Aus der Anordnung der „Einsen" in jeder Zeile dieser Matrix kann man durch Bildung der modulo-2-Summen der entsprechenden Stellen die Prüfstellen berechnen. Die Prüfmatrix kann aus der Erzeugermatrix auf folgende Weise gebildet werden: Man konstruiert eine Matrix der Ordnung $r \times r$ mit „Einsen" in der Hauptdiagonalen. Links davon schreibt man eine Matrix mit k Spalten und r Zeilen. In dieser Matrix entspricht jede Zeile einer Spalte der Prüfstellen in der Erzeugermatrix:

$$
\begin{array}{cc}
\overbrace{\qquad k \text{ Spalten} \qquad} & \overbrace{\quad r \text{ Spalten} \quad} \\
q_{11}q_{21}\ldots q_{k1} & 10\ldots0 \\
q_{12}q_{22}\ldots q_{k2} & 01\ldots0 \\
\ldots\ldots\ldots & \ldots\ldots \\
q_{1r}q_{2r}\ldots q_{kr} & 00\ldots1
\end{array}
\left.\vphantom{\begin{array}{c}1\\1\\1\\1\end{array}}\right\} r \text{ Zeilen}
$$

Betrachten wir ein Beispiel für die Konstruktion der beschriebenen Matrizen: Es soll ein Kode mit $n = 7$ aufgebaut werden, der alle einfachen Fehler korrigiert. Gemäß Gl. (5.15) ist das möglich, wenn der Kodeabstand gleich 3 ist. Aus Gl. (5.17) folgt, daß ein Kode mit $n = 7$ und einem Kodeabstand von 3 mindestens drei Prüfstellen haben muß.

Wir konstruieren die Matrix:

	1 2 3 4	5 6 7
1	1 0 0 0	0 1 1
2	0 1 0 0	1 0 1
3	0 0 1 0	1 1 0
4	0 0 0 1	1 1 1

Die Kombinationen für die Prüfstellen erhält man, indem man die $d - 1 = 2$ „Einsen", die in jeder dieser Kombinationen mindestens enthalten sind, so anordnet, daß der Kodeabstand (zwischen zwei Kombinationen der Prüfstellen) nicht kleiner als $d - 2 = 1$ ist. Die Zeilen der auf diese Weise zusammengestellten Matrix sind die ersten vier Kombinationen des gesuchten Kodes. Die fünfte Kombination ist die Nullkombination, sie ist gleich 0000 000. Die restlichen elf Kombinationen finden wir durch Bildung aller möglichen modulo-2-Summen aus den Zeilen der Matrix:

(0)	0000	000	1
(1)	1000	011	2
(2)	0100	101	3
(3)	0010	110	4
(4)	0001	111	5
1 + 2	1100	110	6
1 + 3	1010	101	7
1 + 4	1001	100	8
2 + 3	0110	011	9
2 + 4	0101	010	10
3 + 4	0011	001	11
1 + 2 + 3	1110	000	12
2 + 3 + 4	0111	100	13
1 + 3 + 4	1011	010	14
1 + 2 + 4	1101	001	15
1 + 2 + 3 + 4	1111	111	16

Man kann sich leicht davon überzeugen, daß der Kodeabstand in dem erhaltenen Kode gleich der kleinsten Anzahl „Einsen" ist, die in einer Kodekombination enthalten ist (mit Ausnahme der Nullkombination): $d = 3$. Aus Gl. (5.14) und Gl. (5.15) folgt, daß ein Kode mit $d = 3$ entweder die Erkennung von zwei unabhängigen Fehlern oder die Korrektur eines einzelnen Fehlers in einer Kodekombination ermöglicht.

Die Beziehungen zwischen den Prüf- und den Informationsstellen kann man leicht aus der Prüfmatrix entnehmen, die aus der Erzeugermatrix abgeleitet werden kann:

1 2 3 4	5 6 7
0 1 1 1	1 0 0
1 0 1 1	0 1 0
1 1 0 1	0 0 1

Jede Zeile der Prüfmatrix liefert eine Prüfgleichung. Die Elemente auf denjenigen Plätzen einer Kodekombination, die in einer Zeile der Prüfmatrix durch eine „Eins" gekennzeichnet sind, müssen geradzahlig sein.

Damit erfolgt die Prüfung der empfangenen Information nach folgendem Gleichungssystem:

$$a_5 \oplus a_2 \oplus a_3 \oplus a_4 = 0$$

$$a_6 \oplus a_1 \oplus a_3 \oplus a_4 = 0$$
$$a_7 \oplus a_1 \oplus a_2 \oplus a_4 = 0$$

Das Kodieren, d. h. das Berechnen der Prüfstellen, wird nach folgendem Algorithmus durchgeführt:

$$a_5 = a_2 \oplus a_3 \oplus a_4$$
$$a_6 = a_1 \oplus a_3 \oplus a_4$$
$$a_7 = a_1 \oplus a_2 \oplus a_4$$

Aus der Datenquelle gelangt beispielsweise die Information 1001 in die Kodiereinrichtung. Die Kodiereinrichtung kodiert die erhaltene Folge nach dem oben beschriebenen Algorithmus:

1001100

Die über den Kanal übertragene kodierte Information möge verfälscht werden, und zwar in 1011100. Die Prüfung auf Geradzahligkeit in der Dekodiereinrichtung liefert folgendes Ergebnis:

1. Prüfgleichung: $a_2 \oplus a_3 \oplus a_4 \oplus a_5 = 1$,
2. Prüfgleichung: $a_1 \oplus a_3 \oplus a_4 \oplus a_6 = 1$,
3. Prüfgleichung: $a_1 \oplus a_2 \oplus a_4 \oplus a_7 = 0$.

Für einen fehlererkennenden Kode ist die Aufgabe der Dekodierung damit erfüllt. Das Vorhandensein von „Einsen“ bei der Prüfung zeigt an, daß die Kombination verfälscht worden ist.

Bei einem fehlerkorrigierenden Kode kann der Fehler[1]) folgendermaßen beseitigt werden: Aus dem richtigen Ergebnis der 3. Prüfgleichung folgt, daß keines der Elemente a_1, a_2, a_4 und a_7 verfälscht worden ist. Der Fehler muß also in einem der Elemente a_3, a_5 oder a_6 enthalten sein. Von diesen Elementen erscheint nur das Element a_3 sowohl in der ersten als auch in der zweiten Gleichung. Folglich muß eben dieses Element verfälscht worden sein. Nach Umkehrung der Polarität des dritten Elementes erhalten wir die richtige Kombination: 1001100.

Die Kombination, die man erhält, wenn man die modulo-2-Summen bildet aus den übertragenen Prüfzeichen und den Prüfzeichen, die aus den übertragenen Informationskombinationen abgeleitet worden sind, nennt man Syndrom. Wie man leicht erkennt, entspricht das Syndrom vollkommen der Kombination, die die Prüfgleichungen zur Prüfung auf Geradzahligkeit liefert.

Wir wollen nun die Wahrscheinlichkeit für die Nichterkennbarkeit von Fehlern bei Verwendung eines systematischen Kodes abschätzen. Da jede erlaubte Kombination eines systematischen Kodes die modulo-2-Summe zweier anderer Kodekombinationen ist, kann der Übergang von einer er-

[1]) Bei dem Kodeabstand $d = 3$ sind nur einfache Fehler korrigierbar (D. Übersetz.).

laubten Kombination zu einer anderen nur dann erfolgen, wenn eine Fehlerkombination auftritt, die einer erlaubten Kombination entspricht. Infolgedessen ist für einen Kode der Länge n, der aus k Informationsstellen und r Prüfstellen besteht, die Gesamtzahl der möglichen Fehlermuster gleich $2^n - 1$. Dabei beträgt die Menge der nichterkennbaren Fehlerkombinationen in dem Kode $2^k - 1$, die der erkennbaren $2^n - 2^k = 2^k(2^r - 1)$. Damit ist das Verhältnis der Anzahl der erkennbaren Fehler zur Anzahl der nichterkennbaren

$$m = \frac{1}{2^r - 1}. \quad (5.18)$$

Der Parameter m ermöglicht es, die Wahrscheinlichkeit für die Erkennbarkeit von Fehlern abzuschätzen, wenn die Kodekombination durch ein dichtes Fehlerpaket gestört wird. Ist die Wahrscheinlichkeit für die Störung einer Kodekombination durch ein Fehlerpaket gleich p_F, so ist die Wahrscheinlichkeit für das Auftreten eines nichterkennbaren Fehlers etwa

$$p_{F_{ne}} \approx \frac{p_F}{2^r - 1}. \quad (5.19)$$

5.6. Hamming-Kode

Als Beispiel für einen systematischen Kode möge der weitverbreitete Hamming-Kode dienen. Als Grundlage für den Aufbau dieses Kodes gelten folgende Voraussetzungen: Der Kode besteht aus k Informations- und r Prüfstellen. Die Prüfstellen werden so gewählt, daß man beim Aufschreiben der Ergebnisse der 1., 2., ..., r-ten Prüfgleichung in binärer Form ($b_r, \ldots, b_2, b_1$) eine r-stellige Binärzahl erhält, die die Nummer der gestörten Stelle der Kodekombination angibt. Um durch eine r-stellige Binärzahl n verschiedene Ereignisse zu beschreiben, muß folgende Ungleichung berücksichtigt werden:

$$2^r = 2^{n-k} \geqq n + 1 \text{ oder } 2^k \leqq \frac{2^n}{n+1}. \quad (5.20)$$

Mit Hilfe dieser Ungleichung kann man die Kodelänge bei einer vorgegebenen Anzahl von Informationsstellen berechnen.

Die Nummer des verfälschten Elementes in einer Kodekombination erhält man beim Hamming-Kode aus der r-stelligen Binärkombination der Ergebnisse b_i der Prüfgleichungen, wenn man diese Binärkombination als eine in dualer Form geschriebene natürliche Zahl betrachtet (vgl. Tab. 5.6). Entsprechen die Ergebnisse der Prüfgleichungen, in die alle Stellen der Kodekombination einbezogen sind, der Anordnung der „Einsen“ in der betreffenden Zeile der Tabelle, dann besitzt der Kode die oben beschriebene

Eigenschaft. Die Prüfgleichungen werden aus den Spalten der Tab. 5.6 abgeleitet. In die erste Prüfgleichung gehen die Elemente auf denjenigen Plätzen der Kodekombination ein, die in der ersten Spalte der Tabelle durch eine „Eins“ gekennzeichnet sind:

Tabelle 5.6

Plätze der Kodekombinationen	Ergebnisse der Prüfgleichungen entsprechend den Plätzen der Kodekombinationen			
	b_1	b_2	b_3	b_4
1	1	0	0	0
2	0	1	0	0
3	1	1	0	0
4	0	0	1	0
5	1	0	1	0
6	0	1	1	0
7	1	1	1	0
8	0	0	0	1
9	1	0	0	1
10	0	1	0	1
11	1	1	0	1
12	0	0	1	1
13	1	0	1	1
14	0	1	1	1
15	1	1	1	1
16	0	0	0	0

$$b_1 = n_1 \oplus n_3 \oplus n_5 \oplus n_7 \oplus n_9 \oplus \dots$$

Die zweite und die folgenden Prüfgleichungen sind entsprechend aufgebaut:

$$b_2 = n_2 \oplus n_3 \oplus n_6 \oplus n_7 \oplus n_{10} \oplus n_{11} \oplus \dots$$
$$b_3 = n_4 \oplus n_5 \oplus n_6 \oplus n_7 \oplus n_{12} \oplus n_{13} \oplus \dots$$
$$b_4 = n_8 \oplus n_9 \oplus n_{10} \oplus n_{11} \oplus n_{12} \oplus n_{13} \oplus \dots$$

In der Kodekombination sind jene Plätze für die Prüfstellen vorzusehen, die nur in einer Prüfgleichung auftreten, d. h. die Plätze 1, 2, 4, 8, 16 usw.

Beispiel: Es soll eine fünfstellige Informationskombination nach dem Hamming-Kode kodiert werden. Aus der Beziehung (5.20) folgt, daß die Länge der Kodekombination dabei mindestens neun sein muß. Es sind also vier Prüfstellen erforderlich. Die Prüfstellen sind auf dem 1., 2., 4. und 8. Platz und die Informationsstellen auf dem 3., 5., 6., 7. und 9. Platz des Kodes angeordnet. Die Prüfstellen werden durch folgende Gleichungen bestimmt:

$$1 = 3 \oplus 5 \oplus 7 \oplus 9,$$
$$2 = 3 \oplus 6 \oplus 7,$$
$$4 = 5 \oplus 6 \oplus 7,$$
$$8 = 9.$$

Beispielsweise wird durch die Kodierung die Informationskombination 11011 in folgende Kodekombination umgesetzt:

1	2	3	4	5	6	7	8	9
$\boxed{0}$	$\boxed{0}$	1	$\boxed{0}$	1	0	1	$\boxed{1}$	1

Bei der Übertragung möge diese Kodekombination in 001000111 verfälscht worden sein. Bei der Dekodierung liefern die Prüfgleichungen folgende Ergebnisse:

$$b_1 = 1 \oplus 3 \oplus 5 \oplus 7 \oplus 9 = 1,$$
$$b_2 = 2 \oplus 3 \oplus 6 \oplus 7 = 0,$$
$$b_3 = 4 \oplus 5 \oplus 6 \oplus 7 = 1,$$
$$b_4 = 8 \oplus 9 = 0.$$

Aus den Ergebnissen der Prüfgleichungen erhält man die Dualzahl 0101 (das ist die Dezimalzahl 5), die Nummer des fehlerhaften Kodeelementes.

5.7. Kodier- und Dekodierverfahren für systematische Kodes

Mit Hilfe systematischer Kodes kann die Kodierung und Dekodierung einer Information wesentlich vereinfacht werden. In Abb. 5.5 ist das Blockschaltbild einer Kodiereinrichtung für einen systematischen Kode mit k Informations- und r Prüfstellen dargestellt. Die Kodiereinrichtung enthält zwei Schieberegister mit r bzw. k Stufen und r modulo-2-Adder. Jedes Adder bildet aus der modulo-2-Summe bestimmter Informationsstellen ein Prüfelement.

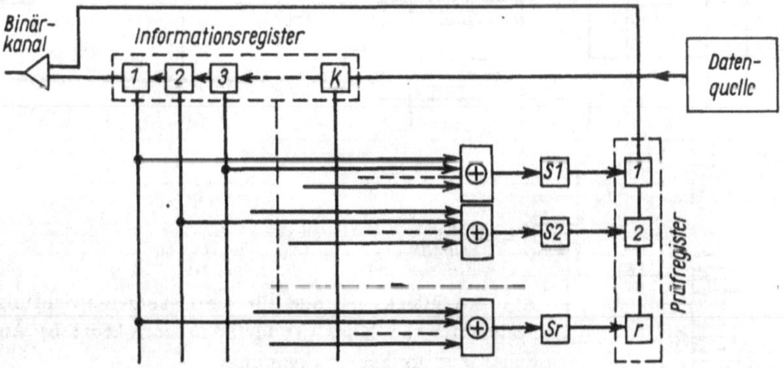

Abb. 5.5. Blockschaltbild für die Kodiereinrichtung bei einem systematischen Kode

Die Informationsfolge wird auf den Eingang der k-ten Stufe des Registers gegeben und in Richtung der 1. Stufe verschoben. Sobald das Schieberegister mit k Stellen der Informationsfolge gefüllt ist, wird der Informationseingang abgeschaltet. Mit dem nächsten Takt des Registers werden die Schalter *S1*, . . ., *Sr* geöffnet und die r Prüfstellen des Kodes, die durch die Adder gebildet werden, gleichzeitig vom Prüfregister übernommen.

Mit den nächsten k Schiebetakten gelangen die k Informationselemente aus dem ersten Register und mit den folgenden r Takten die r Prüfelemente des Kodes aus dem zweiten Register in den Kanal.

Die für eine Fehlerkorrektur vorgesehene Dekodiereinrichtung (Abb. 5.6 a) enthält ein $(n + 1)$-stufiges Schieberegister, r modulo-2-Adder, einen Entschlüßler für die Syndromkombination und einen Verschlüßler für die Kombination, die die fehlerhafte Stelle anzeigt. Durch die Adder werden die Prüfgleichungen realisiert; sie bilden die modulo-2-Summe aus bestimmten Informationselementen und dem entsprechenden Prüfelement. Wenn jedes Informations- und Prüfelement richtig übertragen worden ist, erhält man an allen Adderausgängen „Null". Bei Vorhandensein von erkennbaren Fehlern entsteht an den Adderausgängen irgendeine Syndromkombination.

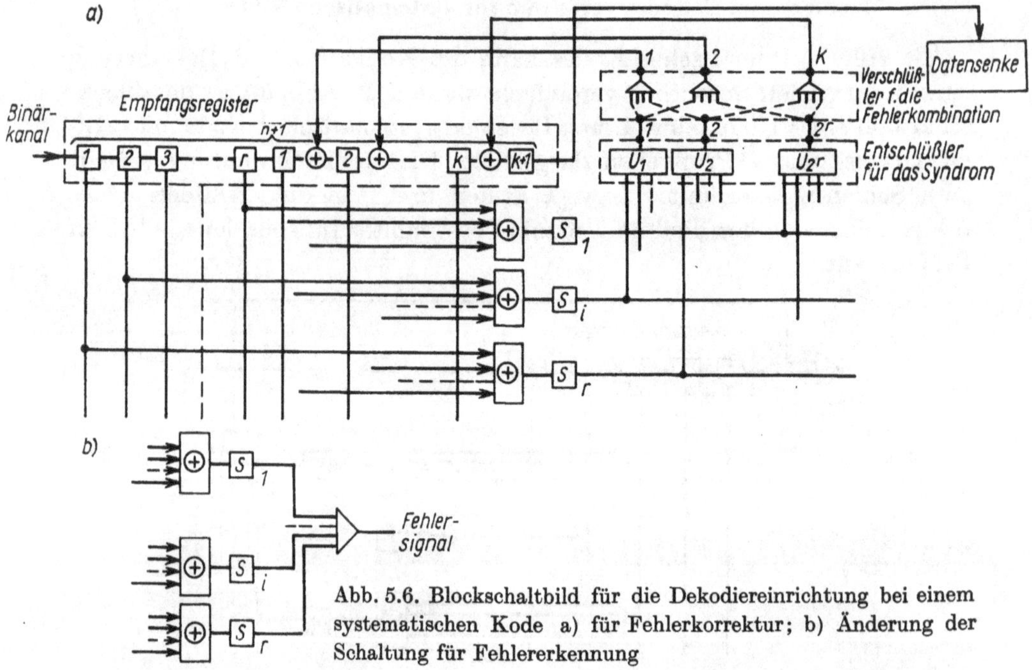

Abb. 5.6. Blockschaltbild für die Dekodiereinrichtung bei einem systematischen Kode a) für Fehlerkorrektur; b) Änderung der Schaltung für Fehlererkennung

Die kodierte Folge gelangt vom Kanal an den Eingang der ersten Stufe des Registers und wird in Richtung der $(n+1)$-ten Stufe verschoben. Sobald die gesamte Kodekombination im Schieberegister steht, werden mit dem n-ten Takt die Schalter $S1, \ldots, Sr$ geöffnet, und die durch die Adder gebildete Syndromkombination gelangt auf die Eingänge des Entschlüßlers für die Syndromkombination. Dieser Entschlüßler hat 2^r Ausgänge, von denen jeder einer bestimmten Syndromkombination entspricht. Das Signal der entschlüsselten Syndromkombination gelangt auf die Eingänge des Verschlüßlers für die Fehlerkombinationen. An den Ausgängen des Verschlüßlers erhält man die Fehlerkombination, die die verfälschte Stelle direkt anzeigt[1]). So entsteht zum Beispiel bei dem oben betrachteten systematischen Kode (s. Abschn. 5.5) an den Ausgängen des Verschlüßlers die Fehlerkombination 0001000, wenn an dessen Eingängen die Syndromkombination 111 anliegt. Die Fehlerkombination gelangt mit dem nächsten Takt auf die Eingänge jener Adder, die zwischen den einzelnen Stufen des Registers liegen, in denen die Informationsstellen enthalten sind. Mit dem $(n+1)$-ten Takt wird die gesamte Information im Register eine Stufe weitergeschoben; dabei wird das Kodeelement, das über ein modulo-2-Adder mit einer „Eins" verknüpft wird, negiert. Damit ist die Fehlerkorrektur beendet. Die korrigierte Information kann vom Informationsempfänger übernommen werden.

Wenn das Dekodiersystem nur für eine Fehlererkennung verwendet wird (Abb. 5.6b), sind alle Ausgänge des Entschlüßlers durch eine ODER-Schaltung verknüpft, die das Auftreten eines Fehlers durch ein Fehlersignal anzeigt.

Der Aufwand an Speicherelementen der Dekodiereinrichtung reduziert sich also bei Verwendung systematischer Kodes von 2^k auf 2^r. Für verschiedene spezielle systematische Kodes können die Kodier- und Dekodiereinrichtungen noch mehr vereinfacht werden.

Zu den wirksamsten systematischen Kodes gehören die zyklischen Kodes.

5.8. Eigenschaften zyklischer Kodes

Eine ausführliche Darlegung der Theorie zyklischer Kodes erfordert Spezialkenntnisse der Algebra; das geht jedoch über den Rahmen des vorliegenden Lehrbuches hinaus. Deshalb werden einige Eigenschaften zyklischer Kodes ohne Beweis angeführt.

In der Theorie zyklischer Kodes ist es üblich, die Kodekombinationen in Form von Polynomen darzustellen:

$$b_0 + b_1 x + b_2 x^2 + \cdots + b_{n-1} x^{n-1}.$$

Die Kodekombination 101011011 wird z. B. durch das Polynom

$$x^0 + x^1 + x^3 + x^4 + x^6 + x^8$$

beschrieben. Die Stelle in der Kodekombination, die am weitesten rechts steht, entspricht vereinbarungsgemäß der niedrigsten Potenz des Polynoms.

---

[1]) Von diesem Verschlüßler werden nur k Ausgänge benötigt, denn die r Prüfstellen brauchen nicht korrigiert zu werden (D. Übersetz.).

Eine der charakteristischsten Eigenschaften zyklischer Kodes, die ihnen auch ihren Namen gegeben hat, besteht darin, daß man aus einer (erlaubten) Kodekombination $a_1 a_2 \cdots a_{n-1}$ durch zyklische Vertauschung der Stellen die Kodekombination $a_{n-1} a_1 a_2 \cdots a_{n-2}$ erhält, die zu demselben Kode gehört wie die ursprüngliche Kombination.

Ein zyklischer Kode wird durch sein sogenanntes Erzeugerpolynom $q\,(x)$ beschrieben. Das Erzeugerpolynom ist so aufgebaut, daß das Binom $1 + x^n$ ohne Rest durch $q\,(x)$ geteilt werden kann. Der Grad des Erzeugerpolynoms ist gleich der Anzahl der Prüfstellen des Kodes: $r = n - k$.

Wenn das Erzeugerpolynom durch die Kombination $a_0 a_1 a_2 \ldots a_r$ dargestellt wird, hat die Erzeugermatrix des zyklischen Kodes die Form

$$k\left\{\begin{matrix} \overbrace{a_0\, a_1\, a_2 \ldots a_r}^{r+1} & \overbrace{0\,0\,0 \ldots 0}^{k-1} \\ 0\;\; a_0\, a_1 \ldots\;\; . & a_r\, 0\, 0 \ldots 0 \\ 0\;\; 0\;\; a_0 \ldots\;\; . & .\; a_r\, 0 \ldots 0 \\ .\;\; \ldots\ldots\;\; . & \ldots\ldots 0 \\ 0\;\; 0\;\; 0 \ldots\;\; . & a_0 a_1 a_2 \ldots 0 \\ 0\;\; 0\;\; 0 \ldots\;\; . & 0\; a_0 a_1 \ldots a_r \end{matrix}\right.$$ [1])

Die erste Zeile der Erzeugermatrix ist die Kombination des Erzeugerpolynoms, dem $k - 1$ Nullen hinzugefügt worden sind. Die übrigen Zeilen erhält man aus der ersten durch zyklische Vertauschung. Die Matrix liefert k Kodekombinationen.

Die restlichen $2^k - k - 1$ Kodekombinationen erhält man, indem man alle möglichen modulo-2-Summen aus den Zeilen der Erzeugermatrix bildet.

Aus der Erzeugermatrix eines zyklischen Kodes folgt unmittelbar eine seiner wichtigsten Eigenschaften: Da jede der k Zeilen der Erzeugermatrix selbst die Kombination des Erzeugerpolynoms enthält und auf den übrigen Plätzen durch Nullen ergänzt wird, kann sie ohne Rest durch das Erzeugerpolynom $q\,(x)$ geteilt werden. Folglich müssen auch alle übrigen Kodekombinationen, die aus den modulo-2-Summen der Ausgangs-Kodekombinationen gebildet werden, ohne Rest durch das Erzeugerpolynom $q\,(x)$ teilbar sein.

Auf diese Eigenschaft gründet sich eine der wichtigsten Methoden für die Kodierung und Dekodierung zyklischer Kodes: Man erhält einen Rest, wenn man eine beliebige k-stellige Informationsfolge, die durch Anhängen von r Nullen auf n Stellen erweitert worden ist, unter Berücksichtigung der

[1]) Die oben angeführte Matrix wurde für den Spezialfall $k = r + 3$ aufgeschrieben (D. Übersetz.).

modulo-2-Arithmetik durch das Erzeugerpolynom teilt. Die modulo-2-Summe aus dem Rest und der Informationsfolge, der die Nullen angehängt worden sind, ist natürlich ohne Rest durch das Erzeugerpolynom teilbar und ist folglich eine erlaubte Kodekombination.

Ist eine Kodekombination nicht ohne Rest durch das Erzeugerpolynom teilbar, dann enthält diese empfangene Kombination Fehler. Eine Kodekombination möge durch ein Fehlerpaket der Länge l

$$A(x) = X^j A_0(x)$$

verfälscht worden sein, wobei j der Platz des ersten verfälschten Elementes ist, mit dem das Fehlerpaket beginnt, und $A_0(x) = 1 + a_1 x + a_2 x^2 + \ldots + a_l x^l$.

Man erkennt leicht, daß Fehler in dieser Kombination nicht erkannt werden können, wenn das Polynom $A_0(x)$ ohne Rest durch $q(x)$ teilbar ist. Dieser Fall kann nur dann eintreten, wenn der Grad des Polynoms $A_0(x)$ höher ist als der Grad des Polynoms $q(x)$. Folglich erkennt ein beliebiger zyklischer Kode mit Sicherheit alle Fehlerpakete, deren Länge gleich dem Grad von $q(x)$ oder kleiner ist, d. h. der Länge, die gleich der Anzahl der Prüfelemente ist.

Durch Bilden der modulo-2-Summen aus den verschiedenen Zeilen der Erzeugermatrix kann man diese in ihre kanonische Form umwandeln:

$$\begin{matrix} q_{11}q_{12}\ldots q_{1r}100\ldots00 \\ q_{21}q_{22}\ldots q_{2r}010\ldots00 \\ \cdot\;\cdot\;\cdot\cdot\cdot\cdot\;\cdot\cdot\cdot\cdot\cdot\cdot\cdot\cdot \\ q_{k1}q_{k2}\ldots q_{kr}000\ldots01 \end{matrix}$$

Aus der Erzeugermatrix in ihrer kanonischen Form kann nach den früher angegebenen Regeln die Prüfmatrix gebildet werden. Sie kann aber auch mit Hilfe des Polynoms konstruiert werden, das man beim Teilen des Binoms $1 + x^n$ durch das Erzeugerpolynom $q(x)$ erhält:

$$h(x) = \frac{1 + x^n}{q(x)} = b_0 + b_1 x + \cdots + b_k x^k. \tag{5.21}$$

Wenn das Polynom $h(x)$ durch die Kombination $b_0 b_1 \ldots b_k$ dargestellt wird, hat die Prüfmatrix die Form

$$r\left\{\overbrace{\begin{matrix} b_0b_1\ldots b_k0 & 00\ldots00\ldots0 \\ 0\,b_0\ldots\; b_k & 00\ldots00\ldots0 \\ 00\ldots\; b_{k-1}b_k0 & \ldots00\ldots0 \\ \cdot\cdot\cdot\cdot\cdot\cdot & \cdot\cdot\cdot\cdot\cdot\cdot\cdot\cdot\cdot\cdot \\ 00\ldots\ldots & \ldots\; \underbrace{b_0b_1\ldots b_k}_{k+1} \end{matrix}}^{n}\right.$$

Die Besonderheit der erhaltenen Prüfmatrix besteht darin, daß bei allen r Prüfgleichungen die gleichen Kodeelemente summiert werden, die relativ zueinander in derselben Reihenfolge angeordnet und nur bei jeder Prüfgleichung um eine Stelle verschoben sind. Die Zyklizität, die die Struktur der betrachteten Kodes bestimmt, ermöglicht es, für die Kodierung ein rückgekoppeltes Schieberegister zu verwenden.

5.9. Kodier- und Dekodierverfahren für zyklische Kodes

Die Kodier- und Dekodiereinrichtungen für zyklische Kodes können entweder auf der Grundlage der modulo-2-Prüfgleichungen entsprechend dem Prüfpolynom $h(x)$ aufgebaut sein, oder sie sind so konstruiert, daß durch sie die logischen Operationen, die für die modulo-2-Division der Informationsfolge durch das Erzeugerpolynom notwendig sind, realisiert werden.

In Abb. 5.7a ist eine Kodiereinrichtung für die Multiplikation mit dem Prüfpolynom gezeigt. Sie enthält entsprechend den k Informationsstellen ein k-stufiges Schieberegister. Die Ausgänge der an der zyklischen Prüfung

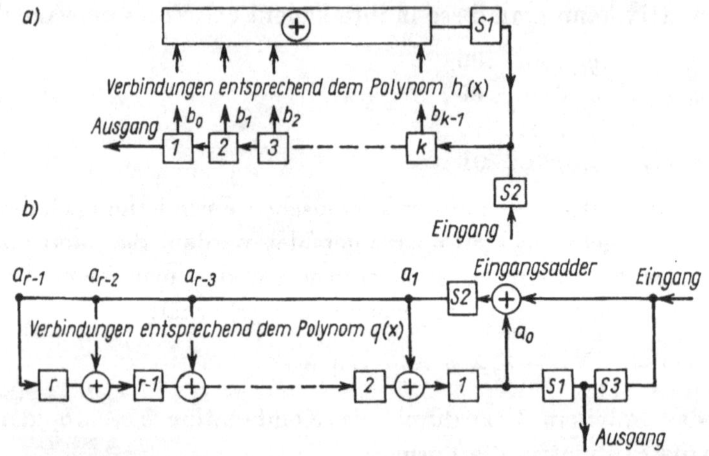

Abb. 5.7. Blockschaltbild für die Kodiereinrichtung bei einem zyklischen Kode a) für die Multiplikation mit dem Prüfpolynom; b) für die Division durch das Erzeugerpolynom $q(x)$

beteiligten Stufen des Schieberegisters sind an die Eingänge eines Adders angeschlossen. Es handelt sich dabei um diejenigen Stufen des Registers, die in dem Polynom $h(x)$ einer Eins entsprechen. Der Ausgang des Adders ist über den Schalter *S1* auf den Eingang des Registers rückgekoppelt.

Die Schaltung arbeitet folgendermaßen: Die Informationsfolge gelangt mit k Takten über den Schalter $S2$ in die Kodiereinrichtung. Schalter $S1$ ist dabei geöffnet. Sobald das Register mit k Informationssymbolen belegt ist, wird Schalter $S2$ geöffnet und Schalter $S1$ im Rückkopplungszweig geschlossen. Mit den nächsten n Takten erscheinen nacheinander alle Stellen der Kodekombination am Ausgang der Kodiereinrichtung. Dabei werden zunächst die k Informationselemente ausgegeben, die im Register gespeichert waren. Mit jedem Takt wird über das modulo-2-Adder aus den dafür vorgesehenen Informationselementen ein Prüfelement gebildet, das in die k-te Stufe des Schieberegisters eingeschrieben wird. Nach r Takten liegt die gesamte Kodekombination vor, aber vom Kanal sind vorläufig nur $n - k$ Stellen übernommen worden. Die restlichen $k - r$ Informationselemente und r Prüfelemente befinden sich noch im Register. Jetzt wird Schalter $S2$ von neuem geschlossen und Schalter $S1$ geöffnet. Eine neue Informationskombination gelangt in das Register. Die im Register verbliebenen k Elemente der vorhergehenden Kombination werden auf den Nachrichtenkanal gegeben.

In Abb. 5.7b ist das Blockschaltbild einer Kodiereinrichtung für die Division durch das Erzeugerpolynom gezeigt. Das r-stufige Schieberegister enthält ebenfalls modulo-2-Adder; sie befinden sich vor den Stufen, die im Erzeugerpolynom einer Eins entsprechen.

Die Schaltung arbeitet folgendermaßen: Anfangs ist Schalter $S1$ geöffnet und Schalter $S2$ geschlossen. Die Informationsfolge gelangt gleichzeitig auf das Eingangsadder und über Schalter $S3$ direkt auf den Kanal. Dabei werden im Register r Prüfelemente gebildet; diese Prüfelemente entsprechen dem Rest, den man bei der Division der Informationsfolge durch das Erzeugerpolynom erhält. Nach dem Eintreffen des letzten Informationselements wird Schalter $S1$ geschlossen und mit Schalter $S2$ die Rückkopplung aufgetrennt.

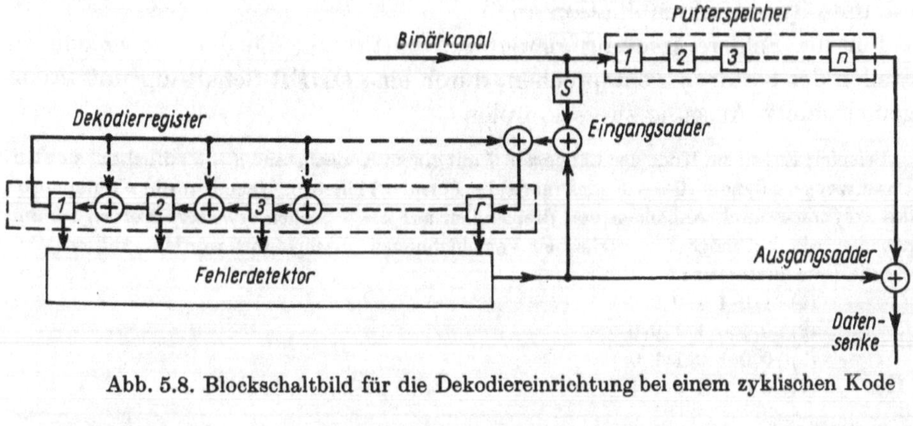

Abb. 5.8. Blockschaltbild für die Dekodiereinrichtung bei einem zyklischen Kode

Die Schaltung arbeitet dann als einfaches Schieberegister, und mit den folgenden $n - k$ Takten werden die r Prüfelemente an den Kanal übergeben.

Welches der beiden betrachteten Verfahren für die Kodierung (und Dekodierung) zu bevorzugen ist, hängt von dem Verhältnis der Anzahl der Prüfelemente zu der Anzahl der Informationselemente ab.

Das Blockschaltbild einer Dekodiereinrichtung ist in Abb. 5.8 angegeben. Bei der Betrachtung der Arbeitsweise der Dekodiereinrichtung kann man die Schaltung heranziehen, die in Abb. 5.7b gezeigt ist, nur mit dem Unterschied, daß das Eingangsadder dabei nicht mit dem Ausgang der ersten, sondern mit dem Eingang der letzten Stufe des Registers verbunden ist. Die empfangene kodierte Folge gelangt gleichzeitig in ein Pufferregister und über den Schalter S in das Dekodierregister. Nach n Takten befindet sich im Pufferregister die gesamte empfangene Kodekombination.

Wenn die Kombination nicht verfälscht worden ist, enthalten nach dem n-ten Takt alle Stufen des Dekodierregisters eine „Null". Wenn die empfangene Kombination eine korrigierbare Anzahl Fehler enthält, steht nach dem Eintreffen der letzten Stelle der Kodekombination im Dekodierregister die Syndromkombination, die der Fehlerkombination entspricht. Die Syndromkombination wird durch einen Fehlerdetektor analysiert.

Auf Grund dieser Analyse gibt der Fehlerdetektor immer dann, wenn ein fehlerhaftes Element aus dem Pufferregister an die Datensenke übergeben werden soll, eine „Eins" auf das Ausgangsadder. Das fehlerhafte Element wird dadurch negiert, d. h. korrigiert. Gleichzeitig wird eine Eins auf das Eingangsadder gegeben, und durch die Korrektur des Dekodierregisters wird das Erkennen von nachfolgenden Fehlern ermöglicht. Nach Beendigung eines Zyklus werden alle Stufen des Dekodierregisters in die Nullstellung gebracht.

Der Fehlerdetektor ist eine logische Entschlüßlerschaltung, die eine bestimmte Syndromkombination angibt.

Für die Fehlererkennung genügt es, die Stufen, die den verschiedenen Stellen des Syndroms entsprechen, durch eine ODER-Schaltung mit einem gemeinsamen Ausgang zu verknüpfen.

Beispiel: Es soll ein Kode der Länge $n = 7$ mit einem Kodeabstand $d = 3$ aufgebaut werden. Das Erzeugerpolynom dieses Kodes möge die Form 1011 haben. Nachdem die Kombination des Polynoms durch Anhängen von drei Nullen auf $n = 7$ Stellen erweitert worden ist und nachdem die drei möglichen zyklischen Verschiebungen durchgeführt worden sind, erhalten wir die Erzeugermatrix:

(1) 1 0 1 1 0 0 0
(2) 0 1 0 1 1 0 0
(3) 0 0 1 0 1 1 0
(4) 0 0 0 1 0 1 1

Die Bildung der modulo-2-Summen aus der zweiten und dritten, aus der ersten, zweiten und dritten und schließlich aus der zweiten, dritten und vierten Zeile der Matrix führt zu der kanonischen Form der Erzeugermatrix:

$$\begin{matrix} 1 & 0 & 1 & 1 & 0 & 0 & 0 \\ 1 & 1 & 1 & 0 & 1 & 0 & 0 \\ 1 & 1 & 0 & 0 & 0 & 1 & 0 \\ 0 & 1 & 1 & 0 & 0 & 0 & 1 \end{matrix}$$

Die Zeilen der dargestellten Matrix entsprechen den ersten vier Kombinationen des Kodes. Die fünfte Kombination ist die Nullkombination. Die restlichen elf Kombinationen können durch Bildung aller möglichen modulo-2-Summen aus den Zeilen der Matrix gefunden werden. In Tab. 5.7 sind sämtliche erlaubte Kodekombinationen angegeben.

Tabelle 5.7

Laufende Nummer	Kodekombinationen		Bildungsvorschrift
	Prüfstellen	Informations-stellen	
1	101	1000	1
2	111	0100	2
3	110	0010	3
4	011	0001	4
5	010	1100	1 ⊕ 2
6	011	1010	1 ⊕ 3
7	110	1001	1 ⊕ 4
8	001	0110	2 ⊕ 3
9	100	0101	2 ⊕ 4
10	101	0011	3 ⊕ 4
11	100	1110	1 ⊕ 2 ⊕ 3
12	000	1011	1 ⊕ 3 ⊕ 4
13	010	0111	2 ⊕ 3 ⊕ 4
14	001	1101	1 ⊕ 2 ⊕ 4
15	111	1111	1 ⊕ 2 ⊕ 3 ⊕ 4
16	000	0000	Summe aller 15 Kombinationen

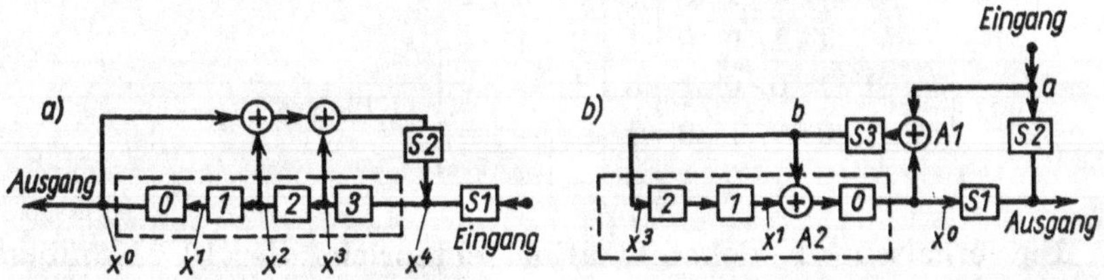

Abb. 5.9. Beispiel für die Kodiereinrichtung bei einem zyklischen Kode a) für die Multiplikation mit dem Prüfpolynom; b) für die Division durch das Erzeugerpolynom

Man kann sich leicht davon überzeugen, daß der minimale Abstand zwischen den Kodekombinationen gleich drei ist. So ermöglicht der erhaltene Kode die Korrektur eines einzelnen Fehlers und die sichere Erkennung eines beliebigen zweifachen Fehlers.

Die Kodiereinrichtung kann durch die Schaltungen, die in Abb. 5.9a und Abb. 5.9b dargestellt sind, realisiert werden. Betrachten wir zunächst die Arbeitsweise der ersten Schaltung. Das Polynom der Prüfmatrix finden wir durch Gl. (5.21). Weil $1 + x^n \triangleq 10000001$ und $q(x) \triangleq 1011$, ist

```
10000001 : 1011 = 10111
1011
----
 1100
 1011
 ----
  1110
  1011
  ----
   1011
   1011
   ----
```

Folglich: $h(x) \triangleq 10111$.

An der Prüfung sind die Stellen 0, 2, 3 und 4 beteiligt. Deshalb kann der Prozeß der Prüfung auch so geschrieben werden: $4 = 0 \oplus 2 \oplus 3$, d. h., an den Eingang des Adders werden die Ausgänge der 0., 2. und 3. Stufe geführt, und das Resultat der Addition wird in die 4. Stufe geschrieben.

Es möge die Informationsfolge 1100 in die Kodiereinrichtung gelangen. Schalter *S2* ist dabei geöffnet (Abb. 5.9a). Sobald die letzte Informationsstelle eingetroffen ist, wird Schalter *S2* geschlossen, und es beginnt die Bildung der Kodekombination, wie es in der nachstehenden Tabelle gezeigt ist:

	0	1	2	3	
	1	1	0	0	
1	1	0	0	1	r Takte
1 1	0	0	1	0	
1 1 0	0	1	0	1	
1 1 0 0	1	0	1	–	k Takte
1 1 0 0 1	0	1	–	–	
1 1 0 0 1 0	1	–	–	–	
1 1 0 0 1 0 1	–	–	–	–	

Die erhaltene Kodekombination entspricht der 10. Kombination in Tab. 5.7.

Jetzt wollen wir die Arbeitsweise der Schaltung für die Division durch das Erzeugerpolynom betrachten (Abb. 5.9b). Bei der Kodierung sind die

Schalter *S2* und *S3* geschlossen und der Schalter *S1* geöffnet. Die Informationsfolge, z. B. 1100, gelangt zum Ausgang und parallel dazu auf das Adder *A1*. Die Bildung der Prüfelemente im Register im Verlauf von *k* Takten veranschaulicht Tab. 5.8.

Tabelle 5.8

Taktnummer	Information an verschiedenen Punkten der Schaltung				
	Punkt *a*	Punkt *b*	Stufe 2	Stufe 1	Stufe 0
0	0	0	0	0	0
1	1	1	1	0	1
2	1	0	0	1	0
3	0	0	0	0	1
4	0	1	1	0	1

Während der nächsten drei Takte wird Schalter *S1* geschlossen, und die Prüfstellen, die sich im Register befinden, werden herausgeschoben. Man erhält die Kodekombination 1100101.

Die Dekodierung mit Korrektur eines Einzelfehlers kann durch eine Schaltung realisiert werden, wie sie in Abb. 5.10 gezeigt ist. Die Schaltung ist entsprechend der in Abb. 5.8 dargestellten Dekodierschaltung aufgebaut. Die Wirkungsweise dieser Schaltung ist bereits dort beschrieben worden. Wir wollen jetzt ihre Arbeitsweise beim Empfang unverfälschter und verfälschter Kodekombinationen betrachten.

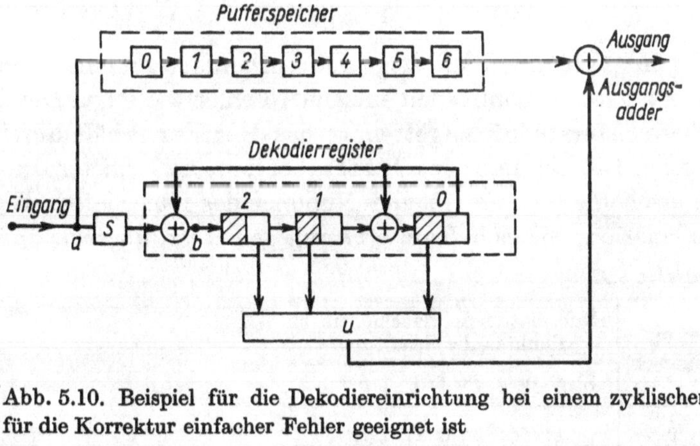

Abb. 5.10. Beispiel für die Dekodiereinrichtung bei einem zyklischen Kode, die für die Korrektur einfacher Fehler geeignet ist

Beim Empfang der Kodekombination 1100101 kann die Arbeitsweise der Dekodiereinrichtung durch Tab. 5.9 beschrieben werden.

Tabelle 5.9

Taktnummer	Information an verschiedenen Punkten der Schaltung				
	Punkt *a*	Punkt *b*	Stufe 2	Stufe 1	Stufe 0
0	0	0	0	0	0
1	1	1	1	0	0
2	1	1	1	1	0
3	0	0	0	1	1
4	0	1	1	0	0
5	1	1	1	1	0
6	0	0	0	1	1
7	1	0	0	0	0

Am Ende des Dekodierprozesses steht in keiner Stufe des Registers eine „Eins". Daraus folgt, daß die Kodekombination keine Fehler enthält.

Es möge jetzt die Informationsfolge 1101101 empfangen werden. Die Dekodiereinrichtung arbeitet jetzt folgendermaßen (Tab. 5.10):

Tabelle 5.10

Taktnummer	Information an verschiedenen Punkten der Schaltung				
	Punkt *a*	Punkt *b*	Stufe 2	Stufe 1	Stufe 0
0	0	0	0	0	0
1	1	1	1	0	0
2	1	1	1	1	0
3	0	0	0	1	1
4	1	0	0	0	0
5	1	1	1	0	0
6	0	0	0	1	0
7	1	1	1	0	1

Die Syndromkombination 101 zeigt das Vorhandensein eines Fehlers an. Man korrigiert den angenommenen einzelnen Fehler wie folgt: Der Eingang des Dekodierregisters wird aufgetrennt; das Register erhält aufeinanderfolgende Takte. Die Nummer des Taktes, bei dem im Register die Kombination 100 erscheint, stimmt mit der Nummer des fehlerhaften Elementes in der Kombination, wie es in Tab. 5.11 angegeben ist, überein.

Tabelle 5.11

Taktnummer	Information an verschiedenen Punkten der Schaltung		
	Stufe 0	Stufe 1	Stufe 2
0	1	0	1
1	1	1	1
2	1	1	0
3	0	1	1
4	1	0	0

Mit dem 4. Takt erscheint am Ausgang der UND-Schaltung, die auf die Kombination 100 anspricht, eine Eins, die auf das Ausgangsadder gelangt. Gleichzeitig kommt aus dem Pufferregister das 4. Element der Kodekombination auf den anderen Eingang des Adders. Am Ausgang des Adders ist das Element der 4. Stelle negiert. Die korrigierte Kombination hat die Form 1100101.

5.10. Beispiele für zyklische Kodes

Die wichtigste Aufgabe beim Aufbau zyklischer Kodes besteht darin, das Erzeugerpolynom entsprechend den vorgegebenen Bedingungen aufzubauen. So muß ein Kode, der für die Korrektur einer bestimmten Anzahl unabhängiger Fehler vorgesehen ist, einen entsprechenden Kodeabstand haben. Ist der Kode für die Korrektur von Fehlerpaketen vorgesehen, dann muß er so aufgebaut sein, daß Fehlerpakete der vorgegebenen Länge korrigiert bzw. erkannt werden können.

Zu den günstigsten Kodes für die Korrektur unabhängiger Fehler gehören die zyklischen Kodes nach Bose-Chaudhuri.

Betrachten wir eines der möglichen Verfahren für den Aufbau des Erzeugerpolynoms für Bose-Chaudhuri-Kodes. Das Erzeugerpolynom des Kodes wird durch den vorgegebenen Kodeabstand und die Länge der Kodekombination bestimmt. Die Länge der Kodekombination für einen Bose-Chaudhuri-Kode findet man durch den Ausdruck

$$n = 2^m - 1\,, \tag{5.22}$$

wobei m eine beliebige ganze Zahl ist. So kann die Größe n gleich 3, 7, 15, 31, 63, 127, 255, 511, 1023 usw. sein.

Die maximal mögliche Anzahl der Prüfelemente des Kodes ist $\frac{m\,(d-1)}{2}$. Folglich bestimmt sich die Anzahl der Informationselemente aus der Beziehung

$$k \geqq (2^m - 1) - \frac{m\,(d-1)}{2}\,. \tag{5.23}$$

Das Erzeugerpolynom eines Bose-Chaudhuri-Kodes ist das kleinste gemeinsame Vielfache (KGV) der sogenannten minimalen Polynome $m_i(x)$, wobei $i = 1, 3, 5, \ldots, d-2$ die Ordnungszahl des Polynoms ist:

$$q(x) = \mathrm{KGV}\,\{m_1(x)\,m_3(x)\,\ldots\,m_{d-2}(x)\}\,. \tag{5.24}$$

Tabelle 5.12

Nummer des Polynoms i	Minimale Polynome vom Grade m								
	2	3	4	5	6	7	8	9	10
1	7	13	23	45	103	211	435	1021	2011
3	—	—	37	75	127	217	567	1131	2017
5	—	—	07	67	147	235	763	1461	2415
7	—	—	—	—	111	367	551	1231	3771
9	—	—	—	—	015	277	675	1423	2257
11	—	—	—	—	155	325	747	1055	2065
13	—	—	—	—	—	203	453	1167	2157
15	—	—	—	—	—	—	727	1541	2653
17	—	—	—	—	—	—	023	1333	3515
19	—	—	—	—	—	—	545.	1605	2773
21	—	—	—	—	007	313	613	1027	3753
23	—	—	—	—	—	345	543	1751	2033
25	—	—	—	—	—	—	433	1743	2443
27	—	—	—	—	—	—	477	1617	3573
29	—	—	—	—	—	—	—	1553	2461
31	—	—	—	—	—	—	—	—	3043
33	—	—	—	—	—	—	—	—	0075
35	—	—	—	—	—	—	—	1401	3023
37	—	—	—	—	—	—	537	1157	3543
39	—	—	—	—	—	—	—	1715	2107
41	—	—	—	—	—	—	—	1563	2745
43	—	—	—	—	—	—	703	1713	2431
45	—	—	—	—	—	—	471	1175	3061
47	—	—	—	—	—	—	—	—	3177
49	—	—	—	—	—	—	—	—	3525
51	—	—	—	—	—	—	037	1725	2547
53	—	—	—	—	—	—	—	1225	2617
55	—	—	—	—	—	—	—	1275	3453
57	—	—	—	—	—	—	—	—	3121

In Tab. 5.12 sind die berechneten Werte für die minimalen Polynome vom Grade $m = 2 \cdots 10$ angegeben. Die Werte $m_i(x)$ sind in dieser Tabelle im Oktalsystem geschrieben. So entspricht z. B. das Polynom mit der Ordnungszahl 19 für den Grad $m = 10$, das in der Tabelle durch die Zahl 2773 beschrieben ist, der Binärfolge

2	7	7	3
010	111	111	011

Für die Festlegung des Erzeugerpolynoms eines Kodes mit der Länge $n = 2^m - 1$ und dem Kodeabstand d müssen alle Werte der minimalen Polynome herausgeschrieben werden, die dem vorgegebenen m bis einschließlich der Ordnungszahl $d - 2$ entsprechen. Wenn es die Ordnungszahl $d - 2$ in der Tabelle nicht gibt, muß man die nächstniedrigere Zahl nehmen.

Es soll ein Kode der Länge $n = 15$ ($m = 4$) mit $d = 7$ aufgebaut werden,

Tabelle 5.13

Länge der Kodekombination n	Anzahl der Prüfstellen r	Erzeugerpolynom	Abstand zwischen zwei nichterkennbaren Fehlern T_{ne} in Std.
15	6	$1 + x + x^2 + x^3 + x^6$	3
27	7	$1 + x + x^4 + x^7$	41
63	8	$1 + x + x^2 + x^5 + x^8$	29
121	9	$1 + x + x^6 + x^9$	>278
255	10	$1 + x^2 + x^4 + x^7 + x^{10}$	>278
487	11	$1+x+x^2+x^3+x^4+x^5+x^6+x^7+x^9+x^{11}$	>278
1023	12	$1 + x^3 + x^4 + x^5 + x^{12}$	>278
1999	13	$1 + x^2 + x^3 + x^4 + x^6 + x^7 + x^8 + x^9 + x^{11} + x^{12} + x^{13}$	>278
19	8	$1 + x + x^4 + x^6 + x^8$	143
35	9	$1 + x^3 + x^4 + x^6 + x^9$	143
82	10	$1 + x^2 + x^3 + x^5 + x^7 + x^{10}$	>278
164	11	$1 + x^2 + x^3 + x^5 + x^7 + x^{10} + x^{11}$	>278
511	12	$1 + x^3 + x^5 + x^8 + x^{12}$	>278
1023	13	$1 + x + x^3 + x^6 + x^{12} + x^{13}$	>278
1647	14	$1+x^3+x^4+x^5+x^6+x^8+x^9+x^{10}+x^{13}+x^{14}$	>278
24	10	$1 + x^2 + x^3 + x^5 + x^6 + x^7 + x^{10}$	>278
47	11	$1 + x + x^2 + x^3 + x^4 + x^5 + x^7 + x^9 + x^{11}$	>278
127	12	$1 + x + x^3 + x^6 + x^7 + x^8 + x^{11} + x^{12}$	>278
290	13	$1 + x^2 + x^5 + x^6 + x^7 + x^{10} + x^{13}$	>278
765	14	$1 + x^2 + x^8 + x^9 + x^{14}$	>278
31	12	$1 + x + x^3 + x^4 + x^5 + x^6 + x^9 + x^{11} + x^{12}$	58
64	13	$1 + x + x^3 + x^6 + x^7 + x^8 + x^{11} + x^{13}$	>287
165	14	$1+x^3+x^5+x^7+x^8+x^9+x^{10}+x^{11}+x^{12}+x^{14}$	>278
363	15	$1 + x + x^2 + x^4 + x^5 + x^6 + x^7 + x^8 + x^{12} + x^{13} + x^{14} + x^{15}$	>278
819	16	$1 + x^2 + x^3 + x^4 + x^7 + x^9 + x^{10} + x^{11} + x^{12} + x^{14} + x^{15} + x^{16}$	>278
31	14	$1 + x^3 + x^7 + x^8 + x^9 + x^{11} + x^{14}$	>278
99	15	$1 + x^3 + x^4 + x^8 + x^9 + x^{10} + x^{11} + x^{15}$	>278
144	16	$1 + x + x^2 + x^4 + x^7 + x^8 + x^9 + x^{10} + x^{11} + x^{12} + x^{13} + x^{14} + x^{15} + x^{16}$	>278
50	16	$1 + x^3 + x^4 + x^6 + x^8 + x^{11} + x^{13} + x^{16}$	>278

der in der Lage ist, sechs unabhängige Fehler zu erkennen oder drei zu korrigieren. Damit wird das Erzeugerpolynom

$$q(x) = m_1(x)\, m_3(x)\, m_5(x)\,.$$

Aus der Tabelle finden wir

$$m_1(x) \triangleq 23 \quad \text{oder} \quad 10011\,,$$
$$m_3(x) \triangleq 37 \quad \text{oder} \quad 11111\,,$$
$$m_5(x) \triangleq 07 \quad \text{oder} \quad 111\,.$$

Hieraus erhält man $q(x) \triangleq 10100110111$; das Prüfpolynom ist damit $h(x) \triangleq 101011$.

Durch Aufstellen der Erzeugermatrix kann man sich davon überzeugen, daß der erhaltene Kode tatsächlich einen Kodeabstand von $d = 7$ hat, und daß die maximale Länge eines mit Sicherheit erkennbaren Fehlerpaketes gleich 11 ist.

Die Verfahren, mit Tabellen und Berechnungen das Erzeugerpolynom eines zyklischen Kodes zu bestimmen, lassen es bei weitem nicht immer zu, eine eindeutige Auswahl des besten Polynoms für einen bestimmten Kanaltyp und für eine bestimmte Fehlerverteilung zu treffen. Deshalb haben in der letzten Zeit maschinelle Methoden zur Auswahl der besten Kodes und ihrer Erzeugerpolynome breite Anwendung gefunden.

So sind z. B. mit Hilfe eines Rechenautomaten diejenigen Erzeugerpolynome für zyklische Kodes ausgewählt worden, die sich am besten *für die Fehlererkennung in Telefoniekanälen* eignen. Die Auswahl erfolgte auf der Grundlage statistischer Daten über die Fehlerverteilung bei der Übertragung von Signalen nach dem DPM-Verfahren mit 1200 bit/s. Die Fehlerwahrscheinlichkeit durch Impulse war dabei $10^{-4} \cdots 10^{-5}$. Das Verteilungsgesetz für Fehlerpakete mit einer Länge größer als 3 entspricht annähernd dem in Abschn. 5.1 beschriebenen.

Die Ergebnisse dieser Auswahl sind in Tab. 5.13 angegeben. Die Wirksamkeit der in der Tabelle angegebenen Kodes wird durch den mittleren Abstand zwischen zwei nicht erkennbaren Fehlern (T_{ne}) in Stunden bestimmt.

5.11. Einige nichtsystematische Kodes

Zu den nichtsystematischen Blockkodes, die in der Telegrafie und bei der Datenübertragungstechnik weit verbreitet sind, gehören Kodes mit einem konstanten Gewicht und Kodes, bei denen eine Kontrollsumme gebildet wird.

Kodes mit konstantem Gewicht sind dadurch charakterisiert, daß alle erlaubten Kombinationen eine bestimmte Anzahl Einsen enthalten. Eine Veränderung dieser Anzahl zeigt das Vorhandensein eines Fehlers an. Ein typisches Beispiel für diesen Kode ist der siebenstellige Kode, bei dem das Verhältnis zwischen Einsen und Nullen 3 : 4 ist (jede Kombination dieses Kodes enthält drei Einsen und vier Nullen). Bei diesem Verhältnis kann der siebenstellige. Kode $\binom{7}{3} = 35$ erlaubte Kombinationen enthalten. Man erkennt leicht, daß es für einen Kode dieses Typs nicht möglich ist, Fehler zu erkennen, die durch eine Verschiebung entstehen, d. h. wenn eine Eins durch einen Fehler in eine Null übergeht und aus einer Null eine Eins wird. Man kann zeigen, daß bei unabhängigen Fehlern der Koeffizient der Fehlererkennung eines 7-Kanal-Kodes

$$K_{\text{erk}} = 1 - \frac{12 p_u^2 (1 - p_u)^5}{1 - (1 - p_u)^7} \tag{5.25}$$

ist, wobei p_u die Wahrscheinlichkeit für die Verfälschung eines Symbols der übertragenen Nachricht ist.

Das Wesen von Kodes mit Bildung einer Kontrollsumme besteht in folgendem: Die für die Übertragung vorgesehene Nachricht wird in eine bestimmte Anzahl Unterblöcke zerlegt. Meistens wird als einzelner Unterblock die fünfstellige Standardkombination des Telegrafenkodes verwendet. Die Prüfsymbole des Kodes stellen die Summe der Unterblöcke dar. Bei einem solchen Aufbau kann der Kode Fehlerpakete bis zu der Länge eines Unterblockes erkennen. Am wirksamsten sind Kodes mit Bildung einer Kontrollsumme in unsymmetrischen Kanälen.

5.12. Stetige Kodes

In der Datenübertragungstechnik werden außer den Blockkodes auch stetige Kodes verwendet. Bei stetigen Kodes ist die Informationsfolge nicht in Blöcke eingeteilt, und die Kodierung und Dekodierung verlaufen stetig. Jedes Prüfelement wird aus zwei oder mehr Informationselementen gebildet; dabei entstehen alle Prüfelemente nach derselben Vorschrift. Stetige Kodes können Fehlerpakete erkennen und korrigieren.

Ein sehr einfacher stetiger Kode ist der Kettenkode. Dieser Kode hat eine Redundanz von 0,5. Er kann Fehlerpakete der Länge l unter der Bedingung erkennen, daß der Abstand zwischen zwei benachbarten Paketen größer als $3l + 1$ ist. Das heißt, daß zwischen dem letzten Element des einen und dem ersten Element des folgenden Paketes mindestens $3l + 1$ fehlerfreie Elemente liegen müssen. Die Länge der korrigierbaren Fehlerpakete ist immer ein Vielfaches von zwei.

Betrachten wir als Beispiel einen Kettenkode, mit dem Fehlerpakete bis zur Länge sechs korrigiert werden können. Die Schaltung der Kodiereinrichtung ist in Abb. 5.11 gezeigt. Auf den Eingang des Registers wird die

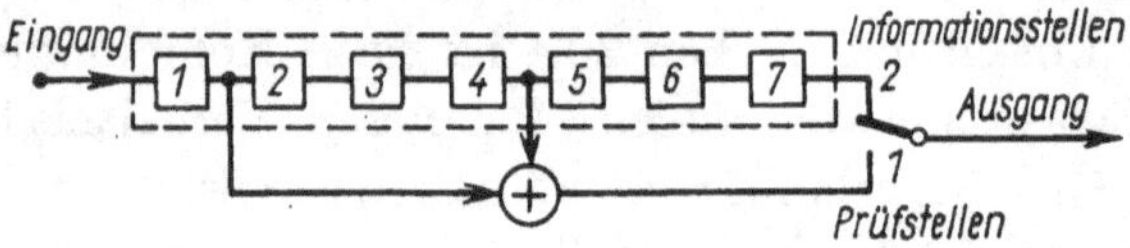

Abb. 5.11. Blockschaltbild für die Kodiereinrichtung bei einem Kettenkode

Informationsfolge gegeben. Über einen Umschalter gelangen abwechselnd die Informationselemente und die Prüfelemente an den Ausgang. Die Informationselemente werden dabei vom Registerausgang geliefert und die Prüfelemente aus der modulo-2-Summe der Elemente gebildet, die sich in der 1. und 4. Stufe des Registers befinden. Das Register besteht aus $l + 1 = 7$ Stufen.

Man erkennt leicht, daß jedes Informationselement zweimal an der Bildung der modulo-2-Summe beteiligt ist: das erste Mal in der 1. Stufe des Registers, das zweite Mal in der 4. Stufe. So wird beispielsweise, wenn sich das Informationselement a_i in der 1. Stufe befindet, das Prüfelement $b_i = a_i \oplus a_{i-3}$ gebildet, und wenn es sich in der 4. Stufe befindet, wird das Prüfelement $b_{i+3} = a_{i+3} \oplus a_i$ gebildet.

Die Informationselemente werden bei der gegebenen Schaltung auf die Leitung gegeben, nachdem sie das Register durchlaufen haben. Folglich gelangt unmittelbar nach der Übertragung des Prüfelements $b_i = a_i \oplus a_{i-3}$ das Informationselement a_{i-6} auf den Kanal, und nach dem Prüfelement $b_{i+3} = a_{i+3} \oplus a_i$ wird das Informationselement a_{i-3} übertragen.

Die Schaltung der Dekodiereinrichtung ist in Abb. 5.12 gezeigt. Mit Hilfe

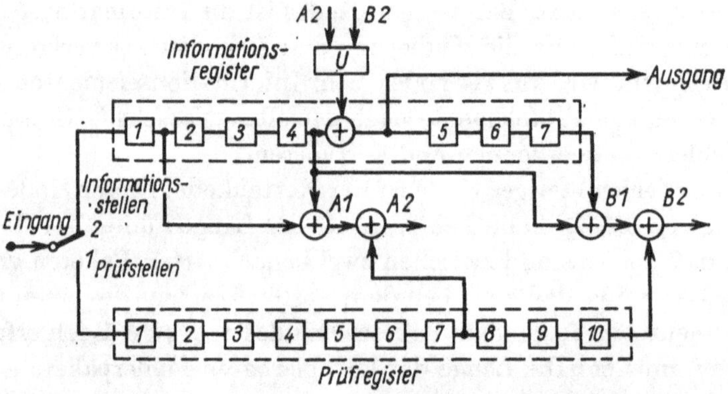

Abb. 5.12. Blockschaltbild für die Dekodiereinrichtung bei einem Kettenkode

eines synchronen Umschalters wird die empfangene kodierte Folge so geteilt, daß die Informationsstellen in das obere Register und die Prüfstellen in das untere Register eingeschrieben werden. Während sich das Informationselement a_i in der 4. Stufe des oberen Registers befindet, enthält die 1. Stufe dieses Registers das Element a_{i+3} und die 7. Stufe das Informationselement a_{i-3}. Folglich werden an den Ausgängen der Adder *A1* und *B1* die Kontrollsymbole $a_{i+3} \oplus a_i$ und $a_i \oplus a_{i-3}$ gebildet. Da die Reihenfolge der Elemente in der Leitung nicht verändert wird, befindet sich in der 4. Stufe des unteren Registers das empfangene Prüfelement $a_{i+3} \oplus a_i$, und die 10. Stufe dieses Registers enthält die Prüfstelle $a_i \oplus a_{i-3}$.

Aus den Informationselementen werden in bekannter Weise neue Prüfelemente gebildet, die wir im Unterschied zu den Prüfelementen, die übertragen worden sind, als Kontrollelemente bezeichnen wollen. Wenn die kodierte Folge im Übertragungskanal nicht verfälscht worden ist, stimmen die Kontroll- und die Prüfelemente an den Eingängen der Adder *A2* und *B2* überein, und an ihren Ausgängen treten keine Fehlersignale auf. Die Ausgänge der Adder *A2* und *B2* sind durch eine UND-Schaltung miteinander verknüpft, von deren Ausgang ein Signal auf den 2. Eingang des Adders gelangt, das sich am Ausgang der 4. Stufe des oberen Registers befindet. Damit können Fehler in der kodierten Informationsfolge korrigiert werden. Wie man leicht erkennt, liefern die Adder *A2* und *B2* gleichzeitig ein Fehlersignal, wenn das Informationselement a_i verfälscht ist und alle übrigen Elemente, die an der jeweiligen Prüfung beteiligt sind, nicht verfälscht wurden. In dem Adder erfolgt dabei die Korrektur des verfälschten Elements, und am Ausgang der Dekodiereinrichtung erscheint die korrigierte Informationsfolge.

Die Signale *A2* und *B2* können auch in anderen Fällen gleichzeitig auftreten, z. B., wenn die beiden Prüfstellen $a_i \oplus a_{i+3}$ und $a_{i-3} \oplus a_i$ verfälscht sind oder wenn gleichzeitig die Informationsstellen a_{i-3} und a_{i+3} fehlerhaft sind. In beiden Fällen erfolgt eine falsche Korrektur der Stelle a_i.

Betrachten wir jetzt den Fall, daß die empfangene Informationsfolge durch ein Fehlerpaket der Länge $l = 6$ gestört ist, in dem alle Elemente verfälscht sind. Wir stellen zunächst fest, daß durch dieses Fehlerpaket drei Informationselemente und nur drei Prüfelemente fehlerhaft sind. Während das erste verfälschte Informationselement in die 1. Stufe des oberen Registers eintritt, befinden sich in den Stufen $7 \cdots 10$ des unteren Registers unverfälschte Prüfelemente. Das erste fehlerhafte Prüfelement erscheint erst nach dem siebenten Takt in der 7. Stufe des unteren Registers. Während der ersten drei Takte erscheint nur am Ausgang des Adders *A2* eine Eins. Der Ausgang des Adders *B2* liefert kein Fehlersignal, weil sich während dieser

Zeit in den Stufen $4 \cdots 7$ des oberen Registers keine fehlerhaften Elemente befinden. Mit dem vierten Takt, wenn das erste verfälschte Informationselement in die 4. Stufe des Registers gelangt, erscheinen gleichzeitig an den Ausgängen der beiden Adder Fehlersignale. Damit liefert der Ausgang der UND-Schaltung ein Signal, das das fehlerhafte Symbol negiert: am Eingang der 5. Stufe des Registers steht das korrigierte Element.

Ähnlich vollzieht sich die Korrektur des zweiten und dritten verfälschten Elementes mit dem fünften und sechsten Schiebetakt. Folglich ist beim Eintreffen der verfälschten Prüfelemente in die 7. Stufe des unteren Registers die Fehlerkorrektur bereits beendet. Während der nächsten sechs Takte liefern die Adder *A2* und *B2* abwechselnd je drei Fehlersignale, die die Verfälschung der Prüfsymbole anzeigen. Tab. 5.14 veranschaulicht die Arbeitsweise.

Tabelle 5.14

Takte	Signale		
	am Ausgang des modulo-2-Adders		am Ausgang der UND-Schaltung
	a_2	b_2	
0	0	0	0
1	1	0	0
2	1	0	0
3	1	0	0
4	1	1	1
5	1	1	1
6	1	1	1
7	1	0	0
8	1	0	0
9	1	0	0
10	0	1	0
11	0	1	0
12	0	1	0
13	0	0	0
14	0	0	0

Die Register enthalten nach dem 13. Arbeitstakt der Schaltung keine fehlerhaften Stellen mehr. Deshalb kann das folgende Fehlerpaket nur dann korrigiert werden, wenn es frühestens mit dem 13. Takt eintrifft bzw. mit dem 25. Element beginnt. Da das Fehlerpaket $l = 6$ Fehler hatte, muß der ungestörte Abstand zwischen zwei benachbarten Fehlerpaketen mindestens $25 - 6 = 19$ Elemente betragen, das sind mit anderen Worten $3\,l + 1 = 3 \cdot 6 + 1 = 19$ Elemente.

Oben ist ein Kode betrachtet worden, der eine Redundanz von 0,5 hat. Nach dem gleichen Prinzip kann man stetige Kodes mit kleinerer Redundanz konstruieren. Die Verkleinerung der Redundanz stetiger Kodes ist jedoch mit wesentlich komplizierteren Schaltungen und mit einer Vergrößerung des störfreien Abstandes zwischen den Fehlerpaketen verbunden.

KAPITEL 6

Systeme zur Erhöhung der Sicherheit bei der Datenübertragung

6.1. Verfahren zur Erhöhung der Sicherheit bei der Datenübertragung

Je nach der Benutzung und Auswertung von Kodes, die gegen Störungen gesichert sind, kann man die Datenübertragungssysteme in zwei große Gruppen einteilen: Systeme ohne Rückkanal, bei denen die Erhöhung der Übertragungssicherheit mit Hilfe eines fehlerkorrigierenden Kodes durch Rekonstruktion erreicht wird, und Systeme mit Rückkanal, bei denen die Fehlerkorrektur durch Wiederholung der als fehlerhaft erkannten Information erfolgt. Letzteres wird mit Hilfe eines Rückkanales zwischen Informationsempfänger und Informationssender unter Verwendung eines gegen Störungen gesicherten Kodes gewährleistet.

Das Blockschaltbild eines Systems ohne Rückkanal stellt das einfachste Blockschaltbild eines Datenübertragungssystems dar (s. z. B. Abb. 1.1). Die Kodier- und Dekodiereinrichtungen dieses Systems können auf der Grundlage eines der Fehlerkorrekturverfahren aufgebaut werden, die im vorigen Kapitel beschrieben worden sind.

Im Prinzip kann durch ein System ohne Rückkanal bei entsprechender Auswahl des Kodes (Redundanz und Länge der Kodekombination) jede beliebige Fehlerwahrscheinlichkeit erreicht werden, so klein diese auch gewünscht wird. Die Erhöhung der Übertragungssicherheit unter Verwendung von fehlerkorrigierenden Kodes durch Rekonstruktion ist jedoch mit einer Reihe von Schwierigkeiten verbunden.

Das Problem besteht darin, daß der Typ des Kodes und seine Redundanz für ein Übertragungssystem nur unter ganz bestimmten Bedingungen berechnet werden können. Der Zustand des Kanals (Intensität und Eigenart der Fehler) ändert sich mit der Zeit, wobei diese Änderungen bei bestimmten Arten von Telefoniekanälen sehr groß sein können. In Abschn. 5.1. ist darauf hingewiesen worden, daß in Telefoniekanälen die Fehler nicht unabhängig voneinander auftreten, sondern gebündelt in Form längerer Pakete, zwischen denen Intervalle mit relativ wenig Fehlern liegen. Wenn ein fehlerkorrigierender Kode für die mittlere Fehlerhäufigkeit berechnet worden ist, dann ist die Wahrscheinlichkeit für das Auftreten von Fehlern innerhalb der Fehlerpakete bedeutend größer als die mittlere Fehlerwahrscheinlichkeit des Kanals, und die Zahl der nichterkennbaren und nichtkorrigierbaren Fehler wird größer als die berechnete.

Wenn man sich beim Aufbau eines Kodes auf die ungünstigsten Bedingungen orientiert, zeigt es sich, daß die Redundanz des Kodes unvertretbar groß wird und die Effektivität des Datenübertragungssystems beträchtlich absinkt.

Die Übertragungssicherheit kann ohne wesentliche Vergrößerung der Redundanz erhöht werden, wenn längere Kodekombinationen verwendet werden. Mit zunehmender Kodelänge wächst jedoch der Aufwand für die Kodier- und besonders die Dekodiereinrichtungen sehr schnell, weil die Anzahl der einzelnen Operationen mit zunehmender Kodelänge entsprechend der Anzahl der Informationsschritte wächst.

Man kann die Sicherheit der Datenübertragung bei Verwendung von relativ einfachen Kodierverfahren und ohne wesentliche Herabsetzung der effektiven Übertragungsgeschwindigkeit erhöhen, indem man die zu übertragenden Informationen redundant macht und sich dabei nicht auf mittlere statistische Daten des Kanals orientiert, sondern auf seinen tatsächlichen Zustand während der Übertragung. Ein derartiges Übertragungsverfahren läßt sich realisieren, wenn der Sendestation der Zustand des Kanals bekannt ist.

Es gibt zwei Möglichkeiten, die Sendestation über den Zustand des Kanals zu informieren. Einmal wird der Zustand des Kanals von der Empfangsstelle durch die Anzahl der Fehler bewertet, die von der Dekodiereinrichtung erkannt werden. Der Sendestation wird über den Rückkanal mitgeteilt, ob empfangsseitig Fehler registriert wurden. Beim Empfang der Nachricht, daß in einem bestimmten Informationsblock Fehler erkannt worden sind, unterbricht die Sendestelle die Übertragung und wiederholt den gestörten Block. Dadurch wird automatisch die Redundanz der übertragenen Information erhöht. Derartige Systeme werden als Systeme mit empfangsseitiger Prüfung und Wiederholung bezeichnet.

Die zweite Möglichkeit besteht darin, daß die gesamte Information, die über den Vorwärtskanal ohne störungssichere Kodierung übertragen wird, vom Empfänger registriert und über den Rückkanal wieder zum Sender zurückübertragen wird. Der Sender vergleicht elementeweise die gesendete und die empfangene Information. Wenn in irgendeinem Block Fehler erkannt werden, wird dieser Block wiederholt. Derartige Systeme nennt man Systeme mit sendeseitiger Prüfung und Wiederholung.

Bei Datenübertragungssystemen mit einem Rückkanal in Verbindung mit einer störungssicheren Kodierung können die Anforderungen an den Kode und die Kodiereinrichtung wesentlich geringer sein, weil bei derartigen Übertragungssystemen an Stelle einer Fehlerkorrektur durch Rekonstruktion in der Regel nur eine Fehlererkennung durchgeführt wird. Da die Anzahl der erkennbaren Fehler etwa doppelt so groß ist wie die Anzahl der korrigierbaren Fehler, kann beim Übergang von der Fehlerkorrektur zur Fehlererkennung entweder die Sicherheit der übertragenen Information bei der gleichen Redundanz erhöht oder die Redundanz bei gleicher Sicherheit verringert werden. Dabei vereinfacht sich die Dekodiereinrichtung wesentlich.

Im Prinzip kann für den Rückkanal entweder ein besonderer Kanal oder derselbe Kanal, über den auch die Nutzinformation übertragen wird, verwendet werden (die Übertragung der Nutzinformation wird für die Übertragung der Rücksignale unterbrochen). Im ersten Fall vergrößert sich die Zahl der Nachrichtenkanäle auf zwei. Die Kanalkapazität und folglich die vom Rückkanal benötigte Bandbreite kann in Systemen mit empfangsseitiger Prüfung wesentlich kleiner sein als die des Vorwärtskanals. In Systemen mit sendeseitiger Prüfung ist prinzipiell ein spezieller Rückkanal notwendig, dessen Kanalkapazität und Güte gleich denen des Vorwärtskanals sein müssen.

Es besteht die Möglichkeit, kombinierte Systeme zu verwenden, bei denen das Verfahren der Fehlererkennung mit einem fehlerkorrigierenden Kode gekoppelt ist. So ist es in Systemen mit empfangsseitiger Prüfung prinzipiell möglich, einen Kode zu verwenden, der einen Teil der Fehler durch Rekonstruktion korrigiert. In diesem Fall erfolgt eine Wiederholung nur dann, wenn ein Fehler erkannt wird, der durch den Kode nicht korrigiert werden kann.

Datenübertragungssysteme mit einem beliebigen Rückkanal können nach der Art und Weise, wie die verfälschte Nachricht wiederholt wird, eingeteilt werden in Systeme mit nichtadressierter Wiederholung und Systeme mit adressierter Wiederholung. Bei Systemen mit nichtadressierter Wiederholung wird bei Erkennen eines Fehlers die gesamte Information, angefangen von der gestörten Kodekombination bis zur letzten Kodekombination, die gerade übertragen wurde, als der Sender die Nachricht über das Auftreten eines Fehlers erhielt, wiederholt. In Systemen mit adressierter Wiederholung wird nur die Kodekombination wiederholt, die als falsch erkannt wurde.

Informationsübertragungssysteme mit Rückkanal gestatten auf Grund der automatischen Anpassung der Redundanz an die Fehlerstatistik des

Kanals eine größere effektive Ausnutzung des Übertragungskanals als Systeme ohne Rückkanal. Dieser Vorzug kann jedoch nur für die Übertragung solcher Informationen genutzt werden, die nicht unmittelbar nach der Übertragung benötigt werden, sondern eine Wiederholung zulassen. Bei Übertragung von Informationen, deren Neuigkeitswert schneller abnimmt als die Zeit, die für eine Wiederholung benötigt wird, kann ein System mit Rückkanal nicht verwendet werden. Eine Erhöhung der Übertragungssicherheit läßt sich dann nur mit einem fehlerkorrigierenden Kode erreichen. Als Beispiel für ein Informationsübertragungssystem ohne Rückkanal sei in diesem Zusammenhang ein Übertragungssystem mit einem stetigen (Ketten-) Kode, wie er in Abschn. 5.12 beschrieben worden ist, genannt.

6.2. Systeme mit sendeseitiger Prüfung und Wiederholung

Ein System mit sendeseitiger Prüfung ist eins der einfachsten Systeme mit nichtadressierter Wiederholung. Abb. 6.1 zeigt das Blockschaltbild eines derartigen Systems. Die Arbeitsweise des Übertragungssystems wird durch die Zeitdiagramme veranschaulicht, die in Abb. 6.2a, b dargestellt sind. Betrachten wir seine grundsätzliche Wirkungsweise:

Die Informationsquelle liefert ein Datenzeichen der Länge n. Diese Infor-

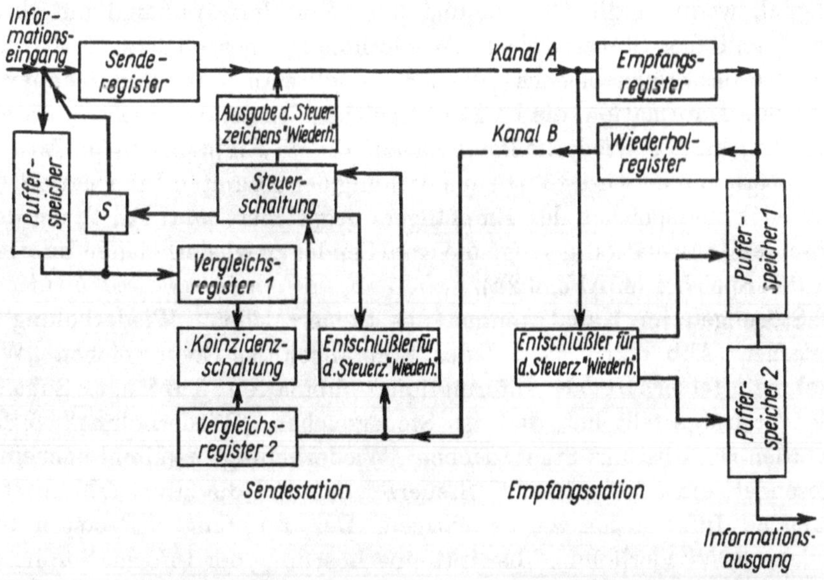

Abb. 6.1. Blockschaltbild eines Datenübertragungssystems mit sendeseitiger Prüfung und Wiederholung

mation wird gleichzeitig im Senderegister und im Eingaberegister des Pufferspeichers zwischengespeichert. Die in das Senderegister eingeschriebene Information wird während des Auslesens aus diesem über den Kanal A zur Empfangsstelle übertragen. Empfangsseitig gelangt die vom Kanal übernommene Information in das Empfangsregister. Sobald das Register gefüllt ist, wird die Information vom Wiederholregister übernommen und gelangt gleichzeitig in das Eingaberegister des empfangsseitigen Pufferspeichers. Während der Ausgabe aus dem Wiederholregister wird die Information über den Rückkanal B zur Sendestelle übertragen.

Die Kapazität M des Pufferspeichers der Sendestation, die gleich der Zahl der zu speichernden Kodekombinationen ist, muß einen Vergleich der über den Rückkanal empfangenen Kodekombination mit der entsprechenden Kodekombination, die am Ausgang des Pufferspeichers steht, ermöglichen. Aus Abb. 6.2a folgt, daß diese Forderung erfüllt ist, wenn

$$4 + \frac{2t_L}{t_{\text{Kodek}}} > M > 3 + \frac{2t_L}{t_{\text{Kodek}}}. \qquad (6.1)$$

Hierin ist t_L die Laufzeit eines Signals zwischen den Endstellen, t_{Kodek} die Übertragungszeit für eine Kodekombination.

Die Informationen, die im 1. und 2. Vergleichsregister stehen, werden durch eine Koinzidenzschaltung verglichen. Wenn empfangene und gesendete Information nicht übereinstimmen, liefert die Vergleichsschaltung ein Signal, wodurch die Übertragung über den Vorwärtskanal unterbrochen wird und das Steuerzeichen „Wiederholung" gesendet wird. Nach dem Senden des Steuerzeichens „Wiederholung" wird durch den Schalter S die gesamte Information, die im Pufferspeicher des Senders steht, noch einmal übertragen. Die Wiederholkombination, die im Empfänger vom Entschlüßler übernommen wird, führt zur Löschung der gesamten Information, die im ersten Pufferspeicher des Empfängers gespeichert war. An Stelle der gelöschten Information gelangt die vom Sender zu wiederholende Information in den Speicher (s. Abb. 6.2a).

Störungen im Kanal können das Steuerzeichen „Wiederholung" verfälschen (Abb. 6.2b), so daß der Empfänger das Steuerzeichen „Wiederholung" fehlerhaft als Informationskombination empfängt. Sobald der Sender festgestellt hat, daß das Steuerzeichen „Wiederholung" verfälscht worden ist, wird das Steuerzeichen „Wiederholung" zweimal nacheinander gesendet, um das verfälschte Steuerzeichen und die zuvor fehlerhaft empfangene Information zu berichtigen. Der Empfang des ersten Steuerzeichens „Wiederholung" bewirkt eine Löschung der Information im ersten Pufferspeicher und der Empfang des zweiten die Informationslöschung im zweiten Pufferspeicher.

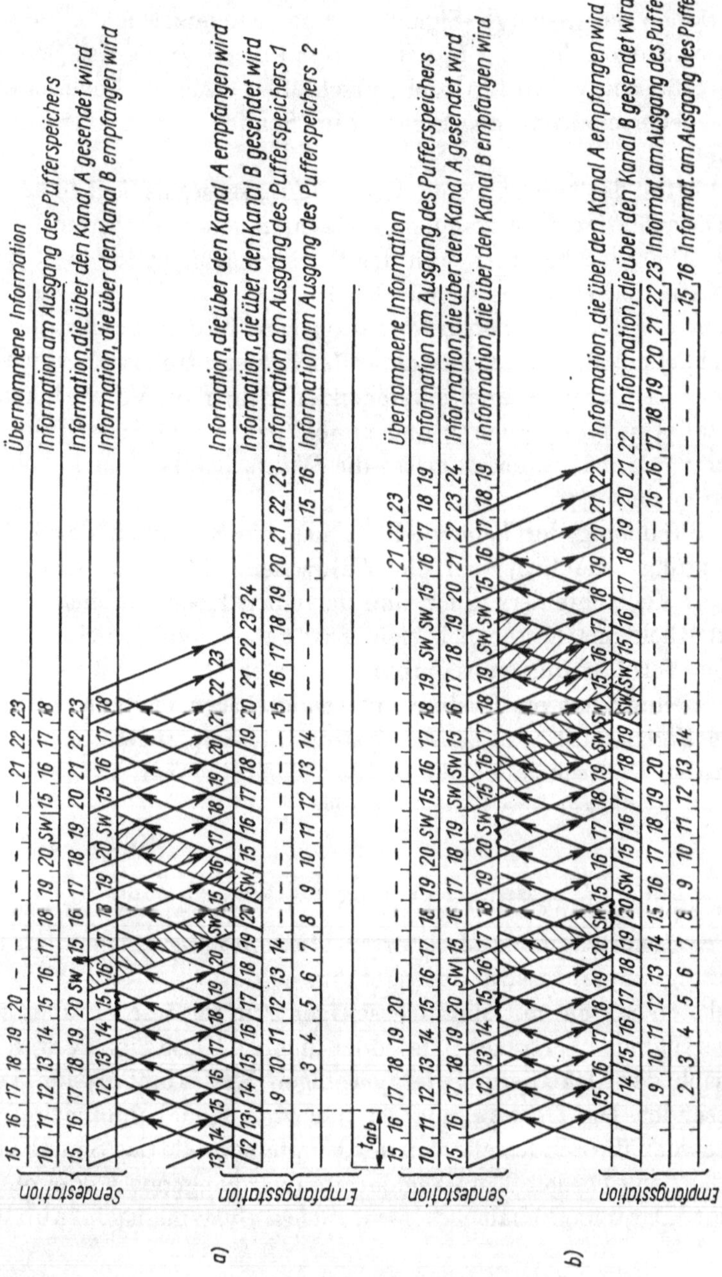

Abb. 6.2. Zeitdiagramme der Arbeitsweise eines Systems mit sendeseitiger Prüfung und Wiederholung a) bei Auftreten von Fehlern im Vorwärtskanal; b) bei Auftreten von Fehlern im Rückkanal

Die Verfälschung des Steuerzeichens „Wiederholung" wird von der Steuerschaltung des Senders festgestellt. Wenn der Sender zu irgendeinem Zeitpunkt das Steuerzeichen „Wiederholung" sendet, gelangt nach M Kodekombinationen ein „Analyse-Signal" für das Steuerzeichen „Wiederholung" von der Steuerschaltung in den Entschlüßler. Wurde das Steuerzeichen nicht verfälscht, so wird es vom Entschlüßler erkannt. Anderenfalls wird von der Steuerschaltung das Signal zum Senden zweier Wiederholzeichen gebildet.

Der größte Vorteil des beschriebenen Übertragungssystems liegt in seiner Einfachheit. Die effektive Übertragungsgeschwindigkeit des Systems wird allerdings wesentlich herabgesetzt, weil der Rückkanal nicht für die Übertragung von Nutzinformation verwendet wird.

Die Sicherheit der übertragenen Information wird in dem beschriebenen System in erheblichem Maße vom Charakter der Fehlerverteilung bestimmt.

Wenn die im Übertragungskanal entstehenden Fehler im Vorwärtskanal und im Rückkanal nicht korrelieren und unabhängig voneinander mit der Wahrscheinlichkeit p_u auftreten, dann ist die Wahrscheinlichkeit für einen nichterkennbaren Fehler p_u^2.

Bei starker Bündelung der Fehler erhöht sich die Sicherheit der Informationsübertragung erheblich, weil die Wahrscheinlichkeit für das Entstehen desselben Vielfachfehlers in ein und derselben Kodekombination im Vorwärts- und Rückkanal wesentlich kleiner ist als die Wahrscheinlichkeit der zweimaligen Verfälschung eines einzelnen Elementes.

In dieser Beziehung hat ein System mit sendeseitiger Prüfung die entgegengesetzten Eigenschaften zu einem System mit empfangsseitiger Prüfung, bei dem die Wahrscheinlichkeit für das Nichterkennen von Fehlern um so größer ist, je stärker ihre Korrelation ist.

6.3. Systeme mit empfangsseitiger Prüfung und Wiederholung

Wir wollen Systeme mit nichtadressierter Wiederholung betrachten, bei denen die Prüfung empfangsseitig durchgeführt wird.

Beim einfachsten System mit empfangsseitiger Prüfung werden über den Rückkanal zwei Signale übertragen: „ja" oder „nein". Diese Signale werden unmittelbar nach der Dekodierung der jeweiligen Kodekombination vom Empfänger gesendet. Die Übertragung der nächsten Kodekombination erfolgt nur dann, wenn die Sendestelle von der Empfangsstelle das Signal „ja" erhalten hat, das den richtigen Empfang der vorausgegangenen Kodekombination bestätigt. Das Blockschaltbild eines solchen Systems ist in Abb. 6.3 gezeigt.

Dieses Verfahren stellt die einfachste Methode für die Informationsübertragung mit Rückkanal dar. Es wird jedoch in der Praxis nur begrenzt angewendet, weil sich die Zeit für die Übertragung jeder Kodekombination dabei um die Signallaufzeit im Übertragungskanal und um die Länge des Rücksignals vergrößert.

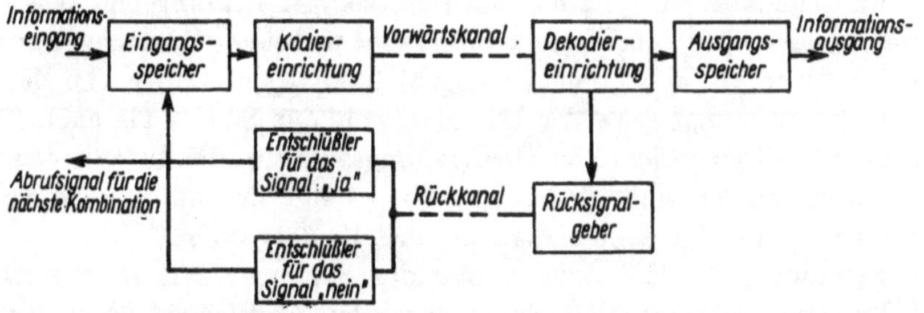

Abb. 6.3. Blockschaltbild eines sehr einfachen Datenübertragungssystems mit empfangsseitiger Prüfung und Wiederholung (der Sender wartet mit der Übertragung der nächsten Kodekombination, bis er die Quittung für den richtigen Empfang der zuletzt gesendeten erhalten hat)

Um diesen Nachteil zu beseitigen, wird in den meisten realisierten Übertragungssystemen die Übertragung der folgenden Kodekombination begonnen, bevor der Sender die Entscheidung über die vorausgegangene Kom-

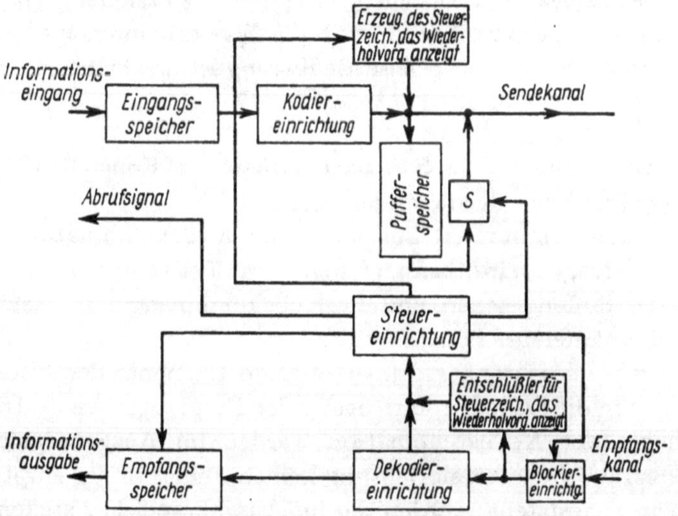

Abb. 6.4. Blockschaltbild eines Datenübertragungssystems mit empfangsseitiger Prüfung und Wiederholung, das für Duplexbetrieb geeignet ist (der Sender unterbricht die Übertragung nicht, um auf eine Quittung der zuletzt gesendeten Kodekombination zu warten)

bination erhalten hat. Das Blockschaltbild eines solchen Systems (mit nichtadressierter Wiederholung) ist in Abb. 6.4 gezeigt. Dieses Übertragungssystem entspricht im Prinzip dem bekannten Übertragungssystem für binäre Information über Funkverbindungen „Multiplex TOR“ und „Multiplex 4D7“.

Im Gegensatz zu Systemen mit sendeseitiger Prüfung und Wiederholung werden hier über den Übertragungskanal in beiden Richtungen sowohl die Information als auch das Rücksignal übertragen. Daher sind der Aufbau und die Wirkungsweise der beiden sowohl für Sende- als auch für Empfangsbetrieb eingerichteten Übertragungsanlagen, die durch einen Duplexkanal verbunden sind, gleich. In Abb. 6.4 sind deshalb nur die Funktionseinheiten einer Datenübertragungsendstelle dargestellt.

Betrachten wir die Arbeitsweise des Systems: Ein Datenzeichen, das k Binärelemente enthält, gelangt durch ein Abrufsignal der Steuereinrichtung mit relativ hoher Geschwindigkeit von der Informationsquelle in den Eingangsspeicher. Aus dem Eingangsspeicher gelangt die Information in die Kodiereinrichtung. Die Kodierung der Information kann durch einen beliebigen fehlererkennenden Kode erfolgen, z. B. durch einen zyklischen Bose-Chaudhuri-Kode. Die erhaltene n-stellige Kodekombination wird in den Nachrichtenkanal gesendet. Gleichzeitig gelangen die Kodekombinationen in das Eingaberegister des Pufferspeichers.

Die Kapazität M des Pufferspeichers, die durch die Zahl der gespeicherten Kodekombinationen bestimmt wird, muß die Wiederholung einer gestörten Kodekombination ermöglichen. Diese Bedingung ist erfüllt bei

$$M \geqq 2 + \frac{t_L}{t_{\mathrm{Kodek}}}. \tag{6.2}$$

Hierin ist t_L die Laufzeit eines Signals zwischen den Endstellen, t_{Kodek} die Übertragungszeit für eine Kodekombination.

Wenn zu einem bestimmten Zeitpunkt die Kodekombination mit der Nummer W übertragen wird, befindet sich diese Kodekombination im Eingaberegister des Pufferspeichers und die Kodekombination $W - M$ im Ausgaberegister des Pufferspeichers.

Die über den Nachrichtenkanal übertragenen Elemente der Kodekombination gelangen in die Dekodiereinrichtung der Empfangsstation. Die Informationselemente der Kodekombination werden im Ausgabespeicher gespeichert. Wenn die Dekodiereinrichtung keinen Fehler in der empfangenen Kodekombination feststellt, werden die im Ausgabespeicher stehenden Informationselemente der Kodekombination mit großer Geschwindigkeit an den Informationsempfänger abgegeben. Wenn die empfangene Kodekombination verfälscht worden ist und die Kodierschaltung diese Verfälschung erkannt hat, gelangt ein Fehlersignal in die Steuereinrichtung. Die Steuereinrichtung führt folgende Operationen aus:

die Information im Empfangsspeicher wird gelöscht;

der Eingang der Empfangseinrichtung wird blockiert.

Die Blockierung wird nach der Zeit T_{Bl} aufgehoben, wenn am Eingang des Empfängers die wiederholt übertragene Kodekombination eintrifft. Die Blockierungszeit muß gleich der Übertragungszeit für M Kodekombinationen sein.

Die Informationsübertragung zur Gegenstelle wird unterbrochen (die Informationsquelle erhält keine Abrufsignale). Es erfolgt die Sendung eines den Wiederholvorgang anzeigenden Steuerzeichens. Anschließend erfolgt die Sendung der im Pufferspeicher befindlichen Information, beginnend mit der Kodekombination $W - M$ und endend mit der Kodekombination W.

Das Wiederholzeichen, das die Gegenstelle erhält, wird durch einen Entschlüßler dekodiert, der ein Signal an die Steuereinrichtung abgibt. Durch dieses Signal wird ebenso wie bei der Erkennung eines Fehlers in einer empfangenen Kodekombination der Empfänger für die Zeit T_{Bl} blockiert.

Betrachten wir die Arbeitsweise des Systems unter realen Bedingungen etwas genauer, wobei folgende Fälle von Verfälschungen auftreten können:

Verfälschung einer Kodekombination nur in einem Kanal bei der Übertragung von Station A nach Station B und umgekehrt;

Verfälschung von Kodekombinationen gleichzeitig in beiden Richtungen;

Verfälschung des Wiederholzeichens.

Die Arbeitsweise des Systems für den erstgenannten Fall bei Verfälschung einer Kodekombination nur in einer Richtung ist in Abb. 6.5 dargestellt.

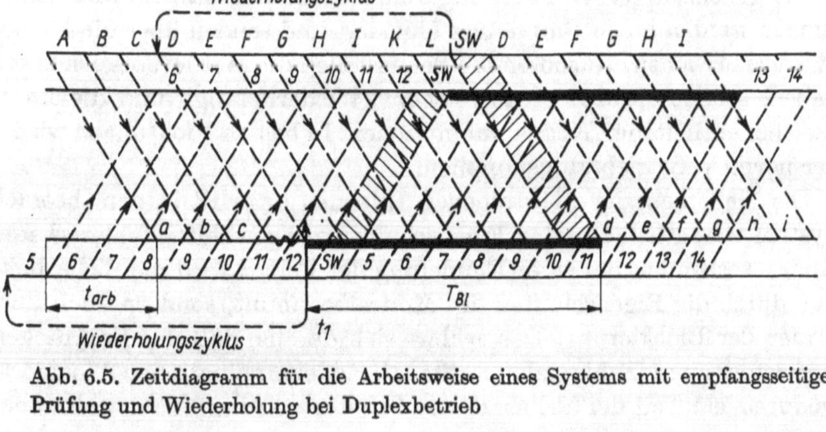

Abb. 6.5. Zeitdiagramm für die Arbeitsweise eines Systems mit empfangsseitiger Prüfung und Wiederholung bei Duplexbetrieb

Es möge die von der Endstelle A gesendete Kodekombination D verfälscht worden sein. Zur Zeit t_1 erkennt der Empfänger der Station B den Fehler und sendet an Stelle der Kombination 13 das Steuerzeichen „Wiederholung" SW. Der Eingang des Empfängers der Endstelle B wird für die Zeit T_{Bl} blockiert, die gleich der Zeit für die Übertragung von acht Kodekombinationen ist. Nach der Übertragung des Steuerzeichens „Wiederholung" werden die Kodekombinationen übertragen, die sich im Pufferspeicher der Endstelle B befinden, beginnend mit der fünften. Nachdem Station A das Steuerzeichen „Wiederholung" erhalten hat, wird auch der Empfänger dieser Station für die Zeit T_{Bl} blockiert, und der Sender überträgt das Steuerzeichen „Wiederholung" und anschließend die Information des Pufferspeichers. Man erkennt leicht, daß der Empfänger der Endstelle B den Informationsempfang mit der gestörten Kodekombination D beginnt, und der Empfänger der Endstelle A beginnt den Informationsempfang mit der zuvor unterbrochenen Kodekombination 13.

Wenn das Steuerzeichen „Wiederholung" bei der Übertragung von Endstelle A nach Endstelle B verfälscht wird und in eine nichterlaubte Kodekombination übergeht, erkennt der Empfänger der Endstelle B die verfälschte Kodekombination als Fehler, der Wiederholvorgang bleibt derselbe, und es tritt keine Störung in der Arbeitsweise ein. Das verfälschte Steuerzeichen „Wiederholung", das von der Endstelle A gesendet worden ist, hat keinerlei Bedeutung, weil der Empfänger der Station B es nicht auswertet.

Am schwerwiegendsten ist die Verfälschung des Steuerzeichens „Wiederholung" in eine erlaubte Kodekombination. In diesem Fall erkennt die Endstelle A das Wiederholzeichen der Endstelle B nicht, und die Informationsübertragung wird fortgesetzt. Von der Endstelle B werden M Kodekombinationen nicht angenommen.

Bei gleichzeitiger Verfälschung von Kodekombinationen in beiden Richtungen werden beide Empfänger blockiert und senden über die Rückkanäle Wiederholzeichen. Nachdem die Sendestellen die Wiederholzeichen erhalten haben, senden sie das Steuerzeichen „Wiederholung" und die im Pufferspeicher enthaltenen Kodekombinationen. In beiden Richtungen wird wieder der normale Betrieb aufgenommen.

Die Sicherheit der übertragenen Information wird in dem betrachteten System wesentlich von den Eigenschaften des gewählten fehlererkennenden Kodes bestimmt. Bei einer Bündelung der Fehler wird die Sicherheit nicht nur durch die Eigenschaften des Kodes bestimmt, sondern auch durch die Dauer der Blockierung. Das erklärt sich daraus, daß der Empfänger beim Auftreten eines Fehlerpaketes für M Kodekombinationen blockiert wird, wodurch ein Teil der Fehler dieses Paketes von ihm nicht wahrgenommen wird. Auf diese Weise führt eine Vergrößerung der Kapazität des Pufferspeichers des Senders zu einer gewissen Vergrößerung der Übertragungssicherheit. Dabei sinkt jedoch die effektive Übertragungsgeschwindigkeit des Systems, weil bei jeder Wiederholung die Empfänger für eine längere Zeit blockiert werden.

6.4. Die Leistungsfähigkeit von Systemen mit nichtadressierter Wiederholung

Wir wollen die effektive Übertragungsgeschwindigkeit von Datenübertragungssystemen mit nichtadressierter Wiederholung (mit empfangs- bzw. sendeseitiger Prüfung) betrachten.

Ganz offensichtlich hängt die effektive Übertragungsgeschwindigkeit von der Zahl der Fehler ab, die im Nachrichtenkanal auftreten. Mit der Zunahme der Fehlerzahl vergrößert sich auch die Zahl der Wiederholungen, und infolgedessen verringert sich die Menge der übertragenen Information. Der Verlustfaktor infolge von Wiederholungen wird durch den Ausdruck bestimmt:

$$K_{\text{Verl}} = \frac{N_W - N_{\text{Verl}}}{N_W}\,; \tag{6.3}$$

hierbei ist N_W die Anzahl der Kombinationen, die von dem Übertragungssystem in einer bestimmten Zeit T übertragen wird, wenn keine Wiederholungen erfolgen, N_{Verl} die Anzahl der nutzlos übertragenen Kombinationen bei auftretenden Wiederholungen.

Wenn vorausgesetzt wird, daß die Febler im Kanal unabhängig voneinander auftreten und daß die Wahrscheinlichkeit für die Verfälschung eines Elementes gleich p_u ist, wird die Wahrscheinlichkeit für die Verfälschung einer Kodekombination aus n Elementen bei kleinen Werten von p_u durch Gl. (5.2) bestimmt:

$$p_F \approx n \cdot p_u\,.$$

Eine Wiederholung erfolgt in den hier betrachteten Systemen sowohl bei Auftreten eines Fehlers im Vorwärtskanal als auch im Rückkanal. Folglich ist die Wahrscheinlichkeit dafür, daß eine Wiederholung erfolgt, gleich

$$p_W = 2p_F \approx 2np_u\,. \tag{6.4}$$

Bei der Übertragung von N_W Kodekombinationen über den Kanal ist die Anzahl der Wiederholungen W

$$W = N_W \cdot p_W \approx 2np_uN_W\,.$$

In Systemen mit empfangsseitiger Prüfung werden bei jeder Wiederholung $M + 1$ Kodekombinationen übertragen, die keine Nutzinformation liefern. Folglich ist die Gesamtzahl der nutzlos übertragenen Kodekombinationen

$$N_{\text{Verl}} = W(M + 1) = 2np_uN_W(M + 1).$$

Hieraus finden wir mit Gl. (6.3)

$$K_{\text{Verl}} = 1 - 2p_u(M + 1)n. \tag{6.5}$$

Aus Gl. (6.2) folgt, daß die Kapazität des Pufferspeichers, die durch die Anzahl der bei Wiederholung nochmals zu übertragenden Zeichen bestimmt wird, im Grenzfall

$$M = 2 + \frac{2t_L}{t_{\text{Kodek}}} \tag{6.6}$$

ist.

Die Übertragungszeit t_{Kodek} für eine Kodekombination kann aus dem Verhältnis

$$t_{\text{Kodek}} = \frac{n}{B} \tag{6.7}$$

ermittelt werden, wobei B die Geschwindigkeit der Informationsübertragung in Baud ist. Die Laufzeit eines Signals zwischen den Endstellen ist

$$t_L = \frac{L}{v}, \tag{6.8}$$

worin L die Länge der Leitung in km und v die Fortpflanzungsgeschwindigkeit des Signals in km/s ist. Für Funkkanäle ist $v \approx 3 \cdot 10^5$ km/s, für Kabelleitungen $v = (2 \cdots 2{,}5) \cdot 10^5$ km/s.

Nach Einsetzen der gewonnenen Werte in Gl. (6.5) erhalten wir

$$K_{\text{Verl}} = 1 - 2p_u\left(3n + \frac{2LB}{v}\right). \tag{6.9}$$

Wenn die Fehler im Kanal gebündelt auftreten und im Mittel in einem Paket K_P Fehler auftreten, verringert sich die Wahrscheinlichkeit für Wiederholungen ungefähr um den Faktor K_P. Deshalb wird schließlich

$$K_{\text{Verl}\,1} = 1 - \frac{2p_u}{K_P}\left(3n + \frac{2LB}{v}\right). \tag{6.10}$$

Mit dem gewonnenen Ausdruck kann man die relative effektive Übertragungsgeschwindigkeit eines Systems mit empfangsseitiger Prüfung in Abhängigkeit von den verschiedenen Parametern des Kanals und der Geräte bestimmen. Als Beispiel ist in Abb. 6.6 die Abhängigkeit des Verlustfaktors von der Fehlerwahrscheinlichkeit bei $K_P = 1$, $n = 10$, $L = 5000$ km, $B = 1200$ Baud und $v = 2{,}5 \cdot 10^5$ km/s (Kabelleitung) gezeigt. Aus der Darstellung ist ersichtlich, daß es einen kritischen Wert für die Fehlerwahrscheinlichkeit gibt, bei dessen Überschreitung eine Informationsübertragung praktisch nicht mehr möglich ist. Dieser Wert kann aus Gl. (6.10) ermittelt werden, wenn man $K_{\text{Verl}} = 0$ setzt.

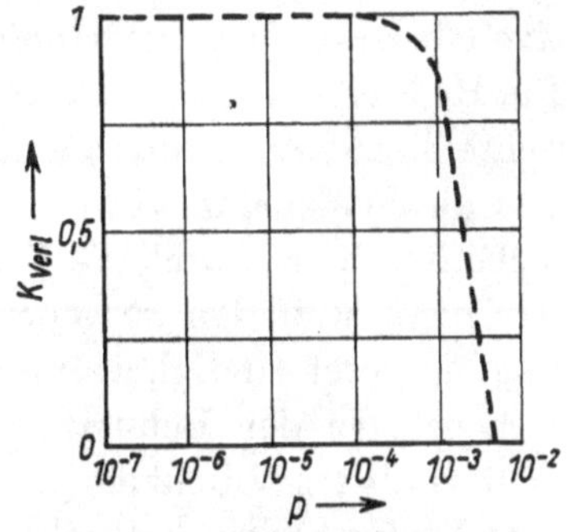

Abb. 6.6. Abhängigkeit des Verlustfaktors von der Fehlerwahrscheinlichkeit

$$p_{\text{krit}} = \frac{K_P}{2\left(3n + \frac{2LB}{v}\right)}. \tag{6.11}$$

Insgesamt überträgt ein System mit empfangsseitiger Prüfung in beiden Richtungen folgende Anzahl von Informationsstellen:

$$C_E = 2BK_{\text{Verl}\,1} = 2B\left[1 - \frac{2p_u}{K_P}\left(3n + \frac{2LB}{v}\right)\right]. \tag{6.12}$$

Es sind jedoch nicht alle Informationselemente Träger von Nutzinformation, da in einem System mit empfangsseitiger Prüfung ein fehlererkennender Kode verwendet werden muß. Wenn eine n-stellige Kodekombination k Informationselemente enthält, wird die nutzbare effektive Übertragungsgeschwindigkeit des Systems in beiden Richtungen

$$C_n = 2B\frac{k}{n}\left[1 - \frac{2p_u}{K_P}\left(3n + \frac{2LB}{v}\right)\right]. \tag{6.13}$$

Da in einem System mit empfangsseitiger Prüfung und Wiederholung zwei Kanäle benutzt werden, wird die spezifische effektive Übertragungsgeschwindigkeit (für einen Kanal)

$$C_{n_{\text{spez}}} = B\frac{k}{n}\left[1 - \frac{2p_u}{K_P}\left(3n + \frac{3LB}{v}\right)\right]. \tag{6.14}$$

Durch analoge Überlegungen kann gezeigt werden, daß in einem System mit sendeseitiger Prüfung die spezifische effektive Übertragungsgeschwindigkeit in einem Kanal bestimmt wird durch

$$C_{n_{\text{spez}}} = \frac{B}{2}\left[1 - \frac{2p_u}{K_P}\left(4n + \frac{2LB}{v}\right)\right]. \tag{6.15}$$

Durch den Vergleich der Ausdrücke (6.14) und (6.15) kann folgende Aussage gemacht werden: Für $k > n/2$, d. h. bei einer Redundanz kleiner als 0,5, gewährleistet ein System mit empfangsseitiger Prüfung eine größere effektive Übertragungsgeschwindigkeit als ein System mit sendeseitiger Prüfung. Die Redundanz des Kodes muß wesentlich erhöht werden, wenn der Nachrichtenkanal eine große Fehlerwahrscheinlichkeit hat, z. B. größer als 10^{-3}, und die Fehler nur wenig gebündelt auftreten. Dabei kann man eine hohe Sicherheit nicht durch die Vergrößerung der Länge der Kodekombinationen erreichen, weil das zu einer starken Verringerung der effektiven Übertragungsgeschwindigkeit im Kanal führen würde.

So ist bei der Benutzung der z. Z. üblichen Nachrichtenkabel, deren Fehlerwahrscheinlichkeit genügend klein ist, ein System mit empfangsseitiger Prüfung wirtschaftlicher und effektiver. Die Anwendung eines Systems mit sendeseitiger Prüfung ist nur dann gerechtfertigt, wenn in erster Linie einfachere Datenendeinrichtungen gefordert werden.

6.5. Systeme mit adressierter Wiederholung

In Systemen mit adressierter Wiederholung erreicht man eine etwas größere effektive Übertragungsgeschwindigkeit als in Systemen mit nichtadressierter Wiederholung.

Betrachten wir kurz die prinzipielle Arbeitsweise eines Systems mit sendeseitiger Prüfung und adressierter Wiederholung. Eine Informationsfolge aus N Binärelementen gelangt mit einer Geschwindigkeit, die wesentlich größer ist als die Übertragungsgeschwindigkeit im Kanal, von der Informationsquelle in den Eingangsspeicher des Datenübertragungsgerätes. Von der Steuereinrichtung wird über den Informationskanal das Steuerzeichen „Übertragungsbeginn" gesendet.

Die Informationsübergabe vom Eingangsspeicher an das Senderegister und die darauffolgende Übertragung der Information über den Nachrichtenkanal geschieht in Form von m-stelligen Kodekombinationen. Insgesamt sind im Eingangsspeicher $N/m = g$ Kodekombinationen enthalten.

Jedes Informationszeichen, welches das Senderegister vom Eingangsspeicher übernimmt, gelangt gleichzeitig in den Pufferspeicher. Die Kapazität des Pufferspeichers wird durch dieselben Überlegungen bestimmt wie in einem System mit sendeseitiger Prüfung und nichtadressierter Wiederholung.

In der Empfangsstelle gelangen die ankommenden Kodekombinationen sowohl in das Empfangsregister als auch in den Empfangsspeicher und werden gleichzeitig mit Hilfe des Wiederholregisters über den Rückkanal gesendet. Ebenso wie in Systemen mit nichtadressierter Wiederholung wird die Richtigkeit der übertragenen Information im Sender durch den Vergleich der im Pufferspeicher enthaltenen Kodekombinationen mit den entsprechenden über den Rückkanal empfangenen Kodekombinationen kontrolliert. Die Nummern derjenigen Kodekombinationen, in denen bei diesem Vergleich ein Fehler festgestellt wird, werden in einem besonderen Fehlerregister gespeichert.

Nachdem alle N Elemente eines Nachrichtenblocks übertragen worden sind, werden die verfälschten Kodekombinationen wiederholt. Zu diesem Zweck wird durch die Steuereinrichtung das Steuerzeichen „Wiederholung" in den Kanal gesendet. Anschließend wird ein Adressenzeichen gesendet, das die Nummern der zu wiederholenden Kodekombinationen enthält. Danach gelangen die jeweiligen Kodekombinationen vom Pufferspeicher in das Senderegister. Die Übertragung kann auch in einer anderen Reihenfolge durchgeführt werden: Zuerst wird die Nummer der ersten zu wiederholenden Kodekombination gesendet und anschließend die Kodekombination selbst, darauf die Nummer der nächsten zu wiederholenden Kodekombination usw.

Die Übertragungssicherheit in Systemen mit adressierter Wiederholung ist praktisch dieselbe wie in Systemen mit sendeseitiger Prüfung und nichtadressierter Wiederholung. Die effektive Übertragungsgeschwindigkeit ist infolge der geringeren Anzahl der zu wiederholenden Kodekombinationen etwas höher.

Eine adressierte Wiederholung ist auch in Systemen mit empfangsseitiger Prüfung möglich. Wir wollen die Arbeitsweise eines solchen Systems betrachten.

Mit dem „Abrufsignal" des Datenübertragungsgerätes gelangt ein N Binärstellen enthaltender Nachrichtenblock mit großer Geschwindigkeit aus der Nachrichtenquelle in den Eingangsspeicher. Nachdem der Eingangsspeicher gefüllt ist, wird von der Steuereinrichtung das Steuerzeichen „Beginn des Nachrichtenblocks" zur Gegenstelle gesendet. Anschließend wird die Information aus dem Eingangsspeicher in Form von k-stelligen Datenzeichen ausgegeben. Ein Nachrichtenblock enthält insgesamt $q = N/k$ solcher Datenzeichen. Jedes k-stellige Datenzeichen, das in die Kodiereinrichtung gelangt, wird durch Kontrollstellen ergänzt und übertragen.

Auf der Empfängerseite wird das Steuerzeichen „Beginn des Nachrichtenblockes" bzw. einfach „Blockbeginn" durch einen entsprechenden Detektor erkannt. Dadurch ist der Beginn des Empfangszyklus des Nachrichtenblocks gekennzeichnet. Anschließend gelangen die ankommenden Kodekombinationen in die Dekodiereinrichtung.

Die Informationselemente derjenigen Kodekombinationen, in denen die Kodierschaltung keine Fehler entdeckt hat, gelangen in den Empfangsspeicher. Die Information der Kodekombinationen wird in die Speicherplätze eingeschrieben, die der Nummer der jeweiligen Kodekombination im gegebenen Nachrichtenblock entsprechen. Die Kodekombinationen, in denen die Kodiereinrichtung Fehler erkannt hat, werden in der Dekodiereinrichtung gelöscht und nicht in den Empfangsspeicher übernommen. Die Nummern („Adressen") der fehlerhaften Kodekombinationen werden im Adressenspeicher für fehlerhafte Kodekombinationen gespeichert.

Die Übertragung der Adressen der fehlerhaften Kodekombinationen zur Gegenstelle kann in verschiedener Weise erfolgen. Die Adressen der fehlerhaften Kodekombinationen werden im Empfänger bis zur Beendigung des Empfangs des gesamten Nachrichtenblocks gespeichert. Nachdem der Nachrichtenblock von der Gegenstelle empfangen worden ist, wird ein spezielles Steuerzeichen übertragen und danach ein oder mehrere Adressenzeichen, die die Nummern der fehlerhaften Kodekombinationen enthalten.

Der Vorteil dieses Verfahrens besteht in der Einfachheit der Schaltung und der hohen Sicherheit der Wiederholung. Das erklärt sich daraus, daß alle Adressen der zu wiederholenden Kodekombinationen gleichzeitig übertragen werden. Man erhält dadurch die Möglichkeit, die optimalsten und einfachsten Methoden der gruppenweisen Kodierung für die Übertragung der Adressen zu benutzen. Wenn die Nachricht beispielsweise aus acht Kodekombinationen besteht, dann kann die Information über die Nummern der verfälschten Kodekombinationen leicht durch ein achtstelliges Adreßzeichen dargestellt werden, in dem die Nummern der verfälschten Kodekombinationen durch „Einsen" gekennzeichnet sind. So gibt das Adressenzeichen 10001000 an, daß in der empfangenen Nachricht Fehler enthalten sind und daß die erste und fünfte Kodekombination wiederholt werden müssen. Diese achtstellige Zahl kann durch einen Kode gesichert sein, der nicht nur für eine Fehlererkennung, sondern auch für eine Fehlerkorrektur geeignet ist, wodurch sich die Wahrscheinlichkeit für die Wiederholung der Adressenzeichen verkleinert.

Der Nachteil des beschriebenen Verfahrens der Adressenübertragung ist offensichtlich. Der Nachrichtenkanal bleibt für die Zeit von der Beendigung der Informationsübertragung bis zum Beginn der wiederholten Übertragung der gestörten Kodekombinationen ungenutzt; diese Zeit ist gleich der zweifachen Signallaufzeit in der Leitung.

Man kann diese Ausfallzeit vermeiden, indem man die Kapazität des Eingangsspeichers auf zwei Nachrichtenblöcke erweitert. Dann wird nach Beendigung der Übertragung des ersten Nachrichtenblockes mit der Übertragung des zweiten begonnen. Wenn während der Übertragung des zweiten Nachrichtenblockes der Empfang des Adressenzeichens erfolgt, können nach Beendigung der Übertragung des zweiten Nachrichtenblockes die zu wiederholenden Kodekombinationen des ersten übertragen werden.

Wenn es möglich ist, die Adressen der verfälschten Kodekombinationen vor Beendigung des Empfangs des gesamten Nachrichtenblockes jeweils sofort nach Erkennen einer fehlerhaften Kodekombination zu senden, kann die Ausfallzeit des Kanals wesentlich herabgesetzt werden, ohne daß die Speicherkapazität vergrößert werden muß. Für die Übertragung der Adressen können dabei speziell gekennzeichnete Stellen der Kodekombination verwendet werden. Wenn ein Nachrichtenblock q Kodekombinationen enthält, läßt sich die Nummer jeder Kombination durch eine Dualzahl mit $m = \mathrm{lb}\, q$ Stellen darstellen. Von den k Informationsstellen einer Kodekombination sind m bestimmte Stellen für die Angabe einer Adresse vorgesehen. Beim fehlerfreien Empfang einer Kodekombination steht außer der Nutzinformation, die von der Gegenstelle übertragen wurde, auch die Adresse der nächstfolgenden Kodekombination zur Verfügung, die wiederholt werden muß. Wenn die Kodekombination falsch ist, wird sie nicht ausgewertet. Dabei geht die Adresse der zu wiederholenden Kombination verloren und muß erneut übertragen werden.

Schließlich können die Adressen der verfälschten Kodekombinationen als besondere Adressenkombination zwischen den Kodekombinationen übertragen werden.

Die durch das eine oder andere Verfahren übertragenen Adressen der verfälschten Kodekombinationen werden auf der Sendestelle im Adressenspeicher für die zu wiederholenden Kodekombinationen gespeichert. Nach Beendigung der Übertragung der Nachricht gelangen die Adressen der zu wiederholenden Kodekombinationen in die Steuereinrichtung des Eingangsspeichers, und es beginnt die nochmalige Übertragung einiger Kodekombinationen. Der Übertragung jeder Kodekombination, die wiederholt wird, geht die Übertragung ihrer Adresse voraus, die der Kodiereinrichtung zugeführt wird.

Vom Empfänger wird zunächst die Adresse der wiederholten Kodekombination gespeichert. In einer Vergleichsschaltung wird die empfangene Adresse mit den Adressen der zu wiederholenden Kodekombinationen verglichen. Bei Übereinstimmung wird die nach der Adresse empfangene Kodekombination, falls sie keine Fehler enthält, in den Empfangsspeicher entsprechend ihrer Adresse eingeschrieben. Wenn bei der Wiederholung der Informationsübertragung in den Informations- oder Adressenzeichen erneut Fehler auftreten und diese Fehler erkannt werden, dann wird ein neuer

Wiederholvorgang ausgelöst; dieses Verfahren wird bis zur Korrektur aller fehlerhaften Kodekombinationen im Nachrichtenblock wiederholt.

Der hauptsächliche Vorteil des Verfahrens der adressierten Wiederholung gegenüber der nichtadressierten Wiederholung besteht darin, daß die für die Wiederholung benötigte Zeit kürzer ist. Tatsächlich führt bei der Übertragung der Adressen der gestörten Kodekombinationen und erst recht bei gruppenweiser Adressenübertragung bei Verwendung eines Eingangsspeichers für zwei Nachrichtenblöcke jede Rückfrage infolge erkannter Störungen nur zur Wiederholung von zwei oder drei Kodekombinationen. Der Ausfallkoeffizient ist dabei näherungsweise

$$K_{\mathrm{Ausf}} \approx 1 - 3 p_u n. \tag{6.16}$$

So ist die effektive Übertragungsgeschwindigkeit hier im Unterschied zum Verfahren der nichtadressierten Wiederholung nur wenig von der Länge der Nachricht abhängig. Dieser Vorzug macht sich um so stärker bemerkbar, je größer die Laufzeit des Signals in der Leitung ist.

Die Erhöhung der Leistungsfähigkeit der Systeme mit adressierter Wiederholung ist jedoch mit einer erheblichen Vergrößerung des gerätetechnischen Aufwandes verbunden; außerdem verringert sich die Übertragungssicherheit (bei der gleichen effektiven Übertragungsgeschwindigkeit), da die Verfälschung einer Adresse zu zusätzlichen Fehlern in der übertragenen Information führen kann. Deshalb ist die Anwendung von Systemen mit adressierter Wiederholung nur bei Leitungen über große Entfernungen und bei größerer zulässiger Fehlerwahrscheinlichkeit gerechtfertigt.

KAPITEL 7

Registrierung, Synchronisierung und Regenerierung von Impulsen

7.1. Methoden der Impulsregistrierung

In Empfängern digitaler Nachrichtensysteme werden die empfangenen Impulse durch binäre Speicherelemente registriert, die einen der beiden Zustände „0“ oder „1“ annehmen können. Die Anzahl der Speicherelemente in der Dekodiereinrichtung ist gewöhnlich gleich der Anzahl der Binärstellen in der Kodekombination. Zur Registrierung der Impulse werden die Speicherelemente nacheinander kurzzeitig an den Demodulatorausgang geschaltet. Wir bezeichnen die minimale Zeit, die für die Überführung eines Speicherelementes von einem Zustand in den anderen notwendig ist, mit z und nennen sie die Registrierzeit.

Zur sicheren Registrierung der Impulse müssen die Speicherelemente der Dekodiereinrichtung der Reihe nach für die Zeit z an den Ausgang der Demodulationseinrichtung geschaltet werden.

Bei kontaktlosen digitalen Bausteinen übersteigt diese Zeit nicht die Größenordnung einiger Mikrosekunden. Man kann deshalb für ein beliebiges digitales Nachrichtensystem, dessen Übertragungsgeschwindigkeit $B \leqq 10000$ Baud ist, $z \ll \tau_0$ annehmen.

Gegenwärtig werden die Impulse nach zwei Verfahren registriert:

1. nach der Methode der Impulsabtastung;
2. mit der Integrationsmethode.

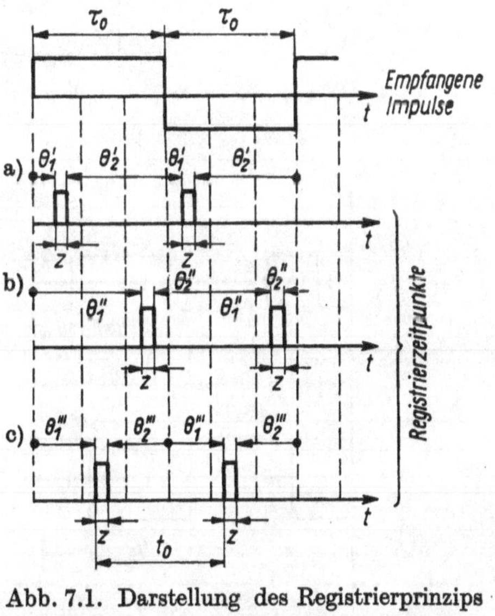

Abb. 7.1. Darstellung des Registrierprinzips mit Hilfe der Abtastmethode. a) Abtastung vor der Impulsmitte; b) Abtastung nach der Impulsmitte; c) Abtastung in der Impulsmitte

Bei der Integrationsmethode unterscheidet man die Integration nach dem Detektor und die Integration vor dem Detektor.

Bei der Abtastmethode wird das Speicherelement für die Zeit z an den Demodulatorausgang geschaltet und nimmt den Zustand an, der zu diesem Zeitpunkt der Polarität des am Ausgang des Demodulators liegenden Signales entspricht. Dabei wird die Polarität vor und nach der Registrierung nicht berücksichtigt. Das in Abb. 7.1 dargestellte Zeitdiagramm zeigt den Vorgang der Impulsregistrierung.

Aus der Abbildung ist zu ersehen, daß bei der Registrierung des Impulses in seinem mittleren Teil (bei $\Theta'''_1 = \Theta'''_2 = \Theta_m$) maximale Flankenverzerrungen der Impulse zulässig sind. Außerdem ist es im mittleren Teil des Impulses wahrscheinlicher, daß alle Einschwingvorgänge beendet sind und das Speicherelement den wirklichen Wert des Impulses registriert.

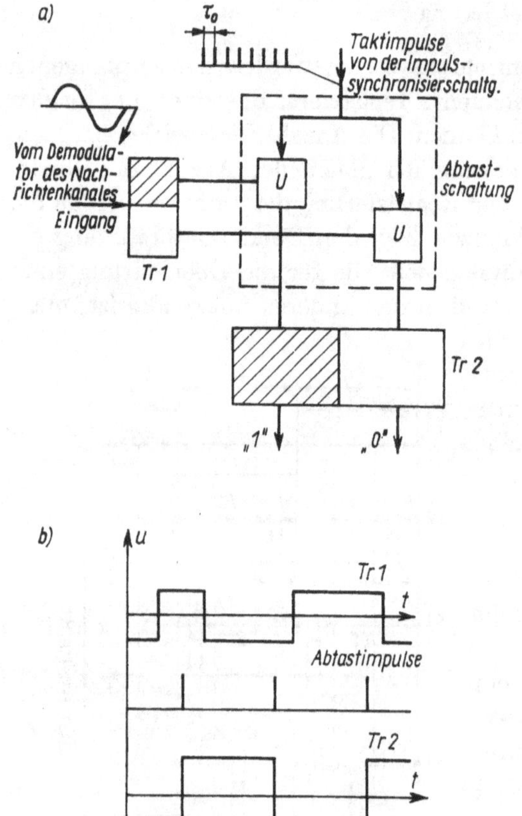

Abb. 7.2. Registriereinrichtung nach der Abtastmethode. a) Blockschaltbild; b) Zeitdiagramm

Das Blockschaltbild einer Abtasteinrichtung ist in Abb. 7.2 gezeigt. Die Registrierschaltung besteht aus zwei UND-Gliedern mit je zwei Eingängen. An jeweils einem Eingang der UND-Glieder liegt die Spannung des Triggers, der den Demodulatorausgang abschließt und unmittelbar durch die demodulierten Signale gesteuert wird. Am anderen Eingang der UND-Glieder liegen kurze Taktimpulse, die von der Phasenvergleichsschaltung abgeleitet werden. Von den Ausgängen der UND-Glieder gelangen die Impulse auf die Eingänge des Triggers *Tr 2*, an dessen Ausgang die Impulse eine

Dauer haben, die durch die Folgefrequenz der Taktimpulse am Eingang bestimmt ist (Abb. 7.2b).

Das Prinzip der Integration nach dem Detektor wird an Hand der Abb. 7.3 erklärt. Die in der Abbildung gezeigte Einrichtung besteht aus dem

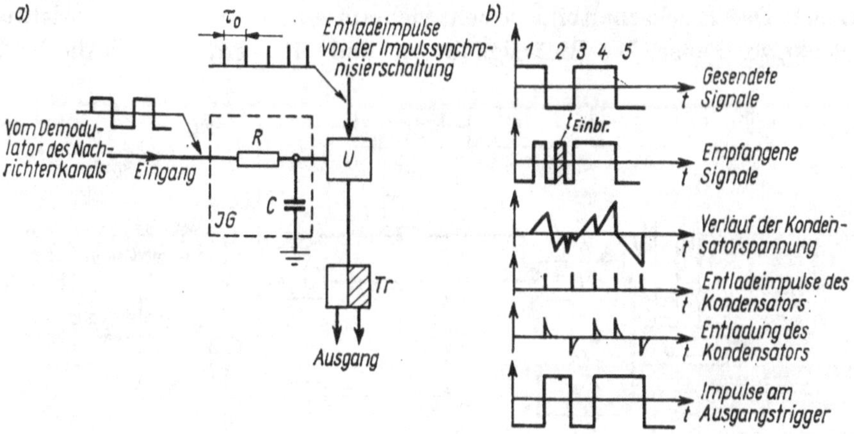

Abb. 7.3. Registriereinrichtung mit Integration nach dem Detektor. a) Blockschaltbild; b) Zeitdiagramm

Integrierglied *IG*, das den Widerstand *R* und die Kapazität *C* enthält, einem UND-Glied *U* und dem Ausgangstrigger *Tr*. An den Eingang des Integriergliedes gelangen vom Ausgang des nach dem Demodulator angeordneten Triggers rechteckförmige Impulse, deren Dauer sich durch die Einwirkung von Störungen im Übertragungskanal ändern kann. Während der Dauer eines Elementarimpulses τ_0 lädt sich der Kondensator *C* auf. Die Kondensatorspannung steigt. Am Ende dieser Periode gelangt auf das UND-Glied *U* von der Synchronisierschaltung ein kurzer Taktimpuls der das UND-Glied öffnet, und der Kondensator entlädt sich über den Eingang des Triggers.

In Abhängigkeit von der Polarität der Ladung des Kondensators kippt der Trigger in die entsprechende Stellung. Die Dauer der Impulse am Ausgang des Triggers wird durch die Folgefrequenz der den Entladevorgang einleitenden Taktimpulse bestimmt.

Abb. 7.3b zeigt einen Fall, bei dem die empfangenen demodulierten Impulse verzerrt sind (der erste und dritte Impuls haben Flankenverzerrungen, beim zweiten Impuls sind Einbrüche vorhanden). Die Abbildung zeigt, daß am Ausgang des Triggers die Impulse regeneriert sind und ihre richtige Dauer haben.

Aus den Abb. 7.2b und 7.3b ist ersichtlich, daß die Impulse am Ausgang der Abtasteinrichtung und am Ausgang des nach dem Detektor angeordneten Integrators gegenüber den Eingangsimpulsen um die Größe $\tau_0/2$ verschoben sind.

Das Prinzip der Integration vor dem Detektor wird an Hand der Abb. 7.4 erklärt. Das Blockschaltbild bezieht sich auf eine Übertragungseinrichtung mit aktiver Pause. Die Binärsignale „0“ und „1“ werden durch die beiden

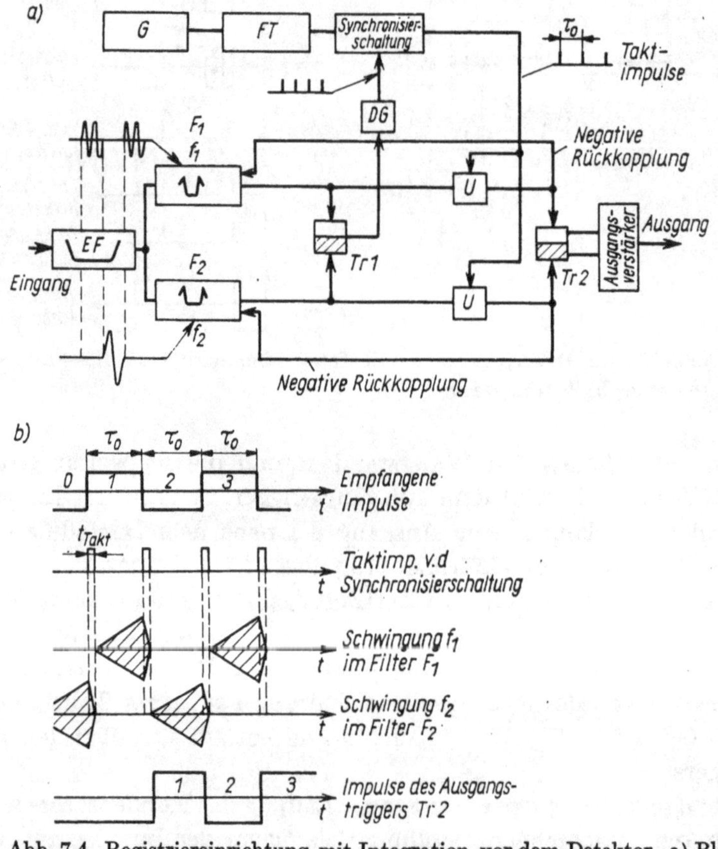

Abb. 7.4. Registriereinrichtung mit Integration vor dem Detektor. a) Blockschaltbild; b) Zeitdiagramm

Frequenzen f_1 und f_2 übertragen. Die beiden Signale gelangen vom Demodulatorausgang über das Filter F an die Eingänge zweier schmalbandiger mechanischer Filter F_1 und F_2, die für die beiden Frequenzen f_1 und f_2 durchlässig sind. Die Güte und Frequenzstabilität dieser Filter muß sehr hoch sein. Die Güte Q liegt in der Größenordnung von einigen Tausend. Die

Ausgangsspannungen der Filter liegen an den Eingängen des Triggers *Tr 1*. Die Ausgangssignale dieses Triggers werden zur Synchronisation der Taktimpulse benutzt. Zu diesem Zweck werden sie mit Hilfe eines Differenziergliedes *DG* differenziert und gelangen an den Phasendiskriminator der Synchronisierschaltung.

Außerdem liegen die Ausgangsspannungen der mechanischen Filter F_1 und F_2 an zwei UND-Gliedern. An den anderen beiden Eingängen dieser UND-Glieder liegen die Taktimpulse der Synchronisierschaltung. Während der Dauer der Taktimpulse treten an den Ausgängen der UND-Glieder Spannungsimpulse auf, die an die Eingänge des Triggers *Tr 2* gelangen. Durch die Einwirkung des Impulses mit der größten Amplitude geht der Trigger *Tr 2* in die diesem Impuls entsprechende Lage über. An seinem Ausgang treten regenerierte Impulse auf, die ihre ursprüngliche Länge haben.

Außerdem gelangen beim Eintreffen der Taktimpulse von den Ausgängen der UND-Glieder Spannungen mit den Frequenzen f_1 und f_2, die gegenphasig zu den Ausgangsspannungen des Kanals sind, über eine negative Rückkopplung auf die Eingänge der mechanischen Filter. Durch sie werden die Schwingungen in den mechanischen Filtern beim Eintreffen der Taktimpulse unterdrückt, und die Spannung am Ausgang dieser Filter wird gleich Null. Durch die Einwirkung der empfangenen Signale werden die Filter erneut erregt, und die Spannungsamplituden an ihren Ausgängen wachsen während des Empfangs eines Elementarimpulses der Länge τ_0 linear an, wodurch eine Integration der empfangenen Signale gewährleistet wird.

7.2. Die Korrekturfähigkeit der Empfangseinrichtung

Die Korrekturfähigkeit ist ein entscheidendes Kriterium, das die Zuverlässigkeit der Arbeitsweise der Impulsgeneration in Empfängern von Datenübertragungseinrichtungen charakterisiert.

Eine Betrachtung der Methoden der Impulsregeneration zeigt, daß ein richtiger Empfang auch dann möglich ist, wenn die demodulierten Impulse verzerrt sind. Diese Eigenschaft von Empfangseinrichtungen digitaler Signale, die empfangenen Impulse auch bei Verzerrungen richtig rückzugewinnen, nennt man Korrekturfähigkeit. Zahlenmäßig kann die Korrekturfähigkeit definiert werden als die maximale Größe der Flankenverzerrungen der empfangenen Impulse, bei der noch eine richtige Registrierung dieser Impulse erfolgt.

Die Korrekturfähigkeit der Empfangseinrichtung hängt in der Hauptsache von der Registriermethode der demodulierten Signale, von Verzerrungen durch die Impulsformerstufen (Empfangsverteiler) und der Art der Synchronisation zwischen Sender und Empfänger der Datenübertragungseinrichtung ab.

Berücksichtigt man die große Zahl von Faktoren, durch die die Korrekturfähigkeit beeinflußt wird, so unterscheidet man üblicherweise:

die theoretische Korrekturfähigkeit μ_t,
die nominelle Korrekturfähigkeit μ_n,
die Arbeits- oder Betriebskorrekturfähigkeit μ_B.

Die theoretische Korrekturfähigkeit μ_t wird bei idealer Synchronisation zwischen Sender und Empfänger definiert. Dabei wird vorausgesetzt, daß Verzerrungen, die durch Empfangsverteiler verursacht werden, gleich Null sind. Folglich hängt μ_t nur von der Registriermethode der demodulierten Signale und von der Trägheit der registrierenden Elemente ab.

Entsprechend Abb. 7.1 kann für die Registriermethode durch Abtastung folgender Ausdruck zur Definition der theoretischen Korrekturfähigkeit abgeleitet werden:

$$\mu_t = \frac{\Theta_1''' + \Theta_2'''}{2\tau_0}\, 100\,\% = \frac{\tau_0 - z}{2\tau_0}\, 100\,\% . \tag{7.1}$$

Diese Empfangsmethode wird am häufigsten in der Datenübertragungstechnik angewendet und wird als Empfang durch Abtastung bezeichnet.

Die Größe z charakterisiert die Länge des Abtastimpulses. Da bei modernen Datenübertragungseinrichtungen $z \ll \tau_0$ ist, strebt μ_t gegen $\mu_t \approx 50\,\%$.

Die nominelle Korrekturfähigkeit μ_n charakterisiert die Korrekturfähigkeit des Empfängers unter Berücksichtigung der Verzerrungen δ_m, die durch Empfangsverteiler hervorgerufen werden, und der Ungenauigkeit δ_S, die durch die Arbeitsweise der Synchronisation entsteht, wenn die Synchronisierimpulse nicht verzerrt sind.

Für die nominelle Korrekturfähigkeit ergibt sich der Ausdruck

$$\mu_n = \mu_t - \delta_m - \delta_S . \tag{7.2}$$

In elektronischen Datenübertragungssystemen ist die Größe δ_m praktisch Null. Die Ungenauigkeit der Synchronisation δ_S hängt vom Synchronisationsverfahren und von der Stabilität der Taktgeneratoren ab. Bei modernen elektronischen Synchronsystemen kann die Größe δ_S bis auf $1 \cdots 2\,\%$ herabgedrückt werden.

Deshalb kann bei synchronen Datenübertragungseinrichtungen eine nominelle Korrekturfähigkeit von etwa $48 \cdots 49\,\%$ erreicht werden. Für elektromechanische Synchronsysteme betragen $\mu_t \approx 42\,\%$, $\delta_m \approx 5\,\%$, $\delta_S \approx 3\,\%$ und $\mu_n \approx 34\,\%$.

Bei Start-Stop-Systemen hängt die Größe δ_S von der Länge des Start-Stop-Zyklus ab. δ_S kann für elektronische Systeme mit $1{,}5 \cdots 2{,}5\%$ und für elektromechanische Systeme (für den gewöhnlichen Start-Stop-Apparat) mit 5,5% angenommen werden. Deshalb ergibt sich für elektronische Start-Stop-Systeme $\mu_n \approx 46\%$ und für elektromechanische Systeme $\mu_n \approx 30\%$.

Die Betriebskorrekturfähigkeit ist die Korrekturfähigkeit unter Berücksichtigung der Phasenabweichung

$$\mu_B = \mu_n - \delta_{Sy}, \tag{7.3}$$

worin δ_{Sy} die Phasenabweichung, ausgedrückt in Prozenten von τ_0 ist, die durch die Verzerrung der Synchronisationsimpulse hervorgerufen wird. Folglich kennzeichnet die Betriebskorrekturfähigkeit die Störfestigkeit des Empfängers bei realen Nachrichtenkanälen.

Die Größe δ_{Sy} beträgt bei modernen elektronischen Synchronsystemen ungefähr 2%. Folglich ist für diese Systeme $\mu_B \approx 46\%$. Für moderne elektromechanische Systeme beträgt $\mu_B \approx 32\%$. Es ist offensichtlich, daß eine sichere Arbeitsweise eines Synchronsystems dann gewährleistet ist, wenn die maximale einseitige Verzerrung der Impulse $\delta_{\max}$ nicht die Betriebskorrekturfähigkeit überschreitet, d. h.

$$\delta_{\max} \leqq \mu_B. \tag{7.4}$$

In Start-Stop-Systemen wird die Betriebskorrekturfähigkeit durch die Verzerrung des Startimpulses bestimmt und kann wie folgt ausgedrückt werden:

$$\mu_B = \mu_n - \frac{\Theta_n}{\tau_0} 100\%, \tag{7.5}$$

wobei Θ_n der Verzögerung bei der Regeneration der Flanke zwischen Stop- und Startimpuls entspricht.

Wenn unter Betriebsbedingungen die Verzerrungen der Start- und Informationsimpulse in der gleichen Größenordnung liegen, kann die maximale Verzerrung der Informationsimpulse, bei der noch eine sichere Arbeitsweise des Start-Stop-Systems möglich ist, ausgedrückt werden durch

$$\delta_{\mathrm{Inf\,max}} \leqq \frac{\mu_n}{2}. \tag{7.6}$$

Es ist zweckmäßiger, die Sicherheit eines Start-Stop-Systems durch den Begriff der Bezugsverzerrung zu charakterisieren. Entsprechend der Empfehlung des CCITT wird als Maß für die Bezugsverzerrung das Verhältnis

$$\delta_{\mathrm{St.\,St.}} = \frac{|\Theta_n - \Theta_k|_{\max}}{\tau_0} 100\% \tag{7.7}$$

benutzt, worin Θ_k die Verzögerung bei der Regeneration einer Flanke der Kodeimpulse bedeutet.

Aus der Definition der Bezugsverzerrungen folgt, daß eine sichere Arbeitsweise des Start-Stop-Systems dann gewährleistet ist, wenn gilt

$$\delta_{\text{St. St.}} \leqq \mu_n. \tag{7.8}$$

Wir wollen jetzt Synchron- und Start-Stop-Systeme für die Übertragung von diskreten Informationen vergleichen. Früher ist gezeigt worden, daß die Bedingung für die sichere Arbeitsweise eines Start-Stop-Systems die Erfüllung der Ungleichung

$$\mu_{n\text{St. St.}} \geqq \delta_{\text{St. St.}} \tag{7.9}$$

ist.

Andererseits wird gemäß Gl. (7.4) die sichere Arbeitsweise eines Synchronsystems bei Erfüllung der Ungleichung

$$\mu_{B\text{synchr}} > \frac{\delta_{\text{ges}}}{2} \tag{7.10}$$

gewährleistet, worin δ_{ges} die Verzerrungen am Kanalausgang sind, die mit einem Synchrongerät gemessen werden.

Mit einer für Überschlagsrechnungen hinreichenden Genauigkeit kann man annehmen:

$$\delta_{\text{St. St.}} \approx 0{,}75\delta_{\text{ges}}. \tag{7.11}$$

Dieses Resultat wird durch experimentelle Ergebnisse bestätigt.

Aus den Ausdrücken (7.11), (7.10) und (7.9) erhält man folgende Näherungsgleichung (bei vorgegebener konstanter Verzerrung):

$$1{,}5\mu_{B\text{synchr}} \approx \mu_{n\text{St. St.}}.$$

Man kann deshalb den Schluß ziehen, daß unter realen Betriebsbedingungen Synchronsysteme einen bedeutend höheren Störpegel im Übertragungskanal zulassen, d. h. eine höhere Störfestigkeit besitzen.

7.3. Vergleich des synchronen mit dem Start-Stop-Übertragungsverfahren

Es sind drei Verfahren zur Gewährleistung einer zeitlichen Beziehung zwischen Sender und Empfänger möglich: das Asynchron-, das Start-Stop- und das Synchronverfahren. Früher ist darauf hingewiesen worden, daß in Datenübertragungseinrichtungen das Synchron- und das Start-Stop-Verfahren verwendet werden.

Wir wollen diese beiden Übertragungsmethoden miteinander vergleichen. Das Synchronverfahren weist folgende Vorteile auf:

1. größere Störfestigkeit der Übertragung, welche sich daraus erklärt, daß beim Synchronverfahren der Empfänger Information über Phase und Übertragungsgeschwindigkeit der Signale besitzt. Dadurch ist es möglich, Empfangsmethoden zu verwenden, welche eine hohe Korrekturfähigkeit des Empfängers gewährleisten;
2. auf Grund der Verwendung eines Taktgenerators ist es möglich, eine Synchronisation der modulierenden Spannung mit der Trägerfrequenz zu verwirklichen, wodurch der Modulationsvorgang verbessert wird und sich die Modulationseinrichtung vereinfacht;
3. die Möglichkeit der Benutzung effektiver Empfangsmethoden, die eine hohe Störfestigkeit gewährleisten;
4. die Möglichkeit der Realisierung von Zeitmultiplexsystemen, die bedeutend effektiver den zur Verfügung stehenden Frequenzbereich ausnutzen. Das wird erstens dadurch erreicht, daß durch die Ausfilterung der einzelnen Kanäle entstehende Bandbreitenverluste vermieden werden, und zweitens durch die Anwendung von speziellen Empfangsmethoden, die einen richtigen Empfang auch bei starken Impulsverzerrungen ermöglichen;
5. eine konstante und unveränderliche Phasenbeziehung zwischen Empfangs- und Sendezyklus (Kodier- und Dekodiereinrichtung) gestattet es, verhältnismäßig einfach verschiedene störungssichere Kodes und Verfahren zur Erhöhung der Übertragungssicherheit anzuwenden.

Neben diesen Vorteilen hat das synchrone Übertragungsprinzip auch wesentliche Nachteile:

1. Kompliziertheit der Endgeräte infolge der notwendigen Synchronisiereinrichtungen;
2. Einschränkungen, denen die Datenquellen unterliegen, welche die Information mit einer exakt festgelegten Geschwindigkeit abgeben müssen;
3. besonders schwierige Bedingungen bei der Übertragung von Steuersignalen wie Anrufsignale, Schlußzeichen, Wählsignale usw.;
4. es ist nicht möglich, bei der Anwendung von Zeitmultiplexsystemen Datenkanäle in Zwischenstationen abzuzweigen;
5. Schwierigkeiten bei der Geschwindigkeitsumsetzung auf langen Nachrichtenverbindungen bei Betrieb von Start-Stop-Apparaten in Synchronsystemen;
6. Benötigen einer gewissen Zeit für die Synchronisierung von Beginn der Übertragung oder nach längeren Unterbrechungen;
7. Einschränkungen, die den Charakter der zu übertragenden Information betreffen. In der Impulsfolge, die in die Empfangseinrichtung gelangt, dürfen keine Abschnitte mit einer größeren Zahl von Impulsen gleicher

Polarität sein, da sonst ein Verlust des Synchronismus eintreten kann. Gewöhnlich besteht die Forderung, daß die Zahl der unmittelbar hintereinanderfolgenden Impulse einer Polarität 50 · · · 100 nicht übersteigt.

Zu den Vorteilen des Start-Stop-Prinzips gehören:

1. wesentlich weniger harte Forderungen an die Stabilität der Informationsabgabegeschwindigkeit der Informationsquelle im Vergleich zum Synchronprinzip;
2. einfaches Zusammenwirken mit Informationsquelle und Informationssenke;
3. es gibt keine Beschränkungen für die Länge der zu übertragenden Informationen und für die Zahl der hintereinander folgenden Impulse gleicher Polarität;
4. es wird keine Zeit für die Synchronisierung benötigt, wodurch der Zeitverlust bei Beginn der Übertragung oder nach längeren Unterbrechungen verringert wird;
5. ständige Bereitschaft des Systems zum Empfang von Daten.

Die hauptsächlichsten Nachteile des Start-Stop-Prinzips sind:

1. verhältnismäßig hohe Zeitverluste bei der Übertragung der Synchronisiersignale – *Start* und *Stop*;
2. starke Abhängigkeit der Verzerrungen der Informationsimpulse von der Verzerrung des Signales *Start*, wodurch die Störfestigkeit im Vergleich zum Synchronprinzip erniedrigt wird.

In modernen Datenübertragungssystemen wird in der Regel das synchrone Übertragungs- und Empfangsprinzip angewendet.

7.4. Methoden der Impulssynchronisierung

Die Aufgabe der Synchronisiereinrichtungen ist die Gewährleistung einer bestimmten und unveränderlichen Beziehung der Phase zwischen den Taktimpulsen, die vom Steuerimpulsgenerator des Empfängers gebildet werden, und den empfangenen (demodulierten) Impulsen. Gewöhnlich benutzt man zu diesem Zweck die synchrone Methode.

Zur Gewährleistung des erläuterten Synchronismus sind in Empfängern von Synchronsystemen entsprechende Synchronisiereinrichtungen vorhanden. Diese Einrichtungen überprüfen laufend die Phase der empfangenen Impulse und regeln die Phase der Taktimpulse nach.

Bei der Phasenkorrektur mit Hilfe der Abtastmethode muß durch die Synchronisiereinrichtung stets eine solche Phasenbeziehung gewährleistet sein, daß die Abtastimpulse in die Mitte der Elementarimpulse fallen.

In einem synchronen Datenübertragungssystem muß der Synchronismus zwischen den Impulsen, die im Empfänger durch den internen Steuergenerator erzeugt werden, und den empfangenen Impulsen mit einer Genauigkeit von einigen Prozent der Dauer eines Elementarimpulses im Verlaufe einer ziemlich langen Zeit, häufig während eines 24stündigen Betriebes konstant bleiben. Dabei erweist sich, daß die notwendige Genauigkeit des Synchronismus auch bei Generatoren hoher Stabilität nur durch eine Nachregelung (Korrektur) gewährleistet ist.

Zur Erläuterung dieses Sachverhaltes werden wir die Ergebnisse benutzen, die nach der in [3] dargelegten Methode gewonnen wurden.

Der Koeffizient k für die Instabilität des Generators bestimmt sich aus der Beziehung

$$k = \frac{f - f_1}{f} = \frac{\Delta f}{f}; \tag{7.12}$$

darin ist f der Nominalwert der Generatorfrequenz, f_1 die absolute Abweichung der Generatorfrequenz vom Nominalwert unter Berücksichtigung aller die Stabilität beeinflussenden Faktoren.

Die Phasenabweichungen zwischen den empfangenen und den internen Impulsen für $k = 10^{-5}$ sind in Tabelle 7.1 angeführt.

Aus dieser Tabelle ist ersichtlich, daß die Zeit, während der die Phasenabweichung 40% nicht übersteigt, bei einer Übertragungsgeschwindigkeit von 50 Baud 7 min 40 s und bei einer Übertragungsgeschwindigkeit von 2400 Baud nur 8,5 s beträgt.

Tabelle 7.1

Größe der Phasenabweichung in % von τ_0	Zeit, innerhalb deren die Phasenabweichung eine vorgegebene Größe erreicht, bei einer Übertragungsgeschwindigkeit in Baud							
	50	150	300	600	1000	1200	1800	2400
5	50 s	17 s	8,5 s	4,25 s	2,8 s	2,13 s	1,4 s	1,06 s
10	1 min 40 s	34 s	17 s	8,5 s	5,6 s	4,25 s	2,8 s	2,13 s
40	7 min 40 s	2 min 16 s	1 min 8 s	34 s	23 s	17 s	11,5 s	8,5 s

Sogar wenn man die Stabilität der Generatoren bis auf $k = 10^{-6}$ vergrößert, beträgt bei einer Geschwindigkeit von 2400 Baud die Zeit für eine normale Betriebsweise nur 1 min 25 s. Folglich ist ein Betrieb des Übertragungssystems ohne eine spezielle Einrichtung zur automatischen Phasennachregelung der Impulse nicht möglich.

In Synchronsystemen kann man Synchronisiersignale mit Hilfe verschiedener Methoden übertragen.

Diese Methoden kann man ihrerseits in zwei große Gruppen einteilen:

Verfahren, die zur ersten Gruppe gehören, sind dadurch gekennzeichnet, daß die Synchronisiersignale unabhängig von den Informationssignalen übertragen werden. Das kann verwirklicht werden durch:

1. Übertragung des Synchronisiersignales mit Hilfe eines modulierten Trägers über einen getrennten Synchronisierkanal;
2. Übertragung zweier unmodulierter Kontrollfrequenzen (Pilotsignale), die an den Rändern des Nutzsignalspektrums des Übertragungskanales angeordnet sind (Abb. 7.5a).

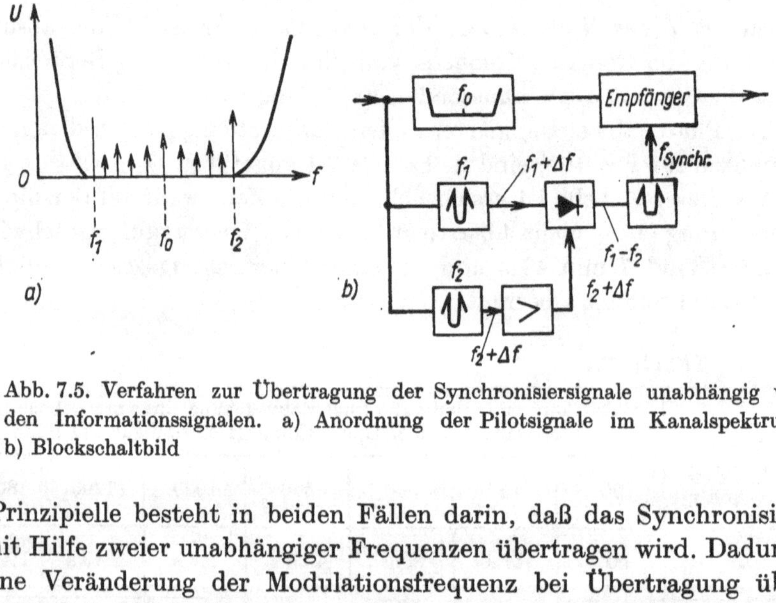

Abb. 7.5. Verfahren zur Übertragung der Synchronisiersignale unabhängig von den Informationssignalen. a) Anordnung der Pilotsignale im Kanalspektrum; b) Blockschaltbild

Das Prinzipielle besteht in beiden Fällen darin, daß das Synchronisiersignal mit Hilfe zweier unabhängiger Frequenzen übertragen wird. Dadurch kann eine Veränderung der Modulationsfrequenz bei Übertragung über TF-Kanäle, bei denen Frequenzverschiebungen eintreten können, vermieden werden. Bei der Übertragung von zwei Frequenzen erhalten beide Frequenzen gleichzeitig gleiche Frequenzverschiebungen Δf. Gibt man eine der übertragenen Frequenzen $(f_u + \Delta f)$ auf einen Amplitudenmodulator als Trägerfrequenz und die andere $(f_0 + \Delta f)$ als modulierende Frequenz, so erhält man am Modulatorausgang die Differenzfrequenz $f_0 - f_u = f_{\text{Synchr}}$, die keine Frequenzverschiebung hat (Abb. 7.5b):

$$(f_0 + \Delta f) - (f_u + \Delta f) = f_0 - f_u = f_{\text{Synchr}};$$

Ein Vorteil der Verfahren der ersten Gruppe ist die Unabhängigkeit der richtigen Übertragung der Synchronisiersignale von der Nutzinformation. Zu den Nachteilen dieser Verfahren gehören:

1. Notwendigkeit der Übertragung und empfangsseitigen Trennung von Pilot-Signalen, wodurch Sende- und Empfangseinrichtungen komplizierter werden;
2. Notwendigkeit der Herabsetzung des Pegels der die Nutzinformation tragenden Signale infolge der vorhandenen Pilotsignale, wodurch die Störfestigkeit des Systems erniedrigt wird;
3. Möglichkeit der Interferenzbildung im Nachrichtenkanal zwischen Nutz- und Pilotsignalen infolge Nichtlinearität des Kanales;
4. Abhängigkeit der Synchronisierung von der Gruppenlaufzeitcharakteristik des Kanals, da Pilotsignale und Nutzinformation mit verschiedenen Frequenzen übertragen werden.

Die Benutzung eines besonderen Kanals zur Übertragung der Synchronisiersignale ist nur in solchen Fällen zweckmäßig, wenn zwischen zwei Endstellen in einer Richtung eine große Zahl gleichartiger synchroner Datenübertragungssysteme arbeitet. In diesem Fall kann man für alle Systeme ein gemeinsames Synchronisiersignal benutzen, womit die Verwendung eines getrennten Kanals für die Synchronisierung gerechtfertigt wird. Doch gewöhnlich arbeiten zwischen ein und denselben Endstellen nur wenig Übertragungskanäle. Außerdem wird bei der Übertragung der Synchronisiersignale über einen getrennten Kanal der Aufbau eines Datenübertragungsnetzes erschwert. Deshalb wird dieses Verfahren in Datenübertragungseinrichtungen gewöhnlich nicht angewendet. Die Verfahren zur Übertragung der Synchronisiersignale, die zur zweiten Gruppe gehören, sind durch die Übertragung der Synchronisiersignale über den gleichen Kanal, über den die Information übertragen wird, gekennzeichnet. Die Synchronisiersignale können durch zwei Methoden zur Empfangsseite übertragen werden:

1. mit Hilfe für diesen Zweck besonders vorgesehener Synchronisierimpulse;
2. unmittelbare Ableitung aus der Informationsimpulsfolge durch Auswertung der charakteristischen Momente der Demodulation der empfangenen demodulierten Signale.

Dementsprechend bezeichnet man die erste Methode als Synchronisierung mittels besonderer Synchronisierimpulse, die zweite als Synchronisierung durch die Informationsimpulse.

Bei Synchronisation durch besondere Synchronisierimpulse erfolgt die Übertragung der letzteren automatisch nach jedem Sendezyklus. Mit Hilfe dieser Impulse erfolgt die notwendige Einwirkung auf die Phase der internen Taktimpulse des Empfängers.

Bei Synchronisation durch die Informationsimpulse wird die Synchronisiereinrichtung durch den Polaritätswechsel der Kodeimpulse (Informationsimpulse) gesteuert.

Das Synchronisierverfahren mit Hilfe der Informationsimpulse hat folgende Vorteile:

1. Es ist nicht notwendig, in der Informationsfolge besondere Synchronisierimpulse vorzusehen, wodurch sich die effektive Übertragungsgeschwindigkeit erhöht;
2. es wird die größte Genauigkeit der Phasennachregelung erreicht. Während besondere Synchronisierimpulse während eines Zyklus nur einmal übertragen werden, ist die Zahl der charakteristischen Momente der Modulation während eines Sendezyklus gewöhnlich bedeutend größer.

Das Verfahren der Synchronisation durch die Informationsimpulse hat jedoch auch Nachteile:

1. bei längerer Übertragung von Signalen einer Polarität oder bei Unterbrechung des Betriebes (Fehlen der charakteristischen Modulationsmomente) erfolgt keine Phasennachregelung;
2. bei großen Signalverzerrungen und bei länger dauernden unsymmetrischen Verzerrungen wird die Arbeitsweise des Datenübertragungssystems unsicher, da die Synchronisiereinrichtung die Phase des Empfängers nach den verzerrten charakteristischen Modulationsmomenten nachregelt.

Der erste Nachteil kann beseitigt werden, wenn bei Unterbrechung des Sendebetriebes an Stelle der Nutzinformation spezielle Synchronisiersignale gesendet werden. Der zweite Nachteil kann teilweise durch Anwendung der Phasen-Frequenz- und der Amplituden-Frequenz-Korrektur sowie Einrichtungen zur automatischen Nachstimmung bei unsymmetrischen Verzerrungen beseitigt werden.

Da bei der Benutzung störsicherer Kodes längere Folgen von Nullen oder Einsen entweder überhaupt unmöglich sind oder sehr selten auftreten und unsymmetrische Verzerrungen auf Grund der guten Kanaleigenschaften von TF-Kanälen moderner Übertragungssysteme nur selten auftreten und automatisch beseitigt werden können, ist für die Mehrheit der praktischen Fälle das Synchronisationsverfahren mit Hilfe der Informationsimpulse vorzuziehen.

Diese Synchronisationsmethode kann mit Hilfe verschiedener Verfahren realisiert werden:

1. Gewinnung der Übertragungsgrundfrequenz aus der Empfangsimpulsfolge und Umwandlung in eine Folge von Steuerimpulsen. Einrichtungen, die die Synchronisierung auf diese Art verwirklichen, werden Resonanzeinrichtungen genannt;
2. automatische Phasennachregelung des internen Steuerimpulsgenerators im Empfänger.

7.5. Resonanzeinrichtungen für die Impulssynchronisation

Blockschaltbild und grafische Darstellungen, aus denen die Wirkungsweise dieser Art von Synchronisationseinrichtungen hervorgeht, sind in Abb. 7.6 gezeigt. Der wichtigste Teil der Resonanz-Synchronisiereinrichtung

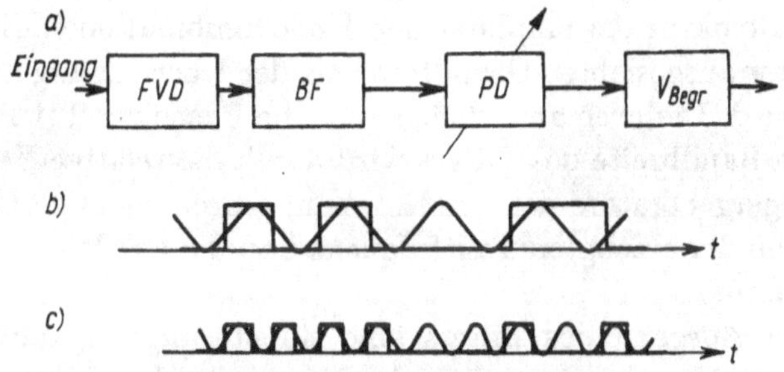

Abb. 7.6. Impulssynchronisiereinrichtung nach dem Resonanzprinzip. a) Blockschaltbild; b) Schwingung mit veränderlicher Phase; c) Schwingung mit konstanter Phase

(Abb. 7.6a) ist ein schmalbandiges Filter *BF*, dessen Resonanzfrequenz gleich der Übertragungsgeschwindigkeit ist. Zur Gewährleistung einer normalen Arbeitsweise der Schaltung durchläuft das empfangene detektierte Signal einen Frequenzverdoppler *FVD*, welcher aus jedem empfangenen Impuls der Dauer τ_0 einen Impuls der Dauer $\tau_0/2$ formt. Die Notwendigkeit einer derartigen Umwandlung erklärt sich daraus, daß sich die Phasen der 1. Harmonischen der Übertragungsfrequenz von Kodekombinationen mit ungerader und gerader Anzahl von Impulsen um 180° unterscheiden (Abb. 7.6b). Gibt man nun an den Eingang des Resonanzsystemes eine Impulsfolge mit doppelter Frequenz, so ist es möglich, eine Schwingung mit konstanter Phase, deren Frequenz gleich der Übertragungsgeschwindigkeit ist, zu gewinnen (Abb. 7.6c).

Anschließend gelangt die gewonnene Schwingung nach Passieren eines Phasendrehgliedes *PD* für die Phasennachstimmung auf einen Verstärker mit Begrenzereigenschaften V_{Begr} und auf eine Schaltung zur Bildung der

Taktimpulse. Gewöhnlich liefert diese Schaltung zwei Taktimpulsfolgen, die zeitlich gegeneinander um die Größe $\tau_0/2$ verschoben sind. Die Impulse der einen Folge sind so angeordnet, daß sie den idealen charakteristischen Momenten der Modulation entsprechen. Die Impulse der anderen Folge liegen in der Mitte der idealen Elementarimpulse.

Gemäß dem Prinzip der Synchronisiereinrichtung nach dem Resonanzprinzip ist eine sichere Arbeitsweise nur dann gewährleistet, wenn die Abweichung der Übertragungsgeschwindigkeit von der Resonanzfrequenz des Filters die Hälfte der Bandbreite des Filters nicht übersteigt. Es ist offensichtlich, daß die Anforderungen an die Stabilität des Steuerimpulsgenerators um so geringer sind, je größer die Bandbreite des Filters ist. Andererseits führt eine Vergrößerung der Bandbreite des Filters zu einer Verringerung der Genauigkeit der Synchronisierung, da sich in diesem Fall bei einer Veränderung der Struktur der empfangenen Kodekombinationen die Phase der durch das Filter ausgesiebten Grundfrequenz der Übertragung in weiten Grenzen ändern wird. Dadurch ändert sich auch die Phase der Taktimpulse.

Die notwendige Bandbreite des Filters wird durch die relative Frequenzstabilität des Trägergenerators der Sendestation, die notwendige Genauigkeit der Phasenlage der erzeugten Taktfrequenz und die Größe der Phasenabweichung bestimmt.

Damit man am Ausgang des Filters eine sinusförmige Spannung mit stabiler Phase erhält, ist es notwendig, die Bandbreite des Filters zu verkleinern (Vergrößerung der Filtergüte). Das führt zu einer Vergrößerung der Einschwingzeit.

Die Zeit, die zur Erreichung des Synchronismus notwendig ist, ergibt sich aus der Zeit für das Einschwingen des schmalbandigen Filters und kann durch die Beziehung

$$t_S = Q\,T \tag{7.13}$$

ausgedrückt werden.

Darin ist Q die Güte des Filtersystems, T die Periode der Impulsfolge des Eingangssignales.

Setzt man voraus, daß es praktisch möglich ist, Filter mit $Q = 500$ zu verwirklichen, und berücksichtigt man, daß bei einer Übertragungsgeschwindigkeit im Kanal von 1200 Baud die Periode der Impulsfolge gleich $T = \frac{1}{B_{\text{Kanal}}} = \frac{1}{1200} = 840\ \mu\text{s}$ ist, so erhält man $t_S = 500 \cdot 840 \cdot 10^{-6} = 420\ ms$. Das ist die minimale Zeit, die zur Einstellung der Betriebsbereitschaft notwendig ist, wenn am Eingang der Synchronisiereinrichtung eine periodische Signalfolge der Form 1010101 ··· (Mäander) liegt. Bei einer nichtperiodischen Impulsfolge vergrößert sich die notwendige Zeit für die Betriebsbereitschaft.

Der grundlegende Vorteil der Synchronisiereinrichtungen nach dem Resonanzprinzip ist ihre Einfachheit. Sie haben jedoch auch Nachteile. Die wichtigsten davon sind:

1. völliger Synchronisationsverlust des Datenübertragungssystems mit Synchronisationsverfahren nach dem Resonanzprinzip bei Kanalunterbrechungen und Benötigung einer zusätzlichen Zeit für die Wiederherstellung des Synchronismus;
2. Notwendigkeit einer dauernden Kontrolle der Phase der Taktimpulse sowie Forderung einer hohen Stabilität der Übertragungsgeschwindigkeit des Systems.

Außerdem bereitet bei der Entwicklung von Resonanz-Synchronisationssystemen der Aufbau hochstabiler schmalbandiger Filter Schwierigkeiten. Diese Schwierigkeiten treten besonders bei der Entwicklung von Datenübertragungssystemen mit niedrigen Geschwindigkeiten (50 ··· 100 Baud) auf.

Gelangt an den Eingang eines Resonanzsynchronisationssystems eine Folge von Impulsen gleicher Polarität, so folgt der Dämpfungsverlauf der Schwingungen am Ausgang des Filters dem Gesetz

$$a = \mathrm{e}^{-\frac{\pi}{Q}(N+1)}\,\mathrm{e}^{j(N+1)\psi\frac{\pi}{Q}}\,. \tag{7.14}$$

Darin ist N die Zahl der Impulse gleicher Polarität, ψ eine Phasenkonstante, die gleich

$$\psi = \operatorname{arc\,tan} Q\left(\frac{\omega}{\omega_0} - \frac{\omega_0}{\omega}\right) \approx 2Q\,\frac{\Delta\omega}{\omega_0} \tag{7.15}$$

ist, wobei ω_0 die Resonanzfrequenz des Filtersystems, $\Delta\omega$ die Frequenzabweichung zwischen dem sendeseitigen Generator und der Resonanzfrequenz des Filtersystems bedeutet.

Die Änderung des Moduls in Ausdruck (7.14) kann aus der Beziehung bestimmt werden

$$|a| = \mathrm{e}^{-\frac{\pi(N+1)}{Q}}\,, \tag{7.16}$$

und die Änderung der Phase aus dem Ausdruck

$$\varphi = \frac{\pi(N+1)\,\psi}{Q}\,. \tag{7.17}$$

Setzen wir den Wert ψ des Ausdruckes (7.15) in (7.17) ein, so erhalten wir

$$\varphi = 2\pi(N+1)\,\frac{\Delta\omega}{\omega_0} \approx 2\pi N\,\frac{\Delta\,\omega}{\omega_0}\,. \tag{7.18}$$

Die Größe der Phasenverschiebung φ drücken wir in relativen Teilen der Periode des Eingangssignales aus.

Dann wird

$$\delta_N = N \frac{\Delta\omega}{\omega_0}. \tag{7.19}$$

Die Berechnungen nach den angegebenen Formeln zeigen, daß die Methode der Erzeugung von Synchronisierimpulsen mit Hilfe eines schmalbandigen Filters bei optimal ausgewählten Parametern eine verhältnismäßig große Zeit zur Herstellung des Synchronismus benötigt (300 ··· 500 Elementarimpulse) und ein schnelles Abklingen der Taktfrequenzen zur Folge hat (300 ··· 500 ms). Das ist für ein Datenübertragungssystem unannehmbar. Außerdem ändert sich, wie aus Gl. (7.18) zu sehen ist, infolge der Steilheit der Phasencharakteristik des schmalbandigen Filters schon bei kleiner Abweichung der Resonanzfrequenz des Filters von der Übertragungsgeschwindigkeit die Phase des Signals am Ausgang des Filters stark, wodurch zusätzliche Fehler bei der Registrierung des Signals entstehen.

Auf Grund der oben dargelegten Mängel der Resonanz-Synchronisationseinrichtungen, beschränkt man sich in letzter Zeit bei Datenübertragungseinrichtungen immer mehr auf Systeme, die nach dem Prinzip der automatischen Phasennachregelung der Taktimpulse eines unabhängigen im Empfangsteil vorhandenen Generators arbeiten. Diese Systeme finden, obwohl sie komplizierter als Resonanzsysteme sind, immer weitere Verbreitung, da sie eine Reihe bedeutender Vorteile haben. Wir wollen den prinzipiellen Aufbau derartiger Systeme betrachten.

7.6. Impulssynchronisiereinrichtungen mit automatischer Phasennachregelung

Die Systeme mit automatischer Phasennachregelung der Taktimpulse können in Systeme eingeteilt werden, in denen eine unmittelbare Einwirkung auf die Frequenz des Taktimpulsgenerators durch Verändern der Para-

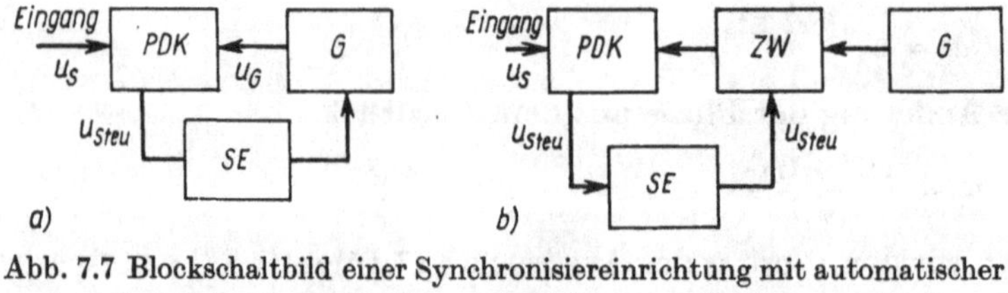

Abb. 7.7 Blockschaltbild einer Synchronisiereinrichtung mit automatischer Phasennachregelung a) mit unmittelbarer Einwirkung auf die Generatorfrequenz; b) ohne Einwirkung auf den Generator

meter des Generators erfolgt, und in Systeme, bei denen die Phase der Taktimpulse bei konstanter Generatorfrequenz durch Einwirkung auf eine Steuereinrichtung vor sich geht. Diese beiden Prinzipien werden durch die in Abb. 7.7 dargestellten Blockschaltbilder erklärt.

Wie aus den Blockschaltbildern zu entnehmen ist, sind die Hauptbestandteile dieser Einrichtungen: der Phasendiskriminator *PDK*, die Steuereinrichtung *SE* und der Steuerimpulsgenerator *G*. Im zweiten Blockschaltbild ist auch ein Zwischenwandler *ZW* vorhanden.

Diese Funktionseinheiten haben folgende Bedeutung. Mit Hilfe eines Phasendiskriminators wird die Größe der Phasenabweichung zwischen der Spannung des internen Generators u_G und der Spannung der empfangenen Signale u_S bestimmt. Am Ausgang des Phasendiskriminators wird entsprechend der Größe und dem Vorzeichen der Phasendifferenz die Steuersignalspannung u_{Steu} gebildet, welche auf die Steuereinrichtung gelangt.

In Systemen mit unmittelbarer Einwirkung auf die Generatorfrequenz verändert die Steuereinrichtung entsprechend dem Steuersignal die Parameter des Generators (Kapazität oder Induktivität des Schwingkreises). Dadurch ändert sich seine Frequenz, und die Phasenabweichung verkleinert sich bis zu einer minimalen Größe, welche durch die Empfindlichkeit des Phasendiskriminators bestimmt wird. In Systemen ohne unmittelbare Einwirkung auf die Generatorfrequenz wirkt das Steuersignal auf einen Zwischenwandler, mit dessen Hilfe die Phase der Taktimpulse verändert wird. In der überwiegenden Zahl der Fälle wird als Zwischenwandler in modernen Datenübertragungssystemen ein Untersetzer benutzt. Durch Einwirkung auf die Eingangsimpulsfolge des Untersetzers kann man die Phase der Ausgangsimpulsfolge ändern. Synchronisationseinrichtungen, die nach dieser Methode arbeiten, nennt man Synchronisationssysteme mit diskreter Steuerung.

Es ist notwendig darauf hinzuweisen, daß alle Einrichtungen mit unmittelbarer Einwirkung auf den Steuerimpulsgenerator folgende Nachteile haben:

1. Verringerung der Frequenzstabilität des Generators um etwa eine Größenordnung infolge Steuerung eines seiner Parameter;
2. es ist nicht möglich, einen Steuerimpulsgenerator für den Betrieb mehrerer Synchronisiereinrichtungen zu verwenden;
3. es ist nicht möglich, nur eine Synchronisiereinrichtung für ein Synchronsystem zu verwenden, das mit verschiedenen Geschwindigkeiten arbeitet.

In modernen Datenübertragungsanlagen hat die Methode ohne unmittelbare Einwirkung auf die Frequenz des Taktimpulsgenerators weitgehende Anwendung gefunden. In der Mehrzahl der Fälle (bis zu Geschwindigkeiten von 12 · · · 15 Tausend Baud) handelt es sich dabei um Systeme mit diskreter Steuerung.

Das Wirkungsprinzip einer Einrichtung mit diskreter Steuerung kann man an Hand der Abb. 7.8 erklären. Die Frequenz des Steuerimpulsgenerators f_{Steu} (Abb. 7.8a) wählt man gewöhnlich $m_1 = 10 \cdots 30$ mal größer als die Übertragungsgeschwindigkeit. Mit Hilfe des Untersetzers wird diese

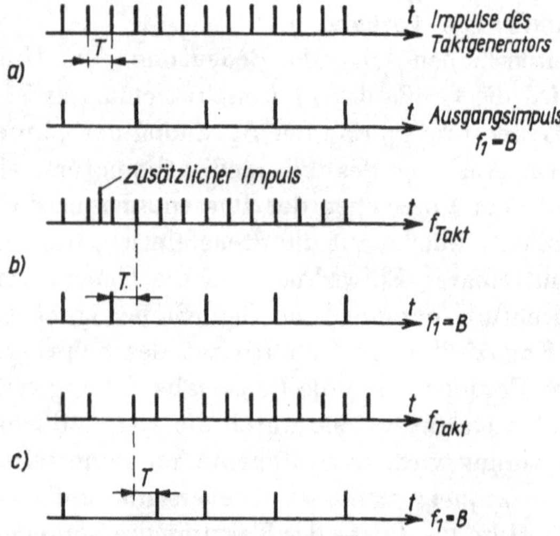

Abb. 7.8. Erklärung des Prinzips der Impulssynchronisation mit diskreter Steuerung. a) Normallage; b) Beschleunigungslage; c) Verzögerungslage

Frequenz um das m_1-fache untersetzt, so daß die Frequenz der Impulsfolge f_1, die am Ausgang des Untersetzers entsteht, gleich der Übertragungsgeschwindigkeit ist:

$$f_1 = B = \frac{f_{\text{Steu}}}{m_1} = \frac{1}{m_1 T}.$$

Gelangt an den Eingang des Untersetzers außer den vom Taktimpulsgenerator kommenden Impulsen ein zusätzlicher Impuls, so verschiebt sich, wie aus Abb. 7.8b zu sehen ist, die Phase der Ausgangsimpulse in Beschleunigungsrichtung um eine Größe, die gleich der Periode T der Frequenz des Taktimpulsgenerators ist. Wird jedoch einer von den Impulsen, die auf den Untersetzer gelangen, ausgeschlossen (Abb. 7.8c), so verschiebt sich die Phase der Ausgangsimpulse in Verzögerungsrichtung ebenfalls um eine Größe, die gleich T ist.

Auf diese Weise kann man durch Zufügen oder Ausschließen eines Impulses am Eingang des Untersetzers die Phase der Ausgangsimpulsfolge mit der Frequenz $f_1 = B$ ändern und damit die Phasenabweichung korrigieren.

Das oben beschriebene Synchronisationsprinzip wird am häufigsten in modernen Datenübertragungssystemen angewendet. Aus Gründen der Vollständigkeit ist es jedoch zweckmäßig, auch auf eine Reihe anderer möglicher Synchronisationsprinzipien hinzuweisen.

In Abhängigkeit von den Steuerverfahren der Systeme mit unmittelbarer Einwirkung auf den Generator unterscheidet man Einrichtungen

1. mit kontinuierlicher Steuerung, bei denen die Steuereinrichtung kontinuierlich auf den Generator einwirkt, wobei der Einwirkungsgrad proportional zur Größe der Phasenabweichung ist;
2. mit Relaissteuerung, bei denen der Einwirkungsgrad auf den Generator nicht von der Größe der Phasenabweichung abhängt. Die Einrichtungen mit Relaissteuerung kann man ihrerseits in Zweipositions- und Dreipositionsrichtungen einteilen.

Einrichtungen mit diskreter Steuerung teilt man entsprechend ihrer Einwirkung auf die Phase der Steuerimpulse in Einrichtungen mit konstanter Korrekturwirkung und Einrichtungen mit kontinuierlicher Korrekturwirkung ein.

Zur Erklärung des Prinzips und der Besonderheiten aller aufgezählten Impulssynchronisiereinrichtungen sind in Abb. 7.9 Diagramme und Blockschaltbilder für die verschiedenen Verfahren gezeigt.

In den Diagrammen ist auf der Ordinatenachse die Größe φ aufgetragen, die die Phasenabweichung zwischen den empfangenen und den durch den internen Generator regenerierten Impulsen charakterisiert.

Die maximale Phasenabweichung, die ein Ansprechen der Korrektureinrichtung bewirkt, wird als Synchronisationsfehler φ_{Sy} bezeichnet.

In den Blockschaltbildern sind mit F_0, F_A, F_B die Kontaktstellungen der Relais bezeichnet, bei welchen der interne Generator die entsprechende Frequenz erzeugt. Dabei gilt für die Frequenzen der in Abb. 7.9a gezeigten Schaltung, die durch den internen Generator erzeugt werden, folgende Ungleichung: $F_A < F_S < F_B$, wobei F_S die Frequenz des Sendegenerators ist.

Für die Schaltungen, die in Abb. 7.9b und c gezeigt sind, gelten die gleichen Beziehungen unter Berücksichtigung der Gleichung $F_0 = F_S$.

Auf den Abszissenachsen sind die Zeitperioden dargestellt, in deren Verlauf der interne Generator eine der oben aufgeführten Frequenzen erzeugt.

In Abb. 7.9d, e bedeutet die Größe φ_K den Korrekturschritt. Diese Größe charakterisiert die Phasenverschiebung der Taktimpulse am Ausgang des Untersetzers durch Hinzufügen oder Ausschließen eines Impulses bei Betrieb der Korrekturschaltung.

Aus der Abb. 7.9e ist ersichtlich, daß die Größe des Korrekturschrittes φ_K sich in Abhängigkeit von der Geschwindigkeit der Phasenabweichung des

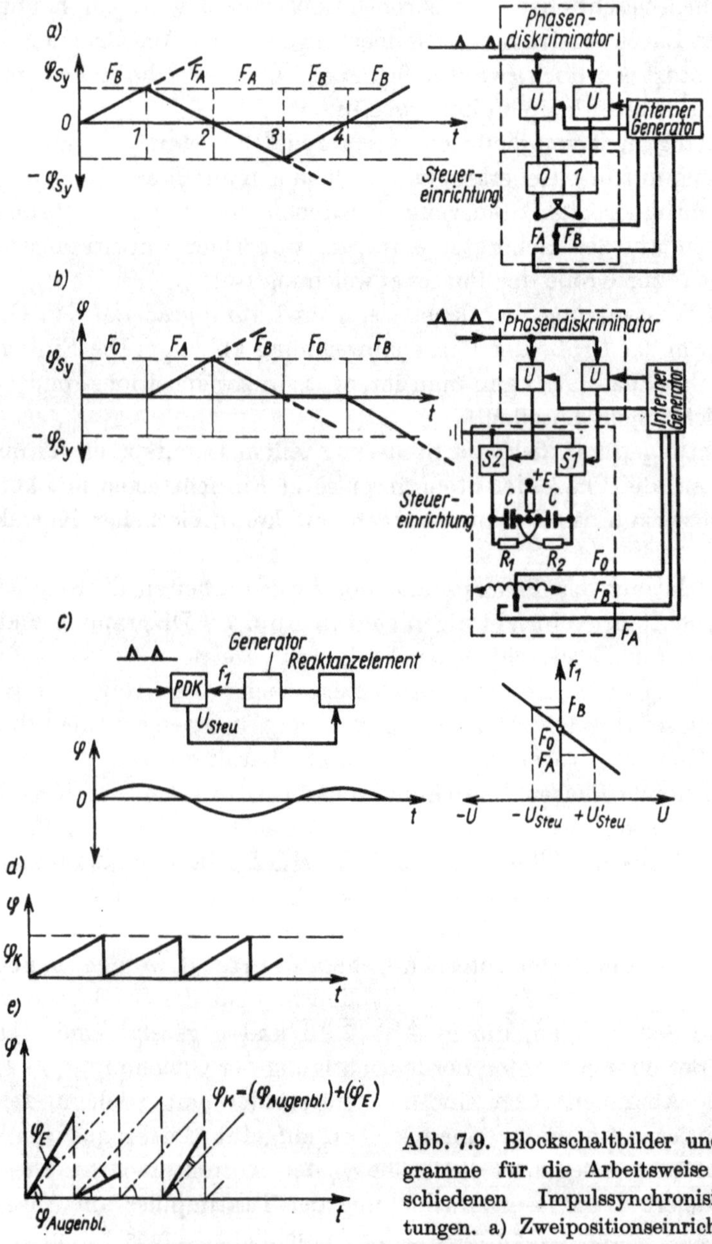

Abb. 7.9. Blockschaltbilder und Zeitdiagramme für die Arbeitsweise der verschiedenen Impulssynchronisiereinrichtungen. a) Zweipositionseinrichtung mit Relaissteuerung; b) Dreipositionseinrichtung mit Relaissteuerung; c) Einrichtung mit kontinuierlicher Steuerung; d) Einrichtung mit diskreter Steuerung und konstanter Korrekturwirkung; e) Einrichtung mit diskreter Steuerung und veränderlicher Korrekturwirkung

internen Generators φ_{Augenbl} und der ankommenden Elementarimpulse φ_E ändert.

Zum Schluß soll die Aufmerksamkeit des Lesers auf folgenden wichtigen Umstand gelenkt werden. Der Aufbau von Synchronisiereinrichtungen mit automatischer Phasennachregelung, die sehr empfindlich sind und eine hohe Genauigkeit der Synchronisation gewährleisten, ist eine äußerst schwierige Aufgabe. Die Schwierigkeit besteht darin, daß die Flanken der empfangenen Impulse, die auf den Phasendiskriminator gelangen, sich infolge der Kanalstörungen fortwährend zeitlich, bezogen auf die idealen charakteristischen Momente der Demodulation, verschieben. Deshalb können am Ausgang des Phasendetektors Signale entstehen, die falsche Phasenabweichungen anzeigen und die von der zufälligen Abweichung der Flanke irgendeines Impulses vom idealen charakteristischen Moment der Demodulation herrühren. Um im Empfänger einer falschen Korrektur der Phasen dieser zufällig durch Störungen verschobenen Impulse vorzubeugen, schaltet man in allen Systemen zwischen den Phasendetektor und die Steuereinrichtung integrierende Elemente, die gewährleisten, daß die Steuereinrichtung nur bei einer verhältnismäßig langen Dauer der Phasenabweichung anspricht. Mit anderen Worten, die Integriereinrichtung gewährleistet, daß die Steuereinrichtung nur dann anspricht, wenn vom Phasendiskriminator mehrere Impulse das Vorhandensein einer Phasenabweichung anzeigen.

Als Integriereinrichtungen benutzt man gewöhnlich in Systemen mit kontinuierlicher Steuerung und mit Relaissteuerung Kondensatoren und in Systemen mit diskreter Steuerung Vorwärts-Rückwärts-Zähler.

7.7. Zyklussynchronisation

Die Aufgabe der Einrichtungen zur Zyklussynchronisation besteht darin, den Anfangszeitpunkt der übertragenen Nachricht oder einer Kodekombination auf der Empfangsseite zu bestimmen. Das bedeutet, daß die Dekodiereinrichtung des Empfängers nur dann richtig arbeitet, wenn im Verlaufe jedes Zyklus z. B. der erste gesendete Elementarimpuls auf der Empfangsseite einem Speicherelement zugeordnet ist, das mit der Information belegt wird, die dem ersten empfangenen Elementarimpuls entspricht.

Bei der Benutzung der Start-Stop-Methode für die Synchronisation der Impulse erfolgt die Synchronisierung der Zyklen automatisch. Das letztere folgt aus der Arbeitsweise des Start-Stop-Systems selbst, bei dem der Start des Taktimpulsgenerators empfangsseitig am Anfang jedes Zyklus erfolgt. Die Startkombination wird einmal während des Zyklus zu Beginn der Informationsübertragung gesendet. Zur Erhöhung der Störfestigkeit kann man sie in mehrere Gruppen unterteilen, von denen ein Teil die Phaseninformation beinhaltet und ein Teil zu Kontrollzwecken verwendet wird. Letzteres ist notwendig, damit nicht irrtümlicherweise eine Folge von Informationssignalen als Startkombination ausgewertet wird und damit ein falscher Start des Zyklus im Empfänger erfolgt. Die Synchronisierung nach der Start-Stop-Methode gestattet den Empfang einer Nachricht, ohne daß vorher zwischen Sender und Empfänger Synchronismus bestand. Darin besteht gerade ihr Vorteil gegenüber der synchronen Methode.

Bei der synchronen Methode der Impulssynchronisation, die gewöhnlich bei der Datenübertragung angewendet wird, sind drei verschiedene Verfahren der Zyklussynchronisation möglich.

Bei der synchronen Zyklussynchronisation liefert eine Synchronisierschaltung, der periodisch spezielle Synchronisiersignale von der Sendeseite zugeführt werden, ein Signal für den Anfang der gesendeten Information. Zwischen den Synchronisiersignalen muß vom Sender unabhängig davon gesendet werden, ob Information übertragen wird oder nicht.

Die Gewinnung des Synchronisiersignals erfolgt durch Einwirkung dieses Signals auf eine Schaltung mit integrierender Wirkung, die das Signal über einen bestimmten Zeitabschnitt mittelt.

Die maximal möglichen Intervalle zwischen den Synchronisationssignalen werden durch die Stabilität der Taktimpulsgeneratoren und durch die Eigenschaften der Schaltung bestimmt, die das Synchronisiersignal erzeugt.

Gewöhnlich beträgt die Zahl der Impulse, die für die Synchronisierung verwendet wird, $8 \cdots 10\%$ der maximalen Zahl von Impulsen, die bei einer gegebenen Übertragungsgeschwindigkeit pro Zeiteinheit übertragen wird. So muß für eine Geschwindigkeit von 1200 Baud die Länge der Synchronisierkombination in der Größenordnung von hundert Impulsen liegen.

Da der Empfänger nur verhältnismäßig selten Synchronisiersignale erhält, besteht die Hauptschwierigkeit bei der Entwicklung von Einrichtungen zur Zyklussynchronisation in der Schaffung schmalbandiger Systeme hoher Güte für eine niedrige Folgefrequenz der Synchronisiersignale. Zur Erhöhung der Folgefrequenz der Synchronisiersignale könnte man die für die Synchronisierung bestimmte Impulsgruppe in mehrere Untergruppen aufteilen und diese öfter übertragen. Doch dabei erniedrigt sich die Störsicherheit der Synchronisiersignale, da sie durch Störungen stärker beeinflußt werden. Dadurch kann es zu einer falschen Synchronisierung und zu einer Störung des Betriebes des gesamten Datenübertragungssystems kommen.

Die Grundaufgabe der Einrichtungen zur Zyklussynchronisation besteht in der Bestimmung des Anfangszeitpunktes der Nachricht und der Einschaltung der Dekodierschaltung zu diesem Zeitpunkt. Ein System der Zyklussynchronisation nach der synchronen Methode kann jedoch diese Aufgabe nicht völlig lösen, wenn die Nachricht mehrere Zyklen umfaßt. Zur Lösung der gestellten Aufgabe müssen die einzelnen Gruppen der Synchronisiersignale kodiert werden und die Adresse der jeweiligen Synchronisiergruppe angeben. Eine derartige Adressierung der Synchronisiergruppen gestattet es auf der Empfangsseite, durch Abzählen einer bestimmten Zahl derartiger Gruppen den Anfangszeitpunkt für die Übertragung der Information zu erkennen.

Auf diese Weise kann die Aufgabe der Synchronisierung gelöst werden. Jedoch hat das System der synchronen Zyklussynchronisation einen wesentlichen Nachteil. Er besteht darin, daß im Datenübertragungssystem große unwirtschaftliche Übertragungszeitverluste auftreten, wenn Information vom Sender nur zu bestimmten Zeiten gesendet wird. Das erklärt sich daraus, daß es für den richtigen Empfang der Information notwendig ist, den Beginn der Übertragung einer Nachricht so lange festzuhalten, bis über die Leitung die Synchronisiergruppe mit der Adresse eins gelangt.

Im ungünstigsten Falle kann diese Verzögerung gleich der Länge eines Nachrichtenblocks sein. Es ist offensichtlich, daß derartige Zeitverluste nicht gerechtfertigt sind. Deshalb werden in der Regel Einrichtungen zur Zyklussynchronisation nach der synchronen Methode nicht verwendet.

Am häufigsten verwendet man in Datenübertragungseinrichtungen *Start-Stop-Systeme zur Zyklussynchronisation.* In derartigen Systemen wird die Information über die Empfangsphase eines Nachrichtenblockes einmal zu Beginn der Nachricht übertragen. Die Synchronisierkombination muß dabei natürlich genügend lang sein, um eine sichere Synchronisierung und die notwendige Störfestigkeit des Synchronisiersystems zu gewährleisten.

Es ist einleuchtend, daß man die Synchronisierkombination so wählen muß, daß die Wahrscheinlichkeit ihres Auftretens in der Informationsfolge praktisch gleich Null ist, da im entgegengesetzten Fall eine falsche Synchronisierung und damit eine Störung des Betriebes der Datenübertragungseinrichtung erfolgen kann.

Hauptsächlich werden zwei Synchronisierverfahren angewendet. Bei dem ersten Verfahren (Abb. 7.10) werden bei Übertragungsbeginn und bei Unterbrechung der Nachrichtensendung (von der Informationsquelle gelangt in die Kodiereinrichtung keine Information) von einem speziellen Synchronisiersignalgeber *ESS* über den Kanal Synchronisierkombinationen gesendet, die zeitlich starr mit dem Zyklusbeginn der Kodierschaltung verbunden sind.

Im Empfänger ist ein spezieller *Entschlüßler SK* für die Synchronisierkombination vorhanden, welcher nur auf diese Kombination anspricht. Wenn die Zyklen von Sende- und Empfangsstation nicht übereinstimmen, unterscheidet sich die Kombination, die vom Entschlüßler für das Synchro-

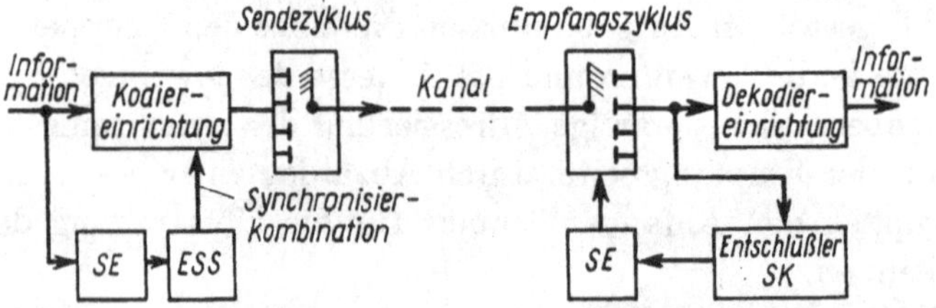

Abb. 7.10. Blockschaltbild eines Systems zur Zyklussynchronisation mit Übertragung der Synchronisierkombination am Zyklusanfang

nisiersignal registriert wird, von der tatsächlichen Synchronisierkombination, und der Entschlüßler spricht nicht an. Treten am Ausgang des Entschlüßlers keine Signale auf, so bedeutet das, daß Empfangs- und Sendeeinrichtung des Übertragungssystems synchronisiert werden müssen. Ein Signal, das diesen Zustand anzeigt, gelangt auf eine Steuereinrichtung *SE*, die schrittweise beginnt, den Zyklus des Empfängers mit dem sendeseitigen Zyklus zu synchronisieren. Erst nach erfolgtem Synchronismus zwischen Sende- und Empfangszyklus liefert der Entschlüßler ein Signal, das den Synchronismus der Systeme anzeigt und die Steuereinrichtung abschaltet. Von diesem Zeitpunkt an wird der Synchronismus durch die Impulssynchronisierschaltung aufrechterhalten.

Der Nachteil des beschriebenen Synchronisierverfahrens besteht darin, daß bei einer beliebigen Störung des Synchronismus während des Betriebes eine neue Synchronisation nur durch Unterbrechung der Informationsübertragung und Deblockierung der Steuereinrichtung möglich ist.

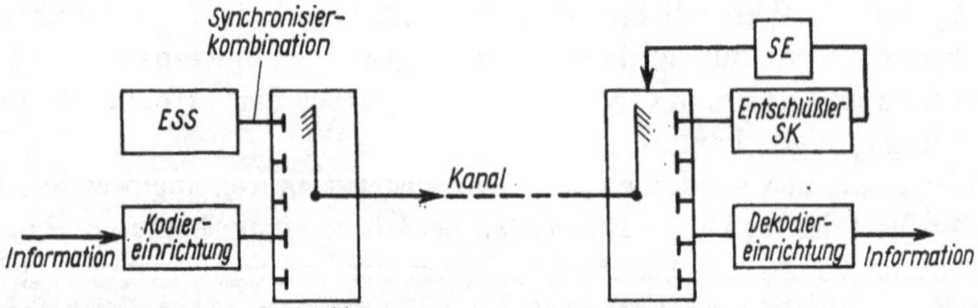

Abb. 7.11. Blockschaltbild eines Systems zur Zyklussynchronisation mit elementeweiser Übertragung der Synchronisierkombination

Der erwähnte Mangel wird bei einem System, wie es in Abb. 7.11 dargestellt ist, vermieden. Hier sendet der Synchronisiersignalgeber innerhalb jedes Blockzyklus je eine Synchronisierkombination. Auf der Empfangsseite erkennt der Entschlüßler, der einer bestimmten Phase des Blockzyklus zugeordnet ist, die ankommende Synchronisiersignalkombination.

Bei vorhandenem Synchronismus tritt am Ausgang des Entschlüßlers nach einer bestimmten Anzahl von Zyklen, die gleich der Anzahl der Elemente in der Synchronisiersignalkombination ist, ein Synchronisierimpuls auf, der den Synchronismus von Sende- und Empfangszyklus anzeigt. Ist der Synchronismus gestört, so bleiben diese Impulse aus; ein Signal zeigt den Asynchronismus an, und nach einer bestimmten Zeit, die z. B. mehrere Zyklen dauern kann, wird die Steuereinrichtung deblockiert und der Synchronisiervorgang beginnt.

Aus dem Vorstehenden wird ersichtlich, daß ein derartiger Aufbau der Synchronisiereinrichtung eine automatische Synchronisierung sowohl bei Übertragungsbeginn als auch bei beliebigen Störungen des Betriebes gewährleistet.

7.8. Impulsregenerierung

Auf Grund verschiedener Arten von Störungen, die in realen Nachrichtenkanälen auftreten, sind die Flanken der demodulierten Impulse gegenüber der idealen Lage verschoben, und in der Impulsmitte können Einbrüche entstehen.

Zur Regenerierung der ursprünglichen Impulsdauer und zur Beseitigung des Einflusses der Impulseinbrüche ist in einem Empfänger für binäre Impulse in der Regel eine Impulsregeneriereinrichtung vorgesehen. Letztere stellt eine Schaltung zur Impulsregistrierung dar, die nach verschiedenen Prinzipien aufgebaut sein kann und zum Komplex der Synchronisiereinrichtung gehört.

Ein Vorteil der Synchron- und der Start-Stop-Methode gegenüber dem asynchronen Prinzip ist die Möglichkeit der Impulsregenerierung in Zwischenstationen längs des Übertragungskanals. Da die Übertragung beim synchronen Prinzip mit Geschwindigkeiten von 600 bis 2400 Baud erfolgt, werden wir im weiteren den synchronen Regenerator betrachten.

Ein Mittel zur Erhöhung der Störfestigkeit ist die Anwendung von Zwischenregeneriereinrichtungen längs des Übertragungskanales. Ihre Wirkungsweise geht aus Abb. 7.12 hervor, auf der die Summe der Verzerrungen auf den Teilabschnitten eines Übertragungskanals dargestellt ist. Es ist ohne weiteres einzusehen, daß die sichere Arbeitsweise des Kanals in erster Linie von der Länge der Teilabschnitte abhängt, d. h. vom Abstand zweier benachbarter Verstärker. Die Länge des Teilabschnittes hängt ihrerseits von der Eigenschaft des Kanales ab, der für die Datenübertragung benutzt wird,

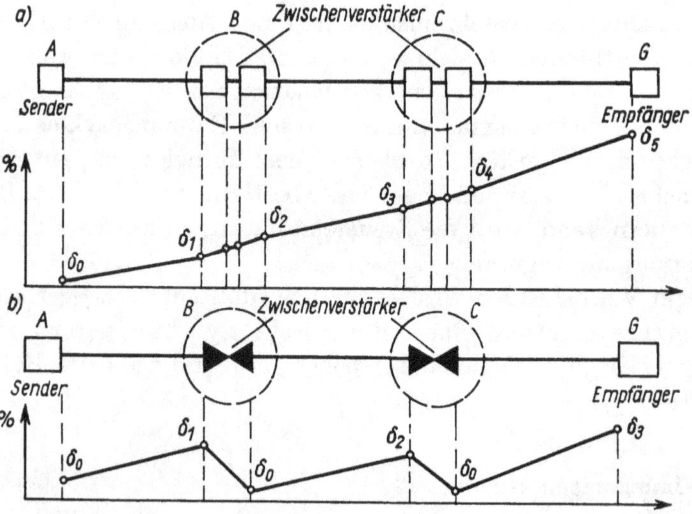

Abb. 7.12. Summierung der Flankenverzerrungen δ auf den Teilabschnitten a) ohne Regeneratoren; b) mit Regeneratoren

d. h. von der Größe der Randverzerrungen, die in einem Teilabschnitt bestimmter Länge und bei gegebener Übertragungsgeschwindigkeit entstehen. Andererseits hängt sie von der Korrekturfähigkeit der Regeneriereinrichtung ab, d. h. von der maximalen Größe der Flankenverzerrungen, bei der eine gegebene Registriereinrichtung noch fähig ist, das übertragene Signal richtig zu empfangen.

Die zulässige Größe einseitiger Verzerrungen kann für moderne Systeme 30 bis 35% erreichen. Das ergibt sich aus den Eigenschaften der zur Zeit üblichen Regeneriereinrichtungen, die je nach ihrer Wirkungsweise eine Betriebskorrekturfähigkeit von 42 bis 46% besitzen.

Deshalb wird die Länge der Teilabschnitte eines Übertragungskanals so gewählt, daß die einseitigen Flankenverzerrungen der Impulse 30 bis 35% nicht überschreiten.

Berechnungen und praktische Messungen zeigen, daß in TF-Kanälen Regeneratoren nach 2 bis 4 NF-Umsetzern, d. h. nach 3000 bis 5000 km, erforderlich werden.

7.9. Zusammenarbeit von Datenübertragungseinrichtungen mit EDVA

Nachrichtenquellen bei der Datenübertragung können Geräte automatischer Telegrafiesysteme (Buchstaben und Ziffern druckende Geräte), Lochkarten- oder Lochbandgeräte, automatische Informationsgeber und auch periphere Geräte von EDVA (Trommelspeicher, Magnetbandspeicher oder Ferritkernspeicher) sein.

Bei der Informationsübertragung über Nachrichtenkanäle entsteht das Problem der Übereinstimmung der Übertragungsgeschwindigkeit und des Umfanges der zu übertragenden Information, der Art des Kodes und der Stellenzahl der zu übertragenden Kodekombinationen, die von Informationsquellen geliefert werden, mit der Kanalkapazität, der Kodeart und der Geschwindigkeit der Datenübertragung.

Die Geschwindigkeit der Informationsein- und -ausgabe ist bei modernen universellen EDVA sehr groß und erreicht einige Zehntausend Hertz. Gewöhnlich erfolgt die Ein- und Ausgabe der Information bei EDVA durch einen vielstelligen parallelen Kode in Form von Kodewörtern mit 20 bis 48 Stellen. Der Umfang des Informationsaustausches einer EDVA mit den peripheren Geräten erreicht einige Zehn- oder Hunderttausend bit/s. Die effektive Übertragungsgeschwindigkeit eines Datenübertragungskanals ist jedoch meistens bedeutend geringer. Bei Benutzung von gewöhnlichen Telefoniekanälen kann man nur 1200 bis 2400 Baud übertragen. Die übertragbare Nutzinformation ist jedoch noch geringer, da man zur Erhöhung der Zuverlässigkeit der Übertragung eine bestimmte Redundanz einführen muß. Deshalb beträgt die reale effektive Übertragungsgeschwindigkeit etwa nur 600 bis 1200 bit/s.

Es werden zwei Formen der Zusammenarbeit von Datenübertragungseinrichtungen mit EDVA angewendet: *unmittelbare* (elektrische) Informationsein- und -ausgabe und Informationsein- und -ausgabe *mit Hilfe von Zwischenträgern* (Lochband, Lochkarte, Magnetband).

Die Zusammenarbeit zwischen EDVA und DÜA wird gewöhnlich durch Einführung von *Anpassungsgeräten* (AQ) gelöst. Erfolgt die Zusammenarbeit mit Hilfe von Zwischenträgern, so wird die Rolle des Anpassungsgerätes von den Ein- und Ausgabeeinrichtungen der EDVA übernommen. Anpassungsgeräte müssen die Information in eine *Standardform* umwandeln, die für die Eingabe in ein beliebiges Datenübertragungssystem geeignet ist.

Die Notwendigkeit solcher Einrichtungen wird besonders deutlich, wenn man den Umstand in Betracht zieht, daß gegenwärtig sehr viele verschiedene EDVA existieren und entwickelt werden, deren periphere Geräte meistens für eine Zusammenarbeit mit der EDVA unter den konkreten Bedingungen des jeweiligen Systems, für das sie entwickelt wurden, bestimmt sind und sich schlecht für eine Zusammenarbeit mit Nachrichtenkanälen eignen.

Deshalb stellt gegenwärtig das Anpassungsgerät ein notwendiges Attribut automatischer Übertragungssysteme dar.

Bei Betrachtung der Anpassungsprobleme entsteht häufig die Frage, wem das Anpassungsgerät zuzuordnen ist – der Informationsquelle oder der Datenübertragungsanlage. Offenbar ist die richtige Lösung dieser Frage, die die Möglichkeit einer universellen Verwendung der Datenübertragungskanäle für den Aufbau eines einheitlichen Datenübertragungsnetzes gewährleistet, die Zuordnung des Anpassungsgerätes zur Informationsquelle. In diesem Fall kann man von der Schaffung eines universellen Informationsein- und -ausgabesystems zum und vom Datenübertragungskanal sprechen.

Es könnte die Frage auftauchen, warum man nicht die Funktion der Anpassung unmittelbar der EDVA überträgt und damit zusätzliche Anpassungseinrichtungen vermeidet. Eine derartige Lösung des Problems ist ökonomisch ungünstig, da dadurch große Maschinenzeitverluste auftreten. Die Rechenmaschine selbst kann einige Zehntausend logische Operationen in der Sekunde ausführen. Wenn man zwischen den Datenübertragungskanal (der im gegebenen Fall als Teilnehmer auftritt) und die Datenverarbeitungsanlage keine Anpassungseinrichtung einschaltet, die einen Zwischenspeicher besitzt, so muß nach der Lösung einer Aufgabe für die gesamte Zeit der Übertragung der Ergebnisse über den Nachrichtenkanal die EDVA gestoppt werden, da der Kanal die ausgegebenen Daten der Datenverarbeitungsanlage nicht mit derselben Geschwindigkeit übertragen kann, mit der die Daten durch die EDVA ausgegeben werden.

Es ist einzusehen, daß deshalb eine Anpassungseinrichtung notwendig ist, die einen Speicher mit mehr oder weniger großer Kapazität darstellt, der als Puffer zwischen die EDVA und die Datenübertragungsanlage geschaltet wird.

Am Ein- und Ausgang einer DÜA ist immer eine *Anpassungseinrichtung* ADÜ vorhanden, welche mit der Anpassungseinrichtung AQ der EDVA zusammenarbeitet. Bei unmittelbarer Ein- und Ausgabe stellt die ADÜ einen Speicher dar, der eine kleine Speicherkapazität besitzt. Bei der Ein- und Ausgabe mit Hilfe von Zwischenträgern besteht die ADÜ aus den *peripheren Geräten* (Drucker, Lochbandgeräte).

Wir wollen darauf hinweisen, daß in der Praxis als Teilnehmer, die zu einem gegebenen Nachrichtenkanal Zugang haben, verschiedene Endgeräte oder EDVA in Frage kommen, wobei alle Teilnehmer durch eine spezielle Vermittlungseinrichtung (VE), die zwischen die Informationsquellen und den Datenübertragungskanal geschaltet sind, zu einem gemeinsamen Nachrichtensystem vereinigt werden.

Es gibt im Prinzip drei Verfahren der Informationsein- und -ausgabe einer EDVA – den parallelen Kode mit n Leitungen, den seriellen Kode mit hoher Geschwindigkeit über eine Leitung und den gemischten seriell-parallelen Kode.

Das einfachste Verfahren ist die Methode der parallelen Eingabe des gesamten Maschinenwortes in Form von n Binärstellen über n Verbindungsleitungen. In dieser Variante muß der Speicher auf die Aufnahme von N-stelligen Kodewörtern orientiert sein, die aus mehreren Maschinenwörtern bestehen. Die Größe N kann einige zehn bis einige hundert Stellen betragen. Die Größe n liegt gewöhnlich in der Größenordnung von 20 bis 48 Stellen.

Der Vorteil der parallelen Eingabe ist die einfache Realisierung der Verteilereinrichtung (VE), welche nur eine Umschalteinrichtung mit einer Leseeinrichtung für die Information und eine Kontrolleinrichtung für die in die DÜA zu übertragenden Daten besitzt.

Ein Nachteil dieser Methode ist die Kompliziertheit der Umschaltung der parallelen Leitungen. Außerdem entstehen Schwierigkeiten bei der Übertragung schmaler Informationsimpulse über die parallelen Verbindungsleitungen. Bei hoher Impulsfolgefrequenz zwischen den Leiterpaaren eines vieladrigen Verbindungskabels haben die gegenseitigen Störungen einen größeren Einfluß, wodurch im Endergebnis Fehler in den zu übertragenden Informationen entstehen.

Bei serieller Eingabe mit hoher Geschwindigkeit über eine Leitung ist in der VE ein Zwischenspeicher vorhanden, der für alle Teilnehmer gemeinsam verwendet wird. Während des Verbindungsaufbaues mit der DÜA wird in diesen Speicher von der EDVA oder einer anderen Datenquelle die Information in Form eines parallelen Kodes mit der Geschwindigkeit B, die durch die Datenquelle bestimmt wird, eingegeben. Danach wird vom Zwischenspeicher die Information mit hoher Geschwindigkeit $B' - Bn$ in den Speicher der DÜA eingegeben. Beträgt z. B. die Ausgabegeschwindigkeit aus der EDVA $B = 40$ kHz und die Stellenzahl eines Maschinenwortes $n = 48$, so wird die Eingabegeschwindigkeit in den Speicher der DÜA gleich $B' = 1920$ kHz.

Bei Anwendung einer seriellen Eingabe mit hoher Geschwindigkeit entfallen die Schwierigkeiten, die mit der Umschaltung verbunden sind. Das so entstandene System ist sehr flexibel.

Eine serielle Eingabe ruft jedoch große Schwierigkeiten vom Standpunkt der Realisierung der Speichereinrichtungen mit hoher Eingabegeschwindigkeit hervor. Die Realisierung von logischen Schaltungen und Schieberegistern bei einer Geschwindigkeit in der Größenordnung von Megahertz ist bei Verwendung der Transistortechnik schwierig, vor allem sind die logischen Baustufen nicht genügend sicher in ihrer Betriebsweise. Die Anzahl von Schaltelementen für ein Element der zu übertragenden Information ist sehr groß. Deshalb stellt der Speicher insgesamt eine äußerst aufwendige Einrichtung dar, die nur eine geringe Sicherheit hat.

Gleichzeitig muß man in beiden Fällen den Speicher als Bestandteil der DÜA betrachten; das führt jedoch, wie schon bemerkt, zur Erschwerung der Standardisierung der Eingabe in den Datenübertragungskanal und kompliziert den Aufbau von Datenübertragungsnetzen.

Betrachten wir jetzt eine der möglichen Varianten der Anpassung der VE und der DÜA, die in besonderem Maße die spezifische Arbeitsweise der Datenübertragungskanäle berücksichtigt. Das Blockschaltbild, das das Prinzip der Zusammenarbeit von AQ – VE und DÜA verdeutlicht, ist in Abb. 7.13 gezeigt. Der grundlegende Unterschied der betrachteten Variante von den vorangegangenen ist das Fehlen von großen Speichern in der DÜA und die enge Bindung zwischen AQ und VE.

Die Information wird von AQ – VE in die DÜA (beim Sender) und von der DÜA in AQ – VE (beim Empfang) in Form von Maschinenworten mit

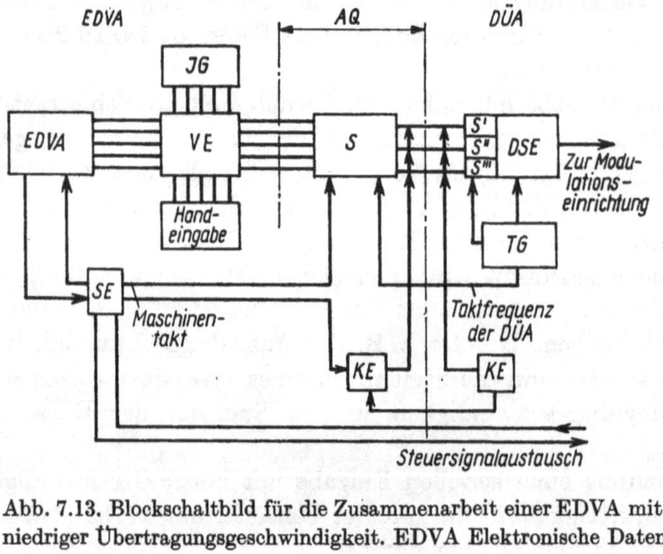

Abb. 7.13. Blockschaltbild für die Zusammenarbeit einer EDVA mit einer DÜA bei niedriger Übertragungsgeschwindigkeit. EDVA Elektronische Datenverarbeitungsanlage; IG Informationsgeber; VE Vermittlungseinrichtung; S Speicher; S′, S″, S‴ Speicher des Anpassungsgerätes der DÜA; DSE Datensicherungseinrichtung; TG Trägergenerator; SE Steuereinrichtung; KE Kontrolleinrichtung; AQ Anpassungseinrichtung der Datenquelle

je 18 bis 24 Stellen ausgegeben. Wenn die DÜA und AQ – VE weit voneinander entfernt angeordnet sind, so erfolgt die Ein- und Ausgabe durch einen seriellen Kode über eine zweidrähtige Leitung. Sind die DÜA und AQ – VE nahe beieinander angeordnet, so erfolgt die Ein- und Ausgabe durch einen parallelen Kode unter Benutzung einer mehrdrähtigen Verbindung. Da die Arbeitsgeschwindigkeit auf dem Abschnitt AQ – DÜA nicht groß ist, kann man eine solche Übertragung leicht verwirklichen.

Die Ein- und Ausgabegeschwindigkeit der Information wird durch die DÜA bestimmt und hängt von der Verarbeitungsgeschwindigkeit der Information in der DÜA und der Zahl der Wiederholungen beim Auftreten von Fehlern auf dem Abschnitt VE – DÜA ab. Wird die Information auch bei Benutzung eines seriellen Kodes in Form von Maschinenworten ausgegeben, so können Unterbrechungen in der Informationsübertragung oder Veränderungen der Ausgabegeschwindigkeiten nur in den Intervallen zwischen den Maschinenworten erfolgen. Die Informationsausgabe in Worten gestattet es verhältnismäßig einfach, die richtige Übertragung der n-stelligen Maschinenwörter von der AQ in die DÜA (beim Senden) und von der DÜA in AQ (beim Empfangen) zu kontrollieren und eine m-fache Abfrage der auf dem Abschnitt VE – AQ verfälschten Wörter zu ermöglichen.

Zur Beschleunigung der Übertragung ist es zweckmäßig, auf der Empfangsseite in der Datensicherungseinrichtung mehrere Speicher vorzusehen, die zyklisch abgefragt werden und dadurch eine kontinuierliche Ausgabe der Information durch die DÜA gewährleisten (im Blockschaltbild Abb. 7.13 sind drei derartige Speicher dargestellt).

Da die Ausgabegeschwindigkeit der Information auf der Empfangsseite ebenfalls durch die DÜA bestimmt wird, wird in AQ – VE ein genügend großer Speicher vorgesehen (mit geringer Arbeitsgeschwindigkeit), der eine sofortige Informationsübernahme nach Beendigung der Dekodierung von der DÜA gewährleistet.

Die oben betrachteten Beispiele für die Anpassung von elektronischen Datenverarbeitungsanlagen und Datenübertragungsanlagen zeigen, wie schwierig das Anpassungsproblem ist. Hier wurde nur in allgemeinen Zügen der Fragenkreis berührt, der bei der Lösung dieses Problems ansteht. Eine befriedigende Lösung des Anpassungsproblemes ist zur Zeit noch offen. Gerade deshalb werden bei vielen automatisierten Informationssystemen, die größere Verzögerungen der Informationsverarbeitung zulassen, die über den Nachrichtenkanal empfangenen Daten auf Lochstreifen ausgestanzt. Vom Lochstreifen werden die Daten mit Hilfe eines schnellen Lochstreifenlesegerätes unmittelbar in die EDVA eingegeben. Die Ausgabe der Daten durch die EDVA erfolgt ebenfalls auf Lochstreifen.

KAPITEL 8

Nachrichtenkanäle für die Datenübertragung

8.1. Nachrichtenkanäle, die für die Datenübertragung benutzt werden

Die Datenübertragung von einem Ort zum anderen kann je nach dem Informationsvolumen und der Zeit, die für die Übertragung dieser Information zur Verfügung steht, über Telegrafie- oder Telefoniekanäle oder über Gruppen von TF-Systemen erfolgen.

Sofern es sich bei der Datenübertragung um Binärsignale handelt, ist es am einfachsten, Telegrafiekanäle mit Wählvermittlung oder Standverbindungen zu verwenden. Wenn das Informationsvolumen nicht sehr groß ist und die Datenübertragung mit einer relativ niedrigen Geschwindigkeit (50 · · · 75 Baud) durchgeführt wird, ist es zweckmäßig, Telegrafiekanäle zu verwenden, insbesondere WT-Kanäle mit FM, die im Vergleich zu Kanälen mit AM eine höhere Störfestigkeit haben und weniger durch Pegelschwankungen beeinflußt werden.

Als Endgeräte für die Dateneingabe in den Nachrichtenkanal können dabei die weit verbreiteten Fernschreibapparate und andere gebräuchliche Telegrafiegeräte verwendet werden. Die Verbindung wird in üblicher Weise hergestellt, irgendwelche Forderungen an die Geräte werden nicht gestellt. Offensichtlich ist die Benutzung von Telegrafiekanälen mit Wählvermittlung oder Standverbindungen für die Übertragung verschiedener buchhalterischer Berechnungen, statistischer Daten usw. möglich, d. h. in den Fällen, bei denen eine relativ geringe Übertragungssicherheit verlangt wird, eine

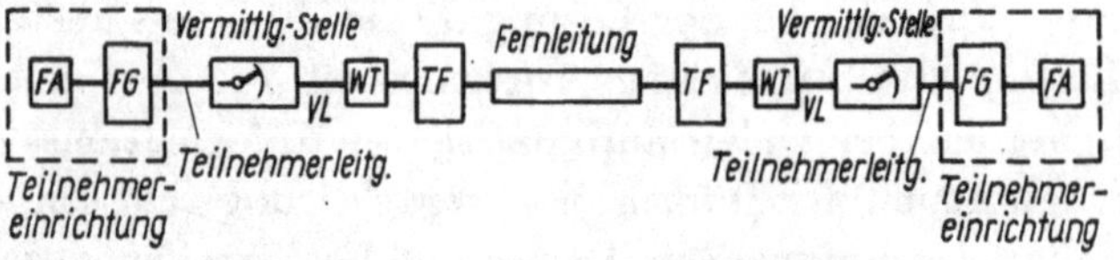

Abb. 8.1. Blockschaltbild eines Datenübertragungssystems bei Benutzung des öffentlichen Fernschreibnetzes. FA Fernschreibapparat, der nach dem Start-Stop-Verfahren arbeitet; FG Fernschaltgerät; VL Verbindungsleitung; WT WT-Einrichtung; TF Einrichtung der Trägerfrequenztelefonie

wiederholte Übertragung möglich und die erforderliche Übertragungsgeschwindigkeit klein ist. Das Blockschaltbild des Datenübertragungskanals hat dann die in Abb. 8.1 gezeigte Form.

Gegenwärtig liegt die Fehlerzahl im öffentlichen Fernschreibnetz mit Wählvermittlung etwa bei 1 von 20000 übertragenen Zeichen. Manchmal reicht diese Sicherheit jedoch nicht aus, und es müssen Maßnahmen zur Erhöhung der Sicherheit eingeleitet werden. Dann unterscheidet sich die Ausrüstung der Endstelle von einem gewöhnlichen Fernschreiber in Systemen mit Wählvermittlung oder bei Standverbindungen. So muß z. B. bei einer Übertragung mit dem 5stelligen 2 : 3-Kode ein spezielles Signal für die Umschaltung vom Fernschreibapparat auf den Datenempfänger eingeführt werden (Abb. 8.2). Bei Verwendung eines Kodes mit einer großen Anzahl

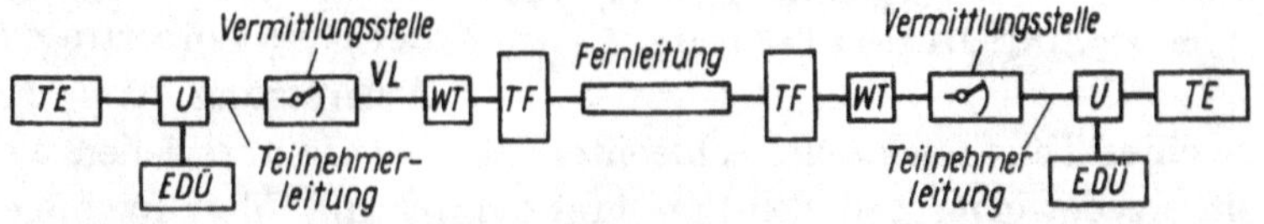

Abb. 8.2. Blockschaltbild eines Datenübertragungskanals bei Verwendung eines nichtstandardisierten 5stelligen Kodes. TE Teilnehmereinrichtung des öffentlichen Fernschreibsystems (Fernschreibapparat und Fernschaltgerät); U automatischer Umschalter; EDÜ Endstelle für die Datenübertragung

von Elementen sind besondere Kanäle, die ständig zur Verfügung stehen und nicht an das Fernschreibwählnetz angeschlossen sind, zu benutzen (Abb. 8.3).

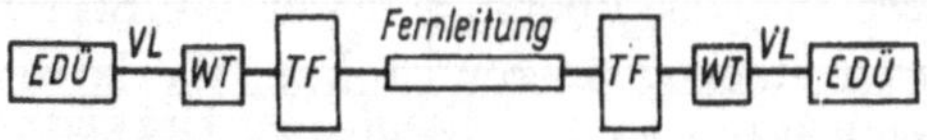

Abb. 8.3. Blockschaltbild einer (festverschalteten) Standverbindung für die Datenübertragung mit Übertragungsgeschwindigkeiten von 50 · · · 75 Baud

Wenn der Informationsfluß groß ist und die Übertragungsgeschwindigkeit größer als 50 bis 75 Baud sein muß, kann die Datenübertragung nach zwei Verfahren durchgeführt werden:

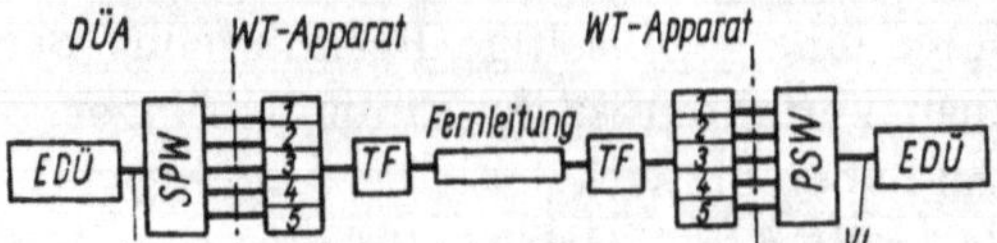

Abb. 8.4. Blockschaltbild eines Datenübertragungskanals bei Parallelübertragung. EDÜ Endstelle für die Datenübertragung; SPW Serien-Parallel-Wandler; PSW Parallel-Serien-Wandler; *1, 2, 3, 4, 5* WT-Kanäle

1. Nach dem Parallelverfahren: Alle Elemente einer Kodekombination (Abb. 8.4) werden gleichzeitig über mehrere Telegrafiekanäle übertragen (z. B. entsprechend der Anzahl der Elemente der Kodes). Dabei wird in jedem Telegrafiekanal ein langer Impuls übertragen.

2. Nach dem seriellen Verfahren: Die Informationsimpulse werden mit hoher Geschwindigkeit nacheinander über einen einzigen Telefoniekanal übertragen (Abb. 8.5). Die Impulse sind dabei kurz.

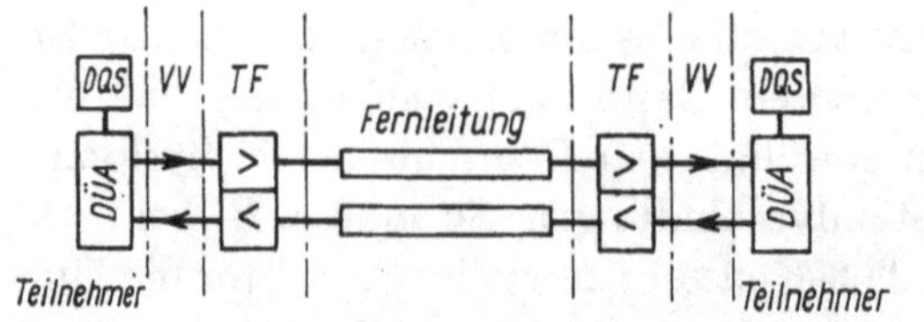

Abb. 8.5. Blockschaltbild einer Standverbindung für die Datenübertragung bei Benutzung eines Telefoniekanals. DÜA Datenübertragungsanlage; VV Vierdrahtverbindung; DQS Datenquelle (-senke)

Wir wollen beide Verfahren miteinander vergleichen. Bei der Parallelübertragung ist die Ausnutzung des Frequenzbandes eines Telefoniekanals schlechter als bei dem seriellen Verfahren, weil ein wesentlicher Teil der Bandbreite durch die Filter für die einzelnen Telegrafiekanäle verlorengeht. Der technische Aufwand für eine Endstelle des Kanals ist bei dem Parallelverfahren wesentlich größer als bei dem seriellen Verfahren.

Nichtlinearitäten im Phasenverlauf eines Telefoniekanals wirken sich in beiden Fällen etwa gleich aus (bei der gleichen Übertragungsgeschwindigkeit). Beide Verfahren sind bezüglich ihrer Störanfälligkeit ungefähr gleichwertig, wobei Impulsstörungen für das serielle Verfahren gefährlicher sind, da bei diesem Verfahren kürzere Impulse übertragen werden. Störeinbrüche haben bei dem Parallelverfahren einen größeren Einfluß, da dabei alle Elemente eines Kodezeichens verfälscht werden.

Kurzzeitige Unterbrechungen von 1 bis 5 ms haben bei dem Parallelverfahren nahezu keinen Einfluß auf die Übertragung. In einem Telefoniekanal können aber diese kurzzeitigen Unterbrechungen Fehler in der übertragenen Information hervorrufen. Durch lange Unterbrechungen der Verbindung werden beide Übertragungsverfahren gleichermaßen beeinflußt. Nichtlineare Verzerrungen in Übertragungskanälen wirken sich beim Parallelverfahren stärker aus, weil sie eine gegenseitige Beeinflussung der Kanäle hervorrufen. Bei dem seriellen Verfahren ist ihr Einfluß geringer.

Einen wesentlichen Vorteil haben die seriellen Übertragungsverfahren bei Anschluß an das Wählnetz, weil dabei gleichzeitig nur eine Verbindung hergestellt werden muß.

Man kann also schlußfolgern, daß bei drahtgebundenen Kanälen das serielle Übertragungsverfahren vorzuziehen ist, weil es den Aufbau eines wirtschaftlichen, anpassungsfähigen und effektiv wirksamen Datenübertragungssystems gestattet, sowohl bei der Benutzung von Kanälen mit Wählvermittlung als auch bei Standverbindungen.

Bei kurzwelligen Richtfunkstrecken, bei denen es nicht möglich ist, kurze Impulse zu verwenden, ist es zweckmäßig, das Parallelverfahren zu benutzen.

8.2. Besonderheiten bei der Benutzung von Telefoniekanälen für die Datenübertragung

Ein Telefoniekanal, der zwei Teilnehmer miteinander verbindet, setzt sich im allgemeinen aus verschiedenen hintereinandergeschalteten Teilabschnitten zusammen. Diese Abschnitte können Ortsleitungen, TF-Kanäle zwischen Städten und NF-Kanäle sein. Als Kanäle zwischen Städten können Kabelverbindungen, Freileitungen oder Richtfunkstrecken verwendet werden.

Jeder der genannten Kanaltypen hat bestimmte elektrische Kennwerte und wird durch Störungen unterschiedlich beeinflußt. Der Charakter der Impulsverzerrungen ist bei den einzelnen Typen von Telefoniekanälen verschieden.

Die Teilnehmeranschlußleitungen sind gewöhnlich kurz und haben eine relativ gute Frequenzcharakteristik. Unter städtischen Bedingungen unterliegen sie jedoch in größerem Maße verschiedenen Impulsstörungen, die durch Vermittlungseinrichtungen in den Fernsprechämtern, durch das Starkstromnetz usw. hervorgerufen werden.

Die niederfrequenten Kanäle sind wesentlich länger und haben deshalb im oberen Teil des zu übertragenden Frequenzbereichs eine größere Dämpfung. Die obere Frequenzgrenze des Spektrums bei 2700 Hz bedingt eine Begrenzung der Übertragungsgeschwindigkeit. Außerdem sind die Phasenverzerrungen in diesen Kanälen ziemlich groß.

Standardisierte Telefoniekanäle von TF-Systemen mit einem Frequenzband von 300 Hz bis 3400 Hz sind am besten für die Datenübertragung geeignet, weil größere Phasenverzerrungen bei ihnen nur an den Frequenzbandgrenzen auftreten. In diesen Kanälen ist der Pegel der Fluktuationsstörungen gewöhnlich niedrig, die Schwankungen der Restdämpfung sind gering, und die Frequenzcharakteristik der Restdämpfung ist gut. Das gewährleistet eine genügend hohe Güte für die Datenübertragung. Ein großer Nachteil dieser Kanäle ist das häufige Auftreten von kurzzeitigen Unterbrechungen und Impulsstörungen.

Bei den Telefoniekanälen unterscheidet man je nach dem Verfahren, nach dem die Verbindung zwischen den Teilnehmern hergestellt wird, zwischen *Standverbindungen* und *Wählverbindungen*. Als Standverbindung bezeichnet man einen Kanal, der ständig oder für eine bestimmte Zeit von den Teilnehmern gemietet wird (Abb. 8.5). Dieser Kanal wird nicht über Vermittlungsstellen geführt. Die Frequenzcharakteristik einer Standverbindung kann man unmittelbar durch Messungen bestimmen.

Als Wählverbindung bezeichnet man einen Kanal, bei dem die Verbindung zwischen den Teilnehmern automatisch oder durch eine Handvermittlung hergestellt wird. Dieser Kanal kann über mehrere Vermittlungsstellen führen. Auf den einzelnen Teilabschnitten kann der Nachrichtenkanal an eine gemeinsame Speisequelle einer Zentrale angeschlossen werden. Dabei haben der Nachrichtenkanal und andere Wähleinrichtungen einen gemeinsamen Widerstand; dadurch vergrößert sich das Rauschen, das durch die Speisequelle verursacht wird, erheblich. Außerdem treten durch die verschiedenartigen Vermittlungseinrichtungen intensive Störungen auf; deshalb ist der Störpegel in diesen Kanälen wesentlich höher als bei Standverbindungen. In Abb. 8.6 ist das Blockschaltbild für den Aufbau eines Telefoniekanals mit Wählvermittlung gezeigt.

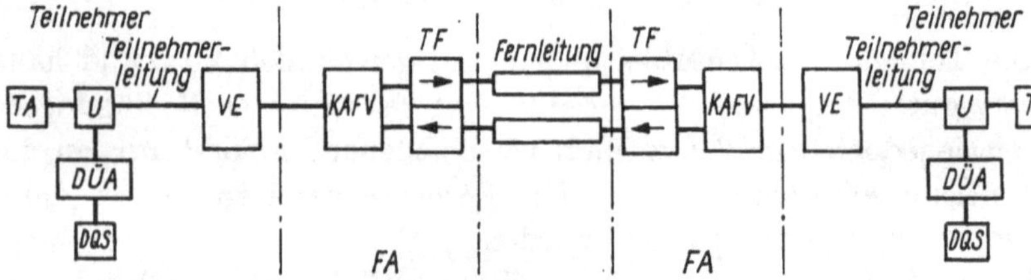

Abb. 8.6. Blockschaltbild eines Datenübertragungssystems mit Wählvermittlung. TA Telefonapparat; U Umschalter Fernsprechen – Datenübertragung; DÜA Datenübertragungsanlage; VE Vermittlungseinrichtung; FA Fernamt; KAFV Kanalausgang der Fernverbindung; TF Einrichtung der Trägerfrequenztelefonie; DQS Datenquelle (-senke)

Offensichtlich kann durch das Vermittlungsprinzip jeder Kanal stets aus einer größeren Anzahl verschiedener Teilabschnitte bestehen. Deshalb ist es praktisch nicht möglich, die Frequenzcharakteristik des Kanals zu messen, weil ein bestimmter Kanal nur für die kurze Zeit, die für die Übertragung der Information notwendig ist, besteht. Danach bricht die Verbindung zusammen, sie zerfällt in einzelne Telefoniekanäle. Folglich können die Frequenzcharakteristik und andere Parameter bei Kanälen mit Wählvermittlung nur in den Teilen der Telefoniekanäle gemessen werden, die ein Bestandteil eines Abschnittes sind. Deshalb ist die Korrektur von Phasen- und Frequenzverzerrungen in Kanälen mit Wählvermittlung ein schwieriges Problem, da es ökonomisch nicht vertretbar ist, bei allen Telefoniekanälen, die als Teilabschnitte für die Datenübertragung verwendet werden können, eine Phasenkorrektur so vorzunehmen, daß eine beliebige zufällige Zuordnung der verbundenen Kanäle für die Informationsübertragung bei optimalen Betriebsbedingungen möglich ist.

Zur Vereinfachung des technischen Arbeitsablaufs der Teilnehmerstellen ist es bei Kanälen mit Wählvermittlung üblich, mit Geschwindigkeiten (bis 600 Baud) zu arbeiten, bei denen eine Datenübertragung ohne irgendwelche Phasenkorrekturen möglich ist.

Für hohe Übertragungsgeschwindigkeiten werden Standverbindungen mit Korrektur der Phasencharakteristik benutzt. Dabei kann über einen Telefoniekanal mit der Bandbreite 300 bis 3400 Hz eine Übertragung mit 2400 Baud und 4800 Baud (mit viervalenter PM) über Entfernungen bis 3000 km und mit 1200 Baud über größere Entfernungen erfolgen.

Bei der Benutzung von Telefoniekanälen mit Wählvermittlung wird den Teilnehmern ein Duplex-Telefoniekanal mit einer Zweidrahtverbindung zur Verfügung gestellt. Da bei der Mehrzahl der Datenübertragungssysteme ein gleichzeitiger Betrieb in zwei Richtungen nicht notwendig ist, ist es bei einem zweidrähtigen Duplexkanal zweckmäßig, zwei Kanäle für die Datenübertragung vorzusehen, die elektrisch ein Vierdrahtsystem darstellen.

In Abb. 8.7a ist eine mögliche Teilung des Spektrums für Kanäle gezeigt,

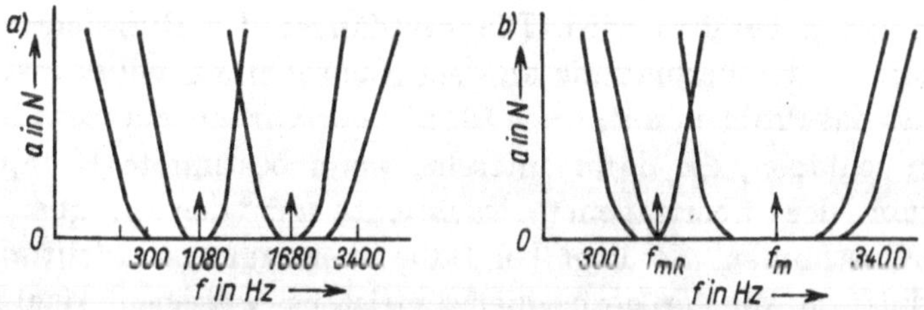

Abb. 8.7. Aufteilung der Frequenzbänder entsprechend den CCITT-Empfehlungen a) in Kanälen mit Wählvermittlung; b) in Standverbindungen

die für einen Betrieb in zwei Richtungen vorgesehen sind. Die Teilung wird mit Hilfe von Filtern realisiert. CCITT empfiehlt die Benutzung eines zweidrähtigen Duplexkanals mit den Trägerfrequenzen 1080 Hz und 1680 Hz und die Verwendung von FM mit einem Frequenzhub von $\Delta f = \pm 100$ Hz. Diese Kanäle garantieren eine Übertragungsgeschwindigkeit bis zu 200 Baud. Der Vorteil des genannten Verfahrens für die Organisation des Übertragungskanals besteht darin, daß die vorhandenen Einrichtungen der Telefoniekanäle mit automatischer Wählvermittlung benutzt werden können.

Bei Standverbindungen erhalten die Teilnehmer einen vierdrähtigen Anschluß. Dabei wird das gesamte Spektrum des Telefoniekanals für die Datenübertragung benutzt. CCITT empfiehlt in diesem Fall die Verwendung von FM-Einrichtungen mit einer Mittenfrequenz von $f_m = 1700$ Hz und einem Frequenzhub von $\Delta f = \pm 400$ Hz bei einer Übertragungsgeschwindigkeit von 1200 Baud und mit $f_m = 1500$ Hz und $\Delta f = \pm 200$ Hz bei 600 Baud.

Wenn es erforderlich ist, wird manchmal für die Übertragung des Rücksignals der niederfrequente Teil desselben Kanals benutzt, wie in Abb. 2.7b gezeigt ist. Für den Rückkanal wird $f_{mR} = 480$ Hz und $\Delta f = \pm 60$ Hz empfohlen. Die Übertragung erfolgt in diesem Kanal mit einer Geschwindigkeit bis zu 150 Baud.

Wenn die Datenübertragung mit Hilfe der Phasenmodulation oder der Vierphasenmodulation erfolgt, werden in einem Standard-Telefoniekanal die Trägerfrequenz $f_{Tr} = 1500$ Hz für 600 Baud und $f_{Tr} = 1800$ für 1200 Baud empfohlen.

Untersuchen wir noch eine Frage, die mit der Benutzung von Telefoniekanälen mit Wählvermittlung für die Datenübertragung zusammenhängt. Das Problem besteht darin, daß für die Herstellung einer Verbindung Rufsignale über den Nachrichtenkanal übertragen werden und bei einem automatischen Vermittlungssystem außerdem noch die Wählsignale des Teilnehmers. Die Übertragung dieser Signale erfolgt gegenwärtig über die Frequenzen 1900 Hz und 2100 Hz, d. h. in dem Frequenzbereich, der für die Datenübertragung benutzt wird. Die Empfänger der Rufzeichen bleiben nach Herstellung der Verbindung an dem Nachrichtenkanal angeschlossen. Deshalb tritt das Problem auf, diese Empfänger vor einer ungewollten Verbindung zu schützen, die dann entsteht, wenn bestimmte Komponenten im Spektrum der übertragenen Nachricht mit den Frequenzen des Rufes übereinstimmen. So liegt bei Datenübertragungseinrichtungen mit Phasenmodulation die Trägerfrequenz meistens zwischen 1800 Hz und 1900 Hz. Bei Betrieb der Rufeinrichtung auf der Frequenz 1900 Hz wird unmittelbar die Rufeinrichtung des Empfängers betätigt. Auch wenn die Rufeinrichtung mit 2100 Hz arbeitet, können Störungen vom Datenübertragungskanal entstehen, da bei der Modulation des Trägers ein Frequenzspektrum entsteht, das über den Telefoniekanal übertragen wird und in den Frequenzbereich der Rufeinrichtung fallen kann.

Ein Ausweg aus der geschilderten Situation besteht darin, daß entweder die Ruffrequenz außerhalb oder an den Rand des effektiv benutzten Frequenzbandes des Telefoniekanals gelegt und ein spezieller schmalbandiger

Kanal für die Übertragung der Wähl- und Rufsignale eingerichtet wird oder daß ein Empfänger für die Rufsignale geschaffen wird, der eine hohe Sicherheit besitzt und nicht auf Frequenzen im Telefoniekanal, die durch die Datenübertragung bedingt sind, anspricht.

8.3. Elektrische Kennwerte von Telefoniekanälen

Wir wollen die typischen Parameter, die Dämpfung und die Gruppenlaufzeit in Telefoniekanälen mit und ohne Wählvermittlung, betrachten.

In Abb. 8.8a ist eine typische Dämpfungscharakteristik einer Standverbindung dargestellt, die aus TF- und NF-Kanälen besteht, und Abb. 8.8b zeigt den Verlauf der Gruppenlaufzeit in Abhängigkeit von der Frequenz.

Für Kanäle mit Wählvermittlung sind die entsprechenden Kurven in Abb. 8.9 dargestellt.

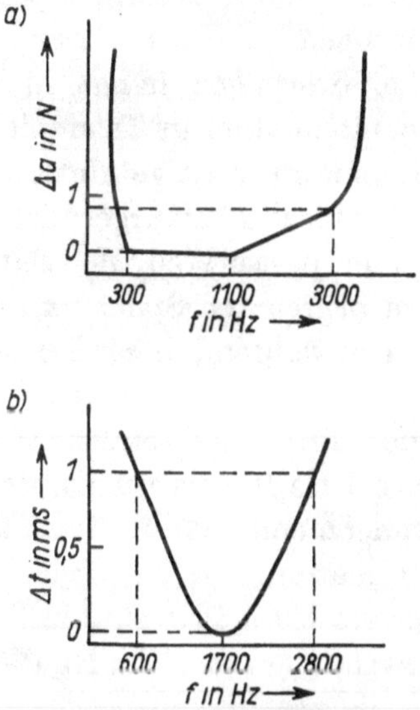

Abb. 8.8. Typisches Frequenzverhalten von Standverbindungen a) der Restdämpfung Δa; b) der Gruppenlaufzeit-Differenz Δt

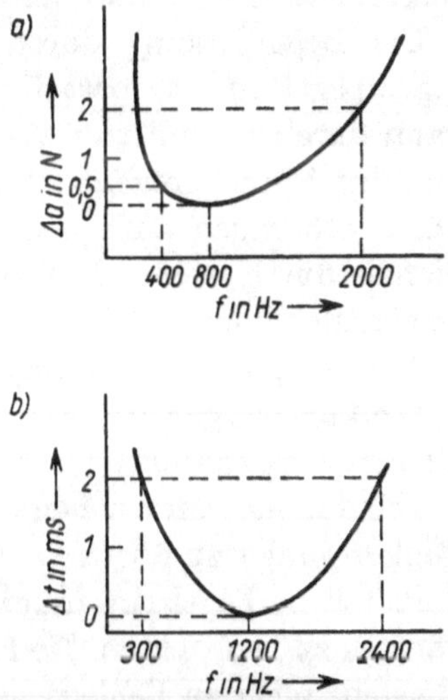

Abb. 8.9. Typisches Frequenzverhalten von Wählverbindungen a) der Restdämpfung Δa; b) der Gruppenlaufzeit-Differenz Δt

Ein Vergleich der Kurven zeigt, daß die Kanäle mit Wählvermittlung, verglichen mit Standverbindungen, eine wesentlich größere Dämpfung haben und die Gruppenlaufzeit sich bei ihnen stärker verändert.

In Telefoniekanälen treten viele Störungen auf, die man in zwei Gruppen einteilen kann: additive Störungen, bei denen die Störspannung mit dem übertragenen Signal addiert wird, und multiplikative Störungen, bei denen das übertragene Signal von der Störspannung moduliert wird. Letztere können ihrerseits eingeteilt werden in Störungen, die durch Amplitudenmodulation des Signals, und Störungen, die durch Frequenzmodulation des Signals verursacht werden.

Zu den additiven Störungen gehören Impulsstörungen, Nebensprechen von Telefoniekanälen und weißes Rauschen. Impulsstörungen treten vorwiegend in Kanälen mit Wählvermittlung auf, aber sie sind auch bei Standverbindungen relativ groß. Das Nebensprechen führt in der Regel nicht zu bemerkenswerten Impulsverzerrungen und Fehlern. Weißes (Fluktuations-) Rauschen hat ebenfalls keinen wesentlichen Einfluß auf die Datenübertragung und verursacht keine Fehler. Diese Behauptungen treffen natürlich nur unter der Bedingung zu, daß das Signal einen hinreichend hohen (Normal-) Pegel hat und der Störpegel wesentlich niedriger ist als der Pegel des Nutzsignals (um 2 · · · 3 Np). Bei einer Erhöhung des Signalpegels verringert sich der Einfluß der additiven Störungen.

Die Beeinflussung durch multiplikative Störungen hängt nicht vom Signalpegel ab. Die parasitäre Amplitudenmodulation in Telefoniekanälen kann durch moduliertes Rauschen, durch eine kurzzeitige Unterbrechung und durch eine plötzliche Änderung des Signalpegels hervorgerufen werden. Diese Störungen äußern sich in Form einer parasitären Modulation des Signals durch weißes Rauschen mit einem begrenzten Spektrum. Sie sind gewöhnlich kurz und dauern bis zu 1 · · · 2 ms; während dieser Perioden entstehen Gruppen von zufälligen Fehlern.

Die kurzzeitigen Unterbrechungen werden durch eine totalen Ausfall der Übertragung charakterisiert, der gewöhnlich 1 bis 100 ms anhält. Bei langen Verbindungen verursachen derartige Störungen eine sehr große Anzahl von Fehlern in der zu übertragenden Binärinformation.

Plötzliche Pegelschwankungen um etwa 0,5 bis 0,6 Np sind in Telefoniekanälen zu beobachten. Sie führen bei Verwendung von FM oder PM jedoch meistens nicht zu Fehlern.

Die parasitäre Frequenzmodulation äußert sich in Telefoniekanälen durch eine allmähliche Frequenzverschiebung oder durch plötzliche Frequenzschwankungen. Diese Störungsart ist spezifisch für TF-Kanäle. Die Frequenzverschiebung ist gewöhnlich nicht größer als ± 5 Hz, kann aber in einzelnen Fällen ± 20 Hz betragen. Plötzliche Frequenzschwankungen können ziemlich häufig auftreten, wobei ihre Dauer 1 bis 2 ms nicht übersteigt. In diesen Perioden kommt es zu Frequenzänderungen bis ± 100 Hz, die zu einer großen und schnellen Phasenverschiebung des Trägers führen.

In Kanälen mit Wählvermittlung sind die multiplikativen und additiven Störungen im wesentlichen analog den Störungen in Standverbindungen; außerdem ist, wie schon gesagt, in diesen Kanälen ein hoher Pegel der Impulsstörungen zu beobachten, der gegenüber dem Pegel anderer Störarten überwiegen kann.

8.4. Forderungen an die elektrischen Kennwerte von Telefoniekanälen bei der Datenübertragung

Die Datenübertragung stellt zusätzliche Forderungen an die Telefoniekanäle. Solche für die Datenübertragung wichtigen Parameter wie Phasenverzerrungen, Störimpulse und kurzzeitige Unterbrechungen sind bis jetzt im Telefoniebetrieb nicht genormt. Für die Wechselstromtelegrafie und die Bildtelegrafie werden gewöhnlich die besten Telefoniekanäle benutzt.

Die Normen für WT-Kanäle sind weitgehend für die speziellen Bedingungen bei der Übertragung impulsförmiger Signale ausgelegt. Doch bei der Übermittlung von Telegrammen werden keine sehr hohen Anforderungen an die Sicherheit der Nachrichtenübertragung gestellt, da es eine Übertragung von Worten ist und die Mehrzahl der Fehler durch logische Überlegungen korrigiert werden kann. Deshalb enthalten die Normen für Telegrafiekanäle nicht alle spezifischen Bedingungen, die für die Datenübertragung in Nachrichtenkanälen erfüllt sein müssen.

Telefoniekanäle, die für die Datenübertragung vorgesehen sind, müssen vor allem die Normen der nationalen Fernmeldeverwaltungen erfüllen, aber auch die CCITT-Empfehlungen, die für die Modulationseinrichtungen für WT-Kanäle festgelegt sind, berücksichtigen. Diese Normen betreffen die Restdämpfung, die Größe der zulässigen Störung, die Nichtlinearität und die zulässige Frequenzabweichung.

Die genannten Parameter charakterisieren einen Telefoniekanal für die Übertragung von Ferngesprächen ausreichend. Bei der Übertragung impulsförmiger Informationen reichen die aufgezählten Parameter für die Bewertung eines Telefoniekanals jedoch nicht aus.

Es ist bereits früher darauf hingewiesen worden, daß die Hauptursachen für das Auftreten von Fehlern bei der Impulsübertragung kurzzeitige Unterbrechungen, impulsförmige Störungen und Phasenverzerrungen sind. Große Bedeutung haben auch sprunghafte Pegeländerungen und Phasensprünge des zu übertragenden Signals.

Für alle diese Parameter des Telefoniekanals müssen Normen festgelegt werden, so daß eine hochwertige Impulsübertragung sichergestellt ist. Da noch keine hinreichenden Erfahrungen über die Datenübertragung vorliegen, kann man augenblicklich nur von vorläufigen Normen sprechen.

Als kurzzeitige Unterbrechung bezeichnen wir das Absinken des Signalpegels am Kanalausgang für eine kurze Zeitspanne um mehr als 0,7 Np. Die Ursache für diese Unterbrechungen sind meistens Kontaktstörungen im Übertragungsweg, die zum Teil durch Wartungsarbeiten des Dienstpersonals auftreten können. Manchmal können auch Überlastungen in den Gruppentrakten der TF-Systeme die Ursache für die Unterbrechungen sein, die eine kurzzeitige Übersteuerung der Röhren in den Gruppenverstärkern der Trägerfrequenzsysteme hervorrufen.

Die Unterbrechungen haben auf die Güte der Impulsübertragung einen großen Einfluß, weil in dem Moment, wenn die Empfangseinrichtung überhaupt kein Nutzsignal erhält, keine Information empfangen werden kann. Deshalb wäre die beste Lösung eine vollständige Ausschaltung der Unterbrechungen im Datenübertragungsweg. Diese Forderung kann jedoch in realen Nachrichtenkanälen nicht erfüllt werden.

Bei Absinken des Pegels können die empfangenen Impulse verfälscht werden oder völlig verschwinden. Die Anzahl der verlorengegangenen Impulse hängt offensichtlich von der Länge der Unterbrechung ab. Deshalb muß die Norm für die Unterbrechungen die zulässige Häufigkeit der Pegelabsenkungen mit der Länge dieser Absenkungen verknüpfen.

Wir setzen voraus, daß durch jede Unterbrechung, die gleich oder größer als ein Elementarimpuls ist, ein Impuls verlorengeht und folglich mit der Wahrscheinlichkeit 0,5 zu einem Fehler führt. Wir setzen voraus, daß Unterbrechungen von mehr als 150 ms nicht zugelassen sind, weil solche Unterbrechungen die Arbeit der Datensicherungseinrichtung stören.

Wir geben uns eine Fehlerwahrscheinlichkeit durch kurzzeitige Unterbrechungen von $5 \cdot 10^{-6}$ vor. In der Zeit, die für die Übertragung von $2 \cdot 10^5$ Elementen notwendig ist, wird dann ein Fehler zugelassen, d. h. eine Unterbrechung, die nicht größer als zwei Elementarimpulse ist. Auf diese Weise

Tabelle 8.1

Dauer der Unterbrechungen in ms	Mittlere Dauer der Unterbrechungen in ms	Berechnetes mittleres Zeitintervall zwischen den Unterbrechungen		Gerundetes mittleres Zeitintervall zwischen den Unterbrechungen
		s	min	
von 0,5 bis 2	1,25	125	2,1	2 min
von 2 bis 8	5	500	8,3	8 min
von 8 bis 32	20	2000	33,4	30 min
von 32 bis 150	91	9100	152	2 h 30 min

kann die zulässige Häufigkeit für das Auftreten von Unterbrechungen bestimmt werden (Tab. 8.1). Die zulässige Häufigkeit für das Auftreten von Unterbrechungen hängt nicht von der Übertragungsgeschwindigkeit ab.

Als impulsförmige Störungen bezeichnen wir kurzzeitige Spannungsimpulse, die in Telefoniekanälen durch den Einfluß von Starkstromleitungen, durch elektrische Eisenbahnen, durch Gewitterentladungen usw. entstehen. Da das Spektrum eines Telefoniekanals begrenzt ist, kann die Dauer eines Störimpulses bei einem Pegel von 0,5 nicht größer als 3 ms (untere Grenzfrequenz des Kanals: 300 Hz) und nicht kleiner als 0,3 ms (obere Grenzfrequenz des Kanals: etwa 3000 Hz) sein. Wir nehmen näherungsweise an, daß die Störimpulse eine Länge von 1 ms haben, eine Größe, die sich aus dem geometrischen Mittelwert dieser beiden Werte ergibt.

Theoretische und praktische Untersuchungen zeigen, daß ein Störimpuls dann zu einem Fehler führt, wenn seine Amplitude bei Verwendung von FM und PM gleich der Signalamplitude oder bei Verwendung von AM 0,7 Np niedriger als die Signalamplitude ist. Der Signalpegel, bezogen auf den relativen Nullpunkt, wird nicht niedriger als $-1{,}5$ Np (Effektivwert) gewählt; das entspricht einem Spitzenwert des Pegels von $-1{,}1$ Np. Der minimale Pegel eines Störimpulses, der einen Fehler verursachen kann, ist also $-1{,}1 - 0{,}7 = -1{,}8$ Np. Wir runden diesen Wert auf $-2{,}0$ Np.

Wenn die Fehlerwahrscheinlichkeit, verursacht durch Störimpulse, mit 10^{-6} angenommen wird, entspricht der Abstand zwischen zwei Störeinbrüchen bei 2400 Baud im Mittel einer Zeit von ungefähr 7 min. Folglich dürfen bei Normalbetrieb des Datenübertragungskanals die Störimpulse mit einem Pegel, der größer als $-2{,}0$ Np ist, nicht öfter als einmal in 7 min auftreten.

Die Phasenverzerrungen können entweder durch das Abweichen der Phasen-Frequenz-Charakteristik vom linearen Verlauf oder durch die Frequenzabhängigkeit der Gruppenlaufzeit charakterisiert werden.

In Telefoniekanälen wird gewöhnlich die Abweichung der Gruppenlaufzeit $\Delta\tau$ an den Grenzen des benutzten Frequenzbereiches auf die Gruppenlaufzeit bei der Mittenfrequenz des Kanals bezogen. Nach den CCITT-Empfehlungen für Telefoniekanäle müssen folgende Forderungen erfüllt sein:

$$\Delta\tau = |\tau_{800} - \tau_{300}| \leqq 10\,\mathrm{ms},$$

$$\Delta\tau = |\tau_{800} - \tau_{3400}| \leqq 5\,\mathrm{ms}.$$

Für Telefoniekanäle, die für die Datenübertragung vorgesehen sind, gelten strengere Bedingungen. Für neu zu projektierende TF-Systeme wird als Norm die Größe

$$\Delta\tau = \tau_f - \tau_{\min} \leqq 2\,\mathrm{ms}$$

vorgeschlagen. Hierin ist τ_f die Gruppenlaufzeit einer beliebigen Frequenz des zu übertragenden Spektrums (300 · · ·3400 Hz), $\tau_{\min}$ die minimale Gruppenlaufzeit in diesem Frequenzband.

Die Frequenzabhängigkeit der Gruppenlaufzeit führt zu charakteristischen Verzerrungen der zu übertragenden Impulse. Die maximal zulässige Differenz der Gruppenlaufzeit innerhalb des bei der Datenübertragung benutzten Frequenzbandes kann aus der Beziehung

$$\Delta\tau_{\max} \approx \tau_0 = \frac{1}{B} \tag{8.1}$$

bestimmt werden. Hierin ist τ_0 die Länge eines Elementarimpulses, B die Übertragungsgeschwindigkeit in Baud.

Die Gruppenlaufzeitdifferenz darf in einem Frequenzbereich nicht überschritten werden, der durch die folgenden Beziehungen bestimmt wird:

1. für Datenübertragungssysteme mit Frequenzmodulation (bei einem Modulationsindex, der nicht größer als eins wird) oder einfacher Phasenmodulation:

$$f_{1,2} = f_0 \pm \frac{B}{2}; \tag{8.2}$$

2. für Datenübertragungssysteme mit Vierphasenmodulation:

$$f_{1,2} = f_0 \pm \frac{B}{4}; \tag{8.3}$$

3. für Datenübertragungssysteme mit Amplitudenmodulation mit teilweiser Unterdrückung eines Seitenbandes:

$$f_1 = f_0 + \Delta f_{RS}, \quad f_2 = f_0 - \frac{B}{2}, \tag{8.4}$$

wobei Δf_{RS} die restliche Bandbreite des unterdrückten Seitenbandes ist.

Die Gruppenlaufzeitdifferenz, die durch Gleichung (8.1) bestimmt wird, verursacht erhebliche Impulsverzerrungen. Deshalb dürfen bei einer hochwertigen Übertragung keine großen Gruppenlaufzeitunterschiede auftreten. Die Gruppenlaufzeitdifferenz (innerhalb der oben angegebenen Grenzen) sollte die Größe

$$\Delta\tau_{\min} \approx \frac{1}{2} \cdot \tau_0 = \frac{1}{2B} \tag{8.5}$$

nicht überschreiten.

Die mit den genannten Formeln berechneten Größen sind in Tab. 8.2 angegeben.

Tabelle 8.2

Übertragungsgeschwindigkeit in Baud	Gruppenlaufzeitdifferenz $\Delta\tau$ in ms		Grenzen des Korrekturbereiches in Hz		
	max.	min.	PM, FM	Vierphasenmodulation	AM mit ESB
50	20	10	$f_0 \pm 25$	$f_0 \pm 12{,}5$	$f_0; f_0 - 25$
75	13	6,5	$f_0 \pm 37{,}5$	$f_0 \pm 18{,}7$	$f_0; f_0 - 37{,}5$
150	6,5	3,25	$f_0 \pm 75$	$f_0 \pm 37{,}5$	$f_0; f_0 - 75$
300	3,25	1,6	$f_0 \pm 150$	$f_0 \pm 75$	$f_0; f_0 - 150$
600	1,6	0,8	$f_0 \pm 300$	$f_0 \pm 150$	$f_0; f_0 - 300$
1200	0,8	0,4	$f_0 \pm 600$	$f_0 \pm 300$	$f_0; f_0 - 600$
2400	0,4	0,2	$f_0 \pm 1200$	$f_0 \pm 600$	$f_0; f_0 - 1200$
4800	0,2	0,1	–	$f_0 \pm 1200$	$f_0; f_0 - 2400$

In der Praxis ist eine Korrektur der Frequenzcharakteristik eines Nachrichtenkanals nur möglich, wenn seine Streuung nicht sehr groß ist. Als Norm werden Frequenzcharakteristiken der Gruppenlaufzeit empfohlen, wie sie in Abb. 8.10 gezeigt sind. Einen derartigen Verlauf haben die meisten Telefoniekanäle der bestehenden TF-Systeme.

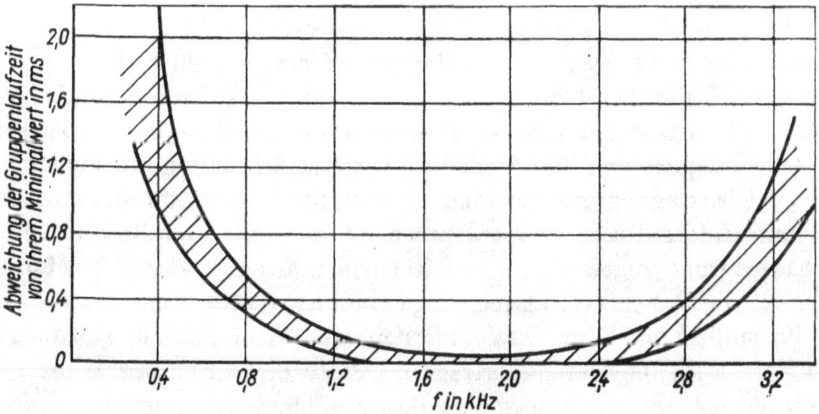

Abb. 8.10. Zulässige Abweichung der Gruppenlaufzeit für Telefoniekanäle im Frequenzbereich 300 bis 3400 Hz

Sprungförmige Pegeländerungen können durch Störungen der Kontakte im Übertragungstrakt, durch Anschluß von Meßgeräten mit niederohmigem Eingang und durch andere Ursachen entstehen. Pegelsprünge, die kleiner als $\pm 0{,}2$ Np sind, beeinflussen die Datenübertragung nicht. Wir haben früher vereinbart, alle Pegelabsenkungen um mehr als 0,7 Np als Unterbrechungen zu werten; deshalb werden wir die Änderungen der Pegel im Bereich von 0,2 Np bis 0,7 Np zu den Pegelsprüngen zählen.

Bei einem Pegelsprung von 0,7 Np betragen die Flankenverzerrungen in einem Kanal mit Frequenzmodulation bei 2400 Baud ungefähr 28%. Derartige Verzerrungen können bereits zu Fehlern führen, sobald zu den Verzerrungen noch andere Störursachen hinzukommen. Die Praxis zeigt, daß etwa der zehnte Teil aller Pegelsprünge maximale Verzerrungen zur Folge hat. Geben wir uns eine Wahrscheinlichkeit für das Auftreten von Fehlern, die durch Pegelsprünge verursacht werden, von 10^{-6} vor. Folglich werden bei 10^6 übertragenen Elementarimpulsen ein Fehler oder 10 Pegelsprünge auftreten.

Bei einer Übertragungsgeschwindigkeit von 2400 Baud entspricht das einer Häufigkeit für das Auftreten von Pegelsprüngen von einem Sprung in 40 s.

Phasensprünge des zu übertragenden Signals können durch Umschaltung der Generatoren des TF-Systems oder der Gruppenverstärker im Übertragungsweg entstehen. Dabei kann man Unterbrechungen in der Größenordnung von $2 \cdots 5$ ms und Phasensprünge bis 180° beobachten. Geben wir uns als zulässige Größe für die Flankenverzerrungen, die durch Phasensprünge verursacht werden, 20% vor. Derartige Flankenverzerrungen entstehen durch Phasensprünge von etwa 30°. Solche Phasensprünge sind jedoch zulässig.

Wenn die Phasensprünge gleichmäßig zwischen Null und 360° verteilt sind, führt etwa jeder zweite Sprung zu einem Fehler. Bei einer vorgegebenen Wahrscheinlichkeit von $3 \cdot 10^{-6}$ für das Auftreten von Fehlern, die durch Phasensprünge verursacht werden, erscheint bei einer Übertragungsgeschwindigkeit von 300 Baud im Mittel in 3 Stunden ein Fehler und bei einer Übertragungsgeschwindigkeit von 2400 Baud durchschnittlich alle 20 min. Infolgedessen wird entsprechend in 1,5 Stunden bzw. in 10 min ein Phasensprung zugelassen. Diese Normen müssen in einem Telefoniekanal, der für die Datenübertragung vorgesehen ist, erfüllt sein.

Es muß darauf hingewiesen werden, daß nicht nur die Telefoniekanäle, sondern auch die Datenübertragungsgeräte in bestimmter Weise genormt sein müssen, um einen normalen Betriebsablauf sicherzustellen. Diese Normen beziehen sich in erster Linie auf den zulässigen Sende- und Empfangspegel.

Entsprechend den CCITT-Empfehlungen darf die Sendeleistung der Datenübertragungseinrichtung am Kanaleingang nicht größer als 1 mW sein. In Telefoniekanälen mit Wählvermittlung darf der Signalpegel der Datenübertragung unabhängig vom Modulationsverfahren, bezogen auf den relativen Pegel Null, $-0{,}7$ Np nicht überschreiten. Bei Standverbindungen darf der Signalpegel bei der Datenübertragung, bezogen auf den relativen

Pegel Null, nicht größer als $-0,7$ Np bei Amplitudenmodulation und $-1,15$ Np bei Frequenz- und Phasenmodulation sein.

Gegenwärtig wird die Frage untersucht, inwieweit bei einer Herabsetzung des Pegels für die Datenübertragung um 0,35 Np die Benutzung einer großen Anzahl von Telefoniekanälen der mehrkanalige TF-Systemen für die Datenübertragung möglich ist.

Das sind die Forderungen für einen normalen Betrieb der Datenübertragungsgeräte.

8.5. Datenübertragung über Gruppen von TF-Systemen

Soll die Datenübertragung mit Geschwindigkeiten erfolgen, die höher als die Durchlaßfähigkeit eines Telefoniekanals sind (1200 ··· 4800 Baud), können erstens zur Vergrößerung der Bandbreite zwei oder drei Telefoniekanäle nebeneinaner (analog der Übertragung von Rundfunksendungen) und zweitens TF-Gruppen benutzt werden. Es ist offensichtlich, daß sich in der ersten Etappe des Aufbaus eines Datenübertragungsnetzes der eine oder andere Teilnehmer eine Standverbindung mieten wird. Es ist anzunehmen, daß in Zukunft die Teilnehmer Telefoniekanäle mit Wählvermittlung benutzen werden.

Bei der Benutzung eines Kanals mit der Bandbreite von zwei Kanälen können bei entsprechender Korrektur der Phasenverzerrungen Übertragungsgeschwindigkeiten in der Größenordnung von 9000 Baud erreicht werden. In einem Kanal mit dreifacher Bandbreite sind Übertragungsgeschwindigkeiten bis 12000 Baud möglich. Das Blockschaltbild von derartigen Datenübertragungskanälen ist in Abb. 8.11 gezeigt.

Für die schnelle Datenübertragung können Gruppen von TF-Kanälen benutzt werden. Mit Hilfe einer 12-Kanal-Gruppe, die eine Bandbreite von 48 kHz hat, ist es möglich, eine Datenübertragung mit Geschwindigkeiten bis zu 40000 Baud bei Verwendung der FM und bis zu 60000 Baud bei Verwendung der Vierphasenmodulation durchzuführen. In Abb. 8.12 ist ein Blockschaltbild dargestellt, welches das Anschlußprinzip der Datenübertragungsgeräte an eine 12-Kanal-Gruppe erläutert.

Sind noch größere Übertragungsgeschwindigkeiten erforderlich, kann ein noch breiteres Frequenzspektrum benutzt werden. Für die Organisation solcher Kanäle für hohe Übertragungsgeschwindigkeiten gibt es verschiedene Verfahren. Man kann einen Datenübertragungskanal aufbauen, indem man das gesamte Spektrum beispielsweise eines 60kanaligen Systems benutzt.

Man kann aber nicht nur mehrere Gruppen zu einer zusammenfassen, sondern die Übertragung kann auch in jeder 12-Kanal-Gruppe für sich erfolgen, indem der gesamte Informationsfluß mit Hilfe einer Spezialeinrichtung auf die verschiedenen Gruppen aufgeteilt wird; durch diese Spezialeinrichtung erfolgt eine Zeitstaffelung der Kanäle (Abb. 8.13).

In analoger Weise kann eine Übertragung über 2 bis 3 Telefoniekanäle durchgeführt werden, wenn das Informationsvolumen die Kanalkapazität eines Kanals übersteigt.

Bei der Organisation der Datenübertragung mit Hilfe zusammengefaßter Gruppen sinkt die Flexibilität des Datenübertragungssystems und erschwert eine stufenweise Erhöhung der Kanalkapazität des Systems. In dieser Beziehung ist ein System mit einer 12-Kanal-Gruppe vorzuziehen, weil es bei diesem System möglich ist, die Kanalkapazität stufenweise zu erhöhen.

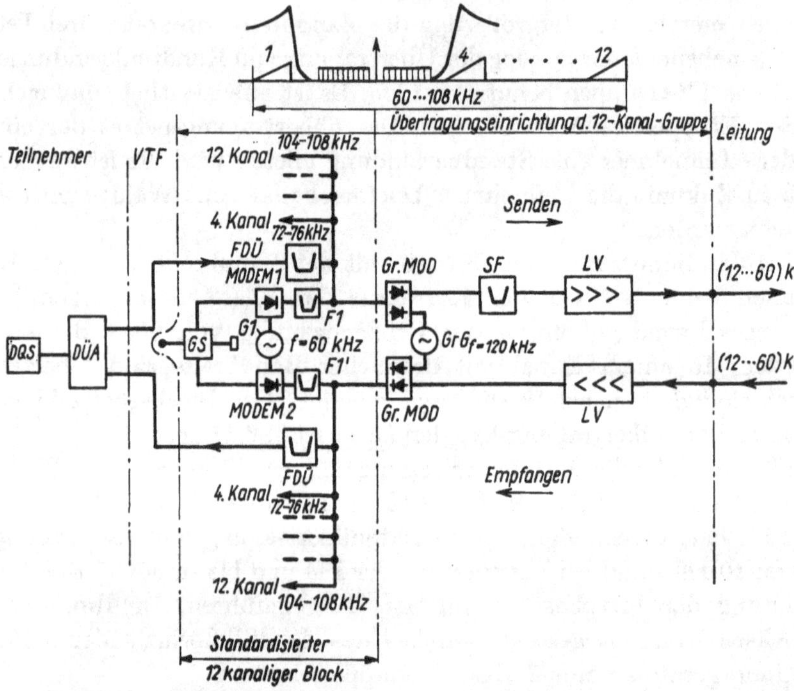

Abb. 8.11. Blockschaltbild für den Aufbau eines Datenübertragungskanals auf der Grundlage eines Telefoniekanals mit doppelter Bandbreite. DQS Datenquelle (-senke); DÜA Datenübertragungsanlage; VTF Vierdraht-TF-Verbindung; FDÜ Filter für die Datenübertr.; MODEM 1 Modulator und Demodulator des ersten Telefoniekanals; F1, F1' Kanalfilter des ersten Telefoniekanals; GS Gabelschaltung; G 1 Generator für die Trägerfrequenz des ersten Telefoniekanals; GrMOD Gruppenmodulator und -demodulator; GrG Generator für die Trägerfrequenz der Gruppe; LV Leitungsverstärker

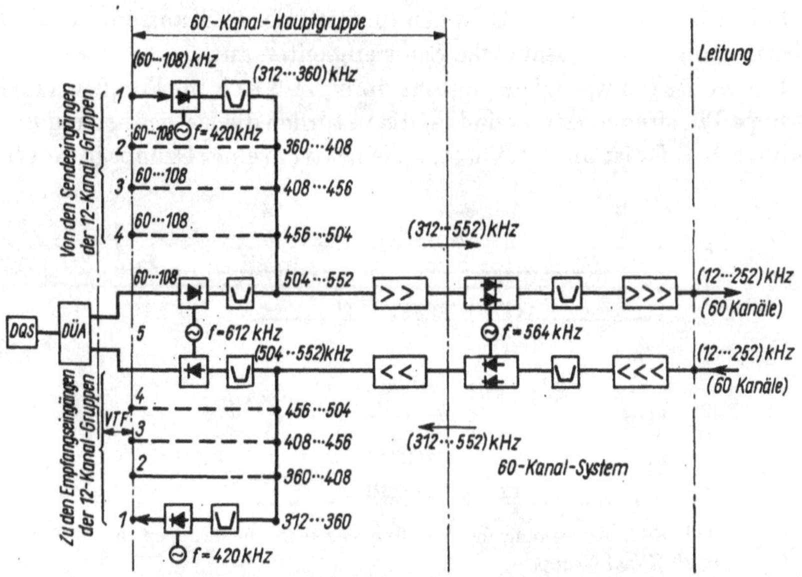

Abb. 8.12. Blockschaltbild für die Organisation eines Datenübertragungskanals innerhalb eines 12-Kanal-Gruppensystems

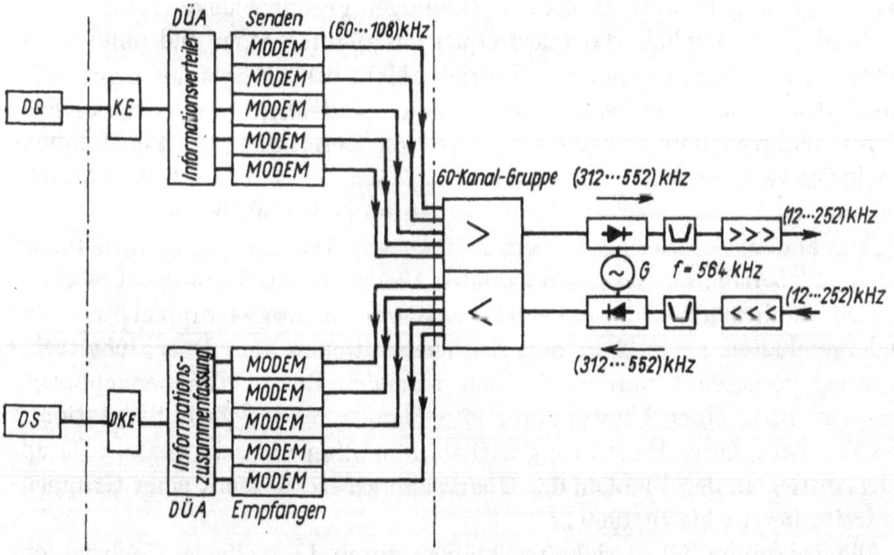

Abb. 8.13. Blockschaltbild zur Erläuterung eines Datenübertragungskanals mit hoher Geschwindigkeit unter Benutzung von fünf 12-Kanal-Gruppen, die zu einem Übertragungskanal vereinigt werden. DQ Datenquelle; DS Datensenke; KE Kodiereinrichtung; DKE Dekodiereinrichtung

Bei der Benutzung von Gruppen (mit 12 oder 60 Kanälen) für die Datenübertragung treten zusätzliche Schwierigkeiten auf.

Die größte Schwierigkeit besteht darin, daß sich im Frequenzbereich der Gruppe Pilotfrequenzen befinden, die natürlich die Datenübertragung stören (Abb. 8.14). Es ist unvorteilhaft, das Spektrum einer Gruppe in verschiedene

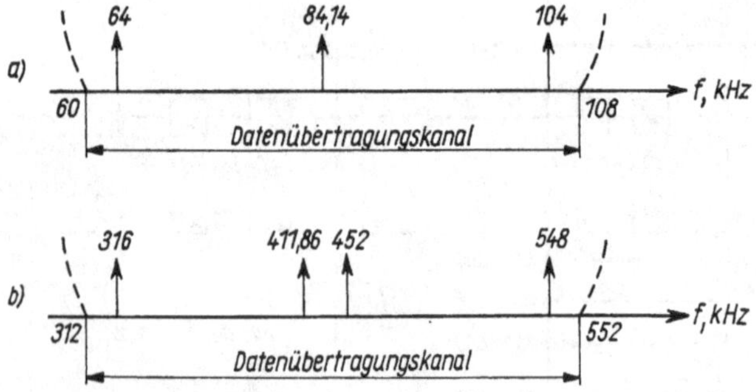

Abb. 8.14. Anordnung der Pilotfrequenzen in den Gruppen. a) 12-Kanal-Gruppe; b) 60-Kanal-Gruppe

Unterkanäle einzuteilen, zwischen denen Pilotfrequenzen liegen, da das zu einer Vergrößerung des Aufwandes und zum Verlust eines erheblichen Teiles des Frequenzspektrums durch die notwendigen Frequenzlücken führt.

Es ist nicht möglich, die Pilotfrequenzen auszuschalten und ohne sie zu arbeiten, weil dann der normale Betriebsablauf des TF-Systems nicht mehr gewährleistet ist. Gegenwärtig gibt es keine eindeutige Lösung dieses Problems. Wahrscheinlich wird das richtigste die Beseitigung der Pilotfrequenzen in den Grenzen des Bereiches der Gruppe sein. Diese Besonderheit bezieht sich auf die Pilotfrequenzen, die in der Mitte des Kanals liegen.

Eine andere Schwierigkeit beim Aufbau von Datenübertragungskanälen für hohe Übertragungsgeschwindigkeiten über große Entfernungen besteht in der Durchführung der Phasenkorrektur. Werden mehrere Gruppen hintereinandergeschaltet, so muß in den Zwischenstationen eine Durchschalteeinrichtung vorgesehen werden, die den normalen Betrieb der benachbarten Gruppen nach einer Umwandlung der Signale in den Zwischenstationen gewährleistet. Diese Einrichtung enthält Bandfilter mit sehr steilem Dämpfungsanstieg an den Flanken des Übertragungsbereiches mit einer Gruppenlaufzeitdifferenz bis zu 1000 μs.

Alle genannten Schwierigkeiten können durch die moderne Nachrichtentechnik beseitigt werden. Als Ergebnis erhält man Datenübertragungssysteme, die es gestatten, mit Übertragungsgeschwindigkeiten von zehn- und hunderttausend Baud zu arbeiten.

KAPITEL 9

Beispiele für Geräte und Netze der Datenübertragung

9.1. MODEMs mit Amplitudenmodulation und kohärenter Demodulation

MODEMs mit Amplitudenmodulation und kohärenter Demodulation wurden 1961 in den Bell-Laboratorien der USA entwickelt. In diesen Geräten wird die Amplitudenmodulation mit Unterdrückung eines Seitenbandes und des Trägers angewendet. Dadurch wird eine hohe Durchlaßfähigkeit und Störsicherheit erreicht.

Bell benutzt das asynchrone Prinzip der Informationseingabe, um in einem größeren Geschwindigkeitsbereich arbeiten zu können. Auf Standverbindungen mit Phasenkorrektur kann die Übertragungsgeschwindigkeit 3000 bit/s betragen, während auf Wählverbindungen ohne Phasenkorrektur 2000 bit/s erreicht werden.

Abb. 9.1 zeigt das Blockschaltbild des Senders. Mit Hilfe eines Amplitudenbegrenzers werden die Impulse, die der Eingangsinformation entsprechen, in bezug auf ihre Amplitude begrenzt. Durch ein Tiefpaßfilter mit

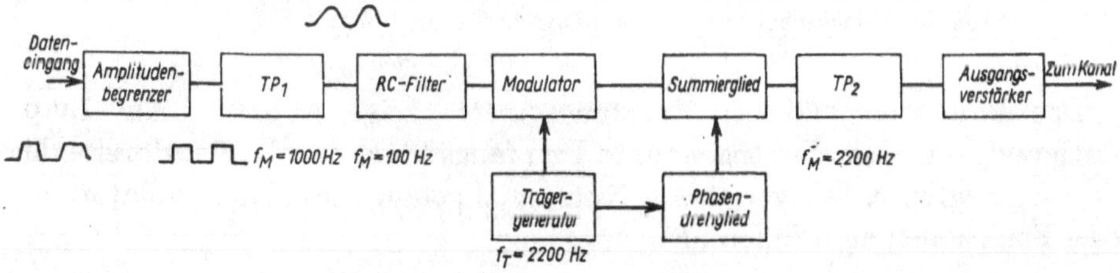

Abb. 9.1. Blockschaltbild des Senders für 2000 bit/s

der Grenzfrequenz f_M werden anschließend die höheren Frequenzkomponenten abgeschnitten. Das ist notwendig, um die Verzerrungen, die durch das ungünstige Verhältnis von Träger- zu Modulationsfrequenz entstehen, zu verringern. Mit Hilfe des folgenden *RC*-Hochpasses werden die Frequenzkomponenten unter 100 Hz abgeschnitten. Der Ausgang des Filters ist mit dem Modulator, der die Amplitudenmodulation realisiert, verbunden. Man erhält am Modulatorausgang ein Signal mit zwei Seitenbändern und unterdrücktem Träger (bei einer Übertragungsgeschwindigkeit von 2000 bit/s beträgt die Trägerfrequenz $f_T = 2200$ Hz). Dieses Signal gelangt zu einem Summierglied.

Bis zum Modulator durchlaufen damit die Impulse ein Hochpaßfilter, das alle niederfrequenten Komponenten des Signals unterdrückt. Damit geht das Spektrum in der Nähe der Trägerfrequenz gegen Null. Um die kohärente Demodulation realisieren zu können, wird gleichzeitig mit dem Nutzsignal ein Pilotsignal mit niedrigerem Pegel übertragen. Mit Hilfe dieses Signals wird empfangsseitig der Träger zurückgewonnen. Als Pilotsignal dient ein um 90° phasenverschobener Träger. Die Leistung liegt 0,8 Np unter der mittleren Leistung der Nutzsignale.

Das nachfolgende Tiefpaßfilter hat eine Mittenfrequenz der Filterflanke von $f_M = 2200$ Hz. Es schneidet teilweise das obere Seitenband ab und unterdrückt die Modulationsprodukte höherer Ordnung. Das resultierende Signal am Filterausgang wird anschließend verstärkt und an den Übertragungskanal angepaßt.

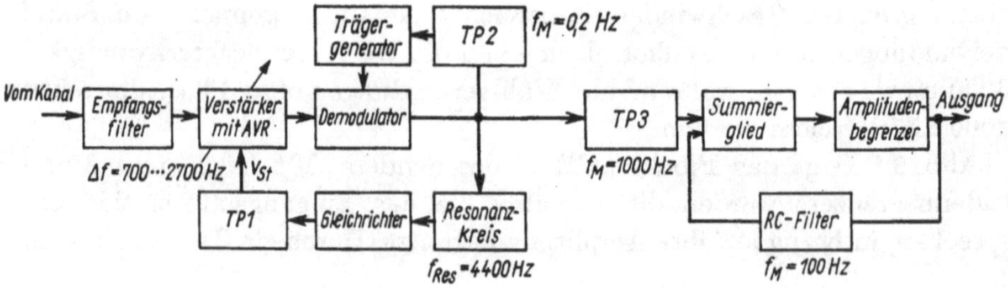

Abb. 9.2. Blockschaltbild des Empfängers für 2000 bit/s

Das Blockschaltbild des Empfangsgerätes zeigt Abb. 9.2. Am Empfängereingang liegt das sogenannte Empfangsfilter, das die Bandbreite der Störung begrenzt. Das verstärkte Nutzsignal gelangt zum Demodulator, der drei Funktionen zu erfüllen hat:

1. Um die kohärente Demodulation realisieren zu können, muß die Phase des Trägers automatisch gedreht werden. Die Frequenz des Trägergenerators läßt sich mit Hilfe einer Steuerspannung in einem kleinen Bereich regeln. Wenn die Phasen der Schwingungen des lokalen Trägergenerators und die des Pilotsignals nicht genau 90° voneinander abweichen, entsteht am Demodulatorausgang ein Gleichstromsignal. Dieses Gleichstromsignal ist der Phasendifferenz proportional. Mit Hilfe des Tiefpasses TP2, dessen Bandbreite nur 0,2 Hz beträgt, wird das Signal genau herausgefiltert und als Steuerspannung für den Generator verwendet.

2. Am Demodulatorausgang entsteht eine Frequenz von 4400 Hz, die damit doppelt so groß ist wie die Trägerfrequenz. Sie ist der Spannung des Pilotsignals am Modulatoreingang direkt proportional. Diese Schwingung entspricht der Hüllkurve; nach einer Gleichrichtung durchläuft sie einen Tiefpaß TP1 und dient als Steuerspannung für die automatische Verstärkungsregelung (AVR). Die Verstärkungsregelung reagiert nur auf Pegeländerungen des Pilotsignals, d. h., sie hängt nicht von der Zusammensetzung der zu übertragenden Daten ab. Bei einer Änderung des Eingangspegels um 3,5 Np schwankt der Ausgangspegel des Verstärkers um weniger als 0,1 Np.

3. Der Demodulator detektiert das Signal mit Hilfe der kohärenten Trägerschwingung. Zur Filterung dient das Tiefpaßfilter TP3.

Ferner werden mit Hilfe einer rückgekoppelten Schaltung die niederfrequenten Komponenten der Impulse zurückgewonnen. Die Doppelstrom-Impulse (Spannung ± 6 Volt) am Ausgang des Amplitudenbegrenzers werden über ein *RC*-Tiefpaßfilter rückgekoppelt. Die Frequenzcharakteristik des Tiefpaßfilters spiegelt sich mit der des Hochpaßfilters des Senders. Die Ausgangsspannung des *RC*-Filters wird mit Hilfe eines Summiergliedes um die Spannung der demodulierten Impulse ergänzt und ihre Summe auf einen weiteren Amplitudenbegrenzer gegeben.

Die Mängel der beschriebenen Schaltung zur Rückgewinnung der niederen Frequenzen bestehen in einer Vergrößerung der unsymmetrischen Verzerrungen und einer Verringerung der Störsicherheit des Empfangsteils.

Die Anlage arbeitet ohne jede Synchronisation bzw. Regenerierung der Impulse. Das Gerät ist einfach aufgebaut und dadurch relativ billig. Im Empfänger und im Sender werden insgesamt nur 18 Transistoren verwendet.

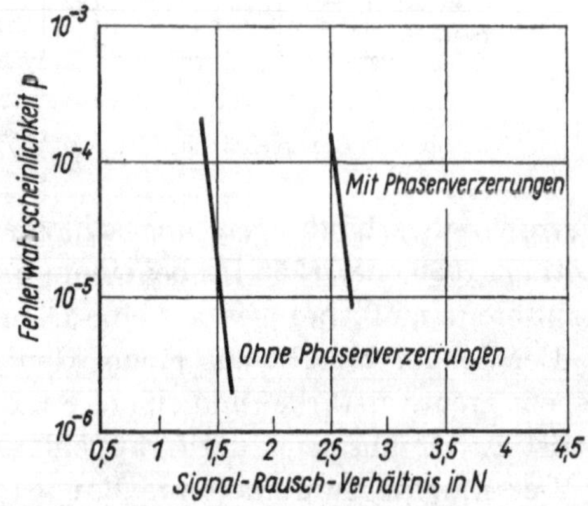

Abb. 9.3. Einfluß von Störungen auf die Fehlerwahrscheinlichkeit

Das Gerät für eine Übertragungsgeschwindigkeit von 3000 bit/s unterscheidet sich nur durch die Grenzfrequenzen der Filter und die Trägerfrequenz vom oben beschriebenen Gerät. Grenz- und Trägerfrequenz liegen bei 2500 Hz.

Die Meßergebnisse, die mit Hilfe der Geräte bei einer Übertragungsgeschwindigkeit von 3000 bit/s unter den Bedingungen von Impulsstörungen im Labor gewonnen wurden, sind grafisch in Abb. 9.3 dargestellt. Die Verläufe zeigen, daß unter dem Einfluß großer Phasenverzerrungen (die Abweichung beträgt 0,6 ms in einem Bereich von 1000 bis 2500 Hz) die Störsicherheit um 1,1 Np sinkt.

9.2. MODEMs für die binäre Datenübertragung mit Frequenzmodulation

Übertragungsanlagen mit Frequenzmodulation wurden im Jahre 1959 von dem amerikanischen Konzern Western Union in zwei verschiedenen Modifikationen vorgestellt:

1. für den Betrieb mit einer Übertragungsgeschwindigkeit von 180 bit/s, wobei jeweils zwei Kanäle der Wechselstromtelegrafie ausgenutzt werden, und
2. für den Betrieb mit einer Übertragungsgeschwindigkeit von 1000 bit/s im Fernsprechnetz.

Das Blockschaltbild des Gerätes für eine Übertragungsgeschwindigkeit von 180 bit/s zeigt Abb. 9.4. Dieses Gerät wird an gewöhnliche Einrichtungen der Wechselstromtelegrafie an Stelle der Einrichtungen für zwei

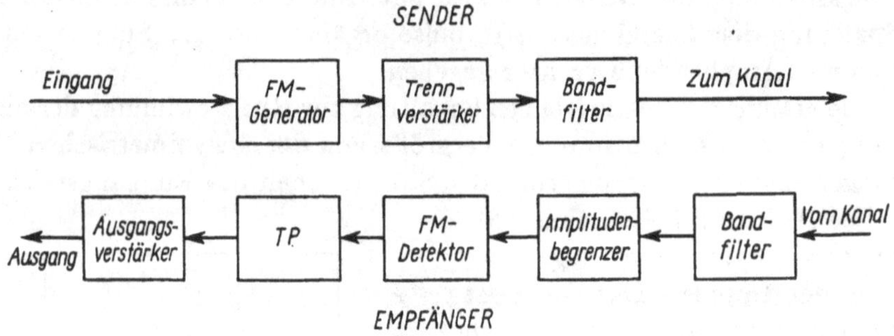

Abb. 9.4. Blockschaltbild des FM-MODEMs für 180 bit/s

Fernschreibverbindungen angeschlossen. Die Mittenfrequenz des Kanals beträgt 1050 oder 1350 Hz bei einem Frequenzhub von $\pm$ 80 Hz. Die Kanalbandbreite muß, bezogen auf eine Dämpfung von 0,7 Np, 220 Hz betragen.

Der Sender besteht aus einem Generator mit dem Frequenzmodulator, einem Trennverstärker und einem Bandfilter mit korrigierter Phasencharakteristik. Der Ausgleich der Gruppenlaufzeitdifferenz erfolgt bis auf 1 ms.

Der Empfänger umfaßt die Baugruppen Bandfilter, Amplitudenbegrenzer, Frequenzdetektor, Tiefpaßfilter und Ausgangsverstärker. Der Amplitudenbegrenzer sichert dem folgenden Frequenzdetektor eine definierte Eingangsleistung bei einer zulässigen Änderung des Empfangspegels um 4,0 Np. Der Frequenzdetektor besteht aus zwei Resonanzkreisen. Beide

Kreise sind auf Frequenzen abgestimmt, die sich um ± 90 Hz von der Mittenfrequenz unterscheiden. Die Ausgangssignale beider Kreise werden getrennt gleichgerichtet und anschließend addiert. Das Summensignal entspricht der Ausgangsinformation. Das Tiefpaßfilter schneidet die Frequenzen über 90 Hz ab und formt die demodulierten Impulse. Der Ausgangsverstärker liefert Doppelstromschritte.

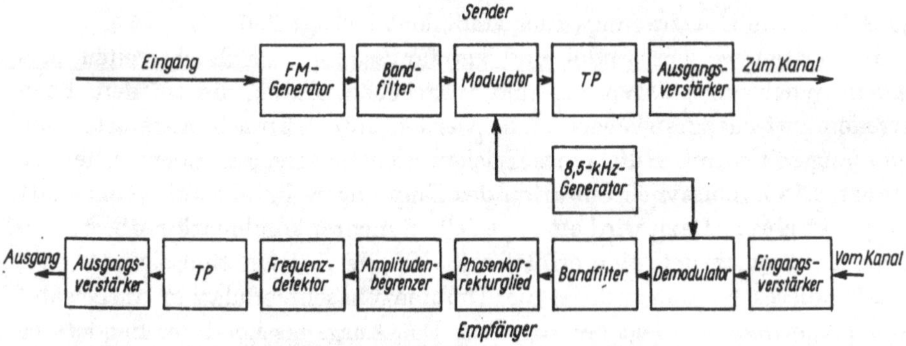

Abb. 9.5. Blockschaltbild des FM-MODEMs für 1000 bit/s

Abb. 9.5 zeigt das Blockschaltbild der Anlage, die mit einer Übertragungsgeschwindigkeit von 1000 bit/s arbeitet. Die Mittenfrequenz des Kanals liegt bei 1000 Hz; der Frequenzhub beträgt ± 400 Hz. Bezogen auf eine Dämpfung von 0,7 Np, ist eine Kanalbandbreite von 1800 Hz erforderlich. Da das Verhältnis von Trägerfrequenz zu Modulationsfrequenz sehr klein ist, wird sende- und empfangsseitig mit Frequenzumsetzung gearbeitet.

Der Sender besteht wiederum aus einem Generator mit einem Frequenzmodulator, einem Bandfilter, einem Tiefpaßfilter und einem Ausgangsverstärker. Die zu übertragende Information wird einem Träger von 7,5 kHz aufmoduliert. Das Bandfilter (6,5 ··· 8,5 kHz) begrenzt das Spektrum des FM-Signals. Mit Hilfe der Trägerfrequenz von 7,5 kHz wird das Signal in die Frequenzlage eines halben Fernsprechkanals umgesetzt.

Der Empfänger umfaßt den Eingangsverstärker, den Frequenzumsetzer, ein Bandfilter, eine Phasenkorrekturschaltung, den Amplitudenbegrenzer, den Frequenzdetektor, ein Tiefpaßfilter und eine Ausgangsschaltung. Mit Hilfe der Trägerfrequenz von 8,5 kHz wird das Signal in die höhere Frequenzlage umgesetzt. Die Schaltung für die Phasenkorrektur kompensiert die Verzerrungen der Sende- und Empfangseinrichtungen. Gruppenlaufzeitverzerrungen werden bis auf 0,2 ms ausgeglichen. Die Signalumwandlung wird analog durchgeführt wie bei der Anlage, die mit einer Übertragungsgeschwindigkeit von 180 bit/s arbeitet. Am Sendereingang und Empfängerausgang werden Doppelstromimpulse von $+10$ mA verwendet.

9.3. Geräte für die Datenübertragung mit Phasenmodulation — Typ PT 750 PT

Das Gerät vom Typ PT 750 PT wurde von dem englischen Konzern ATE als Zusatzeinrichtung zur herkömmlichen Fernsprechendstelle entwickelt. Mit Hilfe dieser Zusatzeinrichtung kann der Fernsprechteilnehmer, der gewöhnlich Ferngespräche führt, mit jedem beliebigen Teilnehmer Daten austauschen. Die Übertragungsgeschwindigkeit beträgt 750 bit/s.

Die Daten werden sende- und empfangsseitig über Lochstreifen nach einem Synchronverfahren ein- und ausgegeben. Daten, die auf dem Lochstreifen zwischengespeichert sind, werden fotoelektrisch abgetastet und empfangsseitig mit Hilfe eines Lochstreifenstanzers auf Lochstreifen gestanzt. Die Zyklussynchronisation des Empfängers beruht auf einem Start-Stop-Verfahren. Dazu wird eine spezielle Synchronkombination übertragen. Die Impulssynchronisation erfolgt mit Hilfe der Informationssignale.

Für dieses System wurde die Differenzphasenmodulation ausgewählt. Die Trägerfrequenz liegt bei 1500 Hz. Das Ausgangssignal des Senders benötigt ein Frequenzband von 1000 bis 2000 Hz.

Für den Rückkanal wird das Frequenzband von 340 bis 410 Hz belegt.

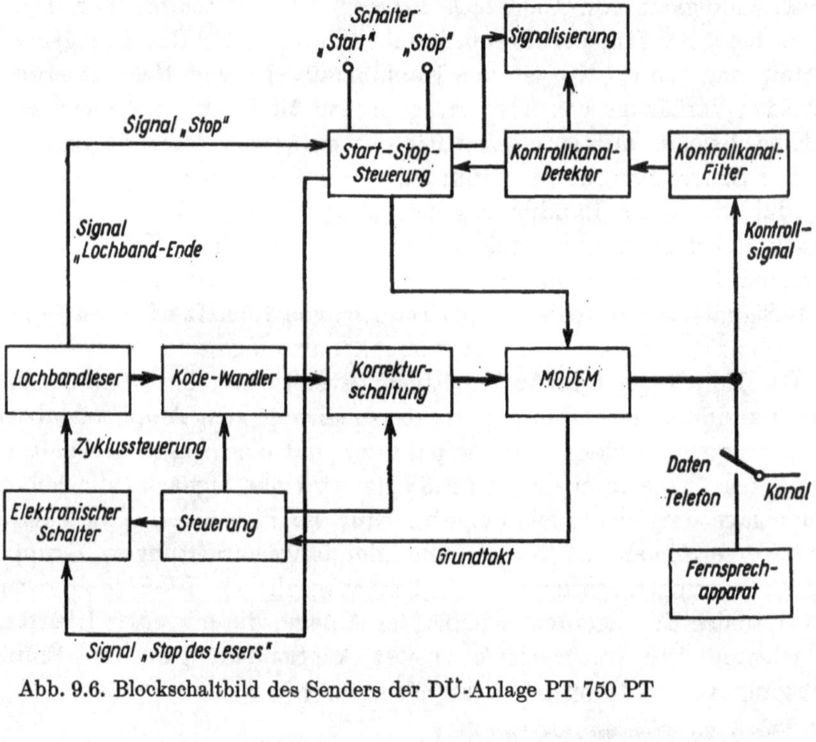

Abb. 9.6. Blockschaltbild des Senders der DÜ-Anlage PT 750 PT

Die Blockschaltbilder der Sende- und Empfangseinrichtungen dieser Anlage zeigen die Abb. 9.6 und 9.7. Das Gerät wird über den Schalter „Telefon – Daten" an die Teilnehmeranschlußleitung angeschlossen. Die einwandfreie Funktion aller Funktionseinheiten des Senders und des Empfängers und die Steuerung der peripheren Geräte werden durch Signale erreicht, die von einer Programmierschaltung abgeleitet werden. Die Generatoren für die Taktimpulse sind Bestandteile der Sende- und Empfangseinrichtungen des Systems.

Beginn und Ende der Datenübertragung verlaufen automatisch. Durch Drücken der Taste „Start" der Sendestation wird von der Funktionseinheit

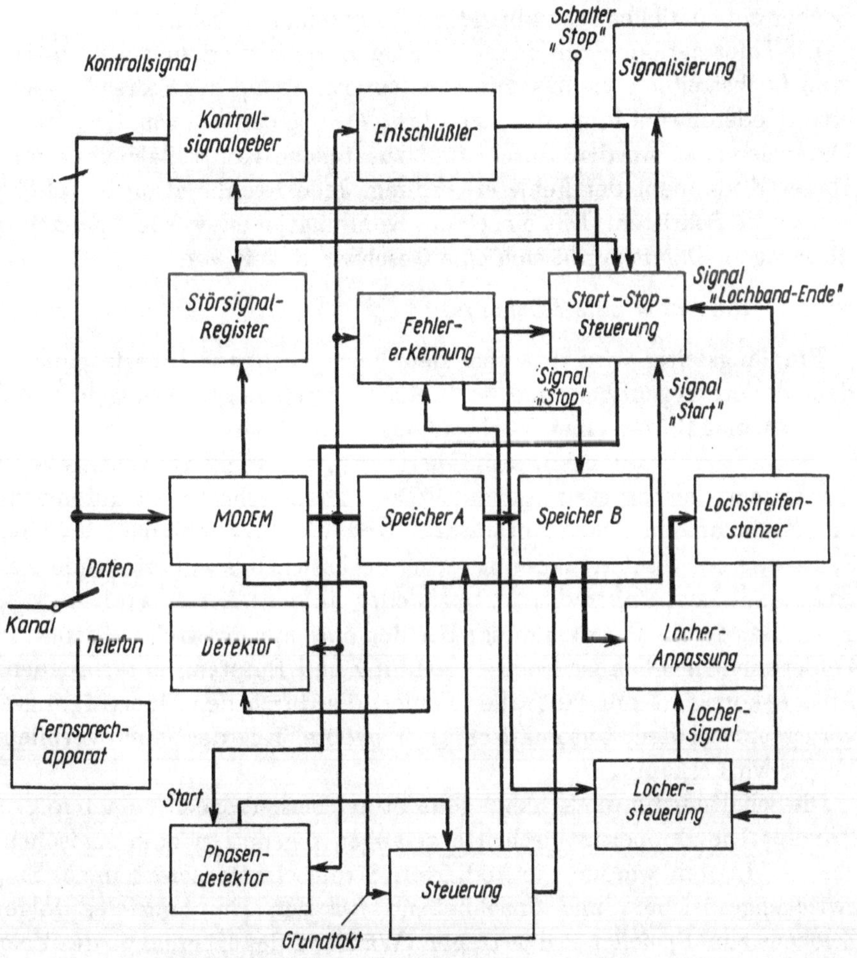

Abb. 9.7. Blockschaltbild des Empfängers der DÜ-Anlage PT 750 PT

Start-Stop-Steuerung das Signal „Beginn der Übertragung" freigegeben und in Form einer sich wiederholenden Kombination gesendet. Diese Kombination wird empfangsseitig detektiert und dient als Synchronsignal. Nach Abschluß der Synchronisation wird, gesteuert vom Kontrollsignalgeber, ununterbrochen über den Rückkanal ein Signal übertragen. Dieses Signal wird mit Hilfe der Filter- und Detektoreinrichtungen des Kontrollkanals ausgewertet. Nach Abschluß der Auswertung wird der Lochstreifenleser gestartet, und die Übertragung der Daten kann beginnen.

Für die Übertragung der Kontrollinformation wird im unteren Teil des Frequenzbandes des Fernsprechkanals ein Filter mit den Grenzfrequenzen 340 und 410 Hz eingesetzt. Dadurch wird in Richtung vom Empfänger zum Sender ein spezieller schmalbandiger Kontrollkanal gebildet.

Die Information ist in einem 7-Kanal-Kode kodiert und wird bitparallel vom Lochstreifenleser übernommen. Zur Erhöhung der Störsicherheit wird eine Kodeumwandlung durchgeführt. Die sieben informationstragenden Datenelemente werden durch fünf zusätzliche Kontrollelemente ergänzt. Dieser Kode dient der Fehlererkennung. Jede Kombination besteht damit aus zwölf Schritten. Die einzelnen Kombinationen werden nacheinander übertragen. Damit ergibt sich eine Geschwindigkeit von

$$750 : 12 = 62{,}5 \text{ Zeichen/s}.$$

Empfangsseitig wird das über den Fernsprechkanal übertragene Signal demoduliert, regeneriert und nach einer Zwischenspeicherung in den Speichern A und B über einen Lochstreifenlocher ausgestanzt.

Betrachten wir die bei diesem Übertragungssystem angewendete Methode der Datensicherung etwas genauer. Die Störsicherheit wird durch Prüfung der Kodekombinationen auf Gerad- bzw. Ungeradzahligkeit erhöht. Die Schaltung zur Fehlererkennung prüft deshalb jedes ankommende Zeichen auf Gerad- bzw. Ungeradzahligkeit. Jeder einfache Fehler wird sofort korrigiert. Bei der Fehlererkennung, bei der eine automatische Korrektur der Fehler nicht möglich ist, werden Sendung und Empfang unterbrochen. Die Anlage korrigiert nur 90% aller Fehler, die durch den Übertragungskanal verursacht werden, automatisch. Der größte Teil der noch verbliebenen Fehler wird erkannt.

Die Schaltung für die Erhöhung der Störsicherheit arbeitet nach folgendem Prinzip: Die Doppelstromschritte gelangen regeneriert zum Zwischenspeicher A. In ihm werden die kodierten Stromschritte sofort nach Eingang zwischengespeichert und anschließend für den Empfang des folgenden Zeichens zum Speicher B übertragen. Während des Übergangs des Zeichens vom Speicher A zum Speicher B wird die Fehlerkorrektur durchgeführt.

Wenn die empfangene Kombination fehlerfrei übertragen oder entdeckte Fehler korrigiert wurden, erhält die Steuerschaltung für den Lochstreifenstanzer, nach Übergabe des Zeichens in den Speicher B, einen entsprechenden Steuerbefehl. Damit wird der Weg geöffnet, um das übertragene Zeichen auf Lochstreifen auszustanzen.

Der Stanzer arbeitet asynchron zur Übertragungsgeschwindigkeit mit einer Stanzleistung von 100 Zeichen/s. Sobald die Schaltung für die Fehlererkennung einen Fehler entdeckt, der nicht korrigiert werden kann, erhält die Start-Stop-Schaltung das Signal „Stop". Damit bekommt auch der Kontrollsignalgeber den Befehl, die Übertragung des Kontrollsignals abzubrechen. Empfänger und Sender stoppen automatisch. Über eine Alarmglocke werden die Teilnehmer informiert. Das letzte gesendete Zeichen wird wiederholt.

Die Entschlüßlung des Signals „Unterbrechung" entspricht der Kombination „Ende des Lochstreifens"; es schaltet den Empfänger in die Ausgangsstellung, ein Lichtsignal leuchtet auf und eine Alarmglocke wird in Tätigkeit gesetzt.

Durch eine entsprechende Auswertschaltung wird der Empfänger auch dann in die Ausgangsstellung umgeschaltet, wenn der Pegel am Empfängereingang unter $-5{,}1$ Np sinkt. Bei diesen kurzzeitigen Unterbrechungen werden ein akustisches und ein optisches Signal gegeben; die Übertragung des Kontrollsignals setzt aus.

Die Übertragung des Kontrollsignals setzt auch bei Empfang des Signals „Stop" aus (wenn sich der Kontakt „Ende des Lochstreifens" im Lochstreifenleser schließt), wenn die Taste „Stop" gedrückt wird und bei Ausfall des Empfängers.

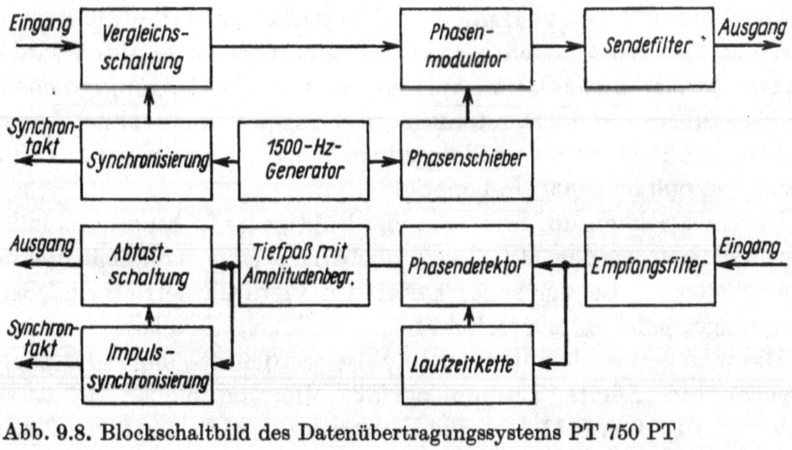

Abb. 9.8. Blockschaltbild des Datenübertragungssystems PT 750 PT

Das Blockschaltbild des MODEMs der Anlage zeigt Abb. 9.8. Die Eingangsimpulse gelangen im Sendeteil des MODEMs zu einer Vergleichseinrichtung, die die Polarität der Signale bei negativen Impulsen am Eingang ändert. Bei positiven Impulsen am Eingang ändert sich die Polarität nicht.

Um die Verzerrungen der Impulsflanken zu beseitigen, nutzt man die Synchronisation zwischen Träger- und Modulationsfrequenz aus. Im Phasenmodulator erfolgt eine Phasenumtastung um 180°. Die Phase des Trägers im Moment der Phasenumtastung wird durch ein Phasendrehglied so eingestellt, daß das Spektrum des PM-Signals möglichst in der Nähe der Trägerfrequenz von 1500 Hz konzentriert ist.

Empfangsseitig wird die Phasenvergleichsmethode angewendet. Zunächst wird die Amplitude des demodulierten Signals begrenzt. Dadurch kann der empfangene Pegel in einem Bereich von über 5 Np ausgenutzt werden.

Sender und Empfänger der Anlage PT 750 PT sind konstruktiv einheitlich in Form eines Schrankes mit den Abmessungen

$$102 \times 72 \times 61 \text{ cm}$$

aufgebaut.

Auf dem Schrank befinden sich der Fernsprechapparat und der Lochstreifenleser oder -locher.

Es gibt neben dieser Anlage noch zwei verschiedene Modifikationen mit den Bezeichnungen PT 1500 PT und PT 2500 PT, die sich nur in den Übertragungsgeschwindigkeiten von 1500 bzw. 2500 bit/s unterscheiden.

9.4. Geräte für die Datenübertragung mit Vierphasenmodulation — Typ 201 B

Die Datenübertragungsanlage 201 B wurde im Jahre 1961 in den Bell-Laboratorien der USA entwickelt. Als Modulationsverfahren wird die Vierphasen-Differenzmodulation verwendet. Die Übertragungsgeschwindigkeit beträgt über Standverbindungen im Fernsprechnetz ohne Korrektureinrichtungen 2400 bit/s. Der Träger liegt bei 1800 Hz; es wird ein Frequenzband von 600 bis 3000 Hz benötigt.

Die Anlage kann an zwei- oder vierdrähtige Teilnehmeranschlußleitungen angeschlossen werden. Im Zweidrahtbetrieb ist gewöhnlich nur der Empfänger oder der Sender angeschaltet. Im Vierdrahtbetrieb sind Sender und Empfänger jederzeit zugeschaltet.

Die sendeseitig einlaufenden Impulse werden nacheinander paarweise zu sogenannten „Dibits" zusammengefaßt. Vier verschiedene Dibits sind möglich: 00, 01, 10 und 11. Für die Übertragung existieren 2 Kanäle; das erste

Bit A eines Dibits wird im ersten Unterkanal und das zweite Bit B im zweiten Unterkanal übertragen. Die Übertragungsgeschwindigkeit beträgt dabei in jedem Unterkanal 1200 bit/s.

Der Phasenmodulator arbeitet nach dem Impulsprinzip, d. h., die Phase ändert sich durch Hinzufügen von Impulsen bei der Frequenzteilung. Dabei treten Phasensprünge auf, die der Summe dreier kleinerer Phasensprünge entsprechen (Tab. 9.1).

Tabelle 9.1

Dibit	Phasensprünge	Darstellung der Phasensprünge als Summe dreier kleiner Sprünge		
		45°	90°	180°
00	45°	vorhanden	nicht vorhanden	nicht vorhanden
01	135°	vorhanden	vorhanden	nicht vorhanden
11	225°	vorhanden	nicht vorhanden	vorhanden
10	315°	vorhanden	vorhanden	vorhanden

Aus der Tabelle ist zu ersehen, daß der Phasensprung von 45° bei jedem Dibit auftritt, der Phasensprung von 90° bei $A \neq B$ und der von 180° bei $A = 1$.

Abb. 9.9 zeigt ein vereinfachtes Prinzipschaltbild für die Realisierung der Phasensprungmodulation nach der oben beschriebenen Methode. Die Fre-

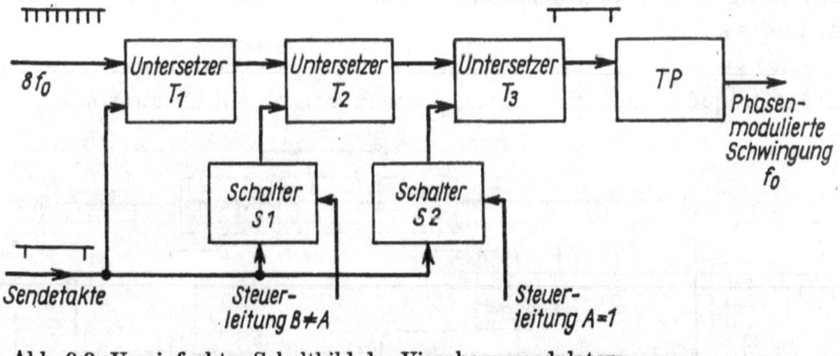

Abb. 9.9. Vereinfachtes Schaltbild des Vierphasenmodulators

quenz $8 f_0$ wird mit Hilfe eines dreistufigen Teilers auf die Frequenz f_0 untersetzt. Über die Schalter $S1$ und $S2$ gelangen, wenn an ihren Eingängen Signale der Form $A \neq B$ oder $A = 1$ liegen, Impulse mit definierter Phase an die Teilerstufen T_1 und T_2.

Aus dem Blockschaltbild des Senders (Abb. 9.10) ist zu erkennen, daß in den zwei Unterkanälen zwei verschiedene PM-Schwingungen erhalten und anschließend addiert werden. Zum Übertragungskanal gelangen abwechselnd die erste und die zweite Schwingung. Die Phaseneinstellung wird stets dann durchgeführt, wenn keine Schwingung an den Übertragungskanal geschaltet ist (Nulldurchgang). Jeder PM-Impuls wird so moduliert, daß sogenannte Formimpulse entstehen.

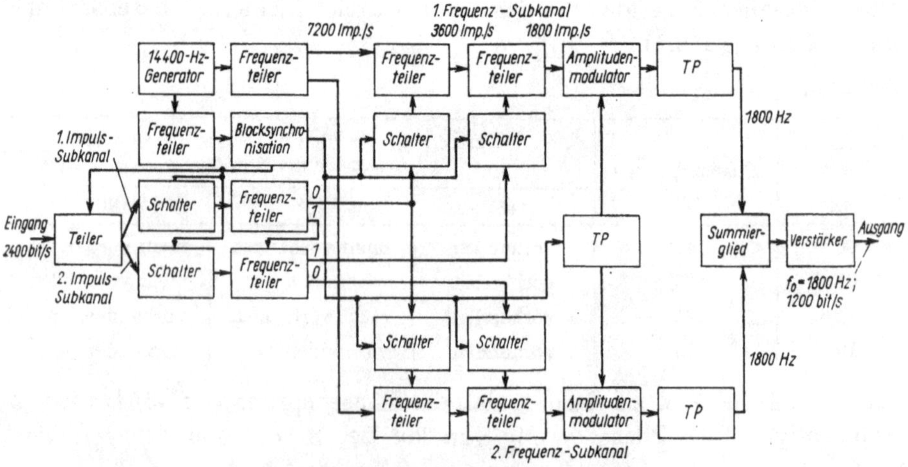

Abb. 9.10. Blockschaltbild des Senders der Anlage 201 B

Durch die Verwendung der Formimpulse und einer zusätzlichen Siebschaltung nach dem Demodulator kann auf Sende- und Empfangsfilter verzichtet werden.

Zur Vermeidung von Flankenverzerrungen der Impulse werden die Trägerfrequenz und die Taktfrequenzen von einem Generator abgeleitet.

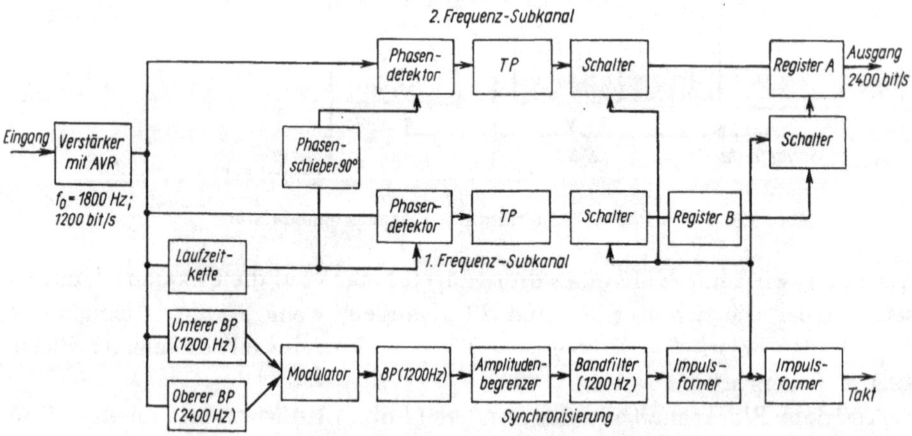

Abb. 9.11. Blockschaltbild des Empfängers der Anlage 201 B

Empfangsseitig wird die Methode des „Phasenvergleichs“ angewendet (Abb. 9.11). Die demodulierten Signale beider Unterkanäle werden regeneriert und anschließend zu einem Signal vereinigt. Die Taktfrequenz wird vom Modulator, der das obere und untere Seitenband der Signale auswertet, gewonnen. Gleichzeitig wird auch die Frequenz von 1200 Hz, die der Übertragungsgeschwindigkeit in jedem Unterkanal entspricht, abgeleitet.

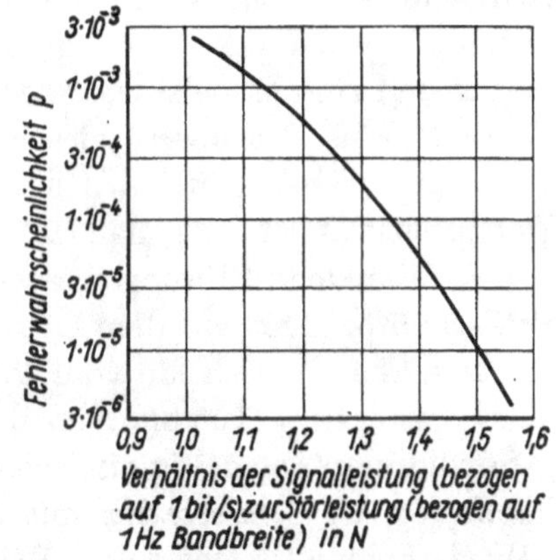

Abb. 9.12. Einfluß der Fluktuationsstörungen auf die Fehlerwahrscheinlichkeit

Für den Betrieb über Stand- oder Wählverbindungen größerer Entfernungen existiert eine modifizierte Anlage mit der Typenbezeichnung 201 A. Sie arbeitet mit einer Übertragungsgeschwindigkeit von 2000 bit/s bei einer Trägerfrequenz von 1750 Hz. Es wird das Frequenzband zwischen 750 und 2750 Hz benötigt.

Einige Meßergebnisse, die die Abhängigkeit der Störsicherheit der Anlage von Fluktuationsstörungen widerspiegeln, zeigen die Abb. 9.12 und 9.13.

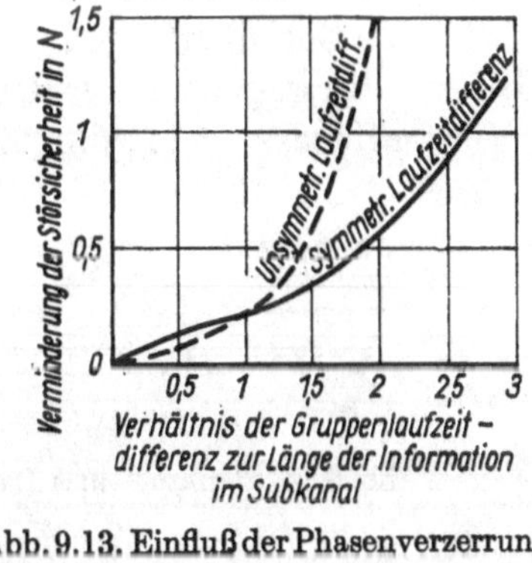

Abb. 9.13. Einfluß der Phasenverzerrungen auf die Störsicherheit der Systeme

Die Werte gelten für die Anlagen vom Typ 201 A mit einer Übertragungsgeschwindigkeit von 2000 bit/s und vom Typ 201 B mit einer Geschwindigkeit von 2400 bit/s. Bei Vergrößerung der Gruppenlaufzeitunterschiede im Frequenzbereich von 600 bis 3000 Hz sinkt die Störsicherheit des Systems. Abb. 9.13 zeigt die entsprechenden Verläufe, wobei eine Fehlerwahrscheinlichkeit des Netzes von 10^{-4} angenommen wurde.

9.5. Anlagen für die Datenübertragung mit Wiederholung fehlerhaft übertragener Kombinationen

Eine entsprechende Anlage mit Datensicherung wurde 1961 im Massachusetts Institute of Technology der USA entwickelt und für die Datenübertragung über vierdrähtige Standverbindungen mit Geschwindigkeiten von 1300 oder 1600 bit/s vorgesehen.

Als Modulations- und Demodulationseinrichtung wird das MODEM A 1 der Firma Bell verwendet. Dieses MODEM wurde für das Luftabwehrsystem SAGE der USA entwickelt. Die Daten werden nach einem Synchronverfahren unter Ausnutzung einer dreivalenten AM mit Unterdrückung des oberen Seitenbandes übertragen. Empfangsseitig werden eine Phasenkorrektur und eine Impulsregenerierung vorgenommen. Die Anlage ist bereits veraltet. Eine detaillierte Beschreibung erscheint deshalb nicht sinnvoll. Im folgenden betrachten wir nur die Wirkungsweise der Schaltung für die Datensicherung etwas genauer.

Um gebündelte Störungen, sogenannte Fehlerbursts, die durch charakteristische Störungen auf dem Übertragungsweg auftreten, zu erkennen, wird ein Bose-Chaudhuri-Kode vom Typ 255, 231 verwendet. Die gesamte Blocklänge beträgt $n = 255$ bit, von denen $k=231$ bit informationstragend sind.

Sobald empfangsseitig ein Fehler erkannt wurde, wird über einen Rückkanal von der Sendestation mit Hilfe einer bestimmten Kodekombination „Wiederholung" angefordert. Das System ist für eine gleichzeitige Datenübertragung in beiden Richtungen gedacht. In dem Fall, wenn nur in einer Richtung gesendet werden soll bzw. kann, wird über den Rückkanal außer der Anforderungsinformation für die Wiederholung eine beliebige (fiktive) Hilfsinformation übertragen.

Die zu übertragenden Blöcke bestehen jeweils aus 256 bit. Die Struktur des Gesamtblocks ist in Abb. 9.14 dargestellt. Das erste Bit wird nicht ko-

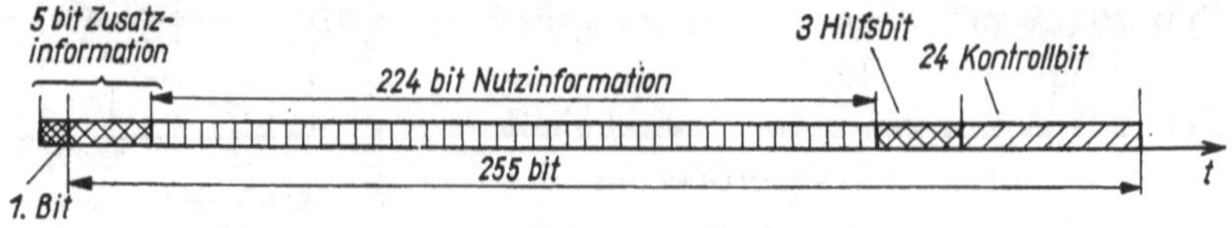

Abb. 9.14. Struktur eines Datenblocks der Länge 256

diert, es dient der Markierung des Blockbeginns. Modulator und Demodulator des Systems A 1 übertragen während dieser Zeit das sogenannte Startsignal. Die folgenden vier bit werden ebenfalls nicht kodiert, sie dienen zusammen mit dem ersten Blockbeginnbit nur der Ergänzung des Gesamtblocks auf 256 bit. Erst die folgenden 224 bit des Blocks sind informationstragend, ihnen schließen sich drei sogenannte Hilfsbit an. Diese Hilfsbit enthalten einmal Informationen über die Wiederholung fehlerhafter Kombinationen und zum anderen Informationen über den Zustand des Datenübertragungskanals. Dieser Bitfolge schließen sich 24 Kontrollbit an, die nach einem Kode von Bose-Chaudhuri aufgebaut wurden.

Das Blockschaltbild für die Kodier- und Dekodierschaltung zeigt Abb.9.15. Für die Kodierung und Dekodierung dienen Schieberegister mit logischen Kreisen. Von der Nachrichtenquelle der Sendeeinrichtung gelangen k In-

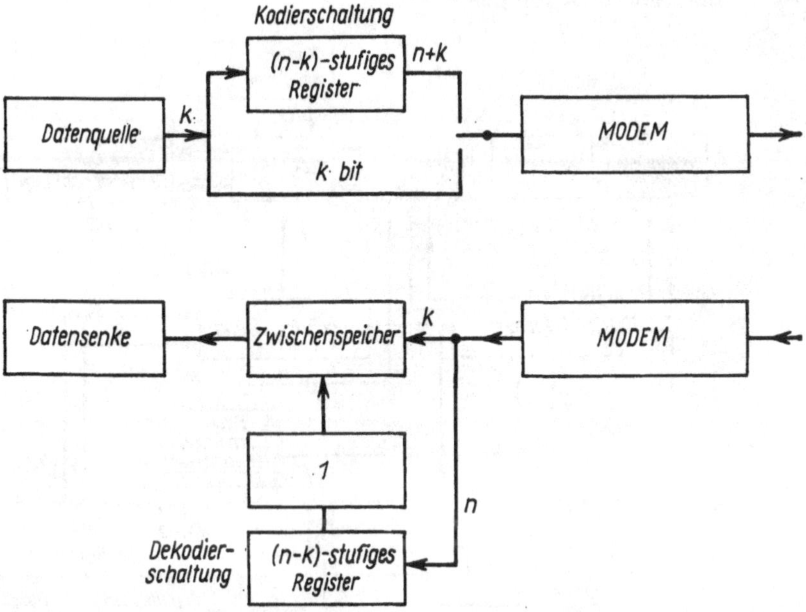

Abb. 9.15. Prinzipielle Wirkungsweise der Kodierung und Dekodierung. *1* Schaltung für die Bildung der Löschsignale

formationselemente zur Modulationseinrichtung und parallel dazu zum Schieberegister. Nach ihrer Übertragung liefert das Register $n - k$ Kontrollbit, die anschließend nach den informationstragenden Bit übertragen werden.

Jeder Block besteht damit aus n bit. Sie gelangen empfangsseitig in das Schieberegister der Dekodierschaltung. Die ersten k bit werden zusätzlich noch zwischengespeichert. Wenn nach Einlauf aller n bit nicht alle Plätze des Registers der Dekodierschaltung besetzt sind, ist die zwischengespeicherte Information fehlerhaft übertragen worden, und der Inhalt des Speichers wird gelöscht. Das Blockschaltbild der Anlage mit Wiederholung fehlerhaft übertragener Kombinationen zeigt Abb. 9.16. Die Anlage besteht aus Sender, Empfänger und Hilfseinrichtungen.

Die Endeinrichtungen sind durch gleiche Kanäle verbunden, über die Informationen gleicher Struktur übertragen werden. Für die Übertragung der Rückinformation werden ebenfalls diese Kanäle ausgenutzt. Die einzelnen Kombinationen gelangen seriell über den Kanal.

Für die Herstellung des Synchronismus dient eine spezielle Schaltung. Grundsätzlich werden Sender und Empfänger der Nebenstation über den Sender der Hauptstation und der Empfänger der Hauptstation über den Sender der Nebenstation gesteuert.

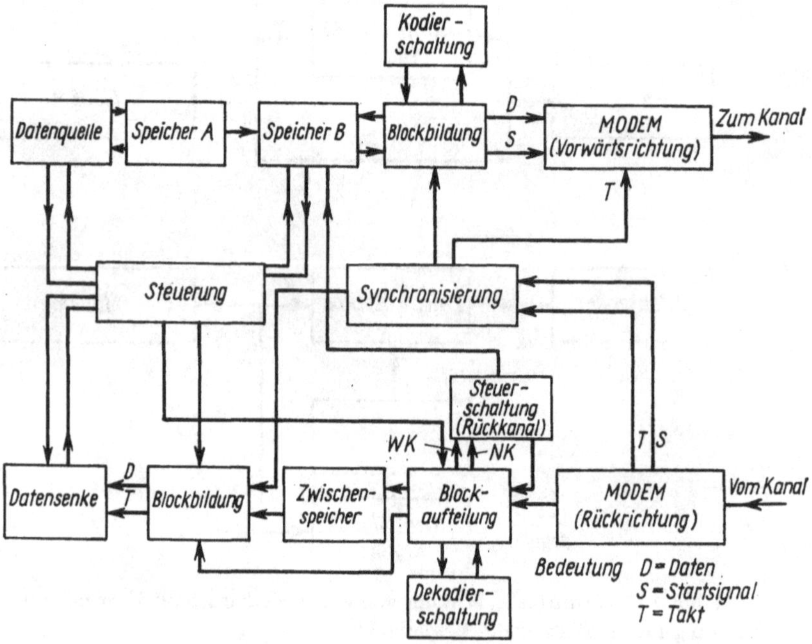

Abb. 9.16. Blockschaltbild der Anlage, die eine Prüfung der gestörten Kombinationen gestattet

Quelle und Senke, d. h. Sender und Empfänger der Informationen der Datenübertragungsanlagen, sind durch das synchrone Start-Stop-Prinzip verbunden. Bei diesem Prnzip werden die Synchronimpulse von speziellen Kombinationen abgeleitet.

Die Quelle liefert nur dann einen Datenblock, wenn er von der Übertragungsanlage angefordert wird, wobei der Zeitpunkt der Abfrage unbestimmt ist. Ein Datenblock hat eine konstante Länge von 224 bit.

Nach Empfang einer Kodekombination muß der Empfänger dem Sender mitteilen, ob eine Wiederholung erforderlich wird. Der Befehl für die Wiederholung der Kodekombination wird mit WK (Wiederholung der Kombination) und die Negation mit NK (keine Wiederholung der Kombination) bezeichnet. Für die Übertragung dieser Signale werden die letzten drei Hilfsbit, die entweder den Wert 1 oder 0 annehmen können, ausgenutzt. Diese Hilfsbit nennt man Bestätigungsinformation. Die gesendete Bestätigungsinformation wird bis zum Empfang der folgenden Bestätigungsinformation zwischengespeichert.

Wenn die Empfangsschaltung der Sendestation den Wiederholbefehl WK erhält, beginnt der Sender dieses Systems im folgenden Moment mit der Wiederholung des entsprechenden Blocks. Sobald der Empfänger eine fehlerhafte Kombination erhält, wird immer angenommen, daß in den Hilfsbit der Befehl WK stand. Das bedeutet natürlich, daß in diesem Fall, wenn eigentlich eine Bestätigung vorlag, die Gegenstation den Block noch einmal erhält, obwohl das nicht notwendig wäre.

Wird sendeseitig der Wiederholbefehl WK erhalten, unterbricht der Sender die Übertragung des folgenden Blocks, um den angeforderten fehlerhaft übertragenen Block zu wiederholen. Der Sender muß dazu um zwei Blöcke zurückspringen.

Das vereinfachte Blockschaltbild dieser Anlage zeigt Abb. 9.17. Mit Hilfe

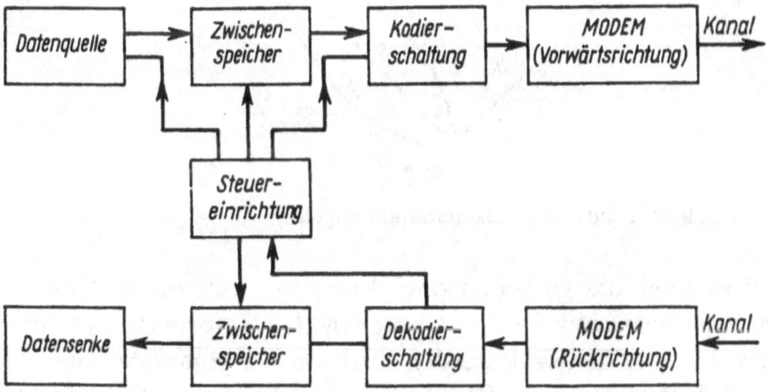

Abb. 9.17. Vereinfachtes Blockschaltbild einer Anlage mit Wiederholung gestörter Kombinationen

der Funktionseinheit Steuerung werden alle übrigen Funktionseinheiten des Systems gesteuert. Die Befehle WK oder NK stehen zeitrichtig am Eingang der Kodierschaltung.

Von der Kodierschaltung werden drei verschiedene Kombinationen gespeichert. Unter normalen Betriebsbedingungen (Zustand 0) wird die dritte Kombination übertragen. Die Dekodierschaltung analysiert den Block auf Übertragungsfehler und untersucht, ob der Befehl WK oder NK enthalten ist. Die gewonnene Information gelangt anschließend zur Steuerzentrale.

Die Dekodierschaltung übergibt auf der Grundlage der von der Steuerzentrale gelieferten Information entweder den übertragenen Block zur Datensenke oder löscht ihn.

Sobald der normale Betrieb unterbrochen wird, sind in Abhängigkeit von den verschiedenen Bedingungen drei Systemzustände 1, 2 und 3, die durch die Kapazität der Kodierschaltung bestimmt werden (drei Kombinationen), möglich. Der Übergang von einem Zustand in den anderen wird durch Befehle der Steuerzentrale gesteuert. Diese Befehle wiederum sind von der Information, die die Dekodierschaltung verarbeitet hat, abhängig.

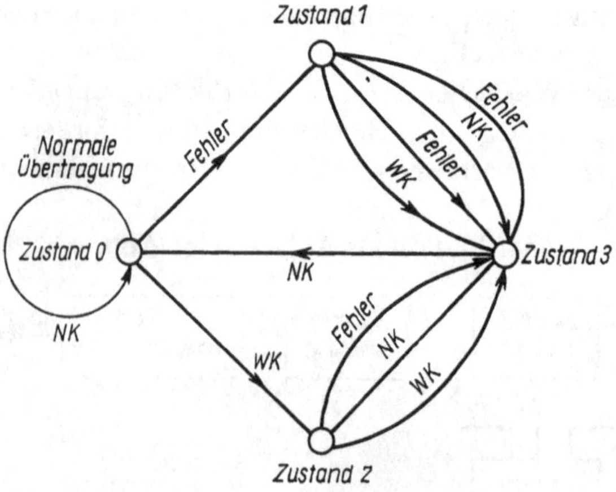

Abb. 9.18. Prinzip der Zustandsänderungen

Abb. 9.18 zeigt die Ordnung des Übergangs von einem Zustand in den anderen. Die Bezeichnungen entsprechen den Informationen, die von der Dekodierschaltung geliefert werden. Tabelle 9.2 gibt dazu einen Überblick über die Arbeitsweise aller Baustufen bzw. Funktionseinheiten unter den verschiedenen möglichen Bedingungen.

Während des Übertragungsablaufs kann der Fall eintreten, daß die Kodierschaltung, die zum Kodieren des folgenden Blocks bereit ist, von der Datenquelle keine Zeichen erhält, da der Speicher der Quelle leer ist.

Die Übertragung in Vorwärtsrichtung vom Sender zum Empfänger geschieht kontinuierlich. Deshalb muß gewährleistet werden, daß mit dem empfangenen Block auf der Empfangsseite auch die Befehle WK oder NK, die den bereits empfangenen Block charakterisieren, ausgewertet werden können. Vom Sender wird deshalb eine aus 224 bit bestehende fiktive Information als nachfolgender Block übertragen. Auf diese Weise wird auch die Synchronisation nicht unterbrochen. Einen mit einer fiktiven Information zusammengestellten Block erkennt die Empfangsschaltung mit Hilfe des zweiten der drei Hilfsbit im Block. Dieses Hilfsbit nimmt entweder den Wert 1 oder 0 an.

Tabelle 9.2

Funktionseinheiten	Operationen der Funktionseinheiten unter den Systembedingungen			
	0	1	2	3
Steuereinrichtung	Befehl NK gelangt zur Kodierschaltung	Befehl WK gelangt zur Kodierschaltung	Befehl NK gelangt zur Kodierschaltung	Befehl NK gelangt zur Kodierschaltung
Dekodierschaltung	Übergabe der empfangenen Kombination	Empfangene Kombination wird nicht übergeben	Empfangene Kombination wird nicht übergeben	Empfangene Kombination wird nicht übergeben
Kodierschaltung	Übergabe der folgenden Kombination in den $(i+1)$. Bereich der Kodierschaltung	Übergabe der folgenden Kombination in den $(i-1)$. Bereich der Kodierschaltung	Übergabe der folgenden Kombination in den $(i-1)$. Bereich der Kodierschaltung	Übergabe der Kombination in den $(i+1)$. Bereich der Kodierschaltung
Datenquelle	Übergabe der folgenden Kombination in den $(i-1)$. Bereich der Kodierschaltung	Verzögerung der folgenden Kombination	Verzögerung der folgenden Kombination	Verzögerung der folgenden Kombination

Den Hauptteil der Kodier- und Dekodierschaltung bildet ein 24stufiges Schieberegister mit mehreren modulo-2-Addern an ausgewählten Stufen des Registers, über die die Signale rückgekoppelt werden (Abb. 9.19).

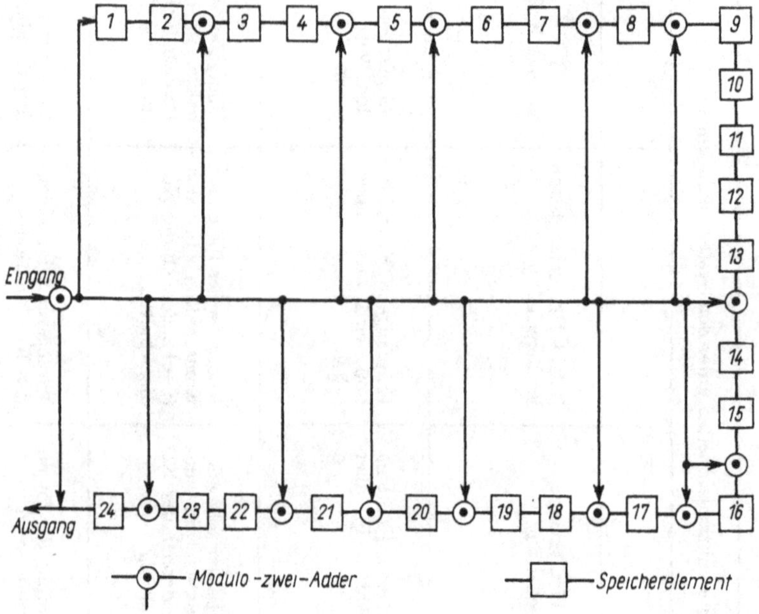

Abb. 9.19. Blockschaltbild eines 24stufigen Schieberegisters

Speicher *A* (Abb. 9.16) dient der Anpassung der von der Datenquelle mit unterschiedlicher Länge gelieferten Informationen an die konstante Blocklänge von 224 bit, der Parallel-Serien-Wandlung und der Umkodierung. Außerdem dient diese Schaltung dem Ausgleich der Geschwindigkeiten zwischen der Datenübernahme und der Datenübertragung. Der Speicher *B* dagegen spielt die Rolle der Kodierschaltung (Abb. 9.17). Er fordert vom Speicher *A* den jeweils folgenden Datenblock an. Die Kapazität des Speichers *A* ist so bemessen, daß auf Grund der speicherbaren Datenmenge die normale Arbeit der Datenquelle, auch bei längeren Unterbrechungen der Verbindung, nicht gestört wird.

9.6. Netze für die Datenübertragung

Allgemeine Gesichtspunkte

Ein Netz für die Datenübertragung muß grundsätzlich auf den bereits existierenden Netzen der Fernschreib- und Fernsprechtechnik aufbauen, wobei die vorhandenen Kanäle für die Aufgaben der Datenübertragung und der Steuerung ausgenutzt werden. Betrachten wir die Besonderheiten, die sich dabei für den Aufbau eines Netzes für die Datenübertragung ergeben.

Ein Übertragungsnetz ist im allgemeinen als ein sternförmiges System aufgebaut. Jeder Teilnehmer innerhalb des Netzes ist in der Lage, mit jedem beliebigen anderen Teilnehmer des Netzes zu korrespondieren. Deshalb sind die einzelnen Knoten des Netzes miteinander verbunden.

Ein besonderes Problem des Netzaufbaus ist die sogenannte Netzzuverlässigkeit, d. h., der Ausfall eines beliebigen Netz- oder Knotenbereichs darf die Betriebssicherheit des gesamten Netzes nicht merklich stören und die Zuverlässigkeit der Informationsübertragung zwischen den Teilnehmern nicht senken. Um diese Forderungen zu erfüllen, lassen sich für jede Übertragungsrichtung entsprechende Lösungen finden. So kann man z. B. die Information über zwei getrennte Verbindungen, die durch verschiedene geographische Punkte gehen, übertragen.

Innerhalb der Datenübertragungsnetze spielen ferner Fragen einer vorbeugenden Messung der qualitativen Eigenschaften der Fernsprechverbindungen, die für eine Datenübertragung benutzt werden sollen, eine besondere Rolle. Auch der Kontrolle der fehlerfreien Übertragung der Daten muß große Aufmerksamkeit geschenkt werden. Diese Kontrolle ist sowohl an den Endstellen als auch an den Umsetzerstellen notwendig.

Die Abb. 9.20 zeigt, wie diese allgemeinen Forderungen an ein Datenübertragungsnetz realisiert werden können.

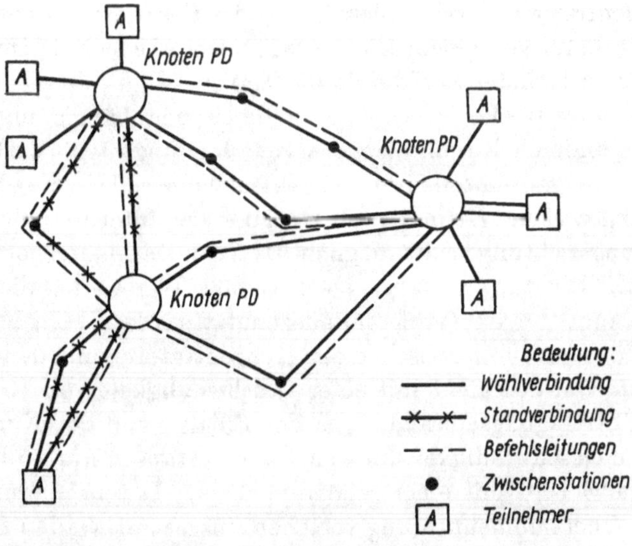

Abb. 9.20. Datenübertragungsnetz

Es ist klar, daß sich alle angeführten Forderungen auf festverschalteten Verbindungen in vollem Umfang realisieren lassen und keine Schwierigkeiten bereiten. Auf Wählverbindungen ist die gleichzeitige Informationsübertragung über zwei getrennte Leitungen nicht möglich. Deshalb verringert sich die Zuverlässigkeit dieser Verbindungen.

Betrachten wir in den folgenden Abschnitten einige Beispiele für Datenübertragungsnetze:

Einheitliches Netz der Datenübertragung für Fluggesellschaften (Instamatik)

Dieses Netz dient der Datenübertragung für eine zentralisierte Buchung der Flugschecks für die Fluglinien aller Fluggesellschaften der USA. Alle Daten über die Anzahl der freien Plätze und über die Buchung der Schecks werden gesammelt, verarbeitet und zu einem zentralen Verarbeitungszentrum, z. B. in Denver, weitergeleitet.

Den Verkauf der Flugschecks führen insgesamt 3000 Filialen, die über das gesamte Territorium des Landes in 68 Städten verteilt sind, durch. Das System wurde für eine Kapazität von 51000 Verkaufsoperationen pro Stunde konzipiert.

Die Übertragungsstrecken von jeweils 10 Filialen sind zusammengeschaltet und an einen Wähler geschaltet. Mehrere solcher Gruppen (bis zu 15) werden einem Konzentrator zugeleitet. Alle Konzentratoren wiederum sind mit zwei parallelen Fernsprechverbindungen, die jeweils eine Reichweite von 9654 km haben, verbunden. Diese Verbindungen bilden zusammen mit ihren Konzentratoren zwei Schleifen, die die Form einer Acht haben, und das gesamte Land von einem Ende zum anderen bedecken. Im Mittelpunkt der Schleifen befindet sich die Stadt Denver.

Jede Übertragungsstrecke ist von der anderen unabhängig und dient, bezogen auf den anderen Kanal, als Reserveverbindung. Jede Verbindung besteht also aus zwei getrennten Simplexkanälen, die jeweils in die entgegengesetzte Richtung wirken. Wenn die Übertragung der Informationen in der einen Übertragungsrichtung nicht möglich ist, kann sie immer noch in der entgegengesetzten Richtung weitergegeben werden. Wenn auch diese Möglichkeit versagt, muß der Reservekanal ausgenutzt werden.

Der Informationsaustausch zwischen den Konzentratoren und dem Datenverarbeitungszentrum geschieht mit einer Geschwindigkeit von 1000 bit/s. Zwischen den Übertragungseinrichtungen der Filialen und der Konzentratoren beträgt die Geschwindigkeit für den Datenaustausch nur 75 bit/s.

Die Übertragung wird mit einer relativ einfachen Datensicherung nach dem Prinzip der Quersummenprüfung versehen. Insgesamt werden zwei verschiedene Prüfungen durchgeführt:

1. horizontale Quersummenprüfung innerhalb eines Zeichens
2. vertikale Quersummenprüfung, bezogen auf einen Datenblock konstanter Länge.

Damit die unbedingt erforderliche Zuverlässigkeit der Anlagen des Verarbeitungszentrums und der Konzentratoren gewährleistet ist, sind alle Anlagen doppelt vorhanden. Auf diese Weise stehen sofort Ersatzanlagen betriebsbereit. Über jeden Fernsprechkanal werden laufend Kontrollinformationen übertragen, die aber die allgemeine Datenübertragung nicht beeinflussen.

Wählvermittlungsnetz für die Datenübertragung (Digikom)

Unter der Bezeichnung Digikom wird ein Vermittlungssystem verstanden, das die Verteilung von Informationen steuert, die es von beliebigen Teilnehmern erhält. Teilnehmer können dabei sein: Digitalrechner, Analogrechner, Radarstationen, Fernschreibendeinrichtungen, Fernsprech- und Fernwirkanlagen. Das System wurde in den USA entwickelt.

Die Fernsprechinformation, die mit Hilfe des Systems Digikom übertragen werden soll, wird vorher in eine digitale Form umgewandelt. Empfangsseitig werden dann die so gewonnenen Impulse wieder in Tonsignale umgesetzt. Für die Übertragung der Informationen wird die sogenannte Delta-Modulation, eine Abart der Pulskodemodulation, angewendet.

Die besonderen Einrichtungen des Systems sind an den zentralen Stellen untergebracht, wo einige Haupt- oder Teilnehmeranschlüsse zusammentreffen. Die Vermittlungsstellen schalten den kürzesten Weg für die Informationsübertragung vom Ort der Entstehung der Information bis zum Empfänger. Sobald ein oder mehrere Kreise nicht in Ordnung sind, umgeht das System Digikom automatisch den gestörten Übertragungsweg und steuert die Information über andere, nicht gestörte Verbindungen. Von jeder Zentrale des Systems laufen Kabelverbindungen zu den Teilnehmerendstellen.

Jeder Komplex bedient vier Ortsleitungen, an die bis zu 24 Fernsprechapparate angeschlossen werden können. Die Teilnehmeranschlußleitungen und die Verbindungsleitungen können, wenn von seiten der Datenverarbeitungszentren die Forderung besteht, ergänzt werden. Die Vermittlungskapazität der Einrichtungen ist nicht durch eine bestimmte Kanalzahl begrenzt.

Jeder Digikom-Komplex ist vollständig transistorisiert und benötigt weniger als 30 VA Leistung.

Datenübertragung über ein Netz breitbandiger Kanäle

Ein Netz breitbandiger Kanäle für die Datenübertragung wurde bereits 1963 durch den amerikanischen Konzern Western Union Telegraph in Betrieb genommen. Es dient neben der Datenübertragung auch der Übertragung von Fernsprech- und bildtelegrafischen Informationen mit hohen Geschwindigkeiten. Der Teilnehmerkreis ist begrenzt.

Das Netz besteht aus sieben Vermittlungsstellen und einigen Konzentratoren, die die Bedienung der Teilnehmer von insgesamt 17 Großstädten der USA gewährleisten. Jeder Teilnehmer des Netzes kann sich automatisch mit Hilfe einer bestimmten festgelegten Schlüsselnummer mit jedem beliebigen anderen Teilnehmer, der an das Netz angeschlossen ist, verbinden. Entsprechend den Forderungen, die der Teilnehmer an die Datenübertragung stellt, erhält er die Möglichkeit, Kanäle mit der erforderlichen Kanalkapazität zu benutzen. Es stehen Kanäle mit 2, 4, 8, 16 und 48 kHz Bandbreite zur Verfügung. Die Eigenschaften dieser Kanäle gestatten die Übertragung analoger oder diskreter Signale.

Die qualitativen Eigenschaften dieser Kanäle sind bedeutend besser als die der für den öffentlichen Dienst vorhandenen Fernschreib- und Fernsprechverbindungen.

Der gesamte Netzaufbau sieht zwischen den Teilnehmern die vierdrähtige Durchschaltung vor, die Empfang und Sendung der Informationen über getrennte Kanäle gleichzeitig gewährleistet. Die Teilnehmer haben vor Beginn der Datenübertragung die Möglichkeit, eine gewöhnliche Fernsprechverbindung aufzubauen, um mündlich die erforderlichen Absprachen über die vorgesehene Übertragung treffen zu können.

Die Kanäle, die den Teilnehmern zur Verfügung stehen, sind mit Phasenkorrektureinrichtungen, die die Verzerrungen der Kanäle auf ein für die Übertragung zulässiges Maß verringern, ausgerüstet.

In den Vermittlungseinrichtungen werden Relais mit hermetisch abgeschlossenen Gruppenkontakten verwendet.

Abb. 9.21 zeigt das Schema des Netzes mit Kanälen verschiedener Bandbreite (zur Vereinfachung wurden von den insgesamt sieben Knoten nur drei gezeichnet). In den gestrichelten Rechtecken des Schemas sind die Blockschaltbilder typischer Systemvarianten, die den verschiedenen Teilnehmerwünschen entsprechen, eingezeichnet.

Jeder Teilnehmerkomplex ist mit speziellen Anlagen ausgerüstet, mit deren Hilfe die Verbindung zum Knotenamt, der automatische Ruf eines erforderlichen Kanals und der automatische Verbindungsaufbau mit dem gewünschten Teilnehmer über den gewählten Kanal hergestellt werden können. Diese Anlagen haben die Form gewöhnlicher Fernsprechapparate, die an Stelle der Wählscheibe mit einem Tastensatz ausgerüstet sind.

Zur Herstellung der Verbindung zwischen den Teilnehmern werden die Telefonhörer abgenommen, die Signale der Zentrale abgewartet und die Nummer des gewünschten Teilnehmers durch Drücken der entsprechenden Tasten gewählt.

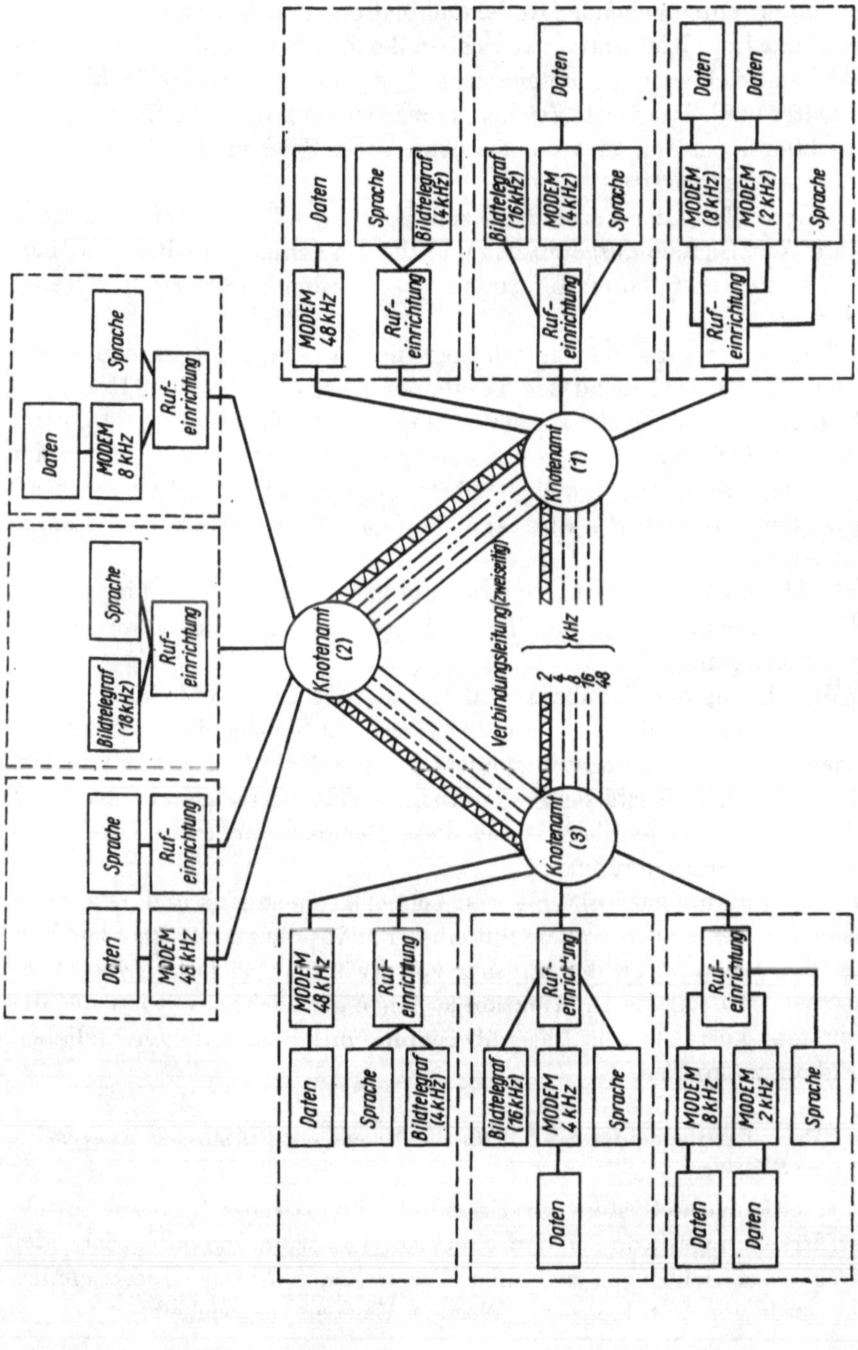

Abb. 9.21. Schema eines Netzes mit Übertragungswegen verschiedener Durchlaßfähigkeit

Durch jeden Tastendruck werden zu den Vermittlungseinrichtungen der Knotenämter entsprechende Kodekombinationen ausgesendet. Für den Ruf muß das Impulstelegramm aus sieben Zeichen bestehen. Die drei ersten Zeichen kennzeichnen das Knotenamt, über das der gewünschte Teilnehmer zugeschaltet wird. Das vierte Zeichen kennzeichnet den für die Übertragung gewünschten Kanaltyp und die restlichen drei Zeichen den Bereich des gewünschten Teilnehmers.

Nach Herstellung der Verbindung zum gerufenen Teilnehmer werden sogenannte Anrufsignale ausgetauscht und die Teilnehmer erhalten die Möglichkeit, kurzzeitig mündlich Informationen über den bereitgestellten Kanal zu übertragen.

Die Teilnehmer verständigen sich über die Aufnahme der Datenübertragung und legen anschließend den Telefonhörer auf einen zweiten Hebel.

Sobald ein Teilnehmer die Datenübertragung unterbrechen möchte, kann er durch Drücken einer Ruftaste am Fernsprechapparat den Teilnehmer der Gegenstation rufen. Der jeweilige Übertragungszustand („Fernsprechen" oder „Datenübertragung") wird am gerufenen Gerät durch eine Lampe signalisiert.

Nach Abschluß der Datenübertragung kann man wieder auf „Fernsprechen" umschalten oder den Telefonhörer sofort auf die entsprechende Gabel zurücklegen.

Die Berechnung der Gebühren wird automatisch durchgeführt.

Es ist beabsichtigt, das Datenübertragungsnetz breitbandiger Kanäle für den öffentlichen Datendienst besonders für die Kopplung schneller elektronischer Rechner verschiedener Unternehmen einzusetzen. Dabei ist daran gedacht, über die Datenübertragung diese Rechner von mehreren Unternehmen gleichzeitig auszunutzen.

Bei einer Zusammenarbeit mit sehr schnellen Rechnern und Datenverarbeitungsanlagen stehen Kanäle mit einer Bandbreite von 48 kHz zur Verfügung. Zusätzlich ist an den Einsatz von Zwischenspeichern gedacht. In diesen Speichern soll die Information so lange gespeichert werden, bis der Datenumfang ausreicht, die Datenübernahme mit Rechnergeschwindigkeit durchführen zu können.

Datenübertragung im System für die Erkennung ballistischer Raketen — BMEWs

Das amerikanische System zur Erkennung ballistischer Raketen besteht aus den Erkennungsstationen, dem Steuerungszentrum und entsprechenden Übertragungseinrichtungen zwischen diesen Zentren. Das Übertragungssystem wurde von dem Konzern „Western Electric" entwickelt.

Es ist das Ergebnis der Forderungen nach hoher Sicherheit, Zuverlässigkeit und Geschwindigkeit der Informationsübertragung. Hohe Sicherheit erfordert den Einsatz von Datensicherungsgeräten und speziellen Einrichtungen, die der Verringerung der Störungen der Datenübertragungskanäle dienen.

Damit man eine hohe Zuverlässigkeit der Informationsübertragung erhält, werden

zwischen den Endstellen und dem Steuerungszentrum jeweils zwei geografisch getrennte Übertragungsstrecken ausgenutzt;

auf entsprechenden Bereichen der zwei Übertragungsstrecken verschiedene Verbindungsmittel eingesetzt (z. B. Richtfunkverbindungen und Kabelstrecken oder troposphärische Verbindungen und Unterseekabel);

Systeme für die Fernschreib- und Fernsprechtechnik bei der Datenübertragung als Reserveverbindungen eingesetzt;

Reservekanäle in ständiger Einsatzbereitschaft gehalten und

ständige Kontrollen aller Verbindungen durchgeführt.

Das Datenübertragungssystem dieses Typs gestattet eine „beinahe augenblickliche Übertragung" von Informationsblöcken aus jeweils 63 Binärelementen über ungefähr 10000 km.

Ein erfolgreicher Einsatz eines derartig komplizierten Übertragungssystems läßt sich nur durch die Koordinierung aller Arbeitsbereiche, die Einführung einer ständigen Kontrolle der Betriebssicherheit der Kanäle und Sicherheit der übertragenen Daten erreichen. Die Kontrolle wird mit Hilfe von Haupt-, Neben- und Zwischenkontrollstellen auf jeder Übertragungsstrecke durchgeführt (Abb. 9.22).

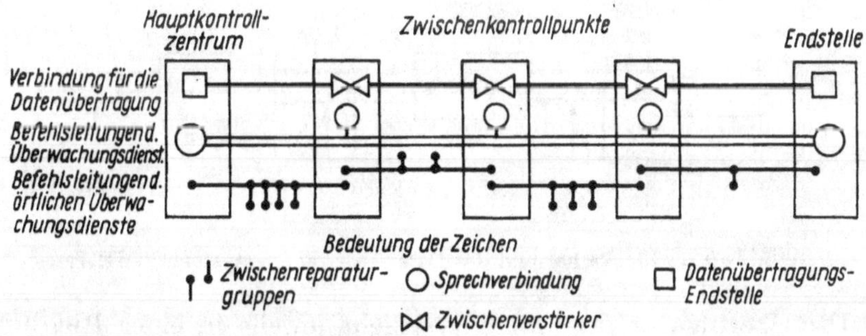

Abb. 9.22. Schema des Kontrollverfahrens

Die Zwischenkontrollstellen übernehmen die Wartung des Übertragungsweges innerhalb ihrer zuständigen Sektoren. Alle Kontrollstellen sind mit Regeneratoren und Prüfeinrichtungen für die Datenübertragung ausgerüstet. Die Entfernung zwischen den einzelnen Kontrollzentren beträgt 1600 km.

Ein zusätzlicher Spezialkanal für den Dienstverkehr gewährleistet eine ständige Verbindung zwischen den Hauptkontrollzentren, den Zwischenzentren und den Endstellen für die Raketenerkennung.

Jede Nachrichtenverbindung schließt ein:

Kanäle für die Datenübertragung (Haupt- und Reservekanäle);

Fernsprechkanäle (Haupt- und Reservekanäle) und Fernschreibverbindungen für den Dienstverkehr.

Da von einer Endstelle zwei Verbindungen abgehen, ist jede Endstelle mit dem Zentrum durch 12 Kanäle verbunden. Die Datenübertragungs-Endstellen sind untereinander mit zwei Arbeits- und zwei Reservekanälen gekoppelt. Jede Nachrichtenverbindung hat nur in den Kontrollstellen und den Endstellen Ausgänge. Für die Überwachung und technische Wartung der Kanäle stehen in den Zentren Kontroll- und Prüfeinrichtungen zur Verfügung.

Das Blockschaltbild dieses Datenübertragungssystems zeigt Abb. 9.23. Das System besteht aus zwei geografisch getrennten Vierdrahtverbindungen mit regenerierenden Zwischenverstärkern in den Kontrollzentren.

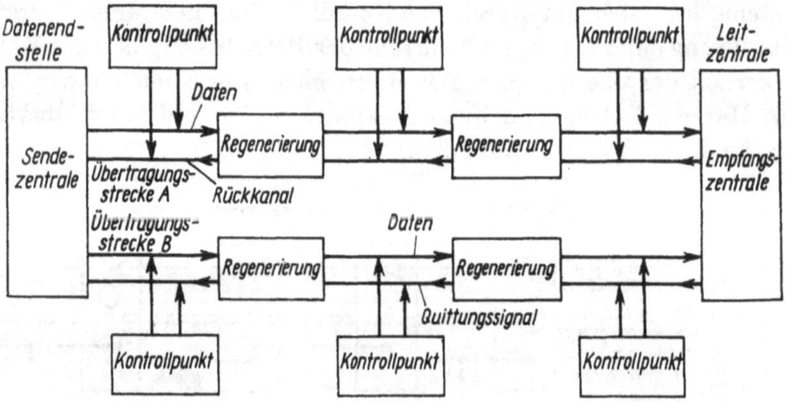

Abb. 9.23. Blockschaltbild des Datenübertragungssystems BMEWs

Die Übertragung der Daten geschieht jeweils in einer Richtung jedes Vierdrahtkreises (von der Endstelle zum Zentrum), die Bestätigung über den Empfang dieser Daten dagegen in entgegengesetzter Richtung.

Das Blockschaltbild der Sendeeinrichtung dieses Übertragungssystems ist in Abb. 9.24 dargestellt. Die Informationsblöcke, die aus 63 Elementen bestehen, gelangen in drei Speichereinrichtungen, die in jeweils fünf Speicherbereiche unterteilt sind. Mit den Informationen werden gleichzeitig Adressen eingegeben.

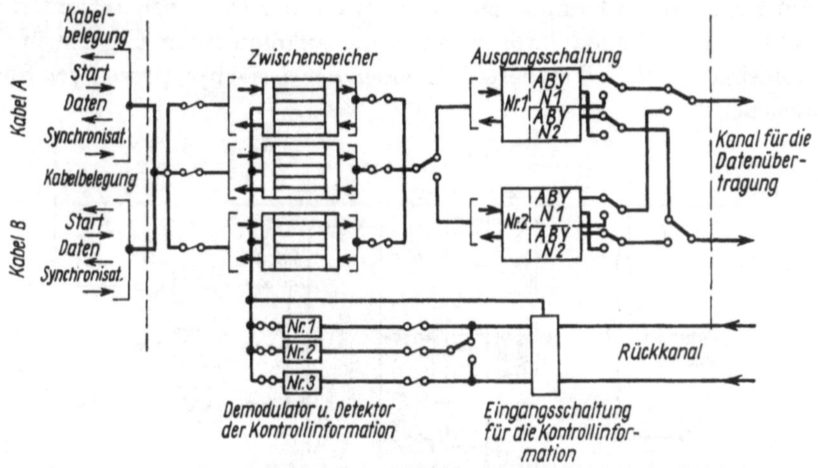

Abb. 9.24. Blockschaltbild der Sendestation BMEWs

Vor der Freigabe eines Blocks wird ein Startsignal übertragen. Nach dem Startsignal folgen die Adresse, die aus 63 Elementen bestehende Nutzinformation, 9 Elemente als Kontrollinformation und 18 weitere Elemente.

Während der Übernahme der Informationsblöcke aus den Speichern in die Ausgangsschaltung werden elementeweise die drei identischen Informationsblöcke verglichen. Übertragen wird das Datenelement, das drei- oder zweimal auftritt. Zusätzlich wird gleichzeitig mit der Übertragung die Information über spezielle Kreise wieder in die Speicher eingeschrieben, damit wird eine Wiederholung des Informationsblocks bei fehlerhafter Übertragung möglich.

Durch die Modulationsschaltung werden die Gleichstromsignale, die übertragen werden sollen, an den Übertragungskanal angepaßt und über zwei Nachrichtenkanäle übertragen.

Das Blockschaltbild des Empfangsteils der betrachteten Datenübertragungseinrichtung zeigt Abb. 9.25.

Die Empfangsschaltung besitzt Eingänge für zwei getrennte, selbständige Übertragungskanäle, die mit den einzelnen Baugruppen des Empfängers, d. h. den Demodulator- und Datensicherungsschaltungen verbunden sind. Die Datensicherungsschaltung besitzt drei Speicher. Eine dritte Empfangsschaltung wird einmal auf den einen und anschließend auf den anderen Kanal geschaltet. Ihre Ausgangssignale werden mit den Signalen der beiden anderen Schaltungen verglichen.

In jeder Empfangsgruppe werden die Startsignale, die vor jedem Informationsblock gesendet werden, für die Vorbereitung der einzelnen Kreise, zum Empfang und damit zur Auswertung der folgenden Information ausgenutzt. Der Demodulator wandelt die ankommenden Signale in Gleichstromsignale um und steuert sie in einen der drei empfangsseitigen Speicherbereiche.

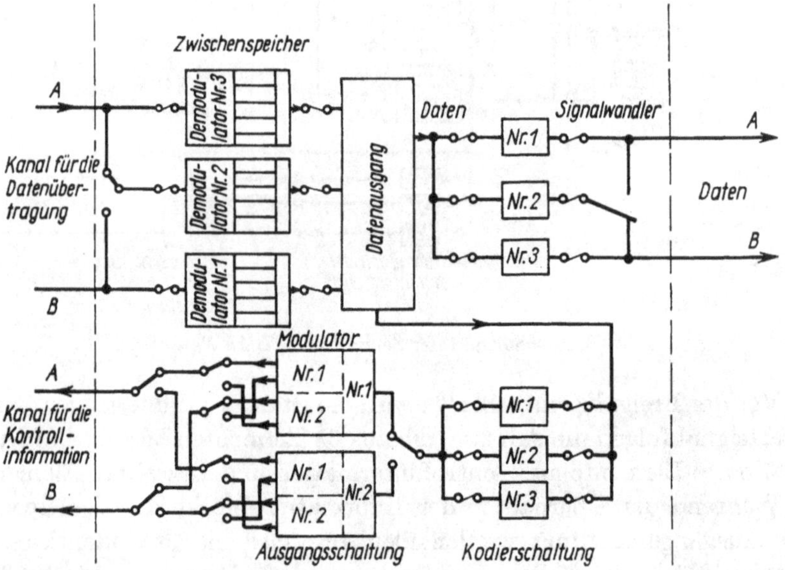

Abb. 9.25. Blockschaltbild der Empfangsstation BMEWs

In der Datensicherungsschaltung werden die ankommenden Informationsblöcke analysiert. Pro Block wird eine aus 18 Elementen bestehende Kontrollinformation gebildet. Diese Kontrollinformation wird mit der entsprechenden vom Sender zum Empfänger übertragenen Kontrollinformation verglichen. Zusätzlich wird der gesamte Block, der aus 63 Elementen Nutzinformation und 9 Elementen Kontrollinformation besteht, überprüft. Bei einer Fehlererkennung wird die Analyse im entsprechenden Empfangsblock durchgeführt.

Wenn die Überprüfung zeigt, daß der empfangene Datenblock in einer oder in beiden Empfangsgruppen als fehlerfrei übertragen erkannt wurde, wird der Datenblock zum Signalumwandler übertragen. Die folgende Baustufe wandelt die Gleichstromsignale wiederum in Signale um, die zum Datenverarbeitungszentrum übertragen werden können.

Mit der Adresse wird gleichzeitig auch das Ergebnis der Datensicherung (für jede Übertragungsrichtung) zur Kodierschaltung übergeben und anschließend über den speziellen Kanal zur Sendestation übermittelt.

Nach jedem Informationsblock, den die Empfangsstation über den Nachrichtenkanal erhält, wird eine sogenannte Quittungsinformation gesendet. Für die Übertragung dieser Information stehen zwei zusätzliche Kanäle zur Verfügung.

Bei fehlerhafter Übertragung des Datenblocks ist von der Sendestation die Wiederholung vorzubereiten. Der Speicher wird gelöscht, wenn nach dem Vergleich der Adressen eine fehlerfreie Übertragung angezeigt wird. Damit kann ein weiterer Informationsblock eingespeichert werden. Alle diese Operationen werden nach erfolgreicher Dekodierung der Quittungs- bzw. Bestätigungsinformation durchgeführt. Diese Information besteht aus sieben Zeichen. Sie gilt als richtig übertragen, wenn fünf der sieben Zeichen übereinstimmen.

Um die empfangene Information auf fehlerfreie Übertragung überprüfen zu können, teilt man den gesamten Informationsblock in 9 Gruppen zu je 6 Zeichen ein. In jeder Gruppe wird eine Kontrolle auf Ungeradzahligkeit (1 modulo 2) durchgeführt und ein siebentes Kontrollzeichen gebildet.

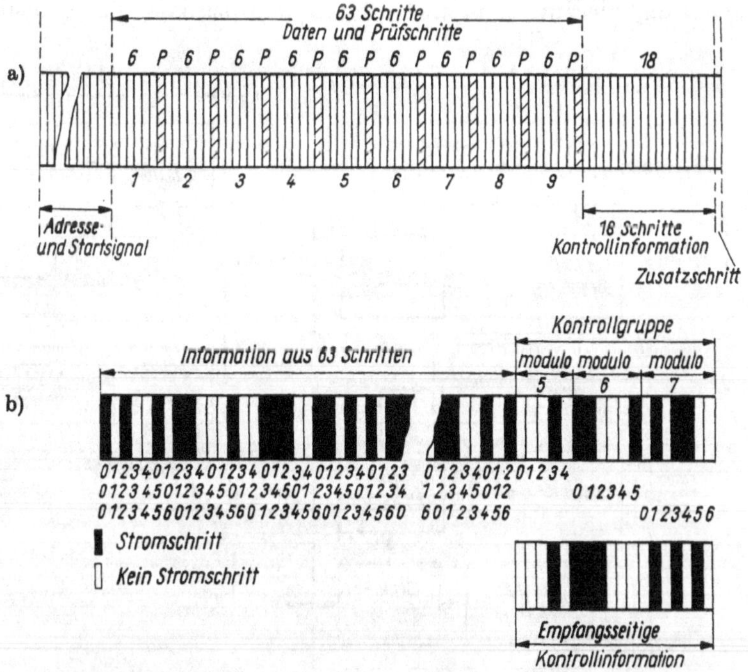

Abb. 9.26. Struktur des Datenblocks (a) und Prinzip der dreifachen Datensicherung (b)

Zusätzlich werden zur Erhöhung der Fehlersicherheit drei weitere Kontrollkombinationen gebildet. Sie sind das Ergebnis der modulo-5-, modulo-6- und modulo-7-Quersummenprüfungen der Kodekombination. Auf diese Weise ergeben sich Kontrollgruppen, die aus insgesamt 18 Elementen bestehen und mit dem Informationsblock übertragen werden. Abb. 9.26a zeigt die Struktur des gesamten Datenblocks, während die Abb. 9.26b das Prinzip der Bildung dieser zusätzlichen Kontrollinformation erkennen läßt. Die dargestellte Information enthält zwei erkannte Fehler. Es ist zu erkennen, daß die Kontrollinformation, die mit der Nutzinformation übertragen wurde, von der empfangsseitig gebildeten Kontrollinformation abweicht. An insgesamt vier Stellen stimmen die Kontrollelemente nicht überein.

Für die Erhöhung der Gesamtzuverlässigkeit des Übertragungssystems werden nach jeweils 1600 km Übertragungsstrecke an sogenannten Kontrollpunkten automatisch Fehlerkontrollen vorgenommen und nach jeweils 3200 km die Signale regeneriert und zusätzlich Fehlerkontrollen durchgeführt. Die Fehlerprüfung basiert in jedem Fall auf der Methode der „Prüfung auf Ungeradzahligkeit“. Die Erkennung eines Fehlers führt zu einem Alarmsignal.

Abb. 9.27a zeigt das Blockschaltbild der Zentralstellen, die die Regenerierung der Signale durchführen. Durch die Startsignale, die zu Beginn einer

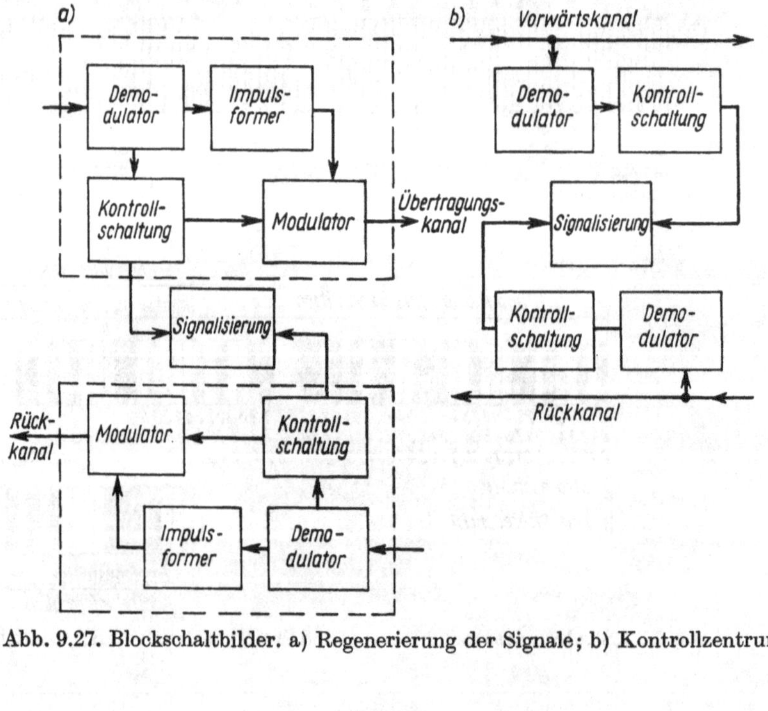

Abb. 9.27. Blockschaltbilder. a) Regenerierung der Signale; b) Kontrollzentrum

Übertragung gesendet werden, wird die Demodulatorschaltung zum Empfang der Information vorbereitet. Die empfangenen Signale werden im Demodulator in Gleichspannungsimpulse umgewandelt und anschließend um die Zeit, die zur Regenerierung der Information und zur Bildung des Startsignals notwendig ist, verzögert. Die Schaltung zur Signalrückgewinnung ist mit dem Modulator verbunden, der die zu übertragenden Impulse an den Kanal anpaßt.

Abb. 9.27b zeigt das Blockschaltbild der Kontrollstellen, die die Fehlerkontrolle durchführen. Die erforderliche Kontrollschaltung liegt jeweils parallel zum Übertragungskanal.

9.7. Die perspektivische Entwicklung der Netze für die Datenübertragung

Die betrachteten Aufbauprinzipien für Datenübertragungsnetze und die entsprechenden Beispiele zeigen den gegenwärtigen Stand der Technik. Unter vielen Bedingungen sind diese Prinzipien unvollkommen, da sie z. B. keine effektive Ausnutzung der vorhandenen Übertragungswege gestatten. Es ist deshalb zweckmäßig, einige Vorstellungen zu betrachten, die zu optimaleren Lösungen bei der Übertragung des immer größer werdenden Datenvolumens führen.

Sehr großes Interesse finden in diesem Zusammenhang Vorschläge von Filippovski und Scherer [61].

Bevor auf die Ausführungen der oben erwähnten Autoren eingegangen werden soll, sind allerdings folgende Feststellungen notwendig:

1. Die unten näher beschriebenen Datenübertragungssysteme wurden noch nicht realisiert, d. h., daß auch wichtige Teile dieser Gedanken, die Bestandteil des Gesamtsystems sind, zunächst sorgfältig experimentell untersucht werden müssen. Dazu ist noch eine umfangreiche wissenschaftlich-technische Forschungsarbeit erforderlich. Man darf deshalb die folgenden Ausführungen nicht als endgültige Lösungen zur Verbesserung der Effektivität der Kanäle und Datennetze betrachten.

Im wesentlichen werden hier nur mögliche Richtungen für die Arbeit auf diesem Gebiet dargelegt. Die Autoren bezeichnen selbst die vorgeschlagene Systemkonfiguration als „zukünftiges System“, das nicht vor 1970 realisiert werden kann.

2. Wir müssen unsere Aufmerksamkeit darauf lenken, daß in allen Fachbüchern, die sich mit Problemen der Datenübertragung beschäftigen, unter Nachrichtenquellen entweder elektronische Rechenanlagen oder Endeinrichtungen verstanden werden, die die Information in Form binärer Impulse abgeben. In [61] betrachten die Autoren Systeme, die für die Übertragung

beliebiger Informationsformen dienen, wobei die primäre Nachrichtenquelle nicht unbedingt binäre Informationen abgeben muß. Die Information kann z. B. analog vorliegen (Sprache). Über den Kanal werden allerdings nur binäre Informationen übertragen. Für die Übereinstimmung zwischen Quelle und Kanal sind unter Umständen spezielle Umwandler, die der Umwandlung der analogen in digitale Signale dienen (Analog-Digital-Wandler), zwischenzuschalten.

Betrachten wir nun die möglichen Methoden, die der Lösung des Problems der optimaleren Ausnutzung der Kanäle und Datenübertragungsnetze, wie sie im bereits erwähnten Artikel vorgeschlagen werden, dienen.

Um die Forderungen der Datenübertragung zu erfüllen, kann man den Bau neuer Übertragungsstrecken durchführen, die Bündel der Kanäle erweitern und die Wirksamkeit der existierenden Nachrichtenmittel verbessern. Für perspektivische Betrachtungen ist der letzte Weg, der im Endeffekt auch zu einer Verbesserung der Ökonomie führt, einzuschlagen. Alle Untersuchungen haben der günstigeren Ausnutzung der existierenden Nachrichtenmittel zu dienen.

Gegenwärtig werden weniger als 2% der gesamten theoretischen Leistungsfähigkeit der Übertragungsnetze ausgenutzt. Der Grund für diese sehr niedrige Netzeffektivität liegt darin, daß keine Übereinstimmung zwischen der Datenübertragungsgeschwindigkeit, der notwendigen Sicherheit, den Eigenschaften der erwähnten Kanäle und den vorhandenen freien Datenübertragungsstrecken usw. besteht.

Die gegenwärtigen Systeme gestatten die Übertragung von Daten über Verbindungen mit einer konstanten Geschwindigkeit, obwohl die Störungen einen unterschiedlichen Einfluß auf die verschiedenen Nachrichtenkanäle haben und sich zeitlich ändern. Die Übernahme der Informationen von den Nachrichtenquellen geschieht ebenfalls mit konstanter Geschwindigkeit, obwohl der tatsächliche Informationsstrom im Laufe der Zeit veränderlich ist.

In den Übertragungspausen, d. h., wenn am Ausgang des Datenübertragungssystems keine Information anliegt, werden sogenannte „fiktive Daten" (Synchronsignale) wiederum mit konstanter Geschwindigkeit übertragen.

In diesen doch relativ modernen Systemen ist der Übertragungsweg also a priori festgelegt, obwohl der effektive Informationsaustausch über die Netze im Laufe der Zeit größere Veränderungen durchmacht.

Zusammenfassend lassen damit diese Ausführungen den Schluß zu, daß die gegenwärtigen Systeme moderner und wirkungsvoller sein könnten, wenn sie mit Geräten ausgerüstet wären, die eine automatische Abstimmung der Systemparameter (Übertragungsgeschwindigkeit, notwendige Sicherheit u.

dgl.) mit den konstanten Parametern (Kanaleigenschaften, freie Kanäle u. dgl.) gestatten würden. Die dazu erforderlichen Operationen werden im allgemeinen als „dynamische Anpassung" bezeichnet. Für ihre Realisierung gibt es verschiedene Verfahren.

Anpassung der Dateneingabe: Das Wesen dieser Methode besteht darin, die Nachrichtenquelle mit dem Übertragungssystem nur dann zu verbinden, wenn von der Quelle tatsächlich Daten zu übertragen sind. Die Abb. 9.28

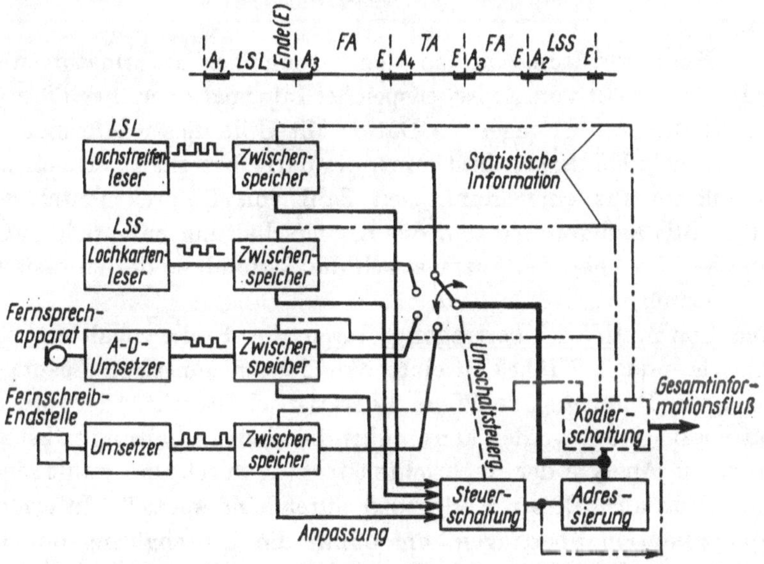

Abb. 9.28. Blockschaltbild zur Erläuterung der Anpassung verschiedener Datenquellen

zeigt eine prinzipielle Lösung der Anpassung der Stoßstellen. Alle von der Quelle nicht binär angebotenen Informationen werden in speziellen Einrichtungen in die erforderliche Einheitsform, d. h. in binäre Signale umgewandelt. Auf der Abbildung sind links die verschiedenen Nachrichtenquellen mit ihren sehr unterschiedlichen Übertragungsgeschwindigkeiten dargestellt.

Die Anpassungsschaltung gestattet das Zuschalten der Übertragungsmittel nur dann, wenn am Eingang Information anliegt. Das Ergebnis dieser Arbeitsweise führt zu einer asynchronen Informationskette. Damit die Informationen richtig empfangen werden können, ist jede Informationsgruppe, die den gesamten Datenblock oder nur Teile davon umfaßt, durch die Adresse zu ergänzen. Diese Adresse beinhaltet die Reihenfolge der Übertragung und die Quelle der zu übertragenden Informationen (Mikrofon, Fernschreibapparat usw.).

Die von den verschiedenartigen Quellen gelieferten Informationen werden zunächst zwischengespeichert. Sobald ein Speicher gefüllt ist, erhält die Steuereinheit Bereitschaftssignale, die eine Übertragung anfordern. Sobald gleichzeitig mehrere Zwischenspeicher die Übertragungsfreigabe anfordern, wird von der Steuereinheit die erforderliche Reihenfolge festgelegt. Wie auf diese Weise eine kontinuierliche Auslastung des Übertragungskanals erreicht werden kann, zeigt die grafische Darstellung der Abb. 9.28. Das Adressenregister setzt jeder zu übertragenden Information eine Adresse voran.

Die Kodierschaltung, die in den allgemeinen Informationsweg eingeschaltet ist, erhält vom Zwischenspeicher Informationen über die statistische Struktur der zu übertragenden Daten. Mit Hilfe dieser Informationen wird eine optimale Kodierung bestimmt, die darin besteht zu erreichen, daß die Datenblöcke aus einer minimalen Zahl von Binärelementen aufgebaut werden. Mit anderen Worten, die Kodierschaltung entspricht einem elektronischen Rechner, der automatisch die Redundanz der zu übertragenden Daten verringert.

Die Zeitmultiplex-Übertragung durch die Kodierschaltung für einige Nachrichtenquellen führt zu einer ökonomisch günstigen Lösung der Anpassung der Dateneingabe. Wenn die statistische Struktur der Informationen nicht vorausgesagt werden kann, führt die Kodierschaltung selbständig eine statistische Analyse der Nachrichtenstruktur durch und wählt einen geeigneten Kode aus. Dieser Kode wird durch eine spezielle Information zur Empfangsstation übertragen, um damit die Umschaltung der Dekodierschaltung auf das erforderliche Programm zu gewährleisten.

Anpassung der Übertragungsrichtung: Eine dynamische Anpassung der Übertragungsrichtung wird speziell für eine optimale Verteilung der Informationsflüsse zwischen den Verbindungen ausgenutzt. Abb. 9.29 zeigt, wie diese Anpassung realisiert werden kann. Bei dem Beispiel stehen für die Übertragung vier verschiedene Kanäle zur Verfügung:

A gewöhnlicher Fernsprechkanal;

B Funkverbindung, bei der die troposphärischen oder ionosphärischen Streuungen der Funkwellen ausgenutzt werden;

C und *D* Kabel- oder Funkverbindungen.

Die elektronische Verteilung übernimmt der Schalter *1*, der durch Signale der Steuereinheit gesteuert wird und den Informationsfluß zu einem der angeschlossenen Zwischenspeicher *S* 1 . . . *S* 6 leitet. Jeder Speicher ist mit der Steuereinheit verbunden. Er signalisiert die Datenmenge, die übertragen werden kann, und fordert so lange Daten an, bis der Speicher gefüllt ist.

Mit Hilfe der Steuereinheit wird eine mehr oder weniger optimale Verteilung der Daten zwischen den Datenübertragungskanälen erreicht. Dazu muß erwähnt werden, daß z. B. für die Kanäle C und D in der Abb. 9.29 zwei ver-

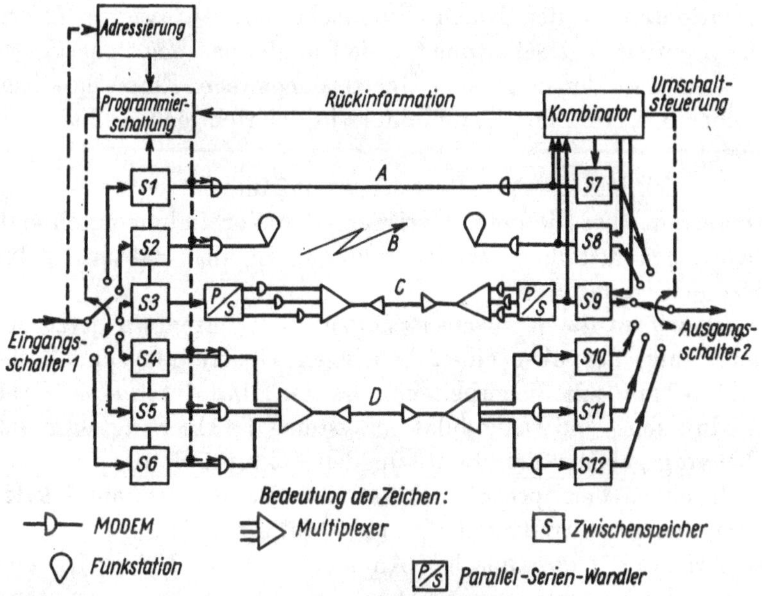

Abb. 9.29. Blockschaltbild zur Erläuterung der Anpassung an verschiedene Übertragungsmedien

schiedene Verteilungsverfahren möglich sind. Die Verbindung C besitzt einen Speicher für alle Eingabekanäle mit nachgeschaltetem Parallel-Serien-Wandler (P/S). Dadurch wird eine größere Zuverlässigkeit erreicht; besonders für den Fall, wenn die Steuereinheit, die den Informationsfluß zu steuern hat, diesen auf Grund von Kanalstörungen unterbricht.

Empfangsseitig sind die gleichen Einrichtungen, wie sie die Sendestation besitzt, vorhanden. Sie gestatten den Empfang der Daten mit der Geschwindigkeit, mit der sie übertragen wurden. Mit Hilfe spezieller Abfragesignale des Kombinators gelangen die seriellen Informationsflüsse an den Ausgang des Systems. Die Operationsgeschwindigkeit ist so groß, daß am Ausgang die Reihenfolge der Informationen der des Sendereingangs entspricht. Systeme, die eine Anpassung an verschiedene Übertragungsstrecken gestatten, führen zu einer optimalen Ausnutzung dieser Strecken, da die Steuereinheit den Informationsfluß in Abhängigkeit von der zu übertragenden Datenmenge steuern kann. Es wird bei einer bestimmten Datenmenge der Übertragungskanal zugeschaltet, der auf Grund seiner Durchlaßfähigkeit eine optimale Auslastung gewährleistet.

Grundsätzlich führt die Kopplung der beiden betrachteten Anpassungsmöglichkeiten zu einem höheren Grad der Automatisierung, wenn sich der Informationsstrom der Nachrichtenquelle auf adressierte Informationsblöcke orientiert. Die Schaltung für die Kanalanpassung steuert diese Blöcke dann über einen der möglichen Übertragungswege. Empfangsseitig werden sie wieder mit Hilfe des Kombinators in der richtigen Reihenfolge zusammengefaßt.

Es läßt sich bereits abschätzen, daß mit Hilfe dieser Methode der Informationsstrom über die bereits existierenden Verbindungen, ohne daß neue Einrichtungen installiert werden müßten, um den Faktor 1,5 bis 4 vergrößert werden kann.

Anpassung an die Kanaleigenschaften: Betrachten wir jetzt den Informationsstrom, der über einen beliebigen Übertragungskanal übertragen wird. Man kann mit Sicherheit voraussagen, daß durch eine Verbesserung der Modulations- und Demodulationssysteme die Übertragungsgeschwindigkeit bei vorgegebener Bandbreite um den Faktor 2 bis 10 vergrößert werden kann. In einem Fernsprechkanal mit einer Bandbreite von 3 kHz ist eine Übertragungsgeschwindigkeit von 10000 bit/s möglich.

Das Prinzip der dynamischen Anpassung an die Eigenschaften der Kanäle dient der Verbesserung der Durchlaßfähigkeit. Es kann durch Systeme mit veränderlicher Übertragungsgeschwindigkeit realisiert werden. Damit entspricht diese Anpassung einer Angleichung der Übertragungsgeschwindigkeiten an die Durchlaßfähigkeit der Datenübertragungskanäle.

Um die notwendige Information über die maximal mögliche Arbeitsgeschwindigkeit im speziellen Kanal zu erhalten, sind Einrichtungen, sogenannte Analysatoren, die die Fehlersicherheit des Kanals bestimmen, erforderlich.

Mit Hilfe dieser Einrichtungen wird der Übertragungskanal „beobachtet“, damit man eine Fehlerstatistik erhält. Diese Fehlerstatistik schließt die Augenblickswerte aller vorhandenen nichtregulierbaren Parameter des Übertragungskanals ein. Ist der Analysator empfangsseitig angeschlossen, kann über eine Hilfsverbindung die Information über die Empfangsbedingungen zur Sendestation übertragen werden. Die Entscheidung über die Änderung der Geschwindigkeit ist sende- oder empfangsseitig möglich. Es ist nur zu sichern, daß die Änderung der Geschwindigkeit im Sender und Empfänger gleichzeitig erfolgt.

Abb. 9.30 zeigt das Blockschaltbild eines derartigen Systems mit Anpassung an die Kanaleigenschaften. Das Schaltbild zeigt zwei Endstellen, die jeweils aus einem Sender und einem Empfänger bestehen. Nach Angaben des Empfängers berechnet der Fehleranalysator die Verteilung der Fehler für einen kleinen Zeitabschnitt. Das ist dann sehr günstig, wenn die Geschwindigkeit der Datenübertragung sehr hoch ist und eine Erhöhung der Zuverlässigkeit des Gesamtsystems angestrebt wird. Der Fehleranalysator arbeitet in diesem Fall mit Werten, die ihm eine ausreichende Information liefern, damit die günstigste Übertragungsgeschwindigkeit bei vorgegebenen Kanaleigenschaften bestimmt werden kann.

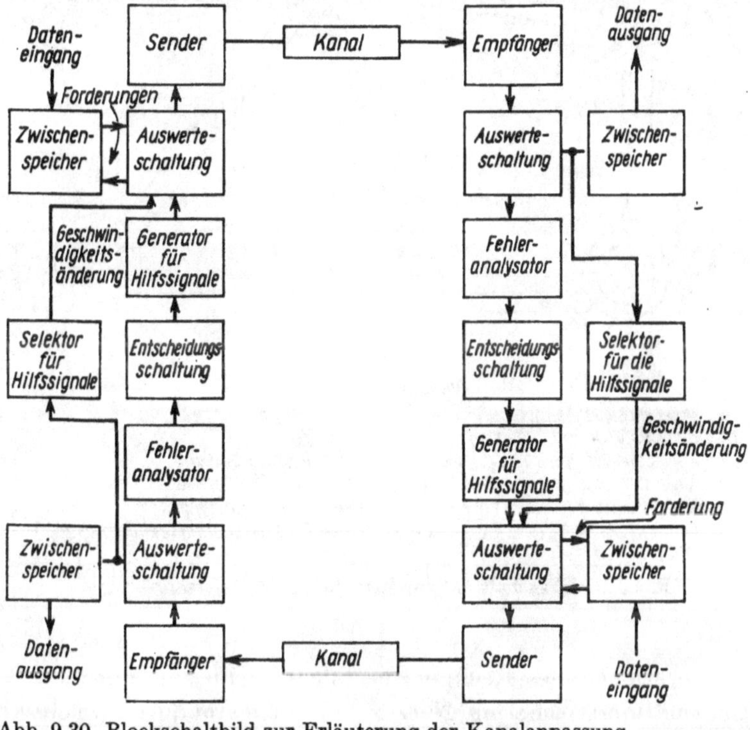

Abb. 9.30. Blockschaltbild zur Erläuterung der Kanalanpassung

Der Fehleranalysator ist mit einem Schwellwertgeber gekoppelt. Sobald die Grenzwerte in der einen oder anderen Richtung über- bzw. unterschritten werden, liefert ein Generator Steuersignale, die außer der Reihe störsicher kodiert übertragen werden. Der Selektor am anderen Ende der Übertragung reagiert auf diese Information, dekodiert sie und ändert entsprechend die Geschwindigkeit des Senders.

Anpassung an die Datenübertragungsnetze: Die Prinzipien der dynamischen Anpassungen können letzten Endes auf ganze Datenübertragungsnetze angewendet werden. Abb. 9.31 zeigt ein solches Netz mit 6 Vermittlungsstellen, von denen jede mit elektronischen Rechnern für die Verteilung der Informationen über die möglichen Übertragungswege ausgerüstet ist. Diese elektronischen Rechner übernehmen die Funktion der Netzanpassung.

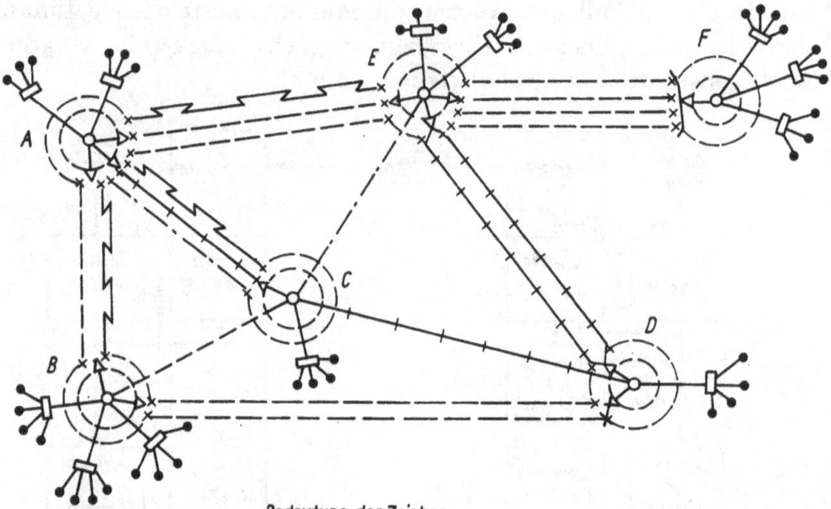

Bedeutung der Zeichen:

● Datenendstelle (Teilnehmer)	△ Multiplexeinrichtung
▭ Anpassung der Übertragungsmittel	○ Verteiler
+ Anpassung des Übertragungskanals	--- Drahtverbindung
△ Anpassung der Übertragungsrichtung	Richtfunkstrecke
○ Netzanpassung	+++ Funkverbindung
▭ Konzentrator	—-- Funkverbindung (zeitlich begrenzt)
+ MODEM	

Abb. 9.31. Blockschaltbild zur Erläuterung der Netzanpassung

Die Operationen des Rechners bestehen darin, eine optimale Verteilung der Informationsströme im Netz zu erreichen und Ausweichstrecken bei Überlastung bestimmter Richtungen zu suchen.

Mit Hilfe gewonnener Informationen über den Datenstau des Systems werden automatisch die Verteilungen gesteuert, mögliche Informationsstauungen ermittelt und Umgehungsstrecken für den Informationsfluß berechnet.

In der Endkonsequenz führen diese Gedanken zu einem zentralisierten System der Informationsverteilung und der Steuerung durch elektronische Rechner. Von diesen Rechnern übernimmt einer die Rolle des „Aufsehers“, der Steuerinformationen von den Vermittlungsstellen erhält und die Verteilung der Informationsströme im Netz analysiert.

Die zur Zeit vorhandenen Netze besitzen eine große Reserve an Übertragungskapazität für den Fall, daß unerwartet eine sehr große Belastung der Übertragungswege zwischen den Knoten auftritt. Die Anwendung der dynamischen Netzanpassung würde deshalb zu einer merklichen Verringerung der vorhandenen und nicht ausgelasteten Netzkapazität führen.

Literatur

ALLGEMEIN

[1] Оргасвязь (Datenübertragung) Информ. сборник (Техника связи за рубежом). Связьиздат, 1960.

[2] Котов, П. А. и др.: Основы телеграфии (Grundlagen der Telegrafie). ВКАС, 1958.

[3] Шляпоберский, В. И.: Элементы дискретных систем связи (Elemente diskreter Nachrichtsysteme). Воениздат, 1962.

EINFÜHRUNG

[4] Дроздов, Е. А. и др.: Основы вычислительной техники (Die Grundlagen der Rechentechnik). Оборонгиз, 1961

[5] Автоматизация операций по учёту и расчётам за телефонные и телеграфные переговоры (Automatische Erfassung und Verrechnung von Telefongesprächen und Fernschreiben). Зарубежная техника связи (Краткая информация). Серия: телефон, телеграф, почта. 1961, Вып. 1.

[6] Система служебной оргасвязи телеграфной компании «Вестерн Юнион» (Datenübertragungssystem der Western Union Telegraph Company). Зарубежная техника связи (Краткая информация). Серия: телефон, телеграф, почта. 1960, Вып. 1.

[7] Использование телеграфной аппаратуры для внутрипроизводственных оргасистем и оргасвязи (Benutzung einer Telegrafieeinrichtung für ein innerbetriebl. Organisations- u. Datenübertragungssystem). Зарубежная техника связи (Краткая информация). Серия: телефон, телеграф, почта. 1961, Вып. 5.

[8] Банковская оргасвязь (Datenübertragung im Bankwesen). Зарубежная техника связи (Краткая информация). Серия: телефон, телеграф, почта. 1961, Вып. 2.

KAPITEL 1

[9] Харкевич, А. А.: Очерки общей теории связи (Grundlagen der allgemeinen Theorie der Nachrichtentechnik). Гостехиздат, 1955.

[10] Clark, A. P.: Considerations in the choice of the optimum data transmission systems for use over telephone circuits (Betrachtungen zur Auswahl eines optimalen Datenübertragungssystems für Telefonleitungen). J. British IRE, 1962, V. 23, Nr. 5.

[11] Уайер: Техника передачи цифровой информации (Technik der Übertragung digitaler Informationen). Труды ИРИ (русский перевод) **49** (1961) № 1.

[12] Международный симпозиум по оргасвязи (Internationales Symposium über Datenübertragung). Зарубежная техника связи (Краткая информация). Серия: телефон, телеграф, почта. 1962, Вып. 2.

[13] Харкевич, А. А.: Спектры и анализ (Spektren und Analyse). Изд. 4-е. Физматгиз, 1962.

[14] Долуханов, М. П.: Введение в теорию передачи информации по электрическим каналам связи (Einführung in die Theorie der Informationsübertragung über elektrische Nachrichtenkanäle). Связьиздат, 1955.

[15] Петрович, Н. Т. и др.: Теория передачи информации и её применение к задачам техники связи (Theorie der Informationsübertragung und ihre Anwendung in der Nachrichtentechnik). Изд. ВИНИТИ, 1959.

KAPITEL 2

[16] Евтянов, С. И.: Переходные процессы в примёно-усилительных схемах (Einschwingungsvorgänge in Empfangsverstärkereinrichtungen). Связьиздат, 1948.

[17] Гоноровский, И. С.: Радиосигналы и переходные явления в радиоцепях (HF-Signale und Übergangserscheinungen in HF-Schaltungen). Связьиздат, 1954.

[18] Гольдман, С.: Гармонический анализ, модуляция и шумы (Harmonische Analyse, Modulation und Rauschen). ИИЛ, 1951.

[19] Виницкий, А. С., Евдокимов, П. И.: Особенности переходных процессов в резонансном контуре при манипуляции фазы колебаний и при манипуляции параметров контура (Besonderheiten der Einschwingungsvorgänge im Resonanzkreis bei Phasentastung der Schwingungen und bei Änderung der Kreisparameter). Радиотехника **14** (1959) № 7.

[20] Добровольский, Г. В.: Передача импульсов по каналам связи (Übertragung von Impulsen über Nachrichtenkanäle). Связьиздат, 1960.

[21] Зингеренко, А. М.: Определение длительности нарастания переходных функций по амплитудно-частотным характеристикам передающих систем (Ermittlung der Dauer der Einschwingungsvorgänge aus den Übertragungsfaktoren von Übertragungssystemen). Радиотехника 19 (1955) № 7.

[22] Морев, В. Л.: Детектирование радиоимпульсов на низкой несущей частоте (Detektierung von Wechselstromimpulsen bei niedriger Trägerfrequenz). Научно-технический бюллетень, НИИТС Мин. связи СССР (1959) № 2.

KAPITEL 3

[23] Амарантов, В. Н.: Искажения телеграфных импульсов в каналах тонального телеграфирования с АМ и ЧМ при гармонической или флюктуационной помехе (Verzerrungen der Telegrafieimpulse in Tonfrequenztelegrafiekanälen mit AM und FM bei harmonischen Störungen oder bei Fluktuationsstörungen). Электросвязь (1956) № 3.

[24] Амарантов, В. Н.: Искажения телеграфных импульсов в каналах тонального телеграфирования при скачкообразных изменениях уровня сигнала (Verzerrungen der Telegrafieimpulse in Tonfrequenztelegrafiekanälen bei sprungförmigen Pegeländerungen des Signals). Электросвязь (1957) № 1.

[25] Зингеренко, А. М.: Искажения длительности телеграфных импульсов при воздействии флюктуационных помех в системе частотной модуляции (Verzerrungen der Dauer der Telegrafieimpulse bei Einwirkung von Fluktuationsstörungen in einem System mit Frequenzmodulation). Радиотехника **11** (1956) № 3.

[26] Зингеренко, А. М.: Искажения импульсов в канале тонального телеграфирования с фазовой модуляцией при воздействии помех (Impulsverzerrungen im Tonfrequenztelegrafiekanal mit Phasenumtastung bei Einwirkung von Störungen). Электросвязь (1957) № 2.

[27] Зингеренко, А. М.: Искажения телеграфного импульса в канале тонального телеграфирования при воздействии помехи импульсного типа (Verzerrungen des Telegrafieimpulses im Tonfrequenztelegrafiekanal bei Einwirkung von impulsförmigen Störungen). Электросвязь (1956) № 6.

[28] Ермаков, В. В., Етрухин, Н. Н.: Качания фронта переходного процесса и искажения сигналов в нижних каналах тонального телеграфирования (Schwankungen der Flanke des Einschwingungsvorganges und Signalverzerrungen in Tonfrequenztelegrafiekanälen niedriger Frequenz). Труды учеб. ин-тов связи (1960) № 4.

[29] Емельянов, Г. А.: Надёжность телеграфной связи по проводным каналам при наличии помех (Sicherheit der drahtgebundenen Telegrafiekanäle bei Einwirkung von Störungen). Кандитатская диссертация, МЭИС, 1959.

[30] Емельянов, Г. А., Рабинович, М. Б.: Влияние дроблений телеграфных посылок на устойчивость проводной телеграфной связи (Einfluß von Impulseinbrüchen bei Telegrafiestromschritten auf die Zuverlässigkeit der Telegrafieverbindung). Электросвязь (1959) № 8.

[31] Кордобовский, А. И.: К вопросу теории устойчивости связи телеграфными аппаратами (Zur Frage der Zuverlässigkeit einer Nachrichtenverbindung durch Telegrafenapparate). Кандитатская диссертациа, МЭИС, 1954.

[32] Дунин-Барковский, И. В., Смирнов, Н. В.: Теория вероятностей и математическая статистика в технике (Wahrscheinlichkeitstheorie und mathematische Statistik in der Technik). Гостехиздат, 1955.

KAPITEL 4

[33] Котельников, В. А.: Теория потенциальной помехоустойчивости (Theorie der potentiellen Störfestigkeit). Госэнергоиздат, 1956.

[34] Гуткин, Л. С.: Теория оптимальных методов радиоприёма при флюктуационных помехах (Theorie der optimalen Empfangsmethoden bei Fluktuationsstörungen). Госэнергоиздат, 1961.

[35] Лезин, Ю. С.: Устранение «обратной работы» в амплитудно-фазовом детекторе при действии флюктуационных помех (Beseitigung der „inversen Arbeitsweise" im Amplituden-Phasen-Detektor bei Einwirkung von Fluktuationsstörungen). Радиотехника и электроника **1** (1956) № 3.

[36] Бобров, Н. П.: Приём сигналов с фазо-разностной манипуляцией (Empfang von Signalen mit Phasen-Differenz-Umtastung). Электросвязь (1961) № 10.

[37] Петрович, Н. Т.: Каналы связи с фазовой манипуляцией. (Nachrichtenkanäle mit Phasenumtastung). Лекции по технике связи, Изд. ВЗЭИС, 1962.

[38] Held, H. J.: Fehlersicherheit binärer Übertragung bei verschiedenen Modulationsarten. NTZ **11** (1958) Nr. 6.

[39] Филлипов, Л. И.: О помехоустойчивости импульсного радиоприёма (Über die Fehlersicherheit der Impulsübertragung bei Funkverbindungen). Радиотехника 9 (1954) № 6.

[40] Теплов, Н. Л.: Максимальная помехоустойчивость радиоприёма сигналов с амплитудной, частотной и фазовой манипуляцией (Maximale Fehlersicherheit des Signalempfanges bei Funkverbindungen mit Amplituden-, Frequenz- und Phasenumtastung). Электросвязь (1959) № 1.

[41] Sunde, E. D.: Pulse transmission by AM, FM and PM in the presence of phase distortion (Impulsübertragung bei AM, FM und PM bei Vorhandensein von Phasenverzerrungen). Bell System Techn. J. **40** (1961) Nr. 2.

[42] Jansen, H.: Einfluß von Ersatzschaltungen an Trägerfrequenzeinrichtungen auf die Wechselstromtelegrafie. Fernmelde-Praxis **37** (1960) Nr. 1.

KAPITEL 5 UND 6

[43] Коды с обнаружением и исправлением ошибок (Kodes für Fehlererkennung und Fehlerkorrektur). Сб. статей под ред. А. М. Петровского, ИИЛ, 1956.

[44] Бородин, Л. Ф.: Некоторые вопросы теории построения корректирующих кодов (Einige Fragen zur Theorie der korrigierenden Codes). Сб. трудов НТОРиЭ им. А. С. Попова, 1958, вып. 2.

[45] Питерсон, У.: Коды, исправляющие ошибки (Fehlerkorrigierende Codes). Изд. «Мир», М., 1964.

KAPITEL 7

[46] Зелигер, Н. Б.: Курс телеграфии. Ч. 1. Основы телеграфии и стартстопные телеграфные аппараты (Grundlagen der Telegrafie und Start-Stop-Telegrafenapparate). Связьизд., 1961.

[47] Наумов, П. А., Чанцов, С. Д.: Курс телеграфии. Ч. 2. Синхронные аппараты, тональное и абонентское телеграфирование, измерения и автоматизация (Synchronapparate, Tonfrequenz- und Fernschreibtelegrafie, Messungen und Automatisierung). Связьизд, 1961.

[48] Телеграфные устройства на бесконтактных переключателях (Telegrafieeinrichtungen mit kontaktlosen Umschaltern). Под ред. П. А. Котова, Связьизд, 1964.

[49] Sunde, E. D.: Self-timing regeneration repeater (Ein regenerativer Leitungsverstärker mit eigener Zeitbasis). Bell System techn. J. **36** (1957) Nr. 4.

[50] Edson, J. O., Flavin, M. A., Perry, A. O.: Synchronized clocks for data transmission (Synchronisationsverfahren für die Datenübertragung). Communication and Electronics 1 (1959) Nr. 40.

KAPITEL 8

[51] ВТУ 421-57. Каналы телефонные междугородных симметричных кабельных линий связи с кордельно-бумажной и кордельно-стирофлексной изоляцией [систем К-12 и К-24] (Telefoniefernkanäle symmetrischer Kabelverbindungen mit Gewebe-Papier- und Gewebe-Styroflex-Isolation [System K-12 und K-24]). Нормы электрические. Связьиздат, 1958.

[52] Рекомендации международных консультивных комитетов по телефонии и телеграфии (Empfehlungen des CCITT). Связьиздат, 1959.

[53] Давыдов, Г. Б.: Основы теории и расчёта фазокорректирующих цепей (Grundlagen der Theorie und Berechnung von Phasenkorrektureinrichtungen). Связьиздат, 1958.

KAPITEL 9

[54] Hammerschmid, L. L.: Rearward communications for BMEWS (Nachrichtenverbindungen für BMEWS). Engineering J. (Canada) July 1961.

[55] Аппаратура передачи импульсов информации с АМ (Übertragungseinrichtung für Informationsimpulse mit AM). Зарубежная техника связи. (Краткая информация). Серия: телефон, телеграф, почта. 1962, вып. 3.

[56] Аппаратура для передачи данных по телефонной сети (оргасвязь) (Einrichtung für die Datenübertragung über das Telefonnetz). Зарубежная техника связи (Краткая информация). Серия: телефон, телеграф, почта. 1962. Вып. 1.

[57] Аппаратура оргасвязи типа 201А и 201В с двойной относительной фазовой модуляцией (Einrichtungen zur Datenübertragung vom Typ 201 A und 201 B mit Vierphasen-Modulation). Зарубежная техника связи (Краткая информация). Серия: телефон, телеграф, почта. 1962. Вып. 4.

[58] Reiffen, B., W. J. Schmidt u. H. Z. Yudkin: The design of an error-free data transmission system for telephone circuits (Entwurf eines fehlerfreien Datenübertragungssystems für Telefonleitungen). Communication and Electronics **7** (1961) Nr. 55.

[59] Сеть оргасвязи для общего пользования (Datenübertragungsnetz zur allgemeinen Benutzung). Зарубежная техника связи (Краткая информация). Серия: телефон, телеграф, почта. 1959. Вып. 2.

[60] Введение широкополосной связи общего пользования (Einführung einer breitbandigen Nachrichtenverbindung zur allgemeinen Benutzung). Зарубежная техника связи (Краткая информация). Серия: телефон, телеграф, почта. 1962. Вып. 5.

[61] Filippovsky, R. J und E. H. Scherer: Digital data transmission systems of the future (Digitales Datenübertragungssystem der Zukunft). IRE Transactions, 1961, V. CS-9, Nr. 1.

Zusätzliche Literatur

(von der deutschen Redaktion beigefügt)

ALLGEMEINES

[1] Aulhorn, H., H. Lange und H. Marko: Probleme und Anwendung der Datenübertragung. Elektron. Rechenanlagen **3**/4 (1961) 148–158.

[2] Bennett, W. R., und J. R. Davey: Data Transmission. McGraw Hill, 1965.

[3] Fey, P.: Informationstheorie, Berlin 1963.

[4] Halina, J. W.: Datenübertragung – Entwicklungstendenzen und Zukunftsaussichten. El. Nachrichtenwesen ITT **41**/2 (1966) 190–209.

[5] Kaden, H.: Impulse und Schaltvorgänge in der Nachrichtentechnik. R. Oldenbourg, München 1957.

[6] Marko, H.: Systemtechnik der Datenübertragung auf Fernsprechleitungen. Nachr.-techn. Fachber. **19** (1960) 63–69.

[7] Schwartz, M., W. R. Bennett und S. Stein: Communication systems and techniques. McGraw Hill, 1966.

ZU KAPITEL 2

[1] Anderson, R. R., und J. Salz: Spektra of digital FM. BSTJ. **44** (1965) 1165–1189.

[2] Brockhaus, M., und W. Schüssler: Zur Erzeugung von Impulsen für die Datenübertragung. NTZ **19**/9 (1966) 505–508.

[3] Kaden, H.: Leistungsspektren von Daten mit verschiedenen Impulsformen. NTZ **16** (1963) 215–221.

[4] Kaden, H.: Impulse und Schaltvorgänge in der Nachrichtentechnik. R. Oldenbourg, München 1957.

[5] Postl, W.: Die spektrale Leistungsmodulation eines Trägers mit einem stochastischen Telegrafiesignal. Frequenz **17**/3 (1963) 107–110.

[6] Sjusjew, N. F.: Das Spektrum eines phasensprungmodulierten Signals am Ausgang eines idealen Amplitudenbegrenzers. Elektroswjas Nr. **6** (1965) 74–75.

ZU KAPITEL 3

[1] LINDSTROEM, B.: Meßgeräte für die Datenübertragungstechnik. El. Nachrichtenwesen ITT **41**/2 (1966) 162–166.

ZU KAPITEL 4

[1] CLARK, A. P.: A phase modulation data transmission system for use over the telephone network. The Radio and Electronic Engineer (1964) March, S. 181–195.
[2] EGGIMANN, F.: Datenübertragung auf Telefonleitungen. Dissertation der ETH, Zürich 1965.
[3] JENKS, F. G., und D. C. HANNON: A comparison of the merits of phase and frequency modulation for medium speed serial binary digital data transmission over telephone lines. The Journal of the British IRE, London **24**/1 (1962) 21–36.
[4] LANG, J., und J. SANDER: Probleme der Datenübertragung auf Fernsprech- und Breitbandleitungen. Jahrb. d. elektr. Fernmeldewesens (1962) 386–437.
[5] LENDER, A.: The duobinary technique for highspeed data transmission. IEE Trans. Comm. and Electr. **82** May (1963) 214–218.
[6] MONTGOMERY, G. F.: Comparison of amplitude and angle modulation for narrow-band communication of binary coded messages in fluctuation noise (Vergleich der Amplituden- und Winkelmodulation für Schmalband-Übertragung binär kodierter Nachrichten bei Rauschschwankungen). Proc. of IRE **42** (1954) 447–457.
[7] PANTER, P. F.: Modulation, noise and spectral analysis. McGraw Hill, 1965.

ZU KAPITEL 5

[1] ABRAMSON, N. M.: A class of systematic codes for nonindependent errors (Eine Klasse systematischer Kodes für unabhängige Fehler). IRE-Trans. IT-**5**/4 (1959) 150–157.
[2] BERGER, E. R., und I. CASPARY: Über die Wirksamkeit von verkürzten Hamming-Codes gegenüber stochastisch verteilten Störungen. AEÜ **20**/3 (1966) 131–135.
[3] BERGER, E. R.: Die Wirksamkeit von Blocksicherungsverfahren gegenüber gebündelten Störungen bei der Datenübertragung. AEÜ **16** (1962) 51–55.
[4] BERGER, E. R.: Codierunng und Fehlersicherheit in informationstheoretischer Sicht. Nachrichtentechn. Z. **11** (1963) 87–91.
[5] BOSE, R. C., und D. K. CHAUDHURI: A class of error correcting binary group codes. Information and Control **3** (1960) 68–79.
[6] BROTHMAN, A., E. H. BROTHMAN und A. H. MILLER: A self-optimizing digital data transmission set. Trans. IEEE New York CE-**83** (1964) 70 S. 7–12.
[7] FANO, R. M.: Informationsübertragung. R. Oldenbourg, München-Wien 1966.
[8] FONTANES, S.: Les codes cycliques et la transmission de données (Die zyklischen Codes und die Datenübertragung). L'Onde électrique **43** (1963) 128–140
[9] GÖRKE, W.: Selbstkorrigierende Decodierschaltungen für Hammingcodes mit Mindestabständen 2, 3 und 4. NTZ (1966) H. 6, S. 352–367.
[10] GODET, G., und A. GIRINSKY: La transmission des données numériques, détection et correction des erreurs-codes (Die Übertragung numerischer Daten; fehlererkennende und -korrigierende Codes). L'Onde électrique **45** (1965) 589–602.
[11] HAMMING, R. W.: Error detecting and error correcting codes. Bell System techn. J. **29** (1950) 147–160.
[12] MARKO, H.: Die Fehlerkorrekturverfahren für die Datenübertragung auf stark gestörten Verbindungen. Nachrichtentechnische Fachber. **25** (1962) 101–108.

[13] Marko, H., und H. Lange: Datenübertragung und automatische Fehlerkorrektur. Jahrb. d. elektr. Fernmeldewesens (1963) 122–163.

[14] Meggitt, I. E.: Error correcting codes and their implementation for data transmission systems (Fehlerkorrektur-Kodes und ihre gerätetechnische Darstellung für Datenübertragungssysteme). IRE-Trans. IT-**7**/4 (1961) 234–244.

[15] Nili, H.: Fehlerwahrscheinlichkeit und Geschwindigkeit bei der Übertragung digitaler Informationen durch Gruppen-Codes. AEÜ **18**/5 (1964) 282–292.

[16] Nili, H.: Matrixschaltungen zur Codierung und Decodierung von Gruppen-Codes. AEÜ **18**/9 (1964) 555–564.

[17] Peterson, W. W.: Error-Correcting Codes. New York 1962.

[18] Piloty, H.: Die Zyklen zyklischer Gruppen-Codes. AEÜ **20** (1966) 427–438.

[19] Schwertfeger, H.-J.: Die Anwendung von rückgekoppelten Schieberegistern bei der Codierung und Decodierung mit Hilfe zyklischer Codes. NT **16**/9 (1966) 337–345.

[20] Slepian, D.: A class of binary signaling alphabets (Eine Klasse von binären Signalalphabeten). Bell System techn. J. **35**/1 (1956) 203–234.

[21] Steinbuch, K.: Kodierung für gestörte Kanäle. NTZ **19** (1960) 47–55.

[22] Swoboda, J.: Über die Restfehlerwahrscheinlichkeit zyklischer Binärkodes. AEÜ **20**/3 (1966) 136–148.

[23] Vossiek, K.: Fehlererkennende Codes für die Datenübertragung. Informationsheft des IPF Berlin Nr. 110, 1964.

[24] Wood, F. B.: Optimum block length for data transmission with error checking. Commun. and Electronics (Jan. 1959) 855–861.

[25] Wozencraft, I. M.: Sequential Decoding. John Wiley & Sons, Inc., New York, London 1961.

ZU KAPITEL 6

[1] Bennet, W. R., und F. E. Froehlich: Some results on the effectiveness of error-control procedures in digital data transmission (Ergebnisse über die Wirksamkeit fehlerkorrigierender Maßnahmen bei der digitalen Datenübertragung). Trans. Inst. Radio Eng. Commun. Syst. CS-**9** (1961, März) 58–65.

[2] Duuren, van H. C. A.: Error probability and transmiss. speed on circuits using error detection and autom. repitition of signals. IRE Trans-action CS-**9**/1 (1961) 38–50.

[3] Karczmarewicz, A.: Analyse eines binären Übertragungssystems mit Rückwärtsübertragung (polnisch). Rozprawy elektrotechniczne, Warszawa **12**/1 (1966), 157–199.

[4] Marko, H.: Die Fehlerkorrekturverfahren für die Datenübertragung auf stark gestörten Verbindungen. Nachrichtentechn. Fachber., Hrsg. Joh. Wosnik, Bd. **25**, Fernwirktechn. IV, Braunschweig: Friedr. Vieweg & Sohn (1962) 101–108.

ZU KAPITEL 8

[1] Fennick, J. H.: A report on some characteristics of impulse noise in telefone communication. IEEE-Transaction. CE-**83** (1964) 700–705.

[2] Hoffmann, R.: Verfahren und Ergebnisse von Fremdspannungsmessungen im Hinblick auf eine Datenübertragung auf Fernsprechleitungen. Nachrichtentechn. Fachberichte, Beih. NTZ **19** (1960) 56–62.

[3] Travis, L. F., und R. E. Yaeger: Wideband Data on T 1 Carrier. BSTJ. Vol. **XL IV**/**8** (1965) 1567–1604.

[4] Williams, M. B.: The characteristics of telefone circuits in relation to data transmission. Post Off. Electrical Engrs. J., London **59**/3 (1966) 151–162.

ZU KAPITEL 9

[1] Böhme, H., und H.-J. Langner: Geräte und Systeme für die Datenübertragung. SEL-Nachrichten **14**. Jahrg. (1966) H. 1, S. 26–31.

[2] Edvardsson, K.: Modems zur Datenübertragung, die den internationalen Normen genügen. ITT Elektrisches Nachrichtenwesen Bd. **41**/2 (1966) 154–161.

[3] Henrikson, C. O.: Drei ITT-Datenübertragungssysteme. ITT Elektrisches Nachrichtenwesen Bd. **41**/2 (1966) 135–142.

[4] Hummel, E., und H. Schneider: Übertragungsversuche im Telexnetz mit höheren Schrittgeschwindigkeiten. NTZ **18**/11 (1965) 657–663.

[5] Sacharow, I. A.: Rektiplex – ein leistungsfähiges Vielkanalsystem zur Übertragung von binären Informationen. Elektroswjas **25**/2 (1967) 75–80.

[6] Zschekel, H.: Datenübertragungs-Modems. Elektron. Rundschau **20**/65 (1966) 361 bis 364.

Sachregister

Kolibri 360 GmbH
Ferdinand-Jühlke-Straße 7
99095 Erfurt, Deutschland
produktsicherheit@kolibri360.de